当代城市规划著作大系

城市规划与城市社会发展

黄亚平　著

中国建筑工业出版社

图书在版编目（CIP）数据

城市规划与城市社会发展/黄亚平著．—北京：中国建筑工业出版社，2009
（当代城市规划著作大系）
ISBN 978-7-112-10588-5

Ⅰ．城…　Ⅱ．黄…　Ⅲ．①城市规划-研究-中国②城市发展-研究-中国　Ⅳ．TU984.2　F299.2

中国版本图书馆CIP数据核字（2008）第211025号

责任编辑：陆新之
责任设计：崔兰萍
责任校对：安　东　关　健

当代城市规划著作大系
城市规划与城市社会发展
黄亚平　著

*

中国建筑工业出版社出版、发行（北京西郊百万庄）
各地新华书店、建筑书店经销
北京嘉泰利德公司制版
北京建筑工业印刷厂印刷

*

开本：850×1168毫米　1/16　印张：19　字数：462千字
2009年3月第一版　2009年3月第一次印刷
印数：1—2500册　定价：**49.00**元
ISBN 978-7-112-10588-5
（17513）

出版前言

城市化进程的加快和城市经济的高速发展，是当代中国城市两个最鲜明的特征。城市发展问题也越来越受到社会各界的重视。在当今这个快速发展的特定时期，许多城市都面临着前所未有的机遇，也都有着强劲的发展动力。如何应对这些机遇，如何实现科学规划、协调发展，无疑是摆在每一位城市规划、建设、管理工作者面前需要认真研究和探索的重大课题。

中国建筑工业出版社是建设部直属的中央一级专业科技出版社。50多年来，我社一直肩负着整理、保护、弘扬中华民族优秀的建筑文化，促进中国建筑业科技进步，宣传中国建设成就的历史使命，为我国广大建设工作者奉献了大量优秀的建筑精品图书。

近年来，在城市规划领域，我社集中出版了一大批学术著作，为总结城市规划实践经验，推介城市规划研究成果，促进城市规划学术交流，作出了重要的贡献。

为更好地服务读者，服务行业，我社通过对图书选题的细致研究和对作者的认真筛选，精心策划了这套“当代城市规划著作大系”。

之所以命名为“当代城市规划著作大系”，一方面是因为这套书的内容十分丰富，囊括了城市规划研究中的众多领域，涉及经济学、社会学、管理学等多个学科，力求用多学科、多视角的方法来指引当代城市规划实践，充分体现城市规划实践内容与研究领域不断丰富与延展的特点，实践性与综合性并重的学科特征；另一方面是因为这套书的作者涵盖面非常广，既有业界著名的专家学者，也有行业内崭露头角的中青年学者，完全反映了我社既重视知名专家学者又关注中青年学者，不拘一格遴选作者的出版方针。

在如今这个大变迁的时代，“当代城市规划著作大系”中每本著作的作者，都是在不断实践、不断探索、不断提高的基础上，怀着一种不拘泥、不盲从、不妄断、不迷信的真正的科学态度，凭借着自身不寻常的智慧、勇气和毅力，孜孜不倦，笔耕不辍，才最终完成这一部部的心血之作。寄望于这套“当代城市规划著作大系”，能够进一步丰富当代城市规划理论研究，能够更好地指引当代中国城市规划实践，能够为更多的读者所喜爱。如此，才无憾于作者漫漫长灯下的孤诣与苦心。

中国建筑工业出版社

2009年2月25日

摘 要

针对我国城市规划与建设中“社会效益”虚化的现状，本书以城市规划的社会发展作用为主题，以城市规划与城市社会发展的交互关系为联结点，以适应社会发展要求的城市规划调控机制构建为重点，系统地探讨了如何增强城市规划的社会发展作用这一核心问题。

本书主要运用多学科融贯的综合研究方法，借鉴运用社会学、经济学、地理学、政治学、管理学等学科理论及相关研究成果，多层次、多侧面、多视角地分析城市规划与城市社会发展的关联，剖析城市规划社会绩效弱化的原因，并为城市规划调控策略的提出提供理论支撑。

全书按照“提出问题—分析问题—解决问题”的技术路线设置了“城市规划与城市社会发展的关系”、“城市规划社会发展作用弱化的原因”及“城市规划调控策略”三个板块进行研究。

在第一个板块“城市规划与城市社会发展的关系”研究中，作者以社会科学领域的研究成果为借鉴，界定了社会发展、社会发展目标的概念内涵，提出了现阶段中国社会发展的目标体系，并且根据空间与社会相互建构、相互融合的关系，提出与城市规划建设相关的社会发展目标。文中揭示了城市规划的社会性特征及社会作用机理，归纳总结了城市规划对相关社会发展目标的影响。

在第二板块“城市规划社会发展作用弱化的原因”研究中，作者通过分析中国当代城市规划技术（工具）理性的主导地位及其片面化发展、价值理性及制度理性缺失的特征，以及转型期城市规划制度框架中激励与约束、利益补偿与社会监督机制的缺失，制度环境与社会发展目标偏离的特征，揭示了城市规划社会绩效弱化的认知原因及制度原因。文中特别强调指出，城市规划制度机制的缺失是城市规划社会绩效弱化的根本原因。

在第三板块“基于社会发展目标的城市规划调控策略”研究中，作者重点探讨了有助于实现社会发展目标的规划调控机制构建及策略措施。研究认为，增强城市规划社会绩效的基本途径可分为两个层面：在技术层面，规划应在辨析城市各种空间环境的社会促进或社会损害作用基础上，就城市空间环境建设的各主要领域制定并实施相应的技术性调控策略；在制度层面，针对转型社会中普遍的制度短缺及制度设计不足问题，规划应根据当今社会整体制度变化的趋势，建立起能体现规划核心价值、有助于社会发展目标达成的规划制度框架，并加强规划制度环境的塑造。

结语部分总结了全书的基本观点，并指出本研究可以从社会发展视角，为亟待进行的中国城市规划改革提供技术及制度两条改革路径的指引。

目　录

1

导论

1.1 问题的提出：城市规划与建设中“社会效益”虚化的现状

我国现阶段正处在城市化快速发展时期，城市发展和现代化建设面临两项根本任务：经济持续快速发展及社会全面文明进步。取得经济效益、社会效益和环境效益的整体最佳一直是城市规划与建设的基本目标。但20余年的改革、开放，我国走的是一条以追求经济增长为主线的发展道路，以经济增长“硬发展”为目标指向的发展观，使发展的本来目的——改善和提高人的福利——反而被忽视，社会发展目标错位导致社会整体价值错位，效率的价值受到空前重视，而社会的基本价值规范如公平、正义却日渐式微，道德的正义感、约束性严重减弱。在城市规划的实际运作及建设实践中，由于部分社会类目标的笼统、含糊、难以度量，很难被充分考虑，使得城市规划与建设中的“社会效益”虚化。城市政府自觉或不自觉地倾向于采用以城市开发为动力的发展政策，即支持市场力，特别是房地产投资，以城市经济增长为优先目标，而把社会公平放在其次，导致我国城市在经济持续快速增长，城市物质环境及景观日益现代化的同时，城市社会层面的问题日益凸现：

——城乡二元体制进一步固化和发展，城乡之间、地区之间的差异增大。

——城市土地及空间资源的不公平配置突出。如一些贵族化的高尚住区、高档休闲娱乐设施低密度占用大量土地资源，成为投资的新宠；城市开敞空间的分布失衡，优质开敞空间资源的排他性占有突出。

——城市社会分化及居住空间分异现象日趋明显，住区服务水平及景观环境质量差异突出，封闭型住区不断涌现。

——一些城市超越经济和资源承受能力，盲目攀比，随意扩大建设规模；一些地方在居民住房条件和居住环境尚未得到根本改善的情况下，把大量财力物力投入到不适当的“形象工程”和豪华办公楼的建设上，而对与老百姓居住生活直接相关的经济适用房建设和危旧房改造，却重视不够，投入不足，社会弱势群体聚居的破旧住区长期得不到改造，弱势群体生存状况恶化，新城市贫困化现象开始出现。

——城市各地域设施配置完备程度及服务水平差异突出，地域发展差距扩大。

……

城市让谁的生活更美好？

城市改造、城市更新无疑是今日中国城市发展的最重要的内容。在这个过程中，在20世纪80年代以来的社会分化中经历了向下流动的社会成员，雪上加霜地又遭遇了城市空间结构变动中的边缘化命运。由政府主导的城市更新，将城市的空间重新打造成从中心到周边、由高及低的地价/房价的同心圆格局，极为成功地实现了地产/空间效益的最大化。而这个格局得以逐步形成的背后，一方面是随着政府公共资源的集中投入，中心城区形成商业、文化设施的新高地。另一方面，是权力与资本合力，将低购买力的市民迁离中心城区，然后把高档的住宅、美好的景观、奢华的生活设施等留给了具备高消费能力、能够让城市开发的主导者与参与者实现投资效益最大化目标的特殊社会群体。

这样的城市发展，无论是从公平原则出发、还是从大多数市民的立场出发，都不能笼统地说，它是符合让市民生活更美好这一宗旨的。

谁应该是城市开发的获益者？

谁应该是城市开发的获益者？作为开发的主导者，城市政府本身不应以获益为其宗旨。而其他的利益相关者，开发商与市民谁更多地从开发中获得了好处？

“房地产业是最大的暴利产业”，这在当今中国差不多已成了一种常识。这常识中所蕴涵的问题，令人堪忧。在土地国有的中国城市，政府拥有着房地产资源的处置大权，而同时，政府还主导着开发，并握有城市规划的决策权。在目前，这些权力还少有来自社会的制衡。这些无疑是中国的城市开发能够创造出效率神话、速度奇迹的重要的客观因素。但与此同时，我们也看到了另一方面的引人注目的状况：城市开发中利益关系的严重失衡——这种失衡状态已经构成了当今中国城市中一个最突出的社会矛盾。

作为开发的主导者，出于效率/政绩的需要，这些年来，城市政府实际将“发展是硬道理”这一口号阐释、演绎成了“开发是硬道理”。在这样的宗旨下，城市政府的一系列相关政策明显向开发商倾斜。此外，各级政府部门对开发效益的依赖，以及部分官员对于房产经济利益的觊觎，更使得公共权力在城市开发过程中实际扮演了开发商的共同利益人角色以及为开发商保驾护航的庇护者角色。

由此，城市开发的另一方利益人——市民，其获益可能、生活权利等等，就失去了相应的保障。无论是作为与城市融为一体的市民、社会居民，还是作为待开发地区的房产所有者、使用者，他们对于城市的变动都会有参与愿望和利益期待。但是，在利益结构失衡的情况下，在城市开发的各个环节，从城市规划的确立到动迁政策、动迁方案的制订和实施，市民的利益诉求影响政府决策的可能性都十分有限。而一旦市民的利益要求与政府及开发商的开发利益相冲突，市民往往成为弱势的博弈者和最后的输家。不难看到，随着城市开发背后的利益格局的逐渐彰显，市民的权利意识越来越清晰，随之而来的被剥夺感也越来越强烈。在这种情况下，政府如不及时调整利益结构，重新制定利益博弈的相应规则，那社会矛盾的加剧是可以预见的。

陈映芳. 城市与市民生活. 长江日报，3月30日，第12版（求知版）

日益凸现的城市土地及空间配置的不公平，城市公益设施配置的不平等，城市社会空间的隔离，城市地域发展差距的扩大，已经使广大民众质疑我们这种城市发展方式的公平正义性；城市规划与建设过程中对弱势社会群体利益的损害，也已开始影响到社会稳定及社会安全。

应该说，在我国改革与发展的过程中，没有建立一种有效的利益均衡机制，使全民分享到改革与发展的成果，是城市社会问题丛生的主要原因。城市社会发展问题的解决，虽非城市规划之力所能决定，但规划在某些方面，如城市土地与空间资源公平配置等方面，还是能起到举足轻重的作用。

自1990年代以来，伴随着我国经济体制转轨、社会结构转型的“双重”转型过程，城市社会阶层分化加剧，社会差距扩大，社会公平、社会安全等社会发展基本目标受到严重威胁，而城市规划与城市建设系统自身并没有建立适应社会发展目标要求的“匡正”机制。转型期城市规划制度短缺与制度设计之不足，规划法制保障社会公平的主旨弱化，规划行政运作的功利化倾向，规划组织的目标及价值偏离，规划社会监督的边缘化及其缺位，使城市规划难以充分发挥其对城市社会发展的促进作用。

1.2 需探讨的主要问题

城市规划具有社会性特征及社会作用，它主要通过控制城市土地使用及空间环境变化来达成其社会意义；同时，城市规划作为一项重要的社会建制，关系到城市发展的各个方面，其自身的建立与施行，都是一定政治行为的结果，规划所具有的公共政策、公共行政特征，使其不可避免地对城市社会发展产生影响。但我国目前主流规划思想及规划实践，仍然是重物质和经济、轻社会和制度，对规划的社会性本质及社会作用的认识仍停留在意识层面，规划的社会效益仍流于形式与口号，甚至被相当部分城市规划决策者及从业人员所忽视。究其原因，主要有以下几点：

首先，是理论认知上的模糊。社会发展的内涵宽泛，影响城市社会发展的因素众多，城市规划只是城市发展的公共干预工具之一，且其关注的重点是城市的物理要素。因此，它在多大程度上影响着城市社会发展，影响到城市社会发展的哪些领域，如何影响着城市社会发展，在理论认知上没有一个肯定的答案。

其次，是服务于经济发展的物质空间规划占主导。我国城市规划长期以物质性规划为主导，规划的目的在于通过城市空间布局为经济发展提供物质支撑。在片面发展观引导下，城市规划成为地方政府发展经济和树立政绩的技术工具。许多规划内容被技术化、规范化，规划技术（工具）理性特征突出，价值理性及制度理性缺失。缺乏价值理性引导和制约的规划技术理性，只注重城市物理环境营造及美化、城市发展经济绩效提高之技术，而忽视城市发展社会绩效改进之技术。它导致规划片面追求城市建设中的功利及经济绩效，漠视规划中最为核心的价值——公平的价值，忽视物质环境背后的社会意义，结果是使规划实践经常陷于各种“误区”。诸如视觉艺术及形体秩序的规则在城市规划建设中大行其道；少数政府领导人只关注“政绩工程”、“形象工程”，而对大量性的民生问题缺乏考虑；部分城市政府甚至将大马路、大广场、大绿地的建设与城市社会发展划等号。

再次，是没有将规划领域的社会研究成果转译为具有可操作性的规划行动导引。城市规划区别于其他学科的显著特点就是其实践性，缺乏具有实践可操作性的规划调控技术和策略，城市规划的社会发展促进作用也很难实现。规划领域的社会研究经常容易与规划本体——即围绕土地利用及空间环境控制的规划实践过程相脱离，不能指导对规划行为及其影响因素进行修正，不能使规划的价值观通过具体的物质规划操作行为得到体现，规划的社会绩效自然难以保障。

本书力求对城市规划与城市社会发展之关联作一次较为系统的探讨，主要是想在理论上澄清下列三个问题：

（1）如何认识城市规划与城市社会发展之间的关系

城市规划是一种独特的社会实践活动，城市社会发展是一种宽泛的目标指向，辨明两者之间的关系，是探讨问题的前提与基础。为此，首先必须明晰社会发展、社会发展目标的概念内涵与外延；采用纵向历史研究的方法，考察近现代城市规划中的社会发展思想及其演进历程，可以强化城市规划与城市社会发展相关联的认识，并为确立规划中的社会发展目标提供借鉴；采用横向关联研究的方法，分析城市规划的客体对象——城市空间环境与社会发展的相互关系，并从中筛选出与城市空间环境相关的社会发展目标，作为城市规划与城市空间环境建设调控的目标指向。通过上述探讨，可以使人们建立起城市规划与城市社会发展关系的系统认识。

（2）城市规划的社会发展作用弱化的原因是什么

近20余年来，在我国城市建设取得举世瞩目的巨大成绩的同时，城市规划绩效仍存在目标与效果的巨大反差，尤其是在保障城市发展的社会绩效方面。当然，我们可以将城市发展社会绩效弱化视为是整个国家过去片面强调经济增长及城市扩张所付出的“社会成本”，在某种意义上也确实如此，但不能以此掩盖城市规划自身的缺失。

技术、理性、制度是城市规划存在和发展的三维结构，通过剖析中国当代城市规划技术理性的主导地位及其片面化发展、价值理性及制度理性缺失的特征，可以揭示城市规划社会发展作用弱化的认知原因；城市规划作为城市发展过程中控制目标偏离的一种机制，通过分析转型期城市规划制度短缺与制度设计不足，制度环境与社会发展目标偏离的特征，则可揭示出城市规划社会发展作用弱化的制度原因，也是其深层原因。

（3）增强城市规划的社会发展作用的基本途径是什么

有了第1、2个问题的分析，第3个问题的答案也就基本形成了：增强城市规划社会绩效的基本途径只能是构建有助于实现城市社会发展目标的规划调控机制，通过一系列技术性及制度性的措施，保障城市发展的社会绩效。

就城市规划的客体对象——城市空间环境而言，由于城市规划主要通过控制城市土地使用及空间变化来间接地对城市社会改良施加特定的影响，因此其重点是控制城市土地使用及环境建设中的外部负效应，减少城市发展社会损害的规划技术性调控措施。就城市规划的主体对象——城市规划实践而言，基于制度在保障社会发展方面的关键作用，因此其重点宜集中在当今城市社会变化背景下，能体现规划核心价值、有助于社会发展目标实现的城市规划制度创新方向及制度框架，以及相应的规划制度环境的塑造。

1.3 理论及实践意义

“城市规划是一种在城市发展前景中，为了整体利益和公共利益，围绕城市土地使用的分配与再分配，而展开的横跨城市社会诸多系统的复杂而独特的活动过程，是一种社会运动、政府行为及职业技术三位一体的活动过程”（Encyclopodia Britannica）。城市规划目标具有综合性。但现实中规划目标难以实现，规划作用难以发挥，原因无非有两方面：一是城市规划作为一种技术成果（plans），本身的合理性、科学性不足；二是规划决策—实施全过程（planning process）的运行效果问题，或某个规划系统（planning system）功能发挥的状态（规划系统主要指一般性规划过程所赖以存在的具有法律、权力、资源意义上的制度性框架），即规划运行的机制性问题。对这两方面问题的揭示及应对策略，正是本书的关注重点，其理论及实践意义主要体现在下列方面：

①1960 年代以来，国外将狭窄的城市物质规划问题推广到广泛的社会政治内涵已经成为一种方向，规划理论社会科学化的趋势明显，但规划理论与规划实践呈现相互分离的状况。本书将社会学、政治学、制度经济学等社会科学领域的研究成果移植、应用到城市规划领域，从城市规划与城市社会发展之间的关系分析入手，将规划的内容与社会发展的内容有机结合，提出与城市规划相关的社会发展目标，并构建能够提高城市发展社会绩效的规划调控机制，具有理论创新性。

②在对中国城市规划的技术（工具）理性特征进行分析的基础上，系统剖析其应具有的价值规范及制度作用，并着重研究经济社会转型背景下，有利于城市发展社会绩效的城市空间环境规划调控技术，以及价值理性导引下的城市规划制度创新方向，从社会发展角度，重构城市规划的制度框架。在当前中国城市规划技术理性片面化发展，城市规划法制不健全，各种规制注重经济绩效而忽视社会绩效保障的状况下，本书可以从社会发展视角，为亟待进行的中国城市规划改革提供技术及制度两条改革路径的指引。

③在 1980 年代后的中国社会经历的从计划走向市场，以及具有工业经济高速成长特点的现代化转型过程中，社会公平在效率与公平的两难选择中经常被忽视，社会力在政府力与市场力的结盟中被边缘化，社会阶层分化加剧，社会差距扩大，社会矛盾有增加与激化的趋势。随着我国全面建设小康社会、和谐社会目标的提出，整个社会开始对过去 20 余年发展模式及改革进行反思①。在反思改革的大讨论中形成的一个共识是：中国

---

① 近年来对中国改革方向的争论中，学界分歧与共识并存。1980 年代的以农村家庭联产承包制为主体的改革，曾使全民普遍受益，是中国改革的黄金时代。20 世纪 90 年代中期后，改革逐渐演变成自上而下及“内部人主导型”的方式。也就是说，改革如何改，怎么改以及改的结果其实是在改革的旗号下，由少数内部人说了算；改革的成本由社会承担，利益则由少数人获取。改革的社会共识消失，改革对弱势群体造成了伤害。在众多质疑中，有吴敬琏的《中国改革四大缺陷》，郎咸平的《我国的整个主导思想是错误的》（人物专访）等。清华大学教授孙立平则提出：“如果暂时不能做到‘为不同的社会利益主体的利益表达做出制度安排，并把新的安排建立在民众自己的利益表达基础上’，则应该选择‘暂停改革，尤其是暂停涉及重大利益调整的改革’。”“三农”问题、医保及教育公平问题、社会保障问题等都成为质疑改革公正性的热点问题。当然，更多的主流学者及政府则认为，改革固然需要反思，问题也是客观存在，但改革的大方向不容逆转；不同利益群体通过不同的渠道表达各自的利益诉求，这是一个成熟社会的表现；利益差别及社会不公平只能是通过利益格局调整的改革来逐步解决。

社会正进入一个利益主体多元化阶段，因此，中国的改革必须进入利益格局调整的新阶段（“二次改革”论），其显著特点是未来的改革更应是一种全民分享式改革，社会公平成为关注焦点。我国国民经济和社会发展“十一五”规划纲要也已明确指出，未来政府要“更加注重社会公平，使全体人民共享改革发展成果”。因此可以说，中国已进入新的战略发展时期，改革将获得新的动力，社会发展将遵循新的路径。城市规划作为社会建制的一部分，必须与国家整体发展目标相适应。

本书在城市规划与城市社会发展关系分析的基础上，提出的有助于达成城市社会发展目标的城市规划调控策略，可以为城市规划与建设提供行动指南，对于减少我国城市发展中的社会损害，建设新型的社会性城市（一种宽容、安全、健康、文化性的城市）具有重要意义。

1.4 国内外研究现状及不足

1.4.1 中国当代城市规划中的社会研究

与城市及城市规划相关的社会研究主要集中在三方面。

(1) 城市社会发展背景研究

研究重点是中国社会转型的基本背景，城市社会结构变迁及城市社会空间结构变化三个领域。

改革开放以来，中国社会由计划经济体制向社会主义市场经济体制转轨，由均质型的社会向多元化分化的社会转型，并由此带来人口流动及社会分层加快，城市社会结构分化，社会成员“异质性”加深。陆学艺等人（1997～2002）系统地研究了中国社会阶层状况及社会结构特征①。孙立平揭示了1990年代后“断裂”社会的形成机制②，米加宁及边燕杰等人则关注社会转型、市场转型与社会分层的关联③。张鸿雁关注于城市社会结构变迁的趋势④，更多学者进行了社会阶层分化的实证研究⑤。总的来看，经过20余年

---

① 陆学艺. 社会结构的变迁. 北京：中国社会科学出版社，1997.

陆学艺主编. 当代中国社会阶层研究报告. 北京：社会科学文献出版社，2002.

② 孙立平先生“断裂社会”概念中的“结构性的断裂”主要发生在这样几个层面：一是城市中失业下岗人员大量增加，这一由产业结构转换和制度转轨所带来的失业并非暂时的、过渡性现象，相当部分失业下岗工人事实已经成为社会转型永久淘汰的人；二是城乡“二元结构”所造成的社会断裂，由于无法与日益工业化和现代化的社会融为一体，难以加入城市化进程，农民因而成为被抛到社会结构之外的最庞大的一个群体；与城乡之间的断裂相关，由于户籍制度的作用，农村劳动力流动和农民工问题映射出城市中另一种形式的社会断裂，表现为城市对农民工的歧视、侮辱，及农民工事实上的二等国民地位。概括而言，断裂社会在现实意义上主要表现为明显的两极分化——富裕与贫穷、城市与乡村、上层与下层，社会沿着这条主要断裂带展开，几乎分裂为两个不同的世界。

参见：孙立平. 断裂——20世纪90年代以来的中国社会. 北京：社会科学文献出版社，2003.

孙立平. 失衡——断裂社会的运作逻辑. 北京：社会科学文献出版社，2004.

孙立平. 博弈——断裂社会的利益冲突与和谐. 北京：社会科学文献出版社，2006.

③ 米加宁. 社会转型与社会分层标准. 社会学研究，1998，(1)：111～115.

边燕杰，卢汉龙，孙立平主编. 市场转型与社会分层：美国社会学者分析中国. 北京：三联书店，2002.

④ 张鸿雁. 侵入与接替——城市社会结构变迁新论. 南京：东南大学出版社，2002.

⑤ 例如：刘精明，李路路. 阶层化：居住空间、生活方式、社会交往与阶层认同——我国城镇社会阶层化问题的实证研究. 社会学研究，2005，(3)：53～81.

的改革与转型的过程，原有计划经济时代的均质型社会被终结，新的社会力量开始形成。但这种社会力量却是以断裂和失衡的状态呈现出来，这就是强势群体与弱势群体之间的分野和裂痕。一方面，经济精英、政治精英和知识精英开始构筑一个巩固的联盟；另一方面，则是碎片化的弱势群体。其结果是两者争取自己利益能力的高度失衡，形成“不良社会”。

城市社会空间结构变化（城市社会地理学的研究视角）则是城市规划界、地理学界共同关注的热点研究领域。

城市社会空间结构与阶层化问题密切相关，大多数传统的关于社会分层结构的研究，基本上都建立在这样一个基础之上，即：一个社会的阶级或阶层是基于客观社会位置而形成的，例如，阶级位置、职业地位、教育水平、财产和收入、权力等，即使是“社会声望”这一看起来是主观的评价标准，其基础也是社会经济的，内在地包括了权力、教育水平和收入等要素（blau&Duncan，1967；Featherman，1975）。但是，社会分层研究并非仅仅是对客观社会位置的分类和分析，其首要任务是社会分层结构和社会中可见的主要社会行动模式之间，或简单地说“结构和行动”之间的关系（Erikson & Coldthorpe，1992）①。因此，尽管社会分层的研究大多集中于客观社会位置的分析，但都内在地包含了一个基本假设：客观的分层结构构成了社会关系的基本分界线和不同社会群体的利益基础，构成了社会集体行动的基本组织原则和社会矛盾及冲突的基础，也就是集体行动的基础。

城市规划所关注的，也正是这种分层结构所导致的社会行为模式对城市空间环境形成与发展的影响。我国城镇居民基于职业、教育、收入等客观位置所形成的社会分层，是导致城市社会空间结构变化的原因。

西方城市社会空间结构的传统研究领域为城市物质空间与社会空间的差异、居住与住房、城市日常生活空间、社会群体和城市机构、城市中的政治经济、城市生活质量等。1980年代后，西方城市社会空间结构研究又加强了对市民社会、社会底层、新贫困现象、种族主义、城市主义、社会网络的分析（Ley，D.；Lees，J.；Knox，P. 等）。

中国城市社会空间结构研究始于1980年代，包括最早的运用因子生态分析法对一些城市社会空间结构的实证研究（虞蔚，1986；许学强，1989）②，城市意象图，迁居与城市人口分布动态（唐子来，1986；朱介鸣，1986）③，城市生活环境质量研究。1990年代后，城市社会空间结构及社会空间分异更成为城市社会地理学的研究核心。一些学者对城市社会极化、居住及社会空间分异（顾朝林，1993，1997；吴启焰，2001；马健，

---

① 马克思关于“自在阶级”和“自为阶级”的著名概念，韦伯关于阶级“仅仅是某一种共同行动的可能基础”的讨论，都强调了客观分层结构和相应群体行动之间的关系。正是这个意义上，赖特主张，对阶级的分析必须区分“阶级结构”（class structure）和“阶级形成”（class formation）两个层次：阶级结构被定义为一种决定个人或家庭的阶级利益的社会关系，而阶级形成则是“在这种阶级结构之中，基于结构所决定的利益基础而形成的组织化的集体行动（Wright）。”

② 虞蔚．城市社会空间的研究与规划．城市规划，1986，(6)：25~28

许学强，胡华颖等．广州市社会空间结构的因子生态分析．地理学报，1989，(4)：385~397

③ 唐子来．上海市区人口迁居问题初步研究，城市规划汇刊，1986，(3~4)．

朱介鸣．城市居住人口分布及再分布的基础研究．城市规划汇刊，1986，(4~5)，1987，(1~2)．

2003；杨上广，2005 等等)①、社会结构的地域扩张（张鸿雁，2000）、住房（张兵，邓清，1995)②、社区、犯罪及社会公平等领域的研究进一步深化，中国城市社会空间结构研究（王兴中，2000)③ 的理论框架初步建立。目前，中国城市社会空间研究逐步从宏观的社会描述转向社会空间演进机制的深刻剖析，中产阶层化、郊区化、城中村、边缘社区、城市贫困等敏感问题得到更多的关注，"社会—经济—制度"的三重转型成为这些研究的注脚。

总之，作为规划前提的城市社会背景，主要集中在城市社会、社会结构变迁及社会空间结构两方面。前者是对城市社会发展的历时性考察，目的在于揭示城市社会发展的前后因果关系，从而揭示其规律性；后者则更注重现时社会空间的构成特征，是一种截面式的研究。城市规划尤其注重城市社会结构变化与城市空间结构特征之间的关系。

（2）城市社会问题研究

研究重点是转型社会典型的城市社会现象及社会问题。

当代中国社会正经历着从农业社会转向工业社会，从工业社会转向知识社会的"双重跨越"，这是一种内部不平衡的、浓缩式的、跳跃式的社会转型；另一方面，中国社会已初步实现从匮乏型社会向发展型社会，从计划经济社会向市场经济社会的转变。在这个过程中，种种社会问题，如就业困境、贫富差距扩大，"三农"问题、社会保障、社会碎片化日益凸现。主要原因是片面的发展观引导，经济增长、改革过程中利益均衡机制的缺失，使经济增长的成果没有被全民分享，中国改革有陷于"拉美陷阱"的隐忧。

城市规划所关注的，主要是与"空间"相关联的社会问题：即经济社会转型所造成的空间效应。1990 年代后，西方城市"后福特主义"的经济重构和社会极化，社会问题日趋空间化。同样，中国的经济转型及社会转型也正在塑造新的城市空间。城市新富阶层、新贫困阶层、乡村移民等在社会结构中趋于"极化"，在居住空间中趋于"隔离"，居住空间隔离问题成为学术界研究的热点问题（黄怡，2001，2004，2006；吴启焰，1999；杨上广，2004，李志刚，2004；邢兰芹，2004；吕露光，2004；魏立华，2006)④。

---

① 顾朝林等. 北京社会空间结构影响因素及其演化研究. 城市规划，1997，(4)：12～15
顾朝林等. 北京社会极化与空间分异研究. 地理学报，1997，(5)：385～393.
吴启焰. 大城市居住空间分异研究的理论与实践. 北京：科学出版社，2001.
冯健，周一星. 北京都市区社会空间结构及其演化（1982～2000）. 地理学报，2003，(4).
杨上广. 大城市社会空间结构演变研究——以上海为例. 城市规划学刊，2005，(5)：17～22.

② 张兵. 我国城市住房空间分布重构. 城市规划汇刊，1995，(2)：37～40.
邓清. 城市结构的转型与住房问题初步研究.（北京大学博士学位论文，1995）.

③ 王兴中等. 中国城市社会空间结构研究. 北京：科学出版社，2000.

④ 黄怡. 住宅产业化进程中的居住隔离——以上海为例. 现代城市研究，2001，(4)：40～43.
黄怡. 城市居住隔离及其研究进展. 城市规划汇刊，2004，(5)：65～72.
黄怡. 大都市核心区的社会空间隔离. 城市规划学刊，2006，(3)：76～84.
吴启焰，崔功豪. 南京市居住空间分异特征及其形成机制. 城市规划，1999，(12)：23～26
杨上广，丁金宏. 浦东新区社会极化问题研究. 城市规划汇刊，2004，(6)：43～47
李志刚等. 当代我国大城市的社会空间分异——对上海三个社区的实证研究. 城市规划，2004，(6)：60～67.
邢兰芹等. 1990 年代以来西安城市居住空间重构与分异. 城市规划，2004，(6)：68～73.
魏立华，闫小培. 大城市郊区化中社会空间的"非均衡破碎化"——以广州市为例. 城市规划，2006，(5)：55～60.

此外，城市贫困区位化（肖文涛，1997；陈涌，2000；张高攀，2006；魏立华，2006）①、城市流动人口及犯罪、城市社会老龄化、“城中村”问题、城市边缘移民社区问题（饶小军，2001）②、旧城改造中对弱势社会群体的损害问题③也成为学术界关注的问题。城市规划之所以关注这些社会问题，是因为这些问题与城市空间环境组织相关，并且会带来明显的社会损害，危及社会公平、社会稳定及社会安全，不利于提升城市生活质量和建设一个宽容、和谐的城市社会。

作为规划依据的城市社会事实研究，最重要的是必须将社会问题与城市空间发展相联系，即必须注重城市社会问题的时空特征，而不是泛化的社会问题研究。

（3）城市社会发展策略研究

即出于社会控制目的的社会研究。包括社会发展、社会进步的内涵（陈信勇，1997；李培林，2004，丁元竹，2005）④，社会发展指标体系及其国际比较（朱庆芳，1997，2001）⑤，社会发展目标（黄亚平，2005；陈育霞，2004；李向阳，2004）研究⑥；政府的社会服务及公共管理职能，以及非政府力量（即行政约束及法律约束之外）的社会约束机制研究。近年来，城市社区理论也成为研究热点之一，包括社区功能、社区管理、社区服务、社区文化、社区建设、中外城市社区的比较研究（叶南容，2003）、社区发展规划的理论和方法（赵民，2003）⑦。

城市规划领域应对城市社会问题的规划对策研究近年来呈增多趋势⑧，对国外城市社会规划的介绍与研究也开始出现。刘佳燕等人开始尝试性地介绍、引进与探讨国外城市

---

① 肖文涛. 我国社会转型期的城市贫困问题研究. 社会学研究，1997，(5)：40～47.
陈涌. 城市贫困区位化趋势及其影响. 城市问题，2000，(6)：15～17.
王兴中. 我国社会转型期的城市贫困问题的研究. 社会学研究，1997，(5)：40～47.
吕露光. 城市居住空间分异及贫困人口分布状况研究——以合肥为例. 城市规划，2004，(6)：74～77.
张高攀. 城市“贫困聚居”现象分析及其对策探讨——以北京为例. 城市规划，2006，(1)：40～46.
魏立华，李志刚. 中国城市低收入阶层的住房困境及其改善模式. 城市规划学刊，2006，(2)：53～58.

② 饶小军，邵晓光. 边缘社区：城市族群社会空间透视. 城市规划，2001，(9)：47～51.

③ 黄亚平，王敏. 旧城更新中低收入居民利益的维护. 城市问题，2004，(2)：42～45.
罗思东. 战后美国城市改造对社会公正的侵蚀. 城市问题，2004，(1)：66～69.

④ 陈信勇，等. 中国社会发展的支撑体系. 昆明：云南人民出版社，1997.
李培林. 科学发展观的“中国经验”基础. 中国社会科学，2004，(6)：4～8.
丁元竹. 主编. 建设健康和谐社会. 北京：中国经济出版社，2005.

⑤ 朱庆芳，吴寒光. 社会指标体系. 北京：中国社会科学出版社，2001.
朱庆芳，等. 世界大城市社会指标比较. 北京：中国城市出版社，1997.

⑥ 李向阳. 科学发展观与全面建设小康社会的发展目标. 南京政治学院学报，2004，(3).
黄亚平. 城市规划中的社会发展目标研究. 2005 中国城市规划年会论文集.
北京：中国建筑工业出版社，2005.
陈育霞，黄亚平. 城市空间环境规划与社会发展目标. 城市问题，2004，(1)：32～35.
黄亚平. 城市规划、城市空间环境建设与城市社会发展. 城市发展研究，2005，(2)：12～16.

⑦ 奚从清. 社区建设与社区发展. 华厦出版社，1996.
王彦辉. 走向新社区——城市居住社区整体营造理论与方法. 南京：东南大学出版社，2003.
赵民，赵蔚. 社区发展规划——理论与实践. 北京：中国建筑工业出版社，2003.

⑧ 如居住空间分异的规划对策（占主导），城中村改造、城市贫困化、老龄化等规划对策。

社会规划①。但国内学术界对中国城市社会规划相关理论和方法的研究尚未开展，究其原因，是由于我国现阶段大规模的城市物质建设需要物质形态规划指导，在纷繁复杂的城市问题中进行社会因素的分离和度量存在一定的困难，且现实中社会目标与经济目标、政治现实之间存在一定程度的冲突。

1.4.2 城市规划的社会性特征及社会作用研究

城市规划在社会、经济、政治的环境中究竟发挥什么样的作用问题，一直是城市规划理论研究的核心问题。

从“终极蓝图式”的规划模式，到“程序式”的规划模式，20 世纪前半叶，传统的物质性规划（physical planning）的教义是通过物质环境的改造达到其社会理想的追求，但这种以“物质环境决定论”为思想基础的规划在改良社会方面已被证明是失败的。1960 年代后，西方城市学界更关心城市的社会性一面，普遍认为城市规划所形成的物质性安排对实现经济、社会乃至政策目标会产生影响，尤其对社会因素的发展，更会产生长远的影响。城市规划能够帮助实现社会目标。

城市规划的先驱思想家 P. Geddes 曾以一种整体的观点主张城市规划是与社会、文化及环境的变革相联系。R. J. Halliday 则把城市规划作为理解维多利亚时代英国城市问题的三种社会学之一。城市规划在政治学领域则被理解成为一种社会控制或建立城市秩序的途径，1960 年代的代表人物 H. Gans 相信规划师应承担责任来满足人民所需，认为城市规划是一种建立在专家权力（power of experts）或建立在有关事物发生的知识基础上的，用以调解相关的不同利益的工具②。

John Friedmann（1983，1987）曾归纳不同的规划范型在公共领域之角色为：①规划作为一种社会改革（social reform）；②规划作为政策分析（policy analysis）；③规划作为社会动员（social mobilization）；④规划作为社会学习（social learning）③。

第一类“规划作为社会改革”可以说是主流范型，认为一有为政府透过规划可以捍卫公共利益，指导社会的进步和发展，其特色是重视规划之社会引导（social guidance）的角色。在历经 1960 年代社会运动风潮和反越战运动的洗礼后，欧美规划界开始对国家权力和由上而下的政策发出根本的质疑和挑战。西方都市更新政策的失败，都市社会运动的兴起，使市民广泛要求参与都市发展决策，“规划作为社会动员”和“规划作为社会

---

① 国外城市社会规划的渊源深厚，其发展历程大致经历了发展起源期：社会福利服务为主导（1930 年代前）；发展繁荣期：国家推动下的福利干预（1930～1980 年代）；发展转型期：职责下放和地方发展（1980 年代至今）。但国外社会规划也没有统一的概念界定及内容规范。一些学者将社会规划视为“社会政策规划”（Social Policy Planning），是“对社会政策进行制定、执行、评估的过程。……根本上是直接进行资源、地位和权力在不同社会群体之间的分配”，即社会规划的本质是社会优先权的决策。另一种社会规划的概念是以“社会发展”为核心的综合规划，它旨在“通过具有很强综合性的规划为人们提供服务，关注‘非经济’因素的发展，并实现某种内在的权利和目标（尤其有关社会平等），同时鼓励公众直接参与规划和发展进程”（conyers，1982）。国外城市社会规划一般有 3 个主要内容：社会公共服务规划；对社会优先权和社会关注的重视；公众参与。

参见：刘佳燕. 国外城市社会规划的发展回顾及启示. 国外城市规划，2006，(2)：51～55.

② Gans，H. 1968，in Castells，M. The Urban Question：A Maxist Approach. Edward Arnold，1972/1979.

③ Friedmann，J. Planning in the public domain：From Knowledge to action. Princeton University Press，1987.

学习”的范型则在此社会背景中成长。如 Paul Davidoff 的“倡导规划”（advocacy planning），D. Calve 的“进步式规划”（progressive planning）。他们拒绝规划师作为公共利益守护者的角色，拒绝假理性中立之名为体制护航，转而选择站在弱势的一方，为穷人和工人服务（Davidoff，1965）①。而“规划作为社会学习”则是知识传统。

1970 年代后，“新马克思主义城市分析”学派采用政治经济学的研究方法阐述城市规划所包含的政治经济意义（Lefebvre，H. Castells，M. 1972）②，David Harvey（1973，1985）等激进地理学者批评规划工作不过是将资本主义社会现状“合法化”的工具③。“进步式规划”（progressive planning）提出了体制内改革与新专业主义（calve，D.；1986），“联络性规划”（communicative planning）主张规划实践有机会使资源的分配更公平，规划师可以成为建构公共领域（public sphere）的作用者（Forester，J.. 1980，1989）④。“合作性规划”（collaborative planning）则主张从规划结构和体制入手，改革社会权力关系和它们在空间上的表现（Healey，P. 1992，1997）⑤。后现代主义的城市规划理论倡导的中心思想是：在城市资源，尤其是土地资源的分配过程中，通过对城市管理权力的监督来实现社会公正的追求。

总结西方 100 年的规划历史，学术界普遍的共识是，规划已从崇尚科学理性的技术性角色，转变到在公共事务中扮演组织群众意见和协调不同利益团体的角色；规划是社会性的，它能起到促进社会合作协调、利益均衡的作用，规划会影响到社会公平。

1.4.3　城市规划制度及制度环境研究

从体制、制度改革入手，改善城市规划的社会作用，一直是西方城市学界孜孜不倦探索的一个理论命题。

新制度经济学（New Institute Economics）的代表人物诺斯认为：“制度是一系列被制定出来的规则、服从程序和道德、伦理和行为规范，旨在约束追求主体福利或效用最大化利益的个体行动”⑥。制度环境（institution contest）则是指由法律、行政、经济等社会机制对某行业（产业）的制度性约束（激励）条件（环境）。制度环境是社会环境的重要组成部分，它具有巨大的约束或激励作用。

从宏观的角度看，社会发展与制度创新有密切的关系。现代社会是一个以技术发展为基础，以制度建设和制度创新为目标的社会。城市的发展亦需要相应的制度为它作出规范和协调，使其避免偏离社会发展的要求。西方规划理论界自 1970 年代以后，无论哪

---

① Paul Davidoff. Advocacy and Pluralism in Planning. The American Institute of Planners，1965，31，(4).

② Castells，M. The Urban Question：A Maxist Approach. Edward Arnold，1972/1979.

③ Harvey，D. Social Justice and the City. The Johns Hopkins University Press，1973.

Harvey；D. The Urbanization of Capital. The Johns Hopkins University Press，1985.

④ Forester J. Planning in the Face of Power. University of California Press，1989.

⑤ Pasty Healey. Planning Through Debate：The Communicative Turn in Planning Theory. Town planning Review，1992.

Pasty Healey. Collaborative Planning：Shaping Places in Fragmented Societies. London：Macmillian Press，1997.

⑥ ［美］道格拉斯·C·诺斯. 经济史中的结构与变迁. 上海三联书店，1994.

一种思路都开始受到多元价值观的冲击，开始放弃规划的"科学性"，并转向注意社会权力分配与城市空间使用的关系，开始提倡公众参与，并把焦点放到"体制"（institutions）上去。将规划视为一种政治过程的视角必然使其关注体制和制度问题。

张兵博士（1998）在国内首先涉猎到城市规划的制度问题，他认为规划失效的原因，很大程序上是由于规划决策实施全过程（planning process）的运行效果，即一般性规划过程所赖以存在的具有法律、权力、资源意义上的制度性框架不健全所致，即存在着规划运行的机制性问题①。目前，国内不多见的与城市规划相关的制度研究，主要涉及下列领域：

一是区域与城市化制度方面，包括区域制度环境与城镇化的关系（张军，1998）②，城市建制制度创新（汪宇明，2005）③，城镇化发展的相关制度改革（陈鹏，2005）④，如城市社会保障制度（孙嵘，2001）⑤，城市土地使用制度等⑥。

二是城市规划整体制度方面，包括中国城市规划制度化发展的历史（李昕，2005）⑦，中国城市规划制度体系与制度安排的现状及创新方向的探索（王洪，2004；周建军，2004）⑧，中国城市规划的制度环境分析（张京祥，2001）⑨，中国城市规划管理制度的革新（姚凯，2003）。这其中尤其值得一提的是雷翔博士对中国城市规划决策制度的构建与研究，是国内迄今为止在规划制度领域最有深度和创新性的研究⑩，他所提出的规划决策机制构建及若干规划决策制度设计，对推动我国走向制度化的城市规划决策有重要指导意义。

三是对城市规划制度领域某一制度的研究，包括对国外规划许可制度的借鉴（肖莹光，赵民，2005），对国外较为完善的公众参与城市规划制度的引介和探讨（何丹，1999），以及国内目前普遍关注的规划编制制度及法律制度的改革问题。近年来，一些学者也探讨了建立和完善我国城市规划公众参与制度、规划行政救济制度⑪，改进城市规划评审制度⑫等问题。

与社会科学领域广泛的制度及制度环境研究相比，中国城市规划制度及制度环境研

---

① 张兵．城市规划实效论．北京：中国人民大学出版社，1998.

② 张军．区域制度环境及其变迁与城镇化．人文地理，1998，(3)：35～40.

③ 汪宇明．中国的制度创新与城市变化．国外城市规划，2005，(1)：24～28.

④ 陈鹏．从规模控制到制度建设——论中国城市化战略的范式转换．城市规划，2005，(2)：41～45.

⑤ 孙嵘．社会保障制度创新与城市化研究．城市发展研究，2001，(6)：34～38.

⑥ 赵尚朴主编．城市土地使用制度研究．北京：中国城市出版社，1998.

中国社会科学院财贸经济研究所，美国纽约公共管理研究所（Institute of Public Administration New York U. S. A)．中国城市土地使用与管理（专题报告及附录）．北京：经济科学出版社，1994.

⑦ 李昕．中国城市规划制度化历史发展的内在逻辑——关于中国城市规划制度发展史的思考．城市规划学刊，2005，(2)：81～85.

⑧ 王洪．中国城市规划制度创新试析．城市规划，2004，(12)：37～40.

周建军．论新城市时代城市规划制度与管理创新．城市规划，2004，(12)：33～36.

⑨ 张京祥．论中国城市规划的制度环境及其创新．城市规划，2001，(9)：21～25.

⑩ 雷翔．走向制度化的城市规划决策．北京：中国建筑工业出版社，2003.

⑪ 陈锦富，刘佳宁．城市规划行政救济制度探讨．城市规划，2005 (10)：19～23.

⑫ 赵民，罗震东．改进城市规划评审制度的探讨．城市规划学刊，2005，(1)：31～34.

究仍处于起步期，对城市规划改革及发展还缺乏足够的、应有的影响。

1.4.4 已有研究的不足

应该说，社会科学及城市学对城市社会变迁、社会结构及社会空间结构变迁、城市社会问题已开展了卓有成效的研究，也取得了丰硕的成果。伴随着我国城市化的快速发展，城市规划技术和方法也在不断完善和提高，但已有的研究从总体上呈现出相互脱离的状况。

在西方，社会科学领域的学者对规划提出了有力的批判，早期社会科学学者批判规划的“物质环境决定论”（physical determinism），认为它否定规划的社会性、经济性和政治性。后期社会科学学者批判规划的“理性主义”（rationalism），认为它埋没了人类的灵性、群体性、超理性等。从 Paul Davidoff 到 David Harvey、Manuel Castells 及 John Friedmann，众多规划学者执著于对社会公正的追求，但到目前为止，仍是纸上谈兵的多，提不出有效的解决方案。社会科学领域有关城市社会问题的研究多偏重于描述性和解释性，很少与城市规划与建设的调控策略挂钩，没有充分考虑到其应用到城市物质建设层面上的可操作性。实际规划工作者既不能否认问题的存在及其严重性，但又无法在其工作和权力范围内去解决这些问题，理论与实践脱离。

我国城市规划中的社会研究，目前是“城市社会背景”及“城市社会问题”的研究强，而“城市社会控制”的研究弱。前二者主要由社会科学领域（尤其是社会学、城市地理学）学者研究，且其对城市社会结构、社会空间结构的研究多从“结构描述”、“机制阐释”角度进行，能回答“是什么”、“为什么”，但不知道从城市规划途径该“怎么办”（对策）。有关城市社会问题的规划策略研究，目前主要针对“居住空间分异”、“城中村改造”、“社区规划”、“城市贫困”等有限领域。实践中的物质性规划的主导地位，影响了我们对城市规划中存在的社会问题的关注度。

针对转型社会普遍存在的制度短缺特点，学术界也从各个学科角度探讨我国制度创新、制度环境建设问题。城市规划制度创新研究的重点是实现以“效能优化”为核心目标的规划制度变革问题，但目前我国此类研究多数重点仍放在提高城市经济发展绩效，减少城市经济发展的体制障碍上，仍忽视城市规划的本质特征，即保障城市整体利益及公共利益，保障城市发展社会绩效的作用，没有从社会发展视角研究如何建立有利于实现城市社会发展目标的规划建设调控机制。

随着科学发展观，构建社会主义和谐社会目标的提出，以及“量”的扩张之后对城市建设“质”的水平提高的重视，对城市空间环境背后的社会意义，城市规划与建设中的社会公平问题将会更加重视。

和谐社会的基本特征是利益的均衡①，不存在体制外群体。利益均衡机制主要表现在

---

① 许多学者认为，我国现在面临的问题不是能否建立市场经济问题，而是能否建立一个好的市场经济问题。所谓好的市场经济，不是市场本身，而是有一套与市场相配套的利益均衡机制。没有这样的机制，是当前我国利益格局失衡的重要原因，也是造成城市社会阶层分化、社会空间极化、社会问题丛生的背景原因。

两个领域：一是再分配领域；另一个是市场领域。那么，如何建立利益均衡机制呢？如果说西方在资本主义初期，契约自由已经证明了各社会集团之间形式与起点的平等，那么，到了20世纪中期，各主要资本主义国家已经以累进税制及各种劳动权利与社会底线保障，使资本主义已经接近了这种制度所容纳的最大限度的分配平等即结果平等。但中国不一样，越来越不平等的现状，使经济学所强调的“生产性努力”，某种程度上被政治经济学所关注的“分配性冲突”所替代。这对城市规划的启示就是，由于城市规划主要涉及城市土地及空间资源的配置，如何公平地配置城市土地及空间资源应是城市规划的关注核心，城市规划应更注重社会绩效。但怎样才能取得城市规划的社会绩效、发挥它的社会发展促进作用呢？目前规划界口号喊得多，也不乏大声疾呼①，但缺乏系统的思路和研究。

1.5 本书的内容框架

当今中国城市仍处在产业重构、空间重组、环境重整、社会重塑的全面转型过程中，在这种背景下，本书围绕如何增强城市规划的社会发展作用这一核心问题而展开，全书分为三个理论板块：

（1）第一板块为城市规划与城市社会发展的关系研究

第二章以社会科学领域的研究成果为借鉴，界定了社会发展、社会发展目标的概念内涵，根据人类社会发展的普遍价值取向及中国社会发展的现状，提出现阶段中国社会发展的目标体系及其内涵，同时，本章还分析了城市规划的社会作用机理，指出规划在控制城市土地使用及空间变化，实现城市社会和谐发展目标的过程中，所起到的技术性控制与导引、制度性保障作用。

第三章采用整体分析的方法，对西方近现代城市规划理论及思想作全景扫描，考察近现代城市规划中各时期社会思想产生的背景、主要社会思想及其演进历程，以及其对中国当代城市规划发展所具有的借鉴意义。

第四章根据空间与社会相互建构、相互融合的关系，探讨了城市规划的客体对象——城市空间环境与城市社会发展目标之间的交互作用关系，提出与城市规划及城市空间环境建设相关的社会发展目标。建构起城市规划与城市社会发展目标之间的关系，是本书立论的基础和后续研究的切入点。

（2）第二板块为城市规划的社会发展作用弱化的原因研究

第五章从技术·理性·制度——城市规划存在和发展的三维结构分析入手，探讨了城市规划社会发展作用弱化的认知原因。指出正是由于规划技术（工具）理性的主导地位及其片面发展，规划的核心价值受到忽视，规划的价值异化，规划制度理性缺失，导

① 例如在2004年中国城市规划年会（北京）上，周干峙院士在大会主题发言“为了一个更加美好的春天”中，就曾指出当前规划中要解决两个主要问题：一是要解决市场经济体制条件下规划为谁服务的问题；二是如何从理论上、方法和技术上解决政府对市场的控制、引导，维护全社会的公共利益问题。

致规划失效。城市规划作为一种把知识应用于实践的社会活动，规划知识的不足—城市规划理性认知的偏差，是城市规划社会发展作用弱化的重要原因。

第六章从制度与社会发展的关系分析入手，在明确制度对经济社会发展起着关键作用的前提下，探讨了中国城市规划制度变迁的路径，以及转型期城市规划制度在保障城市发展社会绩效上的不足。指出改革以来在中国社会主流思想关注经济发展而不是社会公平的状况下，社会绩效保障自然也难以成为制度建设的重心；城市规划制度短缺及制度设计不足（表现为激励、约束、利益补偿、社会监督机制的缺失），规划制度环境及其与社会发展目标偏离的现状，正是其难以有效发挥城市社会发展促进作用的根本原因。

（3）第三板块为基于社会发展目标的城市规划调控策略研究

第七章在辨析各种空间环境的社会促进或社会损害作用基础上，探讨了有利于达成社会发展目标的城市土地使用及空间环境建设的技术性调控策略。提出在城市功能组织、人口分布及居住组织、公益设施布局、旧城更新、开敞空间塑造、地域平衡发展等广泛领域，采取恰当的规划技术性措施，可以达到良好的社会效果，减少城市发展中的社会损害。

第八章针对城市规划社会发展作用弱化的根本原因—制度机制的缺失，探讨了社会发展视角下的城市规划制度创新问题。本章首先论述了城市规划制度创新应树立什么样的制度理念（突出核心价值、追求程序正义、保障规划民主）；其次，讨论了城市规划制度安排的规则设计革新，强调加强规划法制的社会绩效保障功能、完善公平公正公开的规划行政操作规程、构建制度化的规划社会监督机制应是规划制度安排的规则设计创新的重点；最后讨论了适应社会发展要求的城市规划制度环境营造问题。

全书按照“提出问题—分析问题—解决问题”的技术路线设计，以城市规划的社会发展作用为主题，以城市规划与城市社会发展的交互关系为联结点，以适应城市社会发展要求的城市规划调控机制构建为核心，将城市社会发展研究与城市规划研究相结合，内容的结构框架如下：

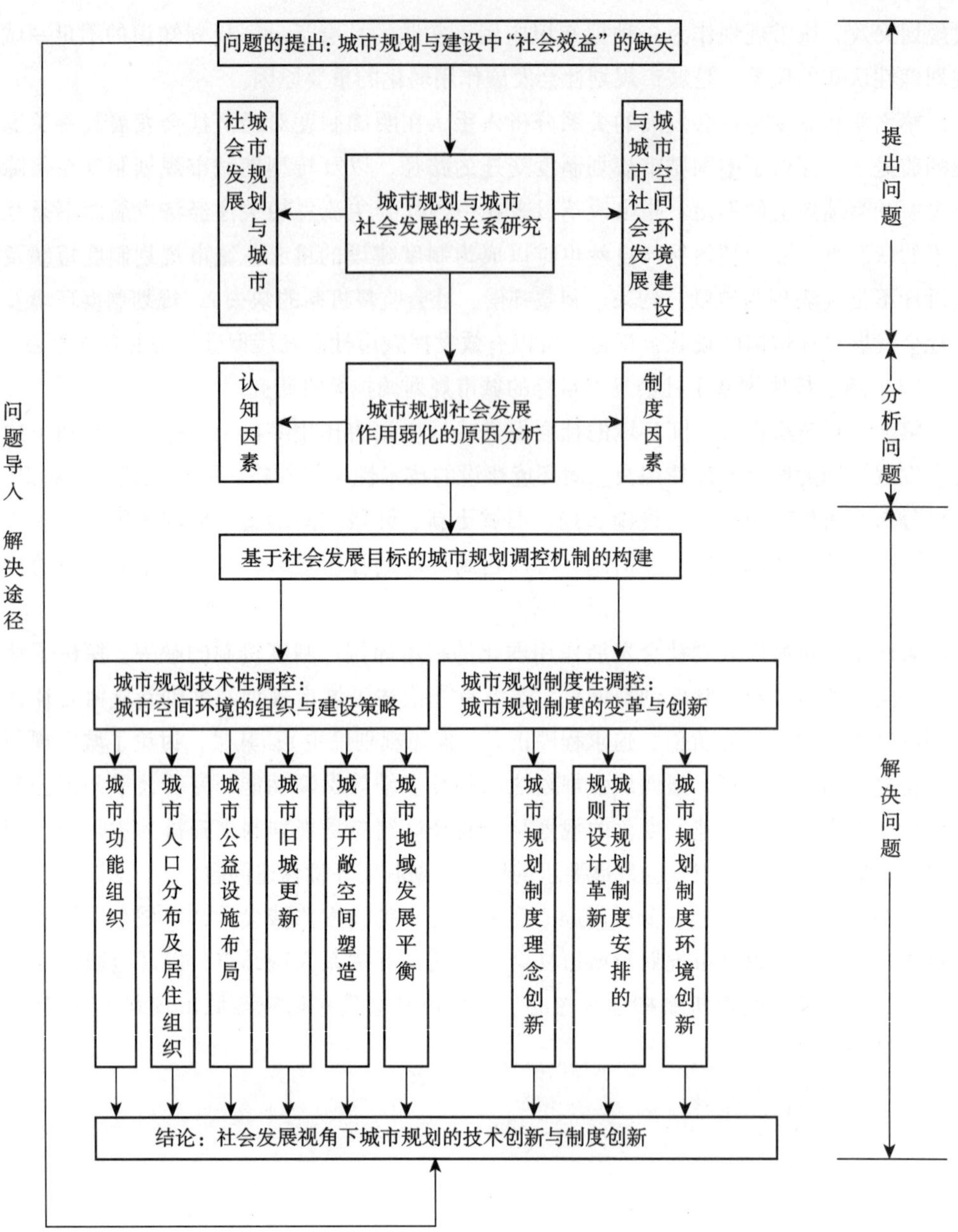
问题的提出：城市规划与建设中"社会效益"的缺失
城市规划与城市社会发展
城市规划与城市社会发展的关系研究
城市空间环境与城市社会发展建设
认知因素
城市规划社会发展作用弱化的原因分析
制度因素
基于社会发展目标的城市规划调控机制的构建
城市规划技术性调控：城市空间环境的组织与建设策略
城市规划制度性调控：城市规划制度的变革与创新
城市功能组织
城市人口分布及居住组织
城市公益设施布局
城市旧城更新
城市开敞空间塑造
城市地域发展平衡
城市规划制度理念创新
城市规划制度安排的规则设计革新
城市规划制度环境创新
结论：社会发展视角下城市规划的技术创新与制度创新
问题导入　解决途径
提出问题
分析问题
解决问题

图1－1　全书的内容框架

2

社会发展、社会发展目标及城市规划的社会发展作用

2.1 社会发展：内涵与外延

2.1.1 社会（Society）

现代意义上的“社会”是指以共同物质生产活动为基础而且是相互联系的人类生活有机体，是“人们交互作用的产物”①。

在社会学领域，很多社会学家都对“社会”有过自己的解释。如迪尔凯姆认为：社会是一种集体意识，是一种建立在个人意识之上的独立实体。萨姆纳认为：社会是一些力量系统。库利则认为：社会是一群关系网。金斯伯认为：社会是人类关系的整合组织。

日本学者富永健一则提出社会概念有广义与狭义之分：“广义的社会是指由人的有意识的行动创造出来的事物的总和，它是与对于人来说是外在之物的自然相对应的。”② 在与自然要素相对应的要素中，如“经济、政治、法律、宗教、道德、家庭、企业、学校、国家、村落、城市、国民社会等都是构成广义的社会的要素”。由此可见，富永健一所述的广义的社会指的是把科学研究分为自然科学与社会科学时所说的社会。狭义的社会则被定义为一种状态，“即由于人与人之间持续的相互行动的积累，形成了一种社会关系体系，在他们之间存在着有内外区别的共属情感。”③也即社会虽然离不开人类聚集于同一空间这种状态，但仅仅是人的聚集还不能称其为社会，只有当人群具备了人与人之间通过持续的相互行动的积累而形成了社会关系体系和共属情感这些特征时，将这些特征抽象化而得到的概念才是社会。如家庭、企业、学校、国家、村落、城市、国民社会等是狭义的社会要素。富永健一狭义的社会认识观具有强烈的科学指向性，其合理性在于说明了人与人之间通过持续的相互行动积累，由此构成社会关系体系的共属情感。人与人之间之所以能够建立起社会关系，是社会构建了一种大多数人认同的并能够共同遵守的共同利益规范，如婚姻制度、组织制度、道德行为规范等，社会构成体的运行，是人类的人性与理性排斥人类自然属性——动物属性的过程，这在某种意义上把社会归结为“社会即理性”的认识层面。

丹尼尔·贝尔则用杰米拉·边沁的观点解释社会：“社会是一个由单个的人组成的习惯上假定的集合体（body），个人可以看作是构成这个集体的成员。那么，社会的利益是什么呢？——是组成这个社会的各个成员的利益之总和。”④

安东尼·吉登斯则认为：“社会”具有双重涵意，一是指有具体界限的系统，是指一般性的社会交往。所谓社会的“具体界限”，有理念意义的界限，更有存在意义上的界限。如城市社会与乡村社会就有着明显的界限，也正因为两种社会存在着区别和具体界

---

① 马克思恩格斯选集（第4卷）. 北京：人民出版社，1995. 320.

②③ 富永健一. 社会学原理. 北京：社会科学文献出版社，1992. 1 ~ 2.

④ 丹尼尔·贝尔. 资本主义文化矛盾. 北京：三联书店，1989. 317.

限，才有可能把城市社会作为一个对象来研究。而“一般性交往”则是一种人与人的互动形式，没有互动也就没有社会的存在。吉登斯还强调“‘社会’是以一系列其他系统性关系为背景，从中‘凸显’而出的社会系统。而社会系统又根植在这些系统性关系之中。它们之所以能够凸显出来，是因为确定的结构性原则推动产生了跨越时空并且可以明确限定的全部‘制度聚合’(clustering of institutions)。这种聚合是一个社会最最基本的规定特征，但它同时还有一些其他特征”①。这些特征包括三个方面：第一是“社会系统与某一具体场所或地域之间的结合”。第二是“存在某些对合法占据一定场所提出权利诉求的规范性要素”。第三是社会成员内部普遍存在的某种情感，认为他们之间拥有某种共同的身份，无论这种情感是以何种方式被表述、揭示出来的②。

张鸿雁博士则提出：社会是一种人们通过“被理性化了的关系”联系在一起的群体③。相对于自然，社会是人类的一种理性存在形式。城市社会就是一个有界限、有独立交往关系特质的社会，它是区别于乡村的一种社会。

众多学者对“社会”内涵的揭示无疑有利于加深我们的认识，如果需要对“社会”内涵加以界定，下列方面是值得注意的：

①“社会”是指以共同物质生产活动为基础，而且是相互联系的人类生活有机体，是人们相互作用的产物；

②人的聚集、相互行动及形成共属情感是形成“社会”的必要条件；

③“社会”是有具体界限的系统，与一定的场所和地域相联系；

④相对于自然，社会是人类的一种理性存在形式。

2.1.2 发展（Development）

所谓发展是用以揭示事物发展变化性质的哲学概念，是指事物由小至大，由简单到复杂，由低级到高级，由旧质到新质的有规律的运动变化过程。“事物的发展，既表现为结构形状的改变、位置的移动、数量增减的渐进过程，又表现为性质的突变，有时表现为曲折，甚至暂时的倒退。”④

“发展”这一概念的涵义有广义和狭义之分，广义的“发展”泛指自然界和人类社会从低级到高级的发展过程。而狭义的“发展”则特指一个社会或某一社会的发展问题，重点是社会的各个领域（社会、经济、科技、环境等）的变迁、进步状况。当代社会发展问题研究主要针对的是狭义的“发展”。

发展是一个历史范畴，是随着历史进程的不断推进而变化的。恩格斯在《路德维希·费尔巴哈和德国古典哲学的终结》一书中，曾明确地提出了社会发展“过程论”的思想，他指出：“一个伟大的基本思想，即认为世界不是既成事物的集合体，而是过程的集合体，其中各个似乎稳定的事物同它们在我们头脑中的思想映象即概念一样都处在生

---

① 安东尼·吉登斯. 社会的构成. 北京：三联书店，1998. 47.

② 安东尼·吉登斯. 社会的构成. 北京：三联书店，1998. 266.

③ 张鸿雁. 侵入与接替——城市社会结构变迁新论. 南京：东南大学出版社，2000. 6.

④ 李士坤. 马克思主义哲学词典. 北京：中国广播电视出版社，1992. 125.

存和灭亡的不断变化中，在这种变化中，尽管有种种表面的偶然性，尽管有种种暂时的倒退，前进的发展终究会实现。”①

发展亦是一个整体的概念，涵盖经济、政治、社会、文化诸方面的变化过程，它既包括经济增长，也包括不平等和贫困的减少和消除，社会结构的变迁，国家制度的变革，大众观念及心态的改变等。缪尔达尔由此将发展定义为“全部社会体系的向上运动”。

人类社会发展理论与实践的历史嬗变，也反映了这种过程论思想。从总体上，当代发展理论与实践的历史进程可分为三个阶段：

（1）以经济增长为核心的传统发展理论

把经济增长作为衡量一个国家发展的首要标志，把发展过程归结为物质财富的增加过程，形成了经济增长等同于发展的发展观。即：发展 = 经济增长。

这种发展观以及与之相对应的发展实践，虽然带来了一时的经济繁荣，但也带来了诸如资源枯竭、环境恶化、大量失业以及贫富差距拉大等社会问题，容易造成“没有发展的增长”。

（2）注重经济社会协调的社会综合发展论

社会综合发展论的兴起一方面与经济发展理论所造成的问题有关，也与新的发展环境有关。1960 年代以后，单纯追求经济增长所带来的种种社会问题凸现，人们逐步认识到发展是各种社会因素的综合发展，经济增长不是发展的惟一内容。

社会综合发展论认为，发展意味着全面的社会变革，发展应当是“整体的”、“综合的”、“内生的”，发展应当包括经济增长、政治民主、科技水平提高、文化价值观念变迁、自然协调、生态平衡等多方面的因素。即：发展 = 经济增长 + 社会变革。

1972 年罗马俱乐部发表的《增长的极限》、英国生态学家 E. Smith 的《生存的蓝图》，M. Mesarovic 等人的《人类处在转折点》等著作对这种发展观的产生有重大的影响。1983 年，法国学者弗朗索瓦·佩鲁发表的《新发展观》是综合发展观理念的代表性著作。这种发展理论是西方学者对工业文明所造成的人的异化和人类生存环境的恶化进行批判及反省的结果。

（3）以人为中心的综合发展论

1990 年代，社会发展理论有了新的拓展和深化。随着人们对发展问题认识的深入，人们进一步认识到，社会的全面发展、人的全面发展、人与自然的和谐、人与社会的和谐才是发展的本质所在，也是人类最根本的目的。即：发展 = 经济增长 + 社会进步 + 人的全面发展。

1995 年 3 月在哥本哈根召开的世界发展首脑会议通过的《宣言》中提出，社会发展要“以人为中心”、“走可持续发展道路”。以人为中心的可持续发展观已成为多数国家的共识。

从传统发展理论到以人为中心的可持续发展理论，反映了当代社会发展理论的转向。首先，在对发展内涵的理解上，实现了由一维到多维、由单一到综合的转变，使发展的

① 马克思恩格斯选集（第 4 卷）. 北京：人民出版社，1995.

内涵不再局限于技术进步及经济增长，而是把它理解为社会经济、政治、文化各子系统的相互促进与人们生活方式、心理层面与价值系统的重建。其次，在理论重心上，实现了以“物”为中心到以“人”为中心的转变，使人的自由全面发展成为衡量社会发展及进步的理想尺度，注重人的价值及其实现。在发展模式上，实现了由一元价值取向向多元价值取向的转向，正确区分了现代化与西方化之差别。

2.1.3 社会发展（Social Development）

社会发展的概念有广义和狭义之分。广义的社会发展，是涵盖经济发展在内的社会全面发展进步；狭义的社会发展，仅指与经济发展相并列的社会发展层次。

社会发展研究主要在广义社会发展角度上进行，当代社会发展研究主要包括三个方面的内容[①]：一是有关发展的基本理论问题，如发展的本质、发展的主体、发展的动力、发展的价值、发展规律、发展战略、发展机遇、发展道路、发展模式等；二是研究社会发展进程中的重大问题，如社会发展与社会稳定，社会发展与社会变革，社会分化与社会整合，社会发展与社会公平，社会发展与制度选择，社会保障与社会福利，经济与社会的协调发展与全面进步问题，人的自由全面发展问题，以及现代化、城市化与民主化问题等；三是发展模式与发展道路的比较研究，这包括影响发展的主要因素，如自然基础、历史基础、文化背景、民族传统以及国际环境等，也包括各国不同发展模式的研究。

2.1.3.1 广义的社会发展

广义的社会发展涵盖了经济发展、政治发展、文化发展、生态发展等主要领域及其相互关系，具有经济社会全面发展的涵义。但在社会发展理论及实践过程中，还经常存在着认识上的误区。

一是把GDP增长等同于经济增长的认识误区。GDP是反映经济增长的一项重要指标，GDP和人均GDP，它能够粗略反映一个国家或地区的财富水平，但是难以真实反映国与国之间、地区与地区之间经济发展水平的差距，更无法反映收入分配状况，不能说明经济增长过程中所付出的社会代价，难以标示人们实际享受到的福利。而且GDP增长并不一定就会实现经济的增长，如南美、非洲一些国家，依靠出口木材或石油使GDP有了增加，但由于缺乏结构变革和制度变革，生产率及经济部门的效益仍没有发生相应的增长。

二是把经济增长等同于经济发展的认识误区。经济增长与经济发展既有联系又有区别。经济增长是一个数量概念，指一个国家或地区生产的物质产品和服务的增加。经济发展既是一个数量概念，更是一个多维度的质量概念，它不仅包括经济增长，而且还包括经济结构的改善、分配的合理以及体制的变革与完善。经济增长是经济发展的必要条件，但不是充分条件；经济发展首先表现为经济增长，并以经济增长为前提，但经济增长并不等同于经济发展。如果在经济增长的同时，生态环境遭到破坏，产业结构没有调整升级，技术水平没有提高，就会出现有增长无发展的现象。

三是把经济发展等同于全面发展的认识误区。尽管经济发展相对于经济增长，其内

① 王怀超. 社会发展研究：一个正在崛起的新学科. 理论前沿，2004，(12)：8～11.

涵有了很大的拓展，但是单纯的经济发展仍有其局限性。"经济发展问题实质上就是通过增加人均产出来提高国民收入水平，使每一个人能消费得更多"①。随着研究的深入，伴随着经济发展引起的社会变化，不断有更多的发展指标被作为重要外延加入到原有的发展概念之中，使发展概念转变成一种更高层次上的经济的协调发展，以及人的全面发展和可持续发展。

由此可见，广义的"社会发展"概念涵盖了人类发展的各个领域，包括各社会系统的协调运行，以满足人的基本需要和全面发展而进行的各种实践活动等等。《1996～2010年中国社会全面发展战略研究报告》认为，社会发展作为一个整体的概念，涉及经济增长在内的社会结构、人民生活、科技教育、社会保障、医疗卫生、社会秩序等多个方面的内容，并把消除贫困、公平分配、大众参与、生态保护、社会稳定和可持续发展等多种社会价值作为发展目标。国家统计局制订的社会发展水平评价指标体系也是从广义社会发展的概念出发，囊括环境、人口、经济基础、收入分配、劳动就业、社会保障、卫生保健、科技教育、文化教育、社会治安等十个方面的内容。

2.1.3.2 狭义的社会发展

狭义的社会发展，主要关注于人类关系方面的建构，以人的全面发展为中心，是一种与经济发展相并列的社会发展层次。在此意义上，经济发展和社会发展之间存在着相互依存、相互补充、相互促进的关系。经济增长、经济发展是社会发展的基础和前提，社会发展则是经济增长、经济发展的目的和保障。只有经济不断发展，才能为社会发展提供必要的物质基础，才能有条件增加就业，消除贫困，提高人们的生活质量和生活水平，促进社会全面进步。但是经济增长、经济发展并不会自动带来社会的全面发展、全面进步，不会自动地解决各种社会问题。不认识到这一点，就有可能在取得经济增长、经济发展的同时，使社会分化加剧，社会矛盾激化，社会的公平公正受到严重损害，导致社会动荡、政治危机、政府更迭，陷入所谓"拉美陷阱"②。

由此可见，狭义的社会发展，主要涵盖了政治发展、文化发展、生态发展等领域，所追求的社会全面文明进步，是除经济增长之外，社会各个方面尤其是社会生存环境、道德水平、精神面貌和文化生活的大改变、大进步。

联合国和世界银行等国际组织认为，对应于经济发展的社会发展，至少应包括三个方面的目标：保护不利群体和脆弱群体；扩展并提高就业机会；建立社会安全网。我国政府则将社会发展看作是结果和目标。

---

① 海因茨·阿恩特. 经济发展思想史. 北京：商务印书馆，1997.

② "拉美化"这个概念，一般用来描述经济发展过程中出现的种种经济、社会问题，或指经济发展模式及某一产业发展过程中出现的偏差。"拉美化"、"拉美陷阱"、"拉美病"等概念之间的含义没有什么明确的界限。在西语语境中，"拉美化"是一个贬义词，其含义主要是指拉美国家在经济发展中出现的贫困化和两极分化等社会问题。美国对外关系委员会网站在2004年底发表了一篇题为《中国正在拉美化吗?》的长文，认为当今中国经济转型过程中出现的一个重要问题是，城市的法制化建设和社会政策改革步伐跟不上，在城市化进程中必然出现土地、失地农民、农民工、贫富差距等问题，如果丧失治理的机会，就有可能使日益庞大的穷人阶层与其他社会阶层之间的冲突不断激化，甚至有可能产生某些社会、经济、政治危机，最终导致类似拉美国家的社会危机和政治灾难。

2.1.4 科学发展观及中国当代社会发展的主要问题

2.1.4.1 科学发展观

中共十六大确立了全面建设小康社会的发展目标，中共十六届三中全会提出，全面建设小康社会，必须“坚持以人为本，树立全面、协调、可持续的发展观，促进经济社会和人的全面发展。”胡锦涛同志也指出，全面建设小康社会，就是“要牢固树立协调发展、全面发展、可持续发展的科学发展观”①，“发展是以经济建设为中心，经济政治文化相协调的发展，是促进人与自然和谐的可持续发展。”② 这是一种新的科学发展观，它涵盖了三个基本点：

①坚持以人为本——科学发展观的本质和核心；

②促进和实现经济社会的全面、协调、可持续发展和人的全面发展——科学发展观的主要内涵；

③统筹城乡发展、统筹区域发展、统筹经济社会发展、统筹人与自然和谐发展、统筹国内发展和对外开放——科学发展观的根本要求。

这种新的科学的发展观是以实现两个和谐为目标的发展观，即实现人与自然的和谐，以及社会人与人之间的和谐。

人与自然的关系是区分不同发展观的一个显著标志。在传统发展观下，人与自然的关系是对抗型的，它从人和自然的两极对立出发，在讨论自然时看不到人，在讨论人时又忽视了自然的存在。马克思主义认为：“历史可以从两方面来考察，可以把它划分为自然史和人类史。但这两方面是不可分割的，只要有人的存在，自然史和人类史就彼此相互制约。”③ 树立科学发展观的一个重要目标就是要改变人与自然的这种对抗关系，还自然以其本性，把自然纳入到发展系统中，看成是人类发展的有机构成部分，从而使人与自然建立起一种和谐的新型关系——共生关系；就是要“按照实现经济发展和人口、资源、环境相协调的要求，不断增强可持续发展能力，实现经济效益、社会效益、环境效益的统一”④。党的十六大报告明确指出，全面建设小康社会的一个重要目标是：“可持续能力不断增强，生态环境得到改善，资源利用效率显著提高，促进人与自然的和谐，推动整个社会走上生产发展、生活富裕、生态良好的文明发展道路。”⑤

实现社会内部人与人之间的和谐是树立科学发展观的另一个重要目标。马克思主义认为，社会的全面进步和人的全面发展是对社会历史发展规律的反映。一部人类社会的发展史，就是一部人类从片面发展不断走向全面发展的历史。通过社会的协调发展和人与人的和谐相处，有助于最终实现社会的全面进步和人的全面发展。

科学发展观将发展视为生态发展、经济发展、政治发展和文化发展四大要素构成的

---

① 胡锦涛．继承发扬党的优良革命传统，加快全面建设小康社会步伐．南昌．江西日报，2003.9.3.

② 胡锦涛．在“三个代表”重要思想理论研讨会上的讲话．北京：人民出版社，2003.

③ 马克思恩格斯选集（第一卷）．北京：人民出版社，1995.

④ 胡锦涛．在新进中央委员会委员、候补委员学习“三个代表”重要思想和贯彻十六大精神研讨班结业时的讲话．2003.2.18.

⑤ 江泽民．全面建设小康社会，开创中国特色社会主义事业的新局面．北京：人民出版社，2002.

系统。其中，生态发展是前提，离开良好的生态环境、人与自然的和谐关系，人类社会将难以长期持续发展；经济发展是基础，是其他各种发展的基本物质保证；政治发展是保障，发展社会主义民主政治，建设社会主义政治文明，可以从制度及运行机制层面保证发展的顺利进行；文化发展是主导，追求人的自由、权利和自我实现是社会发展的根本价值选择，文化转型和意义世界的重建更是以追求人的自由发展为圭臬。

2.1.4.2 中国当代社会发展的主要问题

当代中国的社会发展，是在全球一体化背景下展开的。一方面，中国社会正经历着从农业社会转向工业社会，从工业社会转向知识社会的“双重跨越”，这是一种内部不平衡的浓缩式的、跳跃式的社会转型；另一方面，中国社会也已经初步实现从匮乏型社会向发展型社会，从计划经济社会向市场经济社会的转变。马斯洛把人的需要分为生存、安全、社交、个人成就、自我完善五个层次，生存和安全属于生存性需要，社交、个人成就、自我完善属于发展性需要。经过20余年的改革开放及经济增长，人民生活水平有了极大的提高，从匮乏到发展的社会转型，意味着当代中国社会正在发生质的升华和飞跃。

目前仍在进行的社会转型，在取得进步的同时，不可避免地面临着许多新的社会发展“瓶颈”及问题：伴随着GDP的持续快速增长，贫困人口及失业率不断增加，城乡差别、地区差别以及收入差距不断拉大，社会道德滑坡、缺乏诚信，环境污染加剧等等。从科学发展观维度来审视当代中国的社会发展，许多矛盾及问题仍十分突出。

（1）就业成为影响社会发展的最大难点

在解决基本温饱问题后，就业成为新的发展难点。随着产业结构调整、国有企业的改革（减员增效）、资本和技术对劳动的替代以及劳动年龄人口的持续供给，经济增长的就业弹性不断下降，城镇失业人口增加。且农村有大量的剩余劳动力，而农民进城打工所转移的农村富余劳动力有限①，使国家就业形势更加严峻。

（2）贫富差距扩大的趋势是社会稳定的潜在威胁

贫富差距和腐败问题可能是最容易爆发社会不稳定问题的导火索。1990年代中期以前，学界主流看法认为，这种收入差距的扩大是打破平均主义分配体制、强调效率优先政策的自然结果，而且大多数人相信诺贝尔经济学奖得主库兹涅茨的“倒U型”分配曲线，即在人均GDP500～1000美元的经济起飞阶段，收入差距会快速扩大，但随着经济的进一步增长，收入差距会自然缩小。但现在学界多数人改变了看法，我国人均GDP已达到并超过1000美元，但各种影响因素表明，收入差距不但没有缩小，而且还在快速扩大。衡量收入不平等的基尼系数已达到0.45左右，而且居高不下，城镇收入最高的20%富裕家庭拥有全部金融资产的67%以上，城乡实际收入和福利差距接近6:1。

收入差距，尤其是在一些不平等（包括机会不平等和结果的不平等）、不公正因素导致的收入差距，如官员腐败、权钱交易、侵吞公有资产、偷税漏税骗税等，往往成为人

① 根据“非典”时期的调查，全国流动农民工达到1亿多人。按照我国目前每亩耕地投入的劳动力计算，农村只需1.5亿劳动力，目前的3.6亿农业劳动力，还需转移2亿多人。即便按2020年非农就业人员达70%的目标测算，也需要再转移约1.5亿农村劳动力。

们不满的导火索，危及社会稳定。

(3)“三农问题”及城乡协调发展问题日益凸现

目前全国有600多个大中小城市，涵盖了3.5亿多人。农村人口仍占总人口2/3左右，农民人均纯收入只有城镇人均可支配收入的约1/3，“三农问题”（农村、农业、农民）成为我国全面建设小康社会的瓶颈。中国不可能在一个农民占绝大多数的情况下实现全面的小康社会。

相对于产业结构而言，目前就业结构、城乡结构的转换比较迟缓和滞后。城乡发展严重的不协调，现在中国有大中城市单面突进的趋势，城乡差距越来越大。上海、北京、广州、深圳越来越有了国际大都市的模样，而西部的乡村依然如故。中国的城市化问题，重要的不仅仅是怎样建设城市，而是怎样改变农村，怎样填平城乡之间的鸿沟。

(4) 全民社会保障目标推进乏力

社会保障能起到规避市场风险和调节收入分配的作用。由于受经济发展水平的影响，我国目前的社会保障仍存在种种问题。一是城镇居民享受最低生活保障金覆盖面不足且最低生活保障金人均水平相差较大，总体水平偏低。二是在现收现付的制度下，社会保障基金不但缺乏积累，而且存在很大缺口。特别是养老保障基金，随着退休人员比重的快速增加和交付养老金在业人口的减少，未来的缺口更大。三是农村的社会保障基础非常薄弱，建立城乡统筹的最低生活保障体制仍困难重重。

(5) 人口结构变动中出现新的问题

由于中国实行了严格的人口控制政策，近10年来人口快速增长的势头得到了遏制。伴随着人口增长的减缓，也出现了一些问题：一是过快地进入老龄化社会，目前65岁以上的老人占总人口的比重达7.5%，一些大城市60岁以上老人的比重超过20%；二是人为选择出生婴儿性别的情况严重；三是人口出现教育素质的逆淘汰，即城市家庭的生育率低，农村家庭的生育率高，每年的新增人口80%以上分布在农村；四是农村人口的健康情况成为农村贫困的一个新诱因。

(6) 社会心态的变化和社会观念的碎片化

随着社会阶层分化的显著化，社会观念也有碎片化的现象，即原有的社会阶层经由社会观念达到集体行动的逻辑发生了某种断裂，社会观念的利益化和个体化倾向明显，过去围绕改革方式、路径和方向而产生的左与右、激进与保守、自由与权威之间的观念分野，已经被围绕关键性社会问题而产生的新的阵营组合所取代。今后，社会观念的冲突将围绕着就业、收入分配、社会保障、教育、医疗健康、环境等具体的社会问题展开，随着问题的变化，争论的阵营也不断重新组合，这是社会观念冲突发生的一个新变化。

2.2 社会发展目标

2.2.1 社会发展目标的特征

2.2.1.1 社会发展目标的时代性特征

社会发展是一个长期的过程，因此，社会发展目标具有时代性特征。任何时代最新社会产品或资源总是有限资源——稀缺资源，当一旦实现了部分人的满足，资源变成非稀缺资源，人们又会对新的稀缺资源感兴趣，产生对新资源的渴求，同时又会出现新的资源的有限性，新资源的有限性具有永恒性，进而也就形成了分配与存量差异的永恒性。因此，任何现代意义上的社会，都不可能绝对满足所有社会成员的利益，社会发展既是物质生活水平不断提高，科学技术不断发展的过程，同时也是不断调整社会成员需求利益和社会群体利益的发展形式，克服"资源有限性"和"资源拥有差异性"构成了人类社会发展的永恒追求与过程。由此可见，社会发展目标是有时代特征的。

如人类社会的现代化在过去很长时间内被认为是社会发展的总体目标。但张鸿雁博士指出："现代化是相对的，现代化社会是在新的形态与形式上创造矛盾的过程，是一个克服旧有存在的过程，而这一过程的最重要的形式即社会全员是社会差异的创造者、追求者和载体，任何现代化都是社会矛盾在一个新的层面的运动"①。R·本迪克斯亦把现代化视为一种社会变迁过程，他说："对于现代化，我理解的是源于英国的一种社会变迁模式……。它存在于一些领先发展中的社会的经济进步和政治进步之中，也存在于后来者的追随于前者的转变进程之中"②。由此可见，现代化并不是社会发展的终极目标，现代化只是在一种时段意义上作为一种社会发展目标的概括表述。

2.2.1.2 社会发展目标的共容性特征

尽管存在人类社会发展水平的不均衡性，如国家之间工业化及现代化水平的巨大差别，但社会发展目标主要是建立在人类所能及的知识和认识观上，无论用什么样的价值观体系来构建，社会发展目标是有共性特征的，这个共性特征就是很多社会学家所提及的"共容性"。这种"共容性"实际反映出人类社会的普遍追求，如：以人性解放为其主功能的规范和制度；普遍平等意义上教育水平和机会；开放的市民社会体系；多元化的社会制度和选举制度；生活消费品的大众化和居于世界前列的社会家庭收入；完善的社会保障制度；等等。

2.2.1.3 社会发展目标的差异性特征

社会发展目标的共容性与差异性是同时存在的。社会发展目标的差异性主要是指不同社会发展背景下目标内涵的差异。由于世界各个国家、地区乃至一个国家内部地区间经济社会发展水平的差异，对社会发展目标的侧重、衡量的尺度会有不同。差异是在比较意义上产生的。如从人类工业社会以来的现代化过程来看，西方社会确实走在前面。美国社会学家S·N·艾森斯塔德干脆说："从历史上看，现代化是一个朝着欧美型的社会、经济和政治系统演变的过程，这一过程于17～19世纪就在欧美各国完成了"③。因此，已经是高度现代化的国家，其发展目标的内涵不可能完全与一个正在进行工业化、相对落后国家的发展目标内涵完全一致。

如消除贫困是一个重要的社会发展目标，尤其是对后进国家。但对贫困的理解，发

---

① 张鸿雁. 侵入与接替——城市社会结构变迁新论. 南京：东南大学出版社，2000. 172.

② 转引自：W·茨阿波夫. 现代化理论与社会发展的不同路向. 国外社会科学，1997，(4)：32.

③ 艾森斯塔德. 社会的进化与发展. (S. N. Eiscnstadt. Evolution Development of Societies.) 伦敦：牛津大学出版社，1996. 241.

达国家与贫困国家是有差异的，并且随着时代的变迁而异。一些发展中国家的进步在很大层面上表现为社会生存权的进步，消除贫困重在物质生活状况的改善。就像1899年西勃海姆所说："如果一个家庭的总收入不足以维持仅仅是物质生活所必备的需要，那么该家庭就是处于贫困状态"①。而发达国家中的进步是在生存权已作为必备条件下的进步，其消除贫困的社会发展目标有不同的内涵。英国的蓝皮书说："贫困和不平等不仅是缺钱花，而且意味着你能活多久，你的生活质量如何"②。西方学者詹姆·肯凯德还说："贫困不仅指收入分配的最低层，而且指一个社会中所处的地位低下，贫困是这样一种特殊的无权利状况，即在面临来自社会中有权势的集团压力时，无力控制自己所处的生活环境"③。世界银行《1990年世界发展报告》中对贫困的解释为"缺乏达到最低生活水准的能力"。很显然，对相对发达的国家来说，贫困基线是创造生活最低条件的能力或"能力条件"，而这个"能力条件"不仅对个人有所要求，更多的是对贫困者所在的社会环境所提出的要求，即要改变贫困者所处社会环境与规范的进步性。

2.2.2 社会发展目标的构建

美国著名政治学家塞缪尔·亨廷顿的《发展的目标》一文，从目标层面将欠发达国家的"发展"概括为五个方面：经济增长、公平、稳定、民主和自由④。同时通过对欠发达国家战后发展的历史性考察，认为各个目标之间存在着"冲突"，要和谐发展几乎是不可能的。我们暂不讨论亨廷顿论调的悲观性，从其概括的五点发展"目标"来看，也明显带有西方发达国家的价值倾向和侧重。西方的发展价值取向更加偏向以人为中心。1995年哥本哈根世界首脑会议就提出，社会发展"以人为中心"，"社会发展的最终目标是改善和提高全体人民的生活质量"。我国党的十六大则从六个方面概括了全面建设小康社会的发展目标：经济更加发展；民主更加健全；科教更加进步；文化更加繁荣；社会更加和谐；人民生活更加殷实。这些目标提法更加注重发展过程的进步性，涵盖的领域更加具体明确。

根据人类社会发展的普遍性价值取向及中国社会发展的现状，可以确定现阶段中国社会发展的主要目标及其内涵。

2.2.2.1 社会发展目标的构成及内涵

(1) 社会平等及社会公平

对社会平等及社会公平的追求是当代社会发展的普遍目标之一⑤。社会平等是指人们

---

①②③ 转引自：张鸿雁. 侵入与接替——城市社会结构变迁新论. 南京：东南大学出版社，2000. 153～154.

④ 参见：李向阳. 科学发展观与全面建设小康社会的发展目标. 南京政治学院学报. 2004 (3)：16.

⑤ 实际上，人们对社会平等及社会公平理解是有差异的。首先，公平是一个价值判断。在国际上，公平 (equity) 可以通过不同的变量来进行判断，包括收入 (incomes)、财富 (wealth)、公用设施 (utilities)、资源和基本物品 (resources and primary goods)、自由 (liberties)、权利 (rights)、生活质量 (qualities of life)、能力 (capabilities) 等等。其次，人们对于平等问题的理解侧重是有差异的。国际上主要有下列观点：倡导自由权利的人 (Libertarians) 关心平等自由的充分性，关心最基本的平等，他们认为最基本的平等建立在人类都能够分享自己努力的成果之上；经济的平均主义者 (economic equlitarians) 认为收入和财富应当平等，但是他们忽视了自由并集中于成果分享上；社会主义者 (socialism) 认为公平最初是经济问题，但他们又认为公平是一个政治问题，诸如妇女权利问题。我国社会大众将公平问题聚焦于收入及财富分配，太局限。

在发展机会上的平等，而阶层的平等是指阶层间的差异上的距离。人类社会从来就没有出现绝对的平等及公平，人类追求公平的历史进程实际上是在不平等的现实中努力扩展平等的量的过程。徐祥生博士认为："社会公平问题作为对社会平等不平等现象的追问，首先是一个观念问题，其主要部分属于意识形态范畴。就评判水平而言，可以区分出心理与理念两个不同层次。社会公平心理是人们对自己所处社会环境、社会利益关系和社会地位的直接的感性的评价；社会公平理念则是思想家们对公平问题的理论化、系统化思考与表述。"① 实际上，人们对社会公平的关注主要集中于社会环境制约的平等不平等。社会环境的制约表现为社会规范及其运行。这里的"社会规范"，泛指社会基本制度、具体体制、规则等。判断社会规范是否公平的标准包括两个不同的层次：

①社会规范本身是否公平的标准：合规律性与合目的性统一的原则。这里的目的性主要是指评价者的阶级性。不同阶级的公平观不同。

②社会规范运行是否公平的标准：一致性原则；一视同仁原则。

从最一般意义来看，公平是一个社会所追求的最高价值取向之一，也是社会和谐发展的重要条件，公平是蕴含于一个社会深层的意志。

在经济活动中所指的公平，就参与市场竞争的前提来说，所对应的公平是机会均等；就市场竞争的过程来看，应该是规则的公正；从参与市场竞争的结果来看，所对应的公平是按市场主体的效益分配。所谓机会均等就是在制度、规则面前人人平等。

在收入分配的社会层次上来讲公平，则有其明确的边界。在机会均等条件下产生的收入不平等，一般可以由社会公共政策予以调节（如遗产税、赠与税），使社会资源通过税收流向政府，使政府有能力为公共利益提供资金并且满足保护弱者所需要的资源。

中国现阶段由于利益主体分化、利益结构错位、社会流动及社会分层加快，新旧体制交替，社会意识变化，使社会公平问题日益凸现，亟需完善和发展各项制度、机制、规则等社会规范，促进社会公平。

（2）减少贫富差距

消除贫困一直是人类社会在道德、社会、政治和经济上的一项紧迫任务。由于现代社会中人的高度异质性，人的能力不同，个体间的差异决定了社会的多样性和社会分层的必然性。社会调节机制只是努力减少个体间、阶层间差距的程度。亚当·斯密曾说："有大部分成员陷入贫困悲惨状态的社会，绝不能说是繁荣幸福的社会"②。20世纪中后期，西方国家的社会政策设计中，使弱势群体分享经济发展的成果，减少贫富差距是其遵循的基本理念之一。也即社会政策所关注的是对经济发展成果的再分配，在效率上是为了平衡经济发展的负面影响。

我国在20余年的经济发展、改革开放过程中，一方面是物质生活水平的迅速提高，另一方面是社会贫富差距的迅速扩大。李强教授曾指出："改革以来我国社会分层结构的

① 徐祥生. 中国现阶段社会公平问题的理论研究. 北京大学博士论文，1999. 42.

② 乔纳森·B·怀特，著；彭一勃，译. 拯救亚当·斯密. 北京：机械工业出版社，2004. 3.

变化是经济差距的扩大和政治差距的缩小齐头并进”①。由于我国有劳动力几乎是无限供给的特殊情况，所以近10年来，在资本和技术收益都大大提高的同时，城镇缺少技能的劳工阶层收益增长缓慢，农民工的非技术工作的工资几乎没有什么变化，农民工的权益也必须由政府出面来加强保护，部分社会成员收入相差悬殊，城乡不少低收入居民生活困难，贫富差距仍呈加速扩大的趋势。早在10年前的1994年，我国的基尼系数就超过了国际公认的0.4的警戒线，达到0.434，2003年达到了0.461，已经十分逼近拉美国家0.522的平均数。

国内外许多专家认为，在国家工业化及城市化进程中，必然出现土地、失地农民、农民工、贫富差距等问题。如果丧失治理的机会，就有可能使日益庞大的穷人阶层与其他社会阶层之间的冲突不断激化，甚至有可能产生某些社会、经济和政治危机，最终导致类似拉美国家的社会危机和政治灾难。对我国而言，社会贫富差距的扩大已成为社会稳定的潜在威胁，减少贫富差距已成为社会发展的重要目标之一。

（3）促进就业

为所有人提供良好、适当报酬的就业机会，减少失业及就业不足的情况，是消除贫困和推动社会融合的关键因素。促进就业包括提高在岗职工占从业人员的比重，提高乡村从业人员占乡村人口的比重，提高第三产业从业人员的比例，降低失业率。

1998年，欧盟②在回顾了社会政策与经济效益之间的关系后提出：只有促进就业和加强社会凝聚力，才能实现可持续发展，这就要求创造更多的就业岗位，制定有利于工作流动的政策，改善社会保护制度；帮助社会成员参与劳动市场是最有效的解决社会排斥的方式；社会政策的策略要从过去的“通过为人们提供不失尊严的收入来使他们被社会包容”向“通过使他们参加工作而被社会包容”的方式转变③。按照欧盟绿皮书的提法，社会政策的作用就是为全体公民在社会各个领域充分参与社会提供一个框架，支持他们实现工作、学习和休闲的平衡④。促进就业是促进社会参与最重要的一环。

对我国这样一个人口众多的国家，促进就业可以降低一系列经济和社会成本，如较高的犯罪率、社会动荡或其他不安定的状况，也有助于社会公平的实现。

（4）社会稳定及社会安全

据清华大学李强教授主持的一项社会调查显示，安定的社会秩序及清廉的社会风气分别排在社会发展目标的第1、2位⑤。胡鞍钢教授2002年6月在中南海国务院经

---

① 李强. 政治分层与经济分层. 社会学研究. 1997，（4）：42.

② J. Berghman，D. Fourage and K. Govaerts. Social Protection as a Productive Factor，Collecting Evidence of trends and cases in the EU. Report at the Demand of the Commission of the EU-DGV. Leuven：European Institute of social security，1998.

③ R. V. Berkel and I. H. Moller（eds）. Active Social Policies in the EU-Inclusion through Participation? Bristol：The policy Press，2002.

④ EU. European Social Policy：Options for the Union. Green Paper，Lucembourg，1994.

⑤ 该调查得出的社会发展目标排序如下：1. 安定的社会秩序（平均得分1.35）；2. 清廉的社会风气（平均得分1.29）；3. 丰富的物质生活（平均得分1.21）；4. 稳定的就业及医疗保障（平均得分0.85）；5. 良好的人际关系（平均得分0.36）；6. 很少的贫富差距（平均得分0.34）；7. 充分的个人自由（平均得分0.28）；8. 和谐的人与自然关系（平均得分0.24）。参见：李强主编. 应用社会学（第二版）. 北京：中国人民大学出版社，2004. 161

济座谈会上指出：我国社会不稳定因素增长速度明显超过经济增长速度。劳资关系、劳企关系紧张，纠纷、冲突呈快速上升趋势；社会秩序受到严重破坏，各类犯罪分子、治安事件已经成为日益突出的社会问题①。社会大众对社会安定的渴求及社会现实中不稳定因素的凸现，反映了实现社会稳定及社会安全，仍是社会发展的一项长期目标。

在中国当代社会，腐败、失业、贫富差距、犯罪都是社会不稳定的根源，各种交通、火灾、生产事故都会对社会安全目标的达成产生影响。长期以来，社会学的主流思想，是坚信人的理性力量和社会发展的有序性，认为在社会发展领域不存在无法追寻因果关系的“裂变”和“突进”。直到贝克（U. Beck）和吉登斯（A. Giddens）通过“规范研究”提出“风险社会”（risk society）理论，国际社会学界才开始认真思考，我们是不是真的面对一个新的不同于传统“常态社会”的“风险社会”②。“风险社会”理论提示我们要注意社会稳定及社会安全形势对实现社会全面发展的巨大影响。

（5）良好的社会保障及社会福利

社会保障机制的建立是基于规避市场风险和调节收入分配的目的。社会福利的概念，从较抽象的层面来理解，社会福利是理想社会的构成要素，它所涉及的是道德选择的问题③。从操作层面来说，社会福利则是关于社会资源的分配问题。

欧美国家在“二战”后社会发展很稳定，除了成熟的市场制度和稳定的政治结构等许多原因，还有一个重要原因，那就是它们都有一个比较完备的社会福利和社会保障制度。欧洲采用的是“普救式”福利模式，其福利标准以中产阶层为基准设定。英语国家（主要是美国）采用“补救式”福利模式，国家和政府的主要责任放在社会底层上，有限的福利资源也集中在社会底层上，加大社会救助的力度，这就是“补救式”的本质所在。欧洲的“普救式”福利模式曾导致形成欧洲人引以为豪的“团结社会”或“福利国家”，但在1970年代中期以后，由于新右派理论的兴起，保守主义政府上台及国家财政捉襟见肘，又普遍对这种福利国家模式进行反思和改革。目前的主导倾向是所谓“新福利主义”。即认为既然充分就业、再分配以及提供费用较高的普遍福利已经成为不可能的选择，那么社会福利支出只有用于人力资本的投资和增加个人参与经济的机会才会有可能性。按照OECD④的提法，建立在充分就业和普遍福利基础的传统社会福利受到了以社会投资、选择性和公私合作为导向的混合型福利的挑战。

中国的发展背景与欧洲有很大区别，没有现成的经验可资借鉴。当前，随着产业转型必然带来劳动力的转移，而劳动力的转移将打破传统的社会保护机制，对面向新的社会风险的群体提供必要的社会保障和社会福利，是中国这样一个面临多重转型社会发展的基本目标之一。

---

① 引自：http：//www. waterinfo. net. cn.

② 李培林. 科学发展观的“中国经验”基础. 中国社会科学，2004，(6)：5.

③ A. Deacon. Perspectives on Welfare – ideas，ideologies and policy debates. Buckinghan：Open University Press. 2002.

④ OECD. New Orientations for Social Policy. Social policy Studies，1994，(12)：64 ~ 68.

（6）良好的生活质量

社会的发展进步，实质上是人们追求幸福和发展的结果。人们的生活质量是否得到改善和改善的程度，是衡量社会是否发展和发展水平的重要尺度。经济发展到一定阶段，人民生活质量的提高将成为社会发展的核心问题，良好的生活质量，是人类社会发展的普遍目标之一。

“生活质量”的概念最早是由美国经济学家 J·K·加尔布雷思（J. K. Calbraith）在《富裕社会》（1958）一书中提出的。当时他看到美国物质生活水平很高，但同时人们又生活在荆棘丛生的社会矛盾中，这一现实使他萌发和形成了如何看待生活水平的新观点。《中国大百科全书》指出，生活质量是全面评价生活优劣的概念。通常指社会政策与计划发展的一种结果。生活质量有别于生活水平的概念，生活水平回答的是为满足物质、文化生活需要而消费的产品和劳务的多与少，生活质量回答的是生活得“好不好”。生活质量须以生活水平为基础，但其内涵具有更大的复杂性和广泛性，它更侧重于对人的精神文化等高级需求满足程度和环境状况的评价。生活质量的内容由“硬件”和“软件”两个部分组成，“硬件”是指反映人们生活的客观条件，“软件”是指人们对生活的主观感受。

由此可见，良好的生活质量，既取决于客观的物质条件和生活水平的提高，又取决于人的主观感受。主客观两方面均会对生活质量形成制约。

人类居住区的环境质量、污染程度、卫生和健康水平、教育、娱乐及闲暇消遣设施完善及便利程度、生活费用水平、居住水平等，是影响生活质量的客观因素；而暴力与非暴力犯罪、种族和睦程度、就业前景、社会和谐程度等，是影响生活质量的主观因素。在社会发展不同时期，各种主客观因素的重要程度是变化的，二者同样重要。

（7）人口控制及人口素质的提高

控制人口增长，提高人口素质是中国区别于西方发达国家社会发展的重要目标。我国庞大激增的人口不断引发人口与资源、环境、发展之间深层次的矛盾，人口的继续膨胀将有可能抵消掉近 20 余年的改革开放成果，危及国家的命运。

从控制人口与社会发展的关系来看，控制人口增长是为了实现社会经济的可持续发展。当代发展型社会政策的新趋势越来越注重社会投资，即注重发展社会资本与人力资本，从而提高人们参与经济发展的能力①，我国过多的人口数量，过低的人口素质将使这种扶持性质的社会投资成本巨大，从而难以有效施行，进而损害社会可持续发展的潜力。

（8）多样选择与自由

当代社会构成的复杂化，社会活动的多元化，使多样选择成为未来社会发展的重要目标之一。简·雅各布斯曾说：“多样性是城市的天性”。社会各项活动亦应该在多样运动中求得平衡，追求人的多样体验是未来社会发展趋势及重要目标追求。

---

① 如 J. Midgley 倡导的发展型社会政策，P. Taylor-Gooby 的新福利主义，A. Giddens 提出的第三条道路或积极福利或社会投资国家等模式，这些理论的一个共同特点是，强调社会政策应以社会投资为导向。参见：梁祖彬．演变中的社会福利政策思维——由再分配到社会投资．中国社会科学，2004．（6）：12.

“充分的个人自由”现阶段在国人心目中并不占重要的地位，据李强教授主持的一项社会调查，只在社会发展目标排序中占据第7位，甚至低于“良好的人际关系”（占第5位）①。更不会像西方人信奉“不自由、毋宁死”。对此，罗马俱乐部的观点是：“一个人在时间和空间上正确地观察事物相互关系的能力，取决于他的修养、他的过去的经验，以及他在每个层面上面临问题的紧迫性，大多数人在把它所关心的事情扩展到较大领域里的问题之前，必须已经成功解决较小领域里的问题，一般说，与问题有关的空间越大，时间愈长，真正关心其解决办法的人数就越少。”② 但随着当代中国的政治发展及文化发展，“充分的个人自由”必将成为一项重要的社会发展目标。因为市场经济改革的实质是解放人，民主政治建设的根本价值是追求人的自由、权利和自我实现，文化转型和意义世界的重建更是以追求人的自由发展为圭臬，知识社会信息网络的发展亦将促进民主化、个人创造力和文化多样性的发展。

（9）公众积极参与的社会

当代国际社会发展的共同趋势之一是一个广泛参与的市民社会正在逐渐发展，个体之间、群体之间乃至国家之间的合作交流日益广泛。梁鹤年先生曾指出：未来社会，由于“中介”的消失，经济活动从第二部类交换部门转变到第一部类产销结合部门，公众都将成为生产与消费的参与者③。广泛的参与性趋势不仅仅只体现在社会生活领域，而且向政治领域延伸。20世纪后期，西方社会政府、私营组织和公民社会组织之间围绕社会的整体目标而开展的合作愈来愈广泛。2000年3月欧盟里斯本首脑会议就提出了一种以“公开协商方式”（open-method-of-Coordination）为主的社会标准化机制，在尊重民族国家多样性的基础上，通过共同协商、统一目标和行动方式，让成员国以各自的资源、特色和方式去实现共同的目标，从而加强欧盟的一致性④。在民族国家内，欧洲人发明了“社会伙伴关系”⑤，由来自劳方、资方和政府的代表就关系到三方利益的关系进行平等协商，就社会的共同利益取得认同。社会发展模式强调个人的职责、非营利组织的参与以及国家与市场的共同作用。

在中国，具有2000多年历史的行政力量是最强大的社会力量，不存在类似欧洲的“社会伙伴关系”，主要结构是以行政（或单位）和社会个体组成的双层结构，公众及社会组织的参与权利还缺乏制度性保障，参与意识还很淡薄，参与水平还有待提高。但正如托马斯·杰弗逊所言：我不相信，世上有比把权利放在人民手里更安全的做法，如果我们认为人民没有足够的智慧去行使这权利，解决的办法不是把权利拿走，而是开启他们。社会融合的目标是创造“人人共享的社会”，每个人应享有权利和负有责任，在其中发挥积极的作用。随着中国普遍的教育水准的提高，市民社会的日益成长，公众积极参

---

① 李强主编. 应用社会学（第二版）. 北京：中国人民大学出版社，2004. 161.

② 丹尼斯·米都斯等. 增长的极限——罗马俱乐部关于人类困境的报告. 吉林：吉林人民出版社，1997. 13.

③ 梁鹤年. 未来的生产与生活环境. 城市规划，2003，（5）：78～79.

④ 周弘. 欧盟社会标准化工程及其对社会保障制度改革的意义. 人口科学，2003，（2）：24.

⑤ 周弘. 欧盟经验：促进发展并追求公正——中国能够从欧盟借鉴什么. 中国社会科学，2004.（6）：15.

与的社会的形成已成为社会进步的重要标志。

(10) 和谐的人与自然的关系

和谐的人与自然的关系是科学发展观的重要目标追求之一，也是当代社会发展的普遍目标追求之一。所谓环境问题，简单地说，就是人与环境关系的失调。这种失调不仅影响到环境系统的正常运行，而且对人类社会自身构成了威胁。

由于人类社会对于自然环境系统的依存性，1970年代以来，随着全球性环境问题的凸现，世界各国普遍开始关注环境与社会的关系，形成的共识是：资源是有限度的，因此，经济增长、社会进步以及其他社会现象，都存在自然的和生物学上的潜在限制。美国著名社会学家戴维·波普诺为此指出："未来社会学家可能不得不更多地考虑环境因素，甚至会像他们现在关注文化一样。"① 环境因素已成为影响社会发展的重大因素之一。

建立和谐的人与自然关系，很大程度上取决于人类如何控制和约束自身的行为。如保持和实现适度人口（控制数量、优化结构、提高素质）；建立当代人与后代人之间机会平等的持续性环境伦理道德观；采取多种多样手段，约束、引导和优化人类行为，即进行环境管理；通过教育与培训，提高全民环保意识和现代生态意识；加强清洁生产，提倡绿色消费等，均有助于控制污染，保护环境，实现人与自然的关系和谐。

2.2.2.2 社会发展目标的关联及变化

根据人类社会发展的普遍价值取向及中国社会发展实际，前文已从狭义社会发展角度归纳出中国社会发展的十大目标，即：

①社会平等与社会公平

②减少贫富差距

③促进就业

④社会稳定及社会安全

⑤良好的社会保障与社会福利

⑥良好的生活质量

⑦人口控制及人口素质的提高

⑧多样选择与自由

⑨公众积极参与的社会

⑩和谐的人与自然的关系

其中①~⑨主要涉及人与人之间关系的和谐，第⑩涉及人与自然之间关系的和谐。

值得说明的是，各项社会发展目标之间存在着复杂的联动关系，一项目标的实现也有助于其他目标的达成。因为社会发展的最终目的是改善和提高人的福利和所有人的生活素质，使各项目标有了共同的目的指向。如果国家政府积极推动赋予权利，并发展尊重所有人权和基本自由的多元化民主制度，就能更好地进行社会发展。为维持基础广泛的经济增长而进行的种种努力会加强促进社会发展。促进更多和平等的经济机会，避免排斥现象并在尊重多样化的同时克服社会分化差异的各种进程，也会为社会发展提供有

① 戴维·波普诺. 社会学（第10版）. 北京：中国人民大学出版社，Prentice Hall出版公司，1999. 559.

利的社会环境。

另一方面，随着社会环境的变化，社会发展目标内涵也会发生相应的改变，诸如下列可见的趋势：

①追求更高的生活质量。人首先是自然的人，追求所属环境中的舒适享受是人的一种本能。我国1980年代初制定初级阶段实现三步走的战略目标和步骤是实现温饱、达到小康、达到中等发达国家水平至基本实现现代化。这显示出人类追求生活质量的一个上升的过程。

②更加注重生态环境的保护。人类对自然界倒行逆施带来的严重后果已引起有识之士的深刻反省，并且在全球范围内唤醒公众的生态环境保护意识，走可持续发展之路、建设绿色家园已成为人类共识。

③公平观念更加深入人心。公平就是有差异的平等[①]。在承认存在一定差异的前提下，公众开始注意维护自身的切身利益，关注经济、社会政策及其执行过程的公平性、正义性。

④追求更高的精神文明。对社会多数成员而言，物质匮乏时代将逐步成为过去，但即将面临另一种形式的短缺，即时间短缺[②]。人们会用更多时间来学习，未来社会将是一个学习型社会。社会的民主自由将得到进一步发展，很多事情不再有整齐划一的模式，追求个性的自由发展，生活的多样化选择将成为主流趋势。

2.3 城市规划的社会发展作用

2.3.1 城市规划的本质

2.3.1.1 规划（planning）

"规划"一词涵义广泛，从广义上讲，它是与任何个人和社会同在的人类基本活动，是有目的地对人为事物进行预见的活动（mannheim 语）。它可被理解为一种信念，一种理性的、可适的、应用于未来的对事物发展施加控制的一种思想意识。

P. Davidoff 及 T. A. Reiner 等人认为规划（planning）是一种决策过程，是"通过一系列选择来决定适当的未来行动的过程"[③]。这种活动以恰当的方法，对未来做出预测、评价及选择备选方案，做出行动建议，以达到社会和组织共同的目标。持类似观点说法的如"规划作为一项普遍活动是指编制一个有条理的行动顺序，使预定目标得以实现"（Hall P.，1975）；"规划系拟定一套决策以决定未来行动"（Dror Y.，1971）；"规划本质上是一种有组织、有意识的和连续的尝试，以选择最佳的方法来达到特定的目标"（Waterston，1965）。将规划视为一种理性决策过程的观点偏向于把规划当作政策科学（policy science）的一部分，如 Myrdal（1981）所言，"规划是通过机制集体决定的努力，以作出

① 郑杭生．社会公平与社会分层．江苏社会科学，2001，(3)：29～34.

② 王雅林，董鸿杨．构建生活美——中外城市生活方式比较．南京：东南大学出版社，2003.87.

③ Davidoff P. &Reiner T. A. A choice Theory of Planning. 1962. In：Faludi A. ed. A Reader in Planning Theory. Pergamon，1973.

有关未来趋势集中的、综合的和长期的预测……提出并执行协调的政策体系，这些政策设计得具有连接预见的趋势和实现理想的作用，预先阐述确实的目标”。

另一种观点认为，规划除具有决策方面的意义外，还与实施行动相联系。A. Wildavsky（1973）认为规划是“控制（control）我们行动结果的尝试”①。E. R. Alexander（1981）也认为，规划是一项社会活动，是为获得既定目标而采取最佳战略并充分考虑实施目的和实施能力的一项社会活动。也即规划不仅停留在选择实现目标的途径，它本身也是实现目标的一种行动方式。

规划被赋予实施行动的特征，对区分什么是规划，什么是一般决策过程有重要的意义。J. Friedmann 曾指出：“问题不再是如何把决定做得理性而是如何改进行动的质量”②。也就是说，规划要研究如何才能更为有效地控制未来的行动。在比较上述两类观点基础上，张兵博士提出：“为了达到某种特定的目标，规划需要首先对手段和途径加以安排，而且需要在预先设定目标保持一致的条件下，来具体地应用这些手段和途径。规划既不单纯是一种决策过程，也不单纯是一种特殊的实施行动。规划是横跨于决策过程与实施过程之间的特殊媒介。”③ 孙施文博士也认为：“规划是为了实现一定目标而预先安排行动步骤并不断付诸实践的过程。”④

2.3.1.2 城市规划

城市规划是世界范围内一种独特的规划实践类型。其独特性一是其对象主要是城市，尤其是城市土地及空间使用；二是其具有决策—实施连续统一过程特点；三是城市规划实践与城市发展的社会实践是高度一体的。

由于城市规划活动涉及城市社会的经济、政治、文化、环境等广泛领域，其知识基础也是建立在多学科知识理论的系统综合上，因此，不同学科对城市规划有不同的理解。

J. Ratcliffe 从经济学的角度将城市规划定义为是对资源，特别是土地资源进行最有效分配的一种方法⑤。部分社会学家认为，城市规划通过研究人们物质条件的不足，来认识人类社会的问题，并尝试提出改善物质环境的计划，期望借此促进社会发展及进步。如 J. Halliday 曾把城市规划作为理解维多利亚时代英国城市问题的三种社会学之一⑥。城市规划在政治学领域中则被理解成为一种社会控制或建立城市秩序的途径。H. Gans 及 A. Altshuler 认为，城市规划是一种建立在专家权力（power of experts）或建立在有关事物发生的知识基础上的，用以调解相关的不同利益的工具⑦。1970 年代的“新马克思主义

---

① Wildavsky A. 1973. 转引自：Minnery. J. R. Conflict Management in Urban Planning. Gower，1985，P40.

② Friedmann J. Notes on Societal Action. 1969. 转引自：Alexander E. R. If Planning Isn't Everything，Maybe It's Something. Town Planning Review，1981，52（1）：136.

③ 张兵. 城市规划实效论. 北京：中国人民大学出版社，1998. 25 ~ 26.

④ 孙施文. 城市规划哲学. 北京：中国建筑工业出版社，1997. 18.

⑤ Ratcliffe J. An Introduction to Town and Country Planning. Hutchinson，1974.

⑥ Halliday R. T.（1968）. 转引自：Allison L. What Is Urban Planning for. Town Planning Review，1986，57（1）：8.

⑦ Gans H.（1968）. Altshuler A.（1965）. In：Castells M. The Urban Question：A Maxist Approach. Edward Arnold，1979. 249.

城市分析”学派，则用政治经济学的观点阐述城市规划的政治经济意义，在 M. Castells 的视野里，城市规划只是维持资本主义再生产的技术手段和工具①。

这些从不同角度对城市规划的界定和认识，反映出城市规划活动具有的广泛社会经济政治技术内涵。

城市规划产生和存在于城市发展的历史进程中，其实践活动的对象、过程和内容具有一定的特殊性。张兵博士从专业实践角度出发，提出“城市规划是一种服务于城市整体利益和公共利益，为了实现一套社会、经济、环境的综合长远目标，提供未来城市空间发展的战略，并借助合法权威通过对城市土地使用及其变化的控制，来调整和解决城市发展复杂背景中特定问题的职业的社会活动过程，是城市管理的一种形式。”② 这一概念界定突出了城市规划活动目标的综合性、对象及领域的独特性，以及其具有的决策—实施的连续统一的过程特点。类似的定义有《不列颠百科全书》中的“城市规划是一种在城市发展全景中，为了整体利益和公共利益，围绕城市土地使用的分配和再分配，而展开的横跨城市社会诸多系统的复杂而独特的活动过程，是一种社会运动、政府行为和职业技术三位一体的活动过程”（Encyclopodia Britannia）；中国建设部的官方定义是“城市规划是对一定时期内城市的经济和社会发展、土地利用、空间布局以及各项建设的综合部署、具体安排和实施管理”③。

2.3.1.3 城市规划的社会性

在前述“规划”及“城市规划”概念的基础上，这里要进一步讨论城市规划的本质及其社会发展作用问题。

众多的研究表明，城市的发展主要是由政府、经济组织、居民等动力主体所推动，从决策到行动，追求利益、满足需要的过程，就是动力主体发挥其作用的过程，利益的分化与冲突，同时也是各种动力主体之间互动的过程。城市空间及土地使用，是城市发展的物质载体，其有效运行关系到社会生产与再生产的继续，因此，在社会主导的决策行动系统所支持的城市空间与土地运行机制之外，有必要建立控制目标偏离的机制。城市规划正是经济社会要求在城市土地使用过程中采取的“集体运动”，其本质是城市发展过程中控制目标偏离的一种作用机制，它独有的技术范围是通过控制城市土地使用及空间变化，来维护或改善城市空间环境秩序，使之更能符合城市社会发展的价值目标及要求。社会发展的目标及价值指向为城市规划实践活动设置了基本前提，城市规划是在特定的制度框架中进行的。

从上面的论述中可以进一步推断出，城市规划通过控制城市土地使用及其变化，为城市提供良好的物质环境基础，并以此来间接地对城市社会的改良及经济的发展施加某种特定的影响，从而增进社会的福利，促进社会发展。因为人类的行为、社会的和谐、经济的发展部分地是由物质环境来决定的，城市规划具有一定的社会发展促进作用。

---

① Castells M. The Urban Question：A Maxist Approach. Edward Arnold，1972/1979. 263.

② 张兵. 城市规划实效论. 北京：中国人民大学出版社，1998. 27～28.

③ 中华人民共和国建设部. 城市规划基本术语标准. 北京：中国建筑工业出版社，1998.

近现代城市规划就其思想渊源而言，起源于一批有识之士对资本主义自由市场经济造成的社会问题的批判，以及对理想的社会组织结构的追求与探索。恩格斯曾突出地肯定了圣西门，特别强调他“随时随地都关心‘人数最多和最贫穷的阶级’的命运”①。这也成为空想社会主义者、社会改良主义者等近代城市规划先驱思想家们的精神特征。他们所体现的对社会问题的关切和人文关怀，构成了现代城市规划的灵魂和精神脊柱。

1960年代以后，对城市规划在城市社会、经济、政治环境中究竟发挥什么样的作用，一直是西方城市规划理论研究的核心问题。

尽管西方后现代城市规划理论将规划的目标过于偏重地定位于“社会公正”等社会发展目标，忽视了城市规划自身的特点及作用的有限性，脱离了城市的物理空间环境，难免于“纸上谈兵”的命运，但并不能以此否定城市规划的社会作用，否定城市规划的社会发展目标追求。

在当今社会，在高技术发展的同时，社会发展更加重视对人的关注，人文主义及社会的和谐发展成为城市规划的起点和归宿。因为在市场经济条件下，各个利益主体无不追求自身利益最大化，但这些利益并不都是统一的、协调的，而经常是相互矛盾和冲突的，某个体利益的扩大有可能给其他个体利益和社会整体利益带来损害，这就存在一个利益的协调问题。诺贝尔经济学奖获得者，美国经济学家阿罗（K. J. Arrow）提出“不可能性”定律，该定律论证了个人利益与社会公共利益实现的不同。“在自由而平等的市场体制下，满足个人利益，并不意味着能够满足整个社会利益，社会整体利益是不可能由自由而平等的市场主体的行为自身满足的，应当由一个超越市场主体的‘裁决者’来识别和确定公共利益”②。在若干领域，规划师就是这样的“裁决者”之一，城市规划成为协调社会不同利益的一种工具，其目标就在于实现公共利益的最大化，守护公平正义。市场经济下规划对公平的侧重，是由于市场经济的根本在于鼓励竞争，以提高效率，故自身已有高效率的优点，而“公平”正是其弱处，故市场经济为了自身的存在，为了有效克服和矫正市场机制的固有缺陷，也需要注重“公平”的规划来做平衡，从而赋予规划以社会性角色。

我国经过20多年的改革开放，经济及社会发展取得了长足的进步，社会主义市场经济体制已初步建立。在这个过程中，城市规划事业也得到发展，城市规划体系也初步形成，并在城市发展与建设中发挥着重要的作用。但学术界对过去20多年城市规划的检讨，提出“最大的问题也许就是作为公共政策核心的公共性的缺失，使之不能合法地担当对社会利益的公共调节功能”③。即20多年来我国城市规划没有充分体现公共政策的主要功能和根本目标，只是成为政府推行和主导市场经济、追求经济效率的工具，社会公平的主旨和目标被忽视。未来城市规划的改革就是要实现由精英的理想模式规划向公众的实践模式规划转型；由高雅艺术型、技术型规划向大众文化型和公共政策型规划转型；

① 恩格斯．社会主义从空想到科学的发展．马克思恩格斯选集（第3卷）．北京：人民出版社，1972.

② 石楠．论城市规划中的公共利益．城市规划，2004，（6）：22.

③ 陈锋．转型时期的城市规划与城市规划的转型．城市规划，2004（8）：9.

由经典的法令型规划向通俗的契约型规划转型；由功能评判型规划向价值评判和导向型规划转型。这其中，将规划从一种技术工具转变到成为政府的公共政策是其核心。面对今日中国经济社会发展不够协调，贫富差距、社会不公正正在加大的现状，城市规划作为调控各项资源，保护生态环境，维护社会公平，保障公共安全和公众利益的重要公共政策，应当在城市公正、公平、和谐发展方面发挥应有的作用。

2.3.2 城市规划的社会作用机理

在明晰了城市规划的社会性特点的基础上，需要进一步探究城市规划的社会作用机理，即城市规划对城市社会发展产生影响的内在机制。从泛义上讲，城市规划作为一项社会运动，一项政府行为，它所具有的公共政策特性，必然会对城市社会发展产生影响，这是公共政策的共性决定的。但此并不足以揭示城市规划社会作用的本质过程。要理解城市规划社会作用的机理，还需要从空间与社会相互建构的关系分析入手。

城市空间具有功能、生态、社会、认识和感知等多种属性，它不仅仅只是城市中各类活动的载体，而且是建构社会的一种积极要素，是一个完整意义的社会不可缺少的要素。在人类的社会活动过程中，空间的形式与内容也随之而生并不断变化，因此可以说，社会也同样是建构空间的要素。D. Harvey 曾指出："城市就其本质而言是一种社会现象，空间不仅仅属于本体论范畴，还是一个塑造人、同时也被人塑造的社会维度——空间形式不应看作是在社会进程中展现的毫无生命力的对象，而应当看作是两者的互通。"① 空间与社会相互建构、相互融合的关系，对揭示像城市规划这样的空间实践（spatial praxis）在建构城市社会中的实际作用，具有重要意义。

城市规划主要以城市空间及土地使用为对象，它以人类对未来的认识为导向，通过控制和引导城市空间及土地使用变化，来推动城市社会发展。在这个过程中，城市规划主要起着两方面基础性作用：技术性控制与导引作用；制度性保障作用。

2.3.2.1 技术性控制与导引作用

J. Friedmann（1987）曾对市场经济体制下的规划体系进行了全面的分析，对规划的作用及其社会地位进行了探讨。在市场经济体制下，社会的生产和人们的生活基本上依赖于私人部门，也就是依赖于市场理性作用的发挥。市场理性（market rationality）的意义在于对个体利益的无限制追求，并认为个人获益将促进社会的进步。但是，这种对利润的无限制追求有时会严重损害社会的整体利益及公共利益，国家和政府就要通过一系列的干预来限制市场理性的危害，城市规划就是这些干预中的一种。由于城市社会不同利益个体及利益集团在追求利益的过程中，离不开对城市空间及土地资源的依附，城市规划可以以社会理性（social rationality）为依据，为城市社会资源的分配提供符合城市整体及长远利益、有利于社会发展的城市建设技术性控制和导引。其主要作用包括：

①宏观层面上在为城市提供空间发展、交通发展、耕地保护、"城中村"改造等领域的政策与策略时，更多地兼顾到社会公平，改善因市场机能失调而导致的后果（如社会

① Harvey D. Social Justice and the city. Ira Katznelson，1988.4.

和空间的不平等，资源损害等）。

②提供正确的城市土地使用模式与标准来规范各种土地使用活动。如通过适度的土地兼容使用促进多样化，增加社会融合。

③提供城市市政基础设施和社会公共设施建设布局控制标准与要求。市政基础设施、社会公共设施等公共物品[①]，由于较少的回收率、社会获益（diffused benefits）和要求大量投资，市场一般不会提供，而这些公共设施对社会发展及城市生活质量而言至关重要。

④在微观层面，通过提供合理的土地使用性质、密度、容积率、绿地率等技术性条件，防止不良的土地开发"外部性"（esternality）对周围地区的影响。

⑤为调节城市土地开发收益提供技术性标准，如征收"增容费"标准。

城市规划的社会作用的发挥，之所以要通过技术性控制及导引的方式实现，是其本身所具有的技术工具特性使然。按照张兵博士的解释，推动城市发展的动力主体有三种类型：政府、城市经济组织和居民（住户）[②]。它们为了维护各自在城市空间与土地使用中的特定利益，在城市发展中扮演着不同角色。其中前二者，作为社会的权力集团和资本集团，对城市发展决策起着主要作用，但其本身的角色，使其决策容易为追求显性的"政绩"和经济效益所左右。规划师的角色，就在于"向权力讲述真理"，运用所掌握的专业知识，为城市发展决策层提供有利于城市社会全面协调发展的技术性导引，引导决策。对于普通居民（市民），由于知识的局限性，还不能完全理解城市物质环境背后的社会经济意义，也需要规划提供技术性控制与导引，以充分体现出空间背后的社会功能。

2.3.2.2 制度性保障作用

城市规划作为一项政府行为，一项社会建制，在控制城市空间及土地使用变化，实现城市社会和谐发展目标的过程中，还起着一种制度性保障作用。

在市场经济条件下，由于存在社会利益个体和利益集团对利益的无限追求，对城市土地开发中存在的巨大利益的控制，如果没有法制基础，就没有权威，也会失去监督，因而容易成为权力"寻租"的工具和贪污腐化的温床。城市规划制度作为一项国家正式制度，其公共权力由法律授权和规定，法定的规划编制和行政许可制度，使城市规划具有控制城市空间及土地使用变化、弥补市场失灵、保障城市开发中的社会效益的制度作用。其主要作用包括：

①通过规划许可（planning permission）制度，对妨碍城市整体利益和公共利益，造成社会损害的土地使用活动进行限制。

②强制性保障城市开发中公共物品（public goods）的提供。

③对有利于形成和谐城市社会环境的开发行为，如提供低收入住房及公共开放空间、改造旧城破旧居住社区等，给予一定的政策优惠和开发奖励（如地价减免、容积率奖励）。

---

① 所谓公共物品（public goods）是指任何个人无法排他地占用和消费的物品。世界银行一份报告中说，公共物品是指非竞争性和非排他性的货物。非竞争性是指一个使用者对该物品的消费并不减少它对其他使用者的供应。非排他性是使用者不能被排斥在对该物品的消费之外。最常见的例证是国防和不拥挤的道路桥梁。

② 张兵. 城市规划实效论. 北京：中国人民大学出版社，1998：57～64.

④对于关系到公共物品、基础设施、公用设施、低收入住房以及那些对于社会价值和目标有特别的象征与表达作用的土地使用活动，给予土地资源分配的优先考虑。

⑤土地开发收入的再分配以达成更平等、更公平的社会。在资源和财政有限的条件下，规划应该通过开发控制的手段使三级市场的土地增值归于社会。

城市规划所具有的制度保障作用来源于规划的“合法权威”，并凭借公共权力加以施行。城市规划“合法权威”的生成，不仅是通过既存的政治制度用法律法规的形式，授与城市规划控制城市土地使用及其变化，干预城市空间发展的权力，而且当具备了这个条件之后，还要求城市规划行使制定规划和管理建设的权力，使之能够符合社会价值，有利于促进社会发展及进步。

以上，我们探讨了城市规划在控制城市空间及土地使用变化，促进社会发展过程中所发挥的基础性作用。

从前二节中，我们已经知道，社会发展的内涵广泛，社会发展目标涵盖的领域众多。社会发展及进步是人类的共同目标，它更多地受到国家的政治制度、经济增长、广泛社会政策的影响。城市规划实践是在整体的社会制度框架中进行的，尽管城市各项社会经济活动都要以空间及土地为载体，都使用土地，但“土地使用”① 活动仅仅是各利益主体社会经济活动及其关系网络中的一部分。在共同的制度框架中，城市规划通过对各利益主体的空间及土地使用活动施加作用，来达到对既有社会经济结构关系的修正，这种修正作用是有限度的，城市规划只是众多可能促进或损害社会发展的因素之一。

从另一方面看，城市规划所拥有的对城市建设和发展的引导与控制作用及权力，并不是与生俱来的，而是由社会决定的，是社会运行机制中的一个组成部分。它能拥有什么样的权力，发挥多大的作用，都是由城市社会通过立法、行政等过程，依据城市规划与社会发展的契合程度所决定和赋予的。从这个角度讲，要充分发挥城市规划对社会发展的促进作用，最重要的是要改善城市规划的制度环境，使其具有实现规划社会价值及目标的权力和效能。

明确城市规划社会发展作用的有限性，尽管对饱含着以规划改造社会理想的充满激情的规划师是一个打击，但也不能因此而妄自菲薄，放弃对规划过程本身公平性的关注，放弃规划的社会发展目标追求。在今日之中国，社会转型时期的制度短缺及制度设计不足特征凸现，在许多地方，市场的自发的力量正在向公共利益侵蚀，资本的力量正在通过土地市场和房地产市场向城市公共利益进犯。在很多情况下已经成为城市发展中对社会公平和公正的挑战。许多有真知灼见的学者已经在大声疾呼，要警惕权力与资本结盟，警惕新的权贵资本主义在中国出现。城市规划作为一种公权力，肩负着一定的社会责任，有必要关心社会情境，努力将城市发展导引到有利于社会发展和进步的正确轨道上来。

---

① 土地使用（land use）指：“城市各种行动的布局在土地表面的一种使用潜力”，这种价值是以区位来评估的。参见：Chapin F. S. & kaiser E. J. Urban Land use Planning，3rd ed. University of Illinois Press，1979. 4.

3

近现代城市规划中的社会发展思想

3.1 社会思想背景与城市规划的总体演进

3.1.1 社会思想与社会理论

城市规划作为一项社会运动，其形成和发展根植于社会发展的背景，尤其受当时社会发展主要矛盾及主流意识形态的影响。现代城市规划对社会问题的关注，由早期感性地侧重社会改良，到1960年代后偏向激进的社会改革，最后又现实地回到社会合作的轨道，这一过程实际上与所处时代社会思想发展的脉络是一致的。因此，有必要对近现代西方社会思想发展历程做一个简单的归纳。

所谓社会思想，是“把社会作为一个实体，对这一实体的结构、运行规则及各种构成要素之间的关系、理想的结构模式等问题的思考。”① 张传有教授也认为，社会思想是以人类社会及社会生活的各方面作为其认识对象的，从整体上、结构上、制度上去考察社会，从历史和发展等方面去把握人类社会及人类的社会生活，并使这种考察由一般的经验、体验上升到理论与学说的高度②。

社会思想受到时代因素的影响，2000 多年的西方社会思想发展大致经历了六个时期③：

①古希腊罗马时期——西方社会思想的创立；

②中世纪神学时期——西方社会思想的神学化；

③文艺复兴时期——西方社会思想由神学向人学的转化；

④近代资产阶级革命时期——欧洲社会理论的形成；

⑤经典社会理论时期——欧洲社会理论的兴衰；

⑥当代社会理论时期——西方社会思想的多元化。

由于近现代城市规划是在 19 世纪末，在工业化带动大规模的城市化的背景下诞生的，因此，我们将考察的重点放在 19 世纪以来社会理论的发展及社会思想的变化上。

19 世纪的社会思想，一方面继承了早期对知识和理性的迷恋；另一方面，在启蒙运动的影响下，表现得更加关注各种社会问题，关注一个公正的社会秩序所要求的那种政

---

① 吴根友. 中国社会思想史. 武汉：武汉大学出版社，1997. 4.

关于社会思想的定义，历来社会学家持有不同的见解，总体上大致有三种看法：第一种认为社会思想即是关于社会问题及其解决的思想（郭真、龙冠海、钟北麟等）；第二种认为社会思想是关于社会共同生活及其结构、变迁的广义社会思想（如孙本文）；第三种认为社会思想就是社会主义思想（波多野鼎，岛中雄三，山内房吉，汤川和夫等）。

② 张传有. 西方社会思想的历史进程. 武汉：武汉大学出版社，1997. 2 ~ 3.

③ 关于西方社会思想史的分期有不同的看法。张传有将 19 世纪以前社会思想发展划分为四个时期：古希腊罗马时期、中世纪神学时期、文艺复兴时期、近代资产阶级革命时期。于海将西方思想史划分为四个时期：古代及中古社会思想、近代社会哲学、古典社会学、当代社会学。多数学者将西方社会学诞生以后的社会思想历史分为经典和现代两个时期。而周晓虹，乔治·瑞泽尔将其分为经典、现代和后现代。本文是在综述上述学者研究基础上提出 6 个时期划分。

体。但它对自身的理解是改良式而不是改革式的。因此，市民社会的重大主题也分裂成相互竞争的资本主义社会观（马克思）和工业社会观（孔德、斯宾塞）。在孔德和马克思之后，社会理论分裂为三股传统①。

第一股以孔德（A. Comte）、斯宾塞（H. Spencer）等社会学创始者为代表，开创了实证主义社会学研究传统，并经古典社会学代表人物涂尔干（E. Durkheim）发展后日趋成熟。他们认为社会现象和自然现象之间并无本质区别，它们遵循着同样的方法论准则，都可以用普遍的因果律加以说明，因此，社会科学应以自然科学的标准模式，建立统一的知识体系。第二股传统源自马克思（K. Marx）开创的批判主义社会学研究传统，认为社会学理论知识的主要任务和作用就在于对现实社会的批判性检视，其基本特征就是不断强调社会学理论批判的、革命的性质，强调理论和理论家在改造、变革现实社会中的重要作用，反对那种旨在维护、修补现存社会结构的单纯解释性的“科学”研究和把现代工业社会的既定现实当作合法的做法。第三股传统是以韦伯（M. Weber）等古典社会学家为代表，认为社会现象有其独特的性质和规律，绝不能盲目效仿自然科学方法来研究社会科学，而应确立自己独特的研究方法，试图对社会行动做出解释性理解，并由此形成了人文的、理解的社会学研究传统。

到20世纪早期，在欧洲兴起的社会思想具有明确的反启蒙运动性质，这一时期的思想运动朝向语言和无意识转向，体现在许多方面：对于实证主义的批判、历史主义的终结、波普的批判理性主义。另外，由于受到“一战”后社会重建需要的激励，都鲜明地体现出对逐渐丧失信誉的欧洲历史的公开抛弃，体现为相对主义哲学，回归否定经验内容的形式主义和抽象性，以及从自我创造的角度来看待意识。尼采、弗洛伊德和海德格尔是此时期令人瞩目的三位思想家。一次大战后的欧洲社会思想可分为：西方马克思主义（法兰克福学派、卢卡奇、葛兰西）；较具保守倾向的社会思想（奥特伽、格伦）；其他各具特色的自由主义倾向的社会思想（曼海姆、雅斯贝斯、阿伦特）。总的来看，两次世界大战之间的这段时期是欧洲社会理论的衰落时期，也是欧洲社会思想的一个分水岭②。

如果说经典社会理论时期（19世纪中叶～1920年左右）是理论家个人在起作用的话，那么当代社会理论时期（“一战”之后）则表现为理论流派的涌现③。这一时期，一方面，社会理论仍受欧洲伟大传统的影响，继续着诸如社会阶级、社会分层、文化冲突、经济制度、社会变迁等宏观社会问题的研究；另一方面，社会理论的中心逐渐从欧洲移至美国，欧洲思想与美国本土的哲学相结合，遂产生美国传统的社会学：米德的符号互动理论，体现了带有自由主义和人文主义色彩的实用主义。1930年代是芝加哥学派的鼎盛期，1940年代帕森斯的结构功能主义勃然兴起，并在1940～1960年代初一直指引着美国社会理论的发展方向。到了20世纪60年代中期，马克思主义思想和对现代理论的各类批判重新兴起，再加上学生的反叛、越战、女权运动、第三世界解放运动以及民权运动，

---

① 文军. 论社会学研究的三大传统及其张力. 南京社会科学，2004，(5)：75～76.

② 布赖恩·特纳，编；李康，译. 社会理论指南. 上海：上海人民出版社，2003. 42～52.

③ 周晓虹. 西方社会学历史与体系（第1卷，经典贡献）. 上海：上海人民出版社，2002. 5.

所有这些都对结构功能主义所塑造的新进化神话提出质疑，而20世纪70年代早期波及世界的资本主义危机则对这种神话构成了进一步的挑战。结构功能主义逐步成为一种过时的思想体系，无法应对社会抵抗。

随着功能理论的衰退而起的是各种反主流的社会理论：交换论、冲突论、民俗方法论、后资本主义及后工业社会理论，它们互相辩驳，竞短争长，都在谋求一种一般社会理论的地位，但在帕森斯以后，美国不再有一种主导的或占统治地位的社会理论。美国社会理论也开始丧失了它作为社会学知识创新中心的地位。欧洲的社会理论从20世纪60年代后期开始重新焕发出生机，生发出多种多样的理论传统，包括结构主义、福柯和埃利亚斯的著作、阿尔都塞、后结构主义，以及解释学和现象学当中的一些新的研究途径。走向多元分化的新格局乃是社会思想发展的趋势，各种传统的新一代理论都十分活跃。

到了20世纪末，美国思想中的主导势力已经不再是社会理论，而是自由主义与社群主义的论战，这些思潮更关注的是政治共同体，而不是社会范畴的性质。而社会理论正在逐渐分裂为互不相让的各种传统，许多人尝试要把它从这种趋势中拯救出来，哈贝马斯的批判哲学和卢曼的系统分析是其中最为全面、最具雄心的尝试，但宏大理论的时代已经逝去，哈贝马斯的沟通行为理论、卢曼的系统理论也只是与其他理论途径并行竞争的一种研究之路，从卡斯托里亚迪、吉登斯、图海纳、布迪厄、鲍曼和沃勒斯坦，到女性主义者、后现代主义者、社群主义者和自由主义思潮。到了1990年代，在民族主义的冲击下，在旧有运动沦入制度化的冲击下，对于社会运动的解放潜力的信心逐渐消逝，涌现出形形色色的新理论途径，反映了在一个广泛认定的全球时代当中变化了的情势。

乔纳森·特纳曾将社会学理论研究归纳为七种取向①，这七种理论取向分别从不同的角度对社会世界的各类现象和关系进行解释（表3－1）。尽管这些理论并非都能与规划建立起联系，但部分社会学概念及论题还是为城市规划理论所借鉴，成为规划中的社会思想渊源。如冲突理论及批判理论，成为1960年代后城市规划中的社会公平、社会合作等规划思想的理论基础。

社会学理论研究取向 **表3－1**

1	功能主义	以分析满足社会整体需求和必要条件的社会力量及结构为主
2	生物进化理论	将生物进化思想纳入社会理论，用以分析动态社会发展过程
3	冲突理论	研究的是社会不平等如何在不同社会力量间系统地产生冲突
4	交换理论	将个人和集体行动者间的社会过程视为一种有价值的资源交换
5	互动理论	试图解释的是人与人之间的交往互动过程
6	结构理论	认为社会世界被社会关系的文化符号或其形式中潜在的模式所引导
7	批判理论	以批判的方式去看待社会世界的组织方式（并暗示了其他替代性选择）

值得指出的是，城市规划中社会思想的产生及其嬗变不仅仅只从社会理论中吸取营养，它还受到社会发展背景、主流政治、经济理论、国家政治及政策等多方面的影响。

① 乔纳森·特纳，著；邱泽奇，译. 社会学理论的结构. 华夏出版社，2001.

从20世纪城市规划发展的实际过程来看，后者的影响更具决定性，这在后文中将详细论述。

3.1.2 西方近现代城市规划的总体演进

大多数学者都认为近现代城市规划的起源是多元和复杂的，例如Campbell将其归结到以下几个基本事件①：

①田园城市（Garden City，E. Howard）

②城市美化运动（City Beautifull，Burnham）

③公共卫生改革（Public Health Reform）

而近现代城市规划的思想渊源，则应追溯到更早的欧文（Owen）、圣西门（Saint-Simon）、傅立叶（Fourier）、Godin 和 Cabet 等乌托邦、空想社会主义和社会平等传统的思潮②。

从社会发展背景上看，近现代城市规划的起源脱离不了19世纪工业化及城市化状况。市场失灵是西方近现代城市规划产生的基础，理性和科学是其职业化的标志。理性的综合规划模式主导了20世纪前50～60年的城市规划实践，并在战后凯恩斯国家干预主义盛行时期达到了高潮。此间，综合规划的权力和范围在规划实践中不断扩张，使得规划在很大程度上取代了市场对空间配置的作用，最终导致由市场失败转化为规划失败。1960年代后，政治学、经济学以及社会学领域的新自由主义和市民社会思潮逐步兴起，复杂科学中有关系统的复杂性和演化过程的不确定性思想的确立，理性的综合城市规划模式受到广泛批判。同时，新的城市规划模式开始构建，并呈现多元化格局。规划的权力重心逐步向城市基层社区转移，政府、非政府组织、市民团体以及开发商之间的谈判与交易制度逐步引入规划领域，以应对多变的市场，提高城市规划的有效性。表3－2对近现代城市规划的发展做了一个纵向的总体考察。

近现代重要城市规划理论与实践简表 **表3－2**

年 代	提出者	理论与实践名称	主要思想
18～19世纪之交			
19世纪初	欧文，傅立叶，圣西门	后期空想社会主义	乌托邦式的规划思想
19～20世纪之交			
1882	［西］A·S·Y·马塔	带形城市	城市环境结合自然
1889	［奥地利］Camillo Sitte	《艺术原则下的城市规划建设》	“艺术地看待城市”
1898	［英］E·霍华德	田园城市	城乡磁体 社会改良
1901	［法］Tony Garnier	工业城市	城市功能分区的萌芽

① Campbell S. & Fainstein S. S.. Introduction: the Structure and Debates of Planning Theory. Campbell S. & Fainstein S. S. (eds). Reading in Planning Theory. Black well publishers, 1996.

② Leonardo Benevolo. Origins of the Modern Town Planning. The M. I. T. Press, 1967.

续表

年代	提出者	理论与实践名称	主要思想
1901～1915	美国	城市美化运动	美化、改善城市环境
1915	［苏格兰］P·格迪斯	《城市演进：城市规划运动和文明之研究导论》，城市集聚区	“地点—工作—人”关系，“调查—研究—规划”方法，首创区域规划的研究
20世纪初～第二次世界大战前			
“一战”后 1919	［德］格罗皮乌斯 ［德］密斯·凡德罗 ［法］勒·柯布西耶	新建筑运动 包豪斯	城市规划三大经济规则，“空间—时间”构图理论
1922	［法］勒·柯布西耶	《明日的城市》	城市集中主义
1922	［英］R·昂温	《卫星城市的建设》	正式提出“卫星城市”
20世纪初	美国，代表人物：帕克、伯吉斯、Hoyt、Harris、Ullman	芝加哥学派 《城市》	试图整合人类生活、社会结构与城市空间三者的关系
1929	［美］C·佩里	邻里单位	满足家庭生活基本需要
1932	［美］F·L·赖特	广亩城市	城市分散主义
1933	［美］C·Stein	雷德朋人车分流体系	最早正视大量汽车时代
1933	［德］W·克里斯塔勒	中心地理论	城市的区位理论 正六边形城市体系模式
1933	CIAM	《雅典宪章》	城市四大功能：居住、工作、游憩、交通
1940	［英］巴罗委员会	《巴罗报告》	建议疏散伦敦中心地区
1942	［英］H·A·屈普	划区理论 《城市规划与交通》	把机动交通挡在步行区外
1943	［芬兰］E·沙里宁	有机疏散理论	有机疏散大城市
“二战”后重建与城市扩展			
1946	［英］［法］［北欧］等	新城运动	
1950年代	西方发达国家	郊区化	人口与经济分布突破城区界限
1952	F·吉伯德	《市镇设计》	物质形态设计的理论指导
1955	［法］Team 10	《杜恩宣言》 簇群城市	流动、生长、变化
1957	［法］F·佩鲁	增长极理论	
1950年代 1958 1959	城市环境学科的兴起 ［希腊］雅典技术组织 ［荷兰］整体设计	雅典技术组织 整体设计	人类聚居学
1960～1980年代：城市规划走向综合			
1960年代以来	发达国家	国土规划 区域规划	有计划的国土综合开发 区域范围内全面的经济和社会规划
1959	［美］Charls Lindblom	《紊乱的科学〈The Science of “Mudding Through”〉》	规划的渐进决策模式
1959	［美］凯文·林奇	《城市意象》	知觉图式应用于城市环境研究

续表

年　代	提出者	理论与实践名称	主要思想
1961	［美］J·雅各布斯	《美国大城市的生与死》	规划批判、安全防卫、城市多样性
60年代初	［美］R·L·卡逊	《寂静的春天》	城市环境与社会生态系统
1960年代初	［美］C. Alexander	《城市并非树形》 《关于形式合成的纲要》 《模式语言》	人的活动与场所情感对应的图式研究
1961	［美］L·芒福德	《城市发展史》	城市中人与自然的关系，人的精神价值
1964 1969	Lowry Forrester	城市数学模型	
1965	Paul Davidoff	《规划的倡导性和多元性(Advocacy and Pluralism in Planning)》	公众参与 保护弱势群体利益
1969	Brian Mcloughlin	《城市与区域规划：系统探索》	理性的分析、结构的控制以及系统的战略
1971	［美］I·L·麦克哈格	《设计结合自然》	环境保护
1972	J. Rawls	《正义论〈Theory of Justice〉》	社会公平、正义
1972	［美］David Harvey	《社会公正与城市〈Social Justice and the City〉》	规划中的社会公正问题
1972	［瑞典］斯德哥尔摩	《人类环境宣言》	“只有一个地球”
1972	［美］D. L. Meadows	《增长的极限》	环境保护
1972	联合国	《保护世界文化与自然遗产公约》	
1973	［美］E·F·舒马赫	《小就是美》	以人为尺度的生产方式
1973	Andreas Faludi	《规划理论》	规划过程控制论，视规划为理性技术过程
1975	［英］P. Hall	《城市和区域规划》	
1977	CIAM	《马丘比丘宪章》	公众参与、文化遗产保护
1977	A. J. Scott S. T. Roweis	《理论与实践中的城市规划》	对理性系统的规划理论和方法提出质疑
1977 1978	Manuel Castells	《城市问题的马克思主义探索》 《城市、阶级与权力》	新马克思主义对社会、经济和政治制度的分析与批判，要求给予规划更多的权力
1978	［美］J·巴奈特	《作为公共政策的城市设计》，《城市设计导论》，《难以捉摸的城市》	规划是确定适宜的设计规范和开发原则
1980年代末至今：规划的新趋势			
1985	［美］David Harvey	《资本的城市化》	
1988	William H. Lucy	《美国规划协会的职业精神原则包含着简化了的规划理论》	规划意识形态和职业精神
1985	M. Gottdiener	《城市空间的社会生产》	城市及其空间发展的理论

续表

年　代	提出者	理论与实践名称	主要思想
1985	J. Brothie	《论新技术对城市形态的未来的影响》	关于城市物质形态的研究
1987	世界环境与发展委员会	《我们共同的未来》	可持续发展
1988	J. Friedman	《规划在公共领域：阐述和实践》	规划的本质是道德的实践
1990	Antyony King	《全球城》	大城市
1980 年代末以来	A. Faludi R. Erhman M. Breheny A. Blower M. Jenks	生态环境和可持续发展的规划理论	可持续的城市环境规划
1990	S. S. Fainstain，Anthony King	《世界经济的变化与城市重构》 《全球城》	大都市全球化理论
1990	[美] R. Sennett	《眼睛的良心》	环境保护
1992	Susan S. Fainstein	《在不同声音中的规划》	妇女在规划中的地位、作用和特征
1992	L. Sandercock A. Forsyth	《女权主义与规划理论：认识论的联系》	女权主义对规划理论的贡献
1989 1994	Manuel Castells Manuel Castells&P. Hall	《信息化的城市》 《世界技术极》	城市信息化与网络化研究
1995	[奥地利] R. V. Knight	《以知识为基础的发展：城市政策与规划之含义》	整体的城市观，知识社会里城市发展的若干原则
1995	[英] P. Hall&C. Wsrd	《社会城市》	
1996	S. J. Mandelbaum	《规划理论的探索》	
1997	N. Hadmdi&Goethert	《城市的行为规划：社区项目导论》	关于规划理论本身核心问题的研究
1997	Patsy Healy 等	《空间战略规划的编制：欧洲的革新》	
1998	Patsy Healy	《合作性规划：在破碎的社会中创造空间》	
1998	C. Greed&M. Roberts	《导入城市设计：调停与反映》	

注：简表整理过程中参考了吴志强.《百年西方城市规划理论史纲》导论. 城市规划汇刊，2000，(2)：9~18

3.1.3　规划中社会思想发展的阶段性划分

为更清晰地了解近现代城市规划中社会思想发展的脉络，基于规划与社会问题的相互关系，以及规划中社会思想发展阶段性特点，本书将规划理论发展及规划中社会思想的演变划分为三个阶段：

（1）阶段一：理性的综合规划模式与社会改良（1880's～1960's）

主流规划理论：物质形态规划、系统规划

社会思想核心主题词：社会改良、人文关怀、平民主义

规划焦点：现代主义对客体关系的重视（物质空间环境）

（2）阶段二：多元规划模式与社会改革（1960's～1980's）

主流规划理论：倡导规划、新马克思主义城市分析、激进规划

社会思想核心主题词：社会公正、公民参与

规划焦点：人文思潮对主体关系的重视（人）

（3）阶段三：合作性规划模式与社会合作（1980's～2000's）

主流规划理论：新右派理论（新自由主义）、联络性规划（交往性规划）、合作性规划、生态规划及可持续发展理论、全球化理论

社会思想核心主题词：合作协调、利益均衡。

规划焦点：市民社会和公共空间建设对主体间（inter - subjective）关系的重视（政府、社会、市民的互动）

下文将对各种规划模式的社会发展背景、主要社会思想及其渊源、理论及实践中存在的问题展开分析。

3.2 理性的综合规划模式与社会改良（1880's～1960's）

3.2.1 理性的综合规划模式产生的社会发展背景

19世纪是西方自由放任的资本主义蓬勃发展的黄金时代，工业革命所释放出来的巨大生产力，使西方国家迅速实现了工业化及相应的城市化。一直到第二次世界大战之前，西方世界主流的社会思潮一直是被古典自由主义所占据。自由主义作为"维护个人自由、市场自由，强调个人权利和社会自然状态高于国家权力的政治思想"①，其典型代表亚当·斯密认为，一个国家最好的经济政策就是对私人经济活动不加任何干预的经济自由主义。人们从自身的利益出发从事经济活动，在自由放任原则下，这种追求自身利益最大的个体经济行为的集合，可以达到社会利益的最大化。于是，斯密坚持反对重商主义的国家干预政策，主张对内实行自由竞争，对外实行自由贸易。

这种古典自由主义信奉的是古典市场原则，即一种以经济利益为核心内容的市场原则。这种市场理论认为，人类社会的共同利益，是由于不同的个体行为根据自己各种不同的利益要求，在不经意中产生的。正如休谟所言："为别人服务，勿需真诚的善意"，这就是著名的"看不见的手"的市场解释②。

到19世纪末，马歇尔等新古典经济学家对古典自由主义有所继承与更新，他们认

---

① 刘昀献. 论20世纪以来西方主流意识形态的演变及其功能. 河南大学学报（社科版），2004，（5）：2.

② 孙显蔚. 从古典自由主义到新自由主义——洛克和罗尔斯自由观念评析. 教学与研究，1999，（10）：74.

为，资本主义是一架可以自行调节的机器，市场机制的自发调节，能够使社会生产达到均衡，使资本主义制度成为建构理想社会的基础。20世纪初的自由主义延续了19世纪自由放任的路线，是20世纪自由主义的最初形态。

然而，市场机制在社会运行中所暴露出来的种种"失效"现象，如导致自然垄断经营、外部负效应、公共物品提供不足等，也证明市场也并非万能的。

19世纪的市场失效（market failure）导致城市中出现环境卫生危机、城市拥挤、住房短缺与城市平民窟、城市政府的腐败、城市犯罪率上升、城市居民失业及收入水平差距的扩大等城市社会问题。于是一些有识之士提出了许多改革市场失效下的工业城市的设想，主张用理想的城市布局形态替代混乱的资本主义城市，重建城市的秩序。19世纪乌托邦式的规划思想推动了理性综合规划模式的诞生，一直到20世纪前50~60年，理性的综合规划模式一直在现代城市规划理论与实践中占据主导地位①。

3.2.2 规划理论与实践中蕴涵的社会思想

3.2.2.1 物质环境决定论与社会改良

物质环境决定论（physical determinism）是在空想主义和理性主义思想的双重影响下，在建筑的基础上形成的②。这一思想认为建筑空间形态是影响社会变化的工具。"……物质空间结构决定社会行为，这两个因素的关系是单向联系的，在这种关系中，社会行为是因变量……"③。这一规划思想的实质是试图通过良好环境的塑造，来自动解决城市中存在的社会、经济、政治问题，促进城市的发展和进步。这一方法论思想在20世纪前50年一直是城市规划领域的主流思想。

（1）空想社会主义者的社会改良理想及规划尝试

托马斯·莫尔（Thomas More，1477~1535）于16世纪针对资本主义城市与乡村的脱离与对立，以及私有制和土地投机所造成的种种矛盾，提出了空想社会主义的乌托邦，为后来的城市规划奠定了关注社会问题的基础。到19世纪，工业化及城市化的发展，导致原有的社会平衡被打破，社会资源配置受资本扩张的强大力量左右，在几乎没有控制的状况下迅速被掠夺并集中于少数人手中，早期资本主义在城市发展方面表现出的是与技术进步背道而驰的历史倒退。在这种背景下，理想社会与理想形式的结合是获取支持的最具煽动性的方式，空想社会主义成为资本主义早期最具影响力的社会改良思想之一。

由欧文（Owen）、圣西门（Saint-Simon）、傅立叶（Fourier）等人提出并实践的以产业（工厂和农庄）为中心的自给自足的单位（合作社）④，这种规划设想与其说是对城

---

① 有关理性的综合规划的论述参见：李强，张鲸，杨开忠．理性的综合规划模式在西方的百年历程．城市规划汇刊，2003，（6）：76~80．

② 孙施文．城市规划哲学．北京：中国建筑工业出版社，1997.196．

③ Bardo J. w. &Hartman J. J. Urban Sociology：A systematic Introduction. F. E. Deacock，1989．转引自：孙施文．城市规划哲学．北京：中国建筑工业出版社，1997.196．

④ 罗伯特·欧文（Robert Owen，1771~1858）提出解决生产的私有性和消费的社会性之间的矛盾的方式是"劳动交换银行"及"农业合作社"，他主张建立"新协和村（New Harmony）"式的新型社区；傅立叶（Charles Fourier，1772~1837）的理想社会是以名为法郎吉（Phalange）的生产者联合会。

市布局形式的设想，不如说是对城市社会形态的一种行而上的技术构思。它反映出空想社会主义者对早期资本主义在经济和政治方面不公平的强烈反感，希望能够通过一个全新的社会来彻底摆脱资本主义的桎梏。尽管这种乌托邦的城市理想在当时自由放任的资本主义体制下注定难以成功，但空想社会主义者倡导的社会改良思想，以及创建新型社会的尝试，奠定了此后规划思想中的追求理想社会的传统。

从对城市发展干预进而达到改良社会这层意义上讲，乌托邦思想不论其实际成功与否，已意识到要达到一定的政治、经济或社会目的，必须通过一定的土地使用形式予以空间支持，虽然他们并没能有目的地将城市土地使用和空间形态方面的问题与城市社会发展联系起来，但以计划来干预城市自发发展、达到促进城市社会进步这层含义上来看，空想社会主义对现代城市规划中社会思想的形成确实具有先导作用。

（2）物质空间规划与社会改良思想的形成

从霍华德（E. Howard）提出“田园城市”（Garden City）理论一直到1950年代，这是西方城市规划的黄金时代，以物质环境决定论为思想基础的物质空间规划（physical planning）是此阶段城市规划的主导形式。

田园城市的构想更多地通过霍华德著名的图释为世人所熟悉，但社会改良的初衷及对田园城市社会发展过程的关注才是其思想的核心。霍华德坚信自己解决了围绕土地改革者们多年的疑团——可以在不威胁到维多利亚时期中产阶级和平信心的前提下，建立一个理想社区，使其逐步实现土地价值的自我平衡①。这样，通过建立新城及对已有的土地私有制度进行公共干预，使私人土地开发尽可能不损害公共利益，便有了实施的可行性。这种从公共利益出发的对土地私有进行干预的关注方式较之以前的社会改良，开始从土地所有制及经济角度考虑政府对自由市场的制约作用，为以后城市规划发展成为政府对城市发展的公共干预手段奠定了思想基础。

在霍华德之后，以昂温（R. Unwin）为代表的英国规划师，按照霍华德的思想，发展了以田园城市和郊区住宅为主要内容的物质规划形式和方法。在美国，以伯纳姆（D. Burnham）为代表的建筑师，运用城市美化运动中形成的思想和方法，形成了总体规划（master plan）为主的规划形式和方法。在法国，现代建筑运动的主将勒·柯布西耶（1897～1965）②，基于物质环境决定论的信念，坚信通过对城市建筑空间形式的重整和再组织来改造城市，就能创造一个完美的城市。他于1922年发表的《明日之城市》（The City of Tommorrow）及1933年发表的《阳光城》（The Radiant City）等著作反映了他的功能主义城市规划思想。他在巴黎市中心地区改建的“伏瓦生规划”（Plan Voision）中，采用将建筑向高空发展，降低建筑密度而提高人口密度的办法，解决大城市人口的聚集问题，尽管表现为技术性手段，但其背后隐含着对普通民众民生问题的关怀。1933年，由

---

① 霍华德认为，如果能够从农村得到较便宜的土地，然后通过以后的土地增值可使新城公司按期偿还贷款，并且把利润进一步投资到改善或发展新的“社会城市”（social city）。在这样的条件下，私人投资有可能介入，田园城市的推广及建设也就有了经济上的可行性。

② 另三位是F·L·赖特（Frank Lloyd Wright）、W·格罗皮乌斯（Walter Gropius）和密斯·凡·德·罗（Mies Van der Rohn）。

“国际现代建筑协会”（CIAM）提出的《雅典宪章》（现代城市规划大纲），反映了现代建筑运动对城市规划的影响，功能主义的物质空间规划模式成为主流，规划师以空间模式切入问题，希望通过功能组织和技术手段营造良好环境，实现社会改良。

从总体来看，20世纪前半叶，城市规划仍沿袭着建筑学的传统，并在建筑学的范畴内逐步发展。这一时期规划中的主流社会思想都是基于物质环境决定论的，包括通过物质环境的建设来改良社会的思想，城乡协调和城市整合思想，城乡平衡思想。

3.2.2.2 社会文化论与人文关怀

社会文化论认为，物质空间只是影响城市生活的一项变量，而且这一变量并不是决定性的，真正起决定性作用的应该是城市中各人类群体的文化、社会交往模式和政治结构。当物质环境决定论在早期城市规划思想中占主导地位时，社会文化论一直处于次要地位，但在后来对物质环境决定论及物质空间规划的反思和批判中，它对规划主流思想的变革起着重要作用。

（1）芝加哥学派对城市社会及文化属性的揭示

早在19世纪末，帕特里克·格迪斯（Patrick Geddes）就开始从人文生态学角度研究人与环境的关系，而真正使人文生态学在城市研究中发扬光大的是20世纪20年代以R·帕克（Robert Parker）和E·W·伯吉斯（Ernest W. Burgess）为代表的芝加哥学派（Chicago School）。帕克（1925）在《城市（The City）》一书中指出：研究城市的物质环境必须围绕对城市的社会分析①。他们通过探讨城市的空间—社会环境关系，使城市物质空间构成的社会属性得以揭示。人文生态学不仅包含不同群体之间的生物关系，还包含由文化和有目的的人类行为所造成的状况，城市作为人类文明的产物，正是各种状况的集中地。城市“包含了人性的真正特性，是人类的一种通泛表现形式”②。由于人是具有文化的，城市的文化属性由此显现。

（2）物质环境设计中人文关怀思想的形成

1939年美国建筑师C·佩里（Clarence Perry）提出的邻里单位理论（neighborhood unit theory）③，其核心内容是期望通过系统地改善住区物质舒适性，以达到培育社区归属感和社区精神。这种基于建立空间基本模式，从而达成有序生活秩序的思路，已具有人文关怀的思想及某种程度的理想主义色彩。邻里单位思想在“二战”后的重建过程中得以广泛实施，其真正原因并非因为其形态方面的合理性（M. Broady，1968），而是由于其社会意识形态受到当时社会各层面人士的关注和认可，且与以小汽车为主要交通方式的城市发展相适应。

---

① 帕克在书中写道：城市不仅仅是一个物质的构体和一些人造的构造物，它根植于建造它的人民有活力的过程中（vital processes）。城市是自然的产物（product of nature），尤其是人类本性的产物（product of human nature）。

② R·帕克等著；宋俊岭、吴建华、王登斌，译. 城市社会学——芝加哥学派研究文集. 华夏出版社，1987.5.

③ 佩里的邻里单位是以一个小学服务的面积（从任何方向的距离不超过0.8～1.2km）为一个邻里单位，大约包括1000户（按当时的平均家庭人口规模计约5000居民）。邻里单位以交通干道为边界，儿童上学不穿越干道。

“二战”之后，受经济复苏和重建的推动，物质空间规划与设计大行其道，呈现出欣欣向荣的景象。崇尚技术理性的城市规划，对城市土地及空间环境进行着有序的理想安排，然而这些努力在1950年代后受到各方的质疑。国际现代建筑协会（CIAM）第十小组（Team 10）提出了以人为核心的人际结合（human association）思想，认为城市的形态必须从生活本身的结构中发展起来，城市和建筑空间是人们行为方式的体现。Michael Young 及 Peter Willmott（1957）就战后伦敦内城 Bethnal Green 地区的再开发中出现的社会问题，对这一时期物质性规划引起的社会纽带的断裂以及居住与规划环境的磨合等社会现象进行了详细的论述，认为规划师过于注重物质环境而忽视了社区精神所在，因而规划重建后的 Bethnal Green 地区在社会及人文精神方面是一个“贫民窟”。凯文·林奇（K. Lynch，1960）的《城市意象》（The Image of the City），从认知心理和环境感受出发，认为人类的行为并不是依据于物质空间环境而进行的，而是依据于他对环境的感知和评价，在此基础上，林奇提出了全新的城市设计的方法。雅各布斯（J. Jacobs）1961年在《美国大城市的生与死》（The Death and Life of Great American Cities）一书中，通过对人类行为的观察和研究，提出城市空间和城市形态应当与城市生活相一致，城市规划应当以增进城市生活的活力为目的。而C. 亚历山大在他的《Notes on the Synthesis of Form》一书和《A City Not a Tree》（1965）一文中，从生活的实际状况出发，指出物质空间决定论忽视了人类活动之间复杂的关联。他以活动的倾向（tendencies）替代需要（need），认为倾向作为可观察到的行为模式，反映了人与环境的相互作用关系，而这正是城市规划与设计需要满足的。

这些建立在物质环境分析基础之上的，对物质性规划“见物不见人”的反思与批判，蕴涵着物质环境设计中要以人为本的人文关怀思想。由于社会文化论在城市规划领域的作用主要集中在其批判性和分析性，客观上只是对“物质环境决定论”起着一种“校正”作用，所以规划中的人文关怀思想始终没有占据主导地位。

3.2.2.3 系统方法论与平民主义思想

在对物质环境规划进行反思的过程中，如果说社会文化论主要从认识论的角度进行批判，系统方法论则从实践的角度进行总结。1950年代末，现代系统思想和系统方法被引入到城市规划领域，逐步形成理性主义系统规划和过程控制论。

布瑞·麦克罗林（Brian Mcloughlin）于1969年出版了《城市与区域规划：一种系统方法》（Urban and Regional Planning：A System Approach），提出城市规划就是从系统角度出发，对城市及区域范围进行分析和控制。由于城市与区域系统是不断变化流动的，规划作为系统分析、控制的一种形式，它自身一定是动态和变化的。规划师必须找到办法，分类、预测这些变化，以便控制它们。麦克罗林（1969）指出规划寻求对个人和集体行为的规范与控制，达到坏效益的最小化，按照规划的广泛目标和特殊目标，促进良好物质环境的实现。

过程控制论由 Melvin Webber（1963），Andreas Faludi（1973）等人提出，其核心是强调“科学的”和“客观的”方法去认识和规划城市。A. Faludi 认为，规划是一个关于产生最好结果的方法，为了实现这一点，规划师应该将各种特殊的要求和方案结合起来，成为一个综合的理性选择（图3－1）。

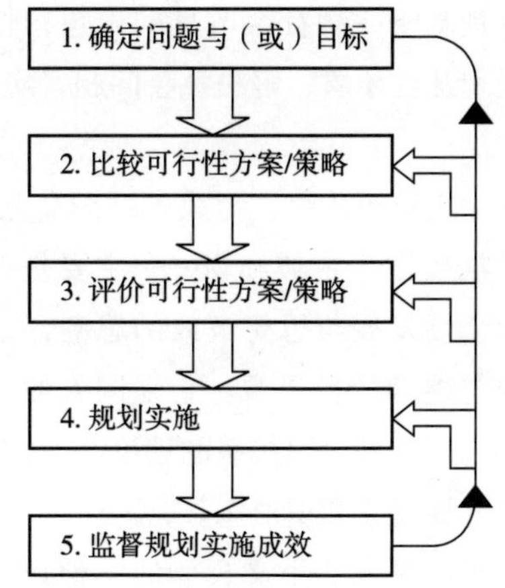

图 3－1　规划作为理性行为的过程

资料来源：Nigel Taylor，Urban Planning Theory since 1945，Figure 4. 2

如果说 1960 年代以前的城市规划方法比较偏向艺术和感性，而系统规划与过程控制思想则从根本上扭转了这一基本法则。这种把规划看作是理性技术过程实际上隐含了价值中立的观念。系统方法论强调科学的价值，规划师们成为“价值中立”的科学的决策者，人们相信规划师能够利用他们所掌握的科学知识，从公众利益出发，界定城市发展目标，找到实现目标的正确途径。这种价值中立的“科学”标签使得规划师可以游离于任何社会阶层和利益群体之外，服务于一般的“公共”目标，而不对特定的社会阶层和利益群体负责。其价值中立的取向孕育了规划中一个重要社会思想——平民主义思想。

3. 2. 3　理性的综合规划模式中的社会思想及其局限

3. 2. 3. 1　主要社会思想

（1）社会改良

产业革命把资本主义社会物质文明推向一个前所未有的高度，同时带来的是激化的社会矛盾。E·霍华德、P·格迪斯等有远见的规划先驱者看到了问题的本质在于，城市原有农业文明的“壳”根本无法包裹工业文明这一“核”，城市原有的结构无法接纳工业革命带来的新功能，只有完全革新旧的城市结构，才能缓解社会矛盾，解决城市问题。从 19 世纪的乌托邦式规划构想，到霍华德的“田园城市”为代表的各种理想城市结构模型。再到 1960 年代将城市规划视为系统（systems）和理性过程（rational process）的探索，规划师一直致力于寻找一种新型的城市模式或规划本身的优化模式，来重构社会生活。但从本质上，他们都倾向于采用社会改良的方式。

所谓社会改良，是在维持既有制度的基础上，改善社会的生活状况，为了实现进步的目标而进行的日常的实际斗争；而社会改革，是较大程度改变原有制度，实行根本性的转变①。从社会改良和社会改革的概念差别，可以看出，这一时期城市规划很少触及根

---

① 康文斌. 社会改革、社会改良与社会革命. 晋阳学刊，1995，（5）：32.

本体制及政策问题，基本上还是基于一种社会改良的思想，将物质空间规划与设计作为解决问题的办法，希望借此缓和社会矛盾，解决社会问题，实现社会和谐。

（2）人文关怀

人文主义源于古希腊理性主义思想传统，形成于欧洲文艺复兴时期。所谓人文主义，从原意讲，指的是文艺复兴时期借助于古典知识——主要是古希腊的哲学与艺术，来反驳经院哲学和神学，提倡人的个性发展与思想解放的思潮，是一种与以神为本位的神本主义相对立，反对野蛮、愚昧与迷信的世界观。它强调人的至上性，是从人本身出发来研究人的本质，以及人与自然、人与人之间关系的理论①。发展至当代，人文主义已泛化成一种强调人的作用、地位的世界观或意识形态。

城市规划中的人文关怀思想，是人文主义哲学的一种具体应用，它是指城市发展与建设中要充分考虑和满足人的物质和精神需求，促进人们身心健康发展，在公平原则下城市每位居民都应能享受到平等、自由的权利和轻松、安全、舒适的生活工作环境②。

作为对20世纪前半叶占主导地位的、主要注重美学及功能价值的物质性规划理念的一种反思，这一时期规划中的人文关怀思想的主要特征是：

①认为人际交流是城市文化的本原，提倡多样化及连续渐进式的环境塑造过程，反对大规模生硬的几何图形设计；

②强调人性尺度是规划设计的标准，努力使场所具有宜人的空间尺度；

③提倡营造真正属于市民自己的城市，让居民参与环境塑造过程。

（3）平民主义

平民主义是指一种在政治上刻意迎合民众的意识形态。反对精英和拒绝以牺牲普通民众的现实利益来实现历史进步，是其两个基本特征。平民主义有两个倾向：在政治上，倡导参政权的普及，反对独裁政制；在社会上，倡导机会均等③。

平民主义城市规划思想是指，一种从城市中占绝对多数的平民的角度去理解城市的意义，关心平民的需求，保护平民利益。古希腊自由、民主的思想以及对人所生活的现实世界的重视是平民主义城市规划的思想基础。著名的雅典卫城便反映了这种思想。另外，平民主义城市规划还是一种在对具体的感觉、体验深切领会和对自然条件充分尊重的基础上因地制宜的规划，因此是一种尊重感性和务实的规划。

20世纪50年代末，系统论在城市规划中的应用，使理性的综合规划中的“理性”上升到“科学”的高度，要求规划师在规划过程中始终秉持“价值中立”的立场，把规划的出发点放在对城市问题的解决上，并且要周全地考虑到城市中一般居民的生活、就业等需求，寻找最合理的规划方案。不管最终实施结果如何，这些要求恰恰是平民主义城市规划的目标，蕴涵着现代平民主义的思想。1960年代以后城市规划对社会公正、公众参与的侧重，正是继承了平民主义要求的机会均等、关心平民等基本思想，是对现代平

① 魏金声．现代西方人本主义思潮的由来与发展．中国人民大学学报，1994，（4）：54.

② 周素红，蓝运超．人本思想综述及其在城市规划中的体现．现代城市研究，2001，（2）：25.

③ 刘纯．科学与“平民主义”．科学中国人，2003，（10）：24.

民主义的最新诠释。

3.2.3.2 核心思想：社会改良与人文关怀

17~18世纪，欧美许多国家相继发生了反封建革命运动。一些思想家提出的以“自然权利”说、“社会契约”论、“人民主权”思想为核心的学说，催生了美国的《独立宣言》和法国的《人权宣言》。这两部宣言中所体现的人权原则和公民基本权利观念，成为构建近代资本主义民主制度的基础。其最显著的特点，是将各项权利，诸如自由权、平等权、参政权、财产权等，均定义为一切人的、普遍的权利。这种全民的民主意识为西方主流意识形态奠定了思想理论基础。但另一方面，资本主义又是以私有制为基本制度，以保障私有财产不可侵犯为目的，则势必带来以个人为中心来对待社会和他人的个人主义。这就必然导致西方社会民主、自由的虚伪性和欺骗性。这种内在的冲突使城市规划往往难以实现其维护社会公正的本质目标。

自由竞争资本主义的“市场失灵”是西方近现代城市规划诞生的直接诱因，全民的民主意识的建立要求近现代城市规划以全体市民为服务对象，以实现公众利益为根本目的。限于当时经济发展的阶段，物质建设始终是第一位的，经济发展始终处于优先的地位，城市规划作为政府管理的一种手段，在调解社会矛盾、维护公共利益的同时，也肩负着保证社会经济发展的责任。因此，在当时资本主义的民主进程远不及今日的情况下，社会改良也就成为城市规划迫不得已的选择，尽管它也不可避免地具有时代局限性。在当时规划中出现的一些其他社会思想，如城乡协调与融合、社区平衡等，都是社会改良思想的延伸。

在理性的综合规划阶段的后期出现的人文关怀思想，是与社会改良有着本质区别的、更具进步意义的社会思想。社会改良关注的焦点是物质空间，其解决问题的出发点是改造客体关系；而人文关怀关注的焦点是人，强调从人的根本需要出发来建设物质环境，包括宏观和微观的空间环境。很明显，人文关怀思想是立足于人这个主体的需要的基础上来改造客体关系，而社会改良则怀着一种侥幸的心理，希望它所塑造的客体关系在立足于社会经济发展需要的同时适应人的需要。人文关怀思想的兴起，标志着规划界对理性的综合规划模式反思的开始。

3.2.3.3 规划中社会思想的局限性

理性的综合规划模式建立在物质环境决定论基础上，但如果说这一阶段规划师只关注形式而完全忽视社会因素，那是不公平的。这一时期规划的价值取向已从美学价值扩展到功能的价值及社会价值，城市空间的社会意义已经得到初步的揭示，只是由于时代的局限性，规划师对社会生活与物质环境之间的关系还缺乏深刻认识，不论规划师有多么良好的愿望都无法避免在客观上造成的社会生活的改变和社会纽带的断裂。

（1）关注重点局限客体关系，没有凸现出作为社会生活主体的人的发展与需求

20世纪60年代以前，在西方长期占主流地位的是逻辑实证主义哲学，它相信任何有价值的思想都可以被约化为理性的、最终是数学的命题①。这种实证主义哲学事实上反映

---

① 杰夫瑞·C·亚历山大，著；张旅平，译. 世纪末的社会理论. 上海；上海人民出版社，2003. 89.

了西方认识论中的主体与客体、理性与情感、事实与价值、文化与自然、公共与私人等相互分离的二元论特征①。理性的综合规划受到这种实证哲学的深刻影响，注重对研究现象作实证的、经验主义考察与分析，注重量化的研究方法，强调对研究结果的“真实性”和“可靠性”进行探究，认为规划就在于对现象的因果性做出说明，并在此基础上对现象的未来发展做出预测，导控未来的行为朝着设想的目标和方向发展。注重实证的传统使规划关注的重点放在客体关系——城市物质空间环境上，忽略了作为社会生活主体的人的社会交往、民主参与等高层次需求，以及人类对城市历史文化传统的继承性。表现为规划中的美学、功能主义和技术主义的价值取向。如“功能分区”思想，它注重城市功能布局合理性，“为了追求分区清楚却牺牲了城市有机构成”，且“没有考虑到城市居民人与人之间的关系”②。高度发达的技术抹煞了城市的个性，使所有都市都充斥着冰冷、生硬的钢材、玻璃和混凝土的综合体，这种单调的“物化环境”毫无生气，使我们丧失大量的城市记忆、精神，城市规划设计中的人性不断丧失，人们的文化和审美需求越来越得不到满足。

（2）社会关注方法偏于主观揣测，忽略了在现实中支配政府规划过程的社会因素

此阶段规划思想主要出于精英的主观思考。由于这一时期“城市规划中的建筑决定论思想占主导地位”③，使规划师把实现“社会理想”的目标本能地建立在空间环境改造上，视规划为分离于政治过程的一个类别，忽略诸如权力、意识形态、价值及组织制度等因素，而这些因素却在现实中支配了政府的规划过程。其结果往往导致规划难以实施或实施绩效不显著，规划中社会改造的理想也就难以实现。

（3）“科学理性”追求损害了规划的社会改造能力

理性过程理论将城市规划视为一种专门的方法，用以发现那些实现目标的政策，以及为此应当采取的行动，而与规划的目标无关。对此沃克（Alan Walker，1984）则认为“识别政策目标的冲突性比寻找抽象的理性更有意义”。规划在社会资源于不同利益主体之间配置过程中充当角色，因此，它绝不是纯粹的科学的理性过程（Barry Cullingworth，2002）。韦伯也曾指出，人类总是在行动中找寻形式上的理性主义，但他们越去尝试，就越碰到麻烦，社会不是由工程师设计的合乎逻辑的结果，而是包含逻辑与非逻辑的因素及其相互关系（webber，1987）。在人类社会的发展中，技术的进步并不会自动带来社会进步，规划片面的技术理性追求必然会损害其社会改造的能力。

（4）价值中立倾向削弱了规划的社会目标追求

把规划看作理性的技术过程实际上隐含了价值的中立，规划师作为“价值中立”的科学的决策者，可以游离于任何社会阶层和利益群体之外，服务于所谓“公共”目标，而在现实中，由于规划政策通常与价值冲突相联系，价值中立的立场在实践中常常是无效的，并且会削弱规划的社会目标追求。

---

① 文军．论社会学研究的三大传统及其张力．南京社会科学．2004，（5）：78.

② 马丘比丘宪章．参见：国家城建总局城市规划设计研究所（中规院前身）编．《城市规划研究》，1979年第1期1～8页.

③ Nigel Taylor. Urban Planning Theory since1945. Sage Publication，London，1998. 46.

首先是社会难以形成绝对统一的“公共利益”[①]，缺乏“公共利益”的一致认同，使规划师在资本主义规划实践中，容易成为资本和权力阶层的代言人，“价值中立”实际上为资本主义社会维护资产阶级利益披上了合法的外衣。其次是由于规划师本身的知识水平、世界观、处理问题能力、对世界的认知水平以及个人境遇等因素，规划师往往难以做到价值中立，缺乏社会目标导引的、偏离的“价值中立”，反而会损害规划的社会发展目标追求。

3.3 多元规划模式与社会改革（1960's～1980's）

3.3.1 多元规划模式产生的社会发展背景

3.3.1.1 “二战”后的凯恩斯主义及福利国家政策

面对席卷世界的1929～1933年的经济大危机，古典自由主义不能给出合理的解释，导致其在西方经济学中的统治地位从根本上发生了动摇，代之而起的是国家干预主义。其代表人物是英国著名经济学家凯恩斯。

1936年，凯恩斯以罗斯福“新政”为借鉴，出版了他的名著《通论》，提出了就业的一般理论和政策主张，同传统的自由经济论相对立，被凯恩斯主义者称之为“凯恩斯革命”[②]。凯恩斯革命的矛头直接指向自由放任经济，它坚决反对以萨伊定律为基础，以马歇尔为代表的新古典经济学的理论和政策主张。凯恩斯主义认为，资本主义不仅存在着摩擦失业和自愿失业，而且还存在着严重的非自愿失业，并且将其形成的原因归结为有效需求不足，因而主张国家干预：全面实施国家对社会经济生活的调节，以恢复金融信贷系统，消除生产过剩，扩大社会福利，减少失业人数，缓和阶级矛盾；实行赤字财政政策和半通货膨胀的政策，以刺激需求，充分扩大就业，促进经济增长。

凯恩斯主义的国家资本主义政策，不仅是单纯的经济举措和一项政策的施行，而且是一种长远的制度创新，即实现了国家职能的一项重大变化，开创了福利国家的新功能[③]。罗斯福“新政”之后的政府已经从社会经济单纯的管理者和仲裁人上升为社会福利的保证人，主张实行福利国家政策：在收入分配方面提出调节收入不均，增加就业，建立社会保障制度等政策，与其他扩张性的财政货币政策相配套。

“二战”后，凯恩斯主义经济学成为西方的新正统学派。受“二战”胜利的鼓舞，人们普遍相信政府和国家的力量，国家职能不断增加，经济规则不断被政治化，在20世纪五六十年代西方资本主义国家经济增长的黄金时期，凯恩斯主义及福利社会政策一直处

---

① 公共利益是相对个人利益而言的。部分学者将其理解为所有人的共同利益，代表了一种共同的价值观念。另一部分学者则认为，由于很难有一个为所有人都接受的利益标准，所以“公共利益”是政府对各种相互冲突的利益平衡后符合大多数人的利益。参见：孙长表. 公共政策的逻辑起点：公共利益分析. 河南师范大学学报（哲社版），2004，(2)：24.

② 王耀中. 战后凯恩斯主义的演变与最新发展及其启示. 湖南师范大学学报（社科版）. 1998，(1)：47.

③ 刘昀献. 论20世纪以来西方主流意识形态的演变及其功能. 河南大学学报（社科版）. 2004，(5)：2.

于绝对主流地位。

20世纪中期以后，西方发达国家普遍发展和完善了福利保障社会化制度，形成了各具特色的福利国家。这种社会主流的社会福利及福利国家理念①，不可避免地会对规划思想的发展产生影响。福利国家以国家立法和国家行政为主要工具，对经济和社会进行干预，对市场分配进行补充和修正，努力减少社会不平等的程度，对社会公正的侧重，已经开始影响到城市规划中的价值判断，以及将规划作为一种政治过程的认知。

3.3.1.2 1960年代的社会运动

“二战”后西方世界经济现代化的发展及丰裕社会的形成，在普遍提高社会生活水平的同时，也激发了更为广泛的社会公平、正义、个人权利诉求。1960年代后，在“二战”废墟中长大的一代不约而同地举起了反叛的旗帜，导致社会动乱。美国社会黑人争取与白人同等社会及政治权利的反种族歧视的民权运动、反越战运动、西方世界普遍的性解放及言论自由运动，以及反贫困斗争要求社会为所有的居民提高均等的社会权利的呼声，都促使社会权利结构及组织形式发生相应的变化，促进了政治及社会思想多元化的发展。

同样，在1960年代以后的城市规划，物质性规划的失败已经显现，城市社会分化及空间隔离的加剧，旧城更新对社会公正的损害，种种现实表明辉煌的规划不能造就健康的社会，以往贵族式的规划事实上对城市下层阶级无所作为，规划的科学理性逻辑开始受到质疑，规划作为社会过程、政治过程的视角成为规划理论研究的重点。

3.3.2 规划理论中蕴涵的社会思想

1960年代后，社会主流意识形态的变化，社会思想的多元化，对城市规划产生的影响凸现。在规划理论领域，将规划视为政治过程（political process）的视角逐步成为新的方向。规划学者在批判传统的理性的综合规划模式的同时，试图建立新的规划模式，形成了诸如渐进主义规划（Incremental Planning）、倡导规划（Advocacy Planning）、规划实施理论（Implementation Theory）、新马克思主义（Neo - Marxism）城市分析、实用主义规划（Pragmatism Planning）、进步式规划（Progressive Planning）、后现代规划（Postmodern Planning）等新型规划模式。新兴的多元规划模式大多抛弃了传统规划模式中有关“科学理性”及“价值中立”的假设，更加关注规划过程中所涉及到的多元化利益主体以及利益主体与规划实施之间的关系，其中一些规划理论中蕴涵着重要的社会发展思想。

3.3.2.1 倡导性规划（Advocacy Planning）

多元主义认为现实社会中存在着大量的处于相互竞争的利益主体，并且在某些范围

---

① 社会福利的概念，从较抽象的层面来理解，社会福利是理想社会的构成要素，它所涉及的道德选择的问题；从操作层面来说，社会福利则是关于社会资源的分配问题。福利国家理念建立在下列假设及背景之上：a. 福利能够净化资本主义的社会风气；通过国家干预（再分配政策）来提供社会福利，可以弥补由于市场失灵或市场缺陷所带来的一系列社会问题。b. 全面就业、经济增长、适度需求以及家庭功能完整和社区互助功能等经济社会因素的存在，是福利国家建立和存在的前提条件。c. 社会福利不仅是利他主义的一种表现形式，也是建立一个平等和具有凝聚力社会的手段。

参见：A. Deacon. Perspectives on Welfare-ideas，Ideologies and Policy Debates. Buckingham：Open University Press，2002.

内的竞争是不可调和的。从这种角度看，所有的公共建设项目都会产生利益获得者和利益损失者，并且通常这些损失者是社会的弱势群体。

在这股思潮中较突出的代表人物是丹尼斯（Dannis N.）及达维道夫（Davidoff P.）。在Paul Davidoff和Reiner于1962年提出“规划的选择理论”（A Choice Theory of Planning）之后，Davidoff于1965年发表《规划中的倡导性与多元主义》（Advocacy and Pluralism in Planning）一文，首次提出“实现自下而上（down ~ top）的规划及多元化的规划理念”①，确立了倡导性规划理论。

倡导性规划理论认为社会由不同利益群体组成，城市发展受到城市中各种群体利益的影响，只有了解才有可能寻求解决途径，但并不是每个群体都有能力影响主流社会，规划师作为倡导者，能够积极主动地参与到政治进程中去，为不同利益群体，尤其是弱势社会群体争取权益②。倡导性规划方法的实质是规划师的非中性思想。

从社会思想发展的角度来评价，多元与倡导显然是规划思想从权威走向公众的一种公开的改变，公众利益不再是一个抽象的语汇，而是要通过公众参与城市规划过程得以保证。Davidoff的核心精神是为公民在多元化政治结构中争取更多的权利和更高的地位，从而完善社会民主政治体制③；此外，Davidoff对规划师作为社会弱势群体代言人角色的强调，蕴涵着对社会公平正义的诉求。倡导规划中蕴涵的一些具有进步意义的社会思想，如社会公平与公正、保护弱势群体利益、公众参与规划决策的权力、规划师的社会责任等，奠定了多元规划模式的社会思想基础。

3.3.2.2 新马克思主义的城市分析

自20世纪60年代起，以Henri Lefebvre，Manuel Castells，David Harvey为代表的一些学者研究发现，直到1970年代中期仍然认为城市规划是城市土地开发主要能动因素的观点在本质上是错误的，城市演变的根本动力来自于特定的社会政治经济背景，而城市规划是同样根植于这一背景的非自治性活动，因此，对于规划作用的解释必须放置于特定的社会政治经济背景中。由此，不仅带来了新的政治经济视野，同时也标志着1970年代城市规划理论的新发展。在此期间占据显著地位的新马克思主义（Neo-Marxism）④城市理论认为，政府及其城市规划在本质上都依托于特定的政治经济背景并成为其组成部分，而并非既定市场体系的反对力量，严格意义上的所谓“公共利益（public interest）”并不存在，只存在资本利益，而规划正是资本利益通过国家机制实现对公众控制的一种手段。

---

① Paul Davidoff. Advocacy and Pluralism in Planning. The American Institute of Planners, 1965, 31, (4).

② 在城市发展过程中，为了维持经济生长和社会稳定，城市规划往往维护多数人的利益，对于城市既存状况采取维持和保护的姿态，因而实质上保护了社会中存在的分配不均。社会底层人民和少数群体等社会弱势集团，当他们利益受损时，没有人代表他们维护自己的利益。倡导规划对弱势群体的关注，隐含着通过规划诉求社会政治公正的目的。

③ 于泓. Davidoff的倡导性城市规划理论. 国外城市规划，2000，(1)：31.

④ 又称“西方马克思主义”，在城市规划研究领域适用社会经济学方法分析城市发展及规划问题，认为规划不仅仅是一个技术过程，还是一个政治过程，城市问题是社会矛盾的空间反映，其本质核心在于生产方式和阶级关系，因此又被称为新政治经济学（Neo-Politic Economics）。

新马克思主义的代表人物 David Harvey 认为，城市化是与资本积累同时发生的，即城市是在资本主义发展压力下，通过积聚效应适应不断增长的利润追求，实现劳动力和资本再生产的结果。相应地，规划作为国家利益的延伸，通过完成各种使命以满足资本积聚的需求，提供实现国家干预（土地、资本等具有公共产品特征的资源）的必要条件①。城市空间发展与社会结构的联系由此明朗化。新马克思主义认为，社会集团利益的分割和权力的运作是城市空间布局的主导力量。

新马克思主义对规划社会思想发展的意义在于其对城市及城市规划本质的理解，以及由此产生的对规划价值取向的突破。新马克思主义坚持认为资本主义的社会生产关系和利益的不可调和性，使得不存在为全社会都接受的城市规划。城市规划在满足一部分人利益的同时必定损害另一部分人的利益，这取决于规划师和决策者的价值取舍。而在价值取舍方面，如何衡量及评估不同集团利益及相应的价值观是问题的关键。在这层含义上，不同利益集团参与规划过程，影响规划决策成为规划社会过程的重要内涵，公众参与思想由此得到新的理论阐释。而且，新马克思主义对资本主义城市空间发展的矛盾冲突及城市规划本质的揭示，也凸现出规划改革必须建立在社会改革基础上，以及规划应具有的社会公平的侧重。

3.3.2.3 其他规划理论

（1）进步式规划（Progressive Planning）

以 D. Calvel 为代表的进步式规划是建立在社会冲突理论的基础上，进步式规划认为，虽然倡导规划认识到社会中存在多种利益群体之间的权力竞争，但是它忽略了这种竞争的本质是阶级之间的竞争，是资本与劳动之间的竞争。由于在资本和劳动之间发生冲突的过程中，政府往往偏袒资方，因此，资本与劳动之间的冲突，又常常转化为劳方与政府之间的冲突。进步式规划理论关心隐含在城市规划背后的社会权力分配问题，认为规划不是一个简单的职业技术活动，在其背后隐含了权力和社会利益的分配，规划师应学会充当政治家的角色，并且代表利益被剥夺阶层的利益与社会的政治及经济组织建立合伙关系。规划不应该是渐进的，应该采用较为根本的激进的变革方式，才能从根本上解决城市社会的现存问题。与新马克思主义一样，进步式规划理论对规划中矛盾冲突实质的揭示蕴涵着对社会公平的诉求。

（2）后现代主义规划（Postmodern Planning）

后现代思想是 1980 年代中期影响全球思想界的一个潮流。其代表人物是桑德库克（L. Sandercock）等人。对很多人来说，后现代是个让人讨厌的东西（Allmendingger，2002）。哈普（Harpor）和斯特恩（Stein）声称按照后现代的道路做规划，将会把我们带到不确定性深渊的边缘，损害我们用变化的思想来维持社会不断发展的能力，损害我们用公正和人性的方法互相对待对方的能力，损害我们判断公共规划好坏的能力（Harper Stein，1995）。

---

① Philip Allmendingger. Planning Theory. Palgrave，2002. 77.

L. Sandercock（1988）在界定了现代主义规划五大支柱的基础上①。定义出后现代规划新的五项原则：

①社会公正（social justice）。社会公正与市场效果（outcome）同等重要，而且，不公平和不平等需要广泛定义，不限于物质范畴和经济范畴。

②不同性质的政治因素（the politics of difference）。对一个问题的界定要通过不同政治团体之间的讨论达成共识。

③公民性（citizenship）。建立包容性的道德观（ethic）。

④社区的理想（the ideal of community）。去除传统社区概念，代之以基于“我”之多重界面及多重性质的社区概念。

⑤从公共利益走向市民文化（from public interest to civic culture）。规划师理解的公共利益与实际的公共利益有差异，经济的力量已经把社会分化，公共利益应该走向更加多元和更加开放的“市民文化”。

后现代主义规划是一个宽泛的概念，它避开对规划中权力的讨论，而着眼于社会发展特点的解析，提出了社会公正、公民广泛参与的市民社会等社会发展思想。

（3）其他规划理论

在规划理论多元化趋势中，其他一些规划理论对规划中社会思想的发展也有重要的启示。

建立在对理性规划反思及批判基础上的规划实施理论（Implementation Theory），认为规划实效取决于规划的行动（操作）而不是决策方面②。这一批判理论为城市规划理论的发展带来了新的行动视野。理论研究者也很快发现并承认，规划的有效实施与人们的相互交流和协商技巧（interpersonal skills of communication and negotiation）紧密相关，城市规划的本质也因此被认为是“交往行动（communication action）”，并由此推动了1980～1990年代城市规划理论发展的新趋向——交往型规划理论。

Charles E. Lindblom提出的渐进主义规划（Incremental Planning），同样重视多元化的利益群体。受韦伯及帕森斯结构功能主义思想的影响，Lindblom认为社会群体之间的冲

---

① L. Sandercock界定的现代主义规划的五大支柱：

a. 规划——城市与区域规划与公共、政治政策的理性相关；

b. 规划当它是最综合的时候，它是最有效的。综合性被写进规划法规并与多部门、多功能的空间规划相关；

c. 规划具有科学和艺术两面性，基于经验，它更强调其科学性。规划的知识和技术立足于实证科学，在模型建立和数量分析上都带有这种倾向性（propensity）；

d. 规划作为现代化进程的一部分，它是由国家导向未来的一个计划；

e. 规划在“公共利益”层面上运作。规划师的教育赋予规划师能够判别什么是利益所在的特权，规划师提供一个中立性的公共意向。基于实证科学的规划政策是没有性别倾向和种族倾向的。

参见：王凯. 从西方规划理论看我国规划理论建设之不足. 城市规划，2003，（6）：69. Philip Allmendinger. Planning Theory. Palgrave，2002. 170.

② John Friedmann认为规划能否有效实施取决于规划行动（action），由此他提出“以行动（操作）为核心”（action-centered）的理性规划模式：将规划与行动融入每一项独立的工作中，强调只有在制定规划政策的同时考虑规划行动，才能保证规划的有效性。这一观点在Friedmann（1987）的著作《Planning in the Public Domain》中有进一步发展：规划是在公共领域中将科学和技术的相关知识与行动相结合的努力，其作用在于社会引导。

突是可以调和的，规划师只有在彼此同意作出一致行动的基础上采取行动，规划行动才会有效。由此，沟通及社会合作的重要性开始显现。

1980年代后期出现的实用主义规划理论（Pragmatism planning），其代表人物是J. Dewey及R. Rorty。对规划来说，它是一个操作性很强的方法，它强调在特定条件和形势下对特殊问题的直接解决（direct action）。实用主义规划十分重视实践的作用，并且认为实践的方法要通过社会共识和民主的手段来实现；规划要立足于沟通，规划师扮演的是看门人（gate keeper）的角色，他从多种可能性中去选择。实用主义规划思想中实际上也蕴涵着形成公众积极参与的社会的诉求。

3.3.3 多元规划模式中的社会思想及其与实践的分离

3.3.3.1 主要社会思想

（1）社会平等及社会公正

社会平等是不同社会主体在一定历史阶段的交往过程中处于同等的社会地位，在社会各领域享有同等权益，履行同等义务的理念、原则与制度。社会公正则强调在一定范围内通过对社会角色的公平合理分配使每一个成员得其所应得。在城市规划领域，社会公平在1960年代后成为规划中主要社会思想，有两方面的基本背景。首先是1960年代前后对物质性规划的反思和批判中，规划理论研究的视角更多地偏向社会、政治，认为规划并不孤立于特定的政治经济环境之外，而公平公正作为政治学一贯的学科理念，自然成为关注的重点。其次是在战后城市建设实践，如战后城市改造过程中，出现种种对社会公正的损害现象，引起业内人士及社会的关注，1960年代的社会运动，更激发了广泛的社会公平、正义诉求。

Davidoff的倡导规划首先提出规划师价值取向的非中性问题，他强调对社会弱势群体的“偏袒”和照顾，包含着强烈的社会公平公正追求。新马克思主义学派对资本主义城市发展的矛盾冲突及规划本质的揭示，以及其激进的社会改革倾向，也是建立在努力实现社会公平的理想之上。进步式规划对隐含在规划背后社会利益及权力分配予以关注，希望通过对管理权力的监督，来实现社会公正。后现代城市规划的原则中，更是将社会公正与市场效果置于同等重要的地位。由此可以看出，如果说多元规划理论偏向于社会改革，实现社会公平则是其主要目标。

（2）对弱势群体的保护

弱势群体是指由于个人和社会资源的匮乏，或社会结构和政策的缺陷，乃至处于经济贫困、文化排斥和权力边缘的社会底层群体。经济资源缺乏的劣势，集中体现在就业竞争及经济收益的弱势；边缘社会的性质，主要体现在世俗偏见的文化和群体利益政治表达的缺失上。弱势群体弱势地位的形成，不仅因为其经济资源的长期匮乏，更因为在社会关系上、心理上、文化上和政治上的长期被隔离。这种匮乏和隔绝不仅导致日常生活质量的下降，且使被排斥者不能享有公民地位所赋予的公民政治和社会权利，更不用说参与到关系自身权益的政治决策和政治生活中去。

弱势群体是任何社会都存在的社会现象，关系到社会的稳定与持续发展，是政府制定社会政策时重点关注的对象。城市规划领域对社会弱势群体问题的重视始于Davidoff倡导的规划理论，他认为所有团体都应该受到平等、公正的对待，特别是弱势团体（低收入家庭、少数民族等）应该得到规划师的帮助。此后规划理论中对“规划服务于公共利益目标”的诘问，对规划“价值中立”的批判，都包涵着保护被排斥在规划决策过程之外的弱势群体利益的思想。

（3）公众参与

公众参与在西方国家有其民主政治背景，1960年代后城市规划领域中公众参与的兴起是在特定的社会思潮和实践中产生的结果：首先是受自由主义思想的复兴和民权运动的影响，公众的自我意识开始觉醒，对社会提出了自我权利的要求，这种民意在政府和制度方面得到了体现；其次是城市规划界内部针对理性的综合规划模式的反省，对社会多元化趋势的广泛认同，使规划师从象牙塔走向社区和民众。城市规划的公众参与直接导致了城市规划的社会化，使城市规划从专业技术领域转向了社会政治领域。

作为城市规划中社会思想的一种新发展，公众参与思想是战后西方多元主义思想发展的延伸。经过后现代主义对现代主义的批判、解构及对差异性的强调，过去被“宏大叙事”所遮蔽的文化多元性和社会多样性成为社会论题的核心，社会不再被认为是一个具有单一价值观、单一文化及单一群体的社会。利益群体多元化及价值取向多样化动摇了理性的综合规划的理论基础，规划师不再是“超越于众人之上来控制空间的生产和使用”，而是从“技术专家”走向“合理价值评判体系”的建设者①。在这样一个多元互动、竞争的多元主义社会中，让各种“利害相关者”（stakeholder）具有知情权、参与决策权，就可将权威置于社会的监督下。这正是规划中公众参与得以发展的思想基础。

此外，规划中公众参与思想的发展，还与1960年代后市民社会（civil society）的日益成长相关。Gordon White以“国家——市场——市民社会”三分法为基础思想，指出“市民社会是国家和家庭之间的一个中介性的社团领域，这一领域由与国家相分离的组织所占据，这些组织在同国家的关系上享有自主权并由社会成员自愿结合而形成以保护或增进他们的利益或价值”②。市民社会最重要的特征是它相对于国家的独立性和自主权。John Friedmann及Mike Douglass认为，所谓市民权利包括发言权、有差异的权利和人类发展（human flourishing）的权利。争取发言权就是参与民主过程的权利，公众参与城市规划的过程就是这种权利的体现，通过这样的参与，市民可以在创造城市环境过程中实现他们所期望达到的目标。市民社会的发展，使市民期待有自由和一定的权力。对此，梁鹤年（1999）分析了北美式公众参与政治经济本质，指出公众参与的实质是一种“契约式”民主，是权力分配的一种渠道和利益竞争的一种途径。S. Arnstein等人也认为，公众

---

① 杨贵庆. 试析当今美国城市规划的公众参与. 国外城市规划，2002，(2)：5.

② 孙施文，殷悦. 西方城市规划中公众参与的理论基础及其发展. 国外城市规划，2004，(1)：18.

参与的价值在于实现民主主义①。西方社会长期发展形成的民主政治构架，为公众参与城市规划提供了政治基础。

3.3.3.2 核心思想：社会平等与社会公正

社会平等及社会公正问题在1960年代后受到西方社会的普遍关注，有三方面原因：

①战后西方主要资本主义国家经济迅速成长，凯恩斯主义和福利社会思想成为主流意识形态，福利国家政策不断完善，逐步进入一个社会政策时代②，社会公正的理念被普遍认可③。

②经济的繁荣使社会整体生活水平大大提高，从解决温饱问题上升到追求生活质量问题，但贫富差距及社会鸿沟仍在扩大。

③1960年代自由主义的复兴，民权运动对民主化进程的推动，以及现代多元化民主社会的发展，必然产生对公正程序与和谐统一的公共理性要求，而建立最合适的基本正义观念④以便在确保个人自由权利的同时确保社会多元宽容，就成为现代民主社会的基本政治需要。

城市规划领域对社会平等及社会公正的侧重，既体现了社会发展背景及主流意识形态的影响，也是规划一贯追求理想社会传统的表现。1960年代后多元规划理论探索中，政治经济视角的规划研究成为主体，将规划视为民主及相应的政策过程成为主流看法，在这种思想背景下，社会公平公正自然成为社会思想的核心。同一时期规划理论中的一些其他社会思想，如对弱势群体的保护、公众参与规划决策的权利、规划师的价值取向及社会职责等，都是根植于社会平等及社会公正这种基本思想。

John Friedmann 曾归纳不同规划类型在公共领域之角色为：规划作为社会改革、规划作为政策分析、规划作为社会学习、规划作为社会动员。1960年代后的多元规划思想体

---

① S. R. Arnstein（1969）曾提出著名的公众参与的"梯子理论，将公众参与分为三个阶段，八种类型：a. 非参与阶段（nonparticipation），包括操控（manipulation）、治疗（therapy）；b. 象征性参与阶段（degree of tokenism），包括信息提供（informing）、协商（consultation）、政府退让（placation）；c. 市民权力阶段（degree of citizen power），包括合作（partenership）、权限委托（delegated power）、市民控制（citizen control）"。

参见：Sheery Arnstein. A Ladder of Citizen Participation. 1969. The City Reader（2nd Edition），2000.

② 社会政策时代是一个国家或地区，以改善困难群体的生活状况和普遍增进社会成员的社会福祉为目的的社会政策普遍形成，并且作为制度被有效实施的社会发展阶段。参见：王思斌. 社会政策时代与政府社会政策能力建设. 中国社会科学，2004，(6)：8.

③ 任何社会政策的制订都以一定的社会公正的理念、福利意识为背景，这种意识形态常表现为人们对某些社会问题的关注和对解决这些问题具有较为一致的价值判断。这样，社会公平的理念、对困难群体不利地位的关注在决策层和政府那里达成某种共识，于是，政府做出相应的制度安排。

④ 基本正义的概念是由J. Rawls提出的。他在1971年发表的《正义论》就开始探讨在当代社会中如何建立"公平的正义"的理论框架。针对现代社会文化价值的理性多元的特征，Rawls（1996）在原有的正义两原则（1971）基础上进一步提出"多元宽容"的原则。Rawls认为自启蒙运动开始的政治理论凸现了自由的主题，并在社会和国家建制等方面提供了相应的保障，而对启蒙的另一主题——平等则缺乏直接的关注。Rawls承认由于人们在自然天赋等方面差异而形成的不平等状况，他认为这里不存在正义和不正义。正义是关于社会制度的。一种正义的社会制度应该通过各种制度性安排来改善社会"最不利者"的处境，增加他们的希望，缩小他们与其他人之间的差距。如果一种社会安排出于某种原因不得不产生某种不平等，那么，它只有最大程度地有助于最不利者群体的利益，它才是正义的。参见：John Rawls（2001），著；姚大志，译. 作为公平的正义：正义新论. 上海：上海三联书店，2002.

现了规划作为社会改革、规划作为政策分析的角色，反映了规划作为一种意识形态对社会问题和社会改革的回应。相比1960年代之前的建立在物质空间改造基础上的社会改良、人文关怀思想，社会改革思想已经上升到政治、管理和制度层面，应该说，已经变得更坚决和彻底。城市规划中这种崇高的民主政治理想追求，与此时凯恩斯主义盛行、国家干预加强、政府职能的权威性提高是密不可分的。

3.3.3.3 理论与实践分离的趋势及其社会影响

(1) 理论与实践分离的趋势

1960~1970年代，城市规划理论界对规划中的社会、政治问题的关注超过了任何一个时期，与此同时，此期间的规划实践是在系统、理性控制论的指导思想下进行的，理性系统的规划指导思想及规划过程控制方法成为规划实践主流，理论与实践出现相对分离的趋势（表3-3）。

城市规划理论与城市规划实践的差异比较 **表3-3**

	城市规划理论	城市规划实践
实质	·思想方法 ·解决观念问题	·行动过程 ·解决实际问题
形成因素	·同时代的社会思潮 ·实践需求	·城市发展中的空间问题 ·城市管理者的决策需要
表现方式	·理论假设 ·原则 ·概念 ·模型等	·行动准则 ·法律条文 ·管理图则等
实施主体	·专业领域的教育者 ·专业领域的研究者	·规划师 ·规划行政管理当局
权力干预	·受权力干预相对较小 ·受权力干预较为间接	·受权力干预相对较大 ·受权力干预较为直接
约束条件	·大学或研究机构的组织方式 ·研究者个人学术的利益	·权力架构 ·组织利益
标准化程度	·低 ·可被归纳成要点和模型	·高 ·可被标准化、工程技术化和条文化
意识形态特征	·研究者个人的意识形态倾向	·组织的意识形态倾向 ·组织领导人意识倾向

引自：向俊波．理论与实践分离的城市规划．城市规划汇刊，2004，(2)：44.

总体来看，此阶段规划理论更加侧重于规划本身的思考，关注于规划的世界观及规划的哲学，着重探讨规划的作用性质、规划的目的、合理的规划程序等问题；而城市规划实践则是应用包括规划理论在内的一系列理念、方法、手段去解决城市发展中面临的广泛的空间问题，包括空间与居民健康问题、空间发展的平衡与平等问题、空间发展管制问题。

对这种理论与实践相对分离的原因，一些学者将其归结为理论研究者与实际从事规划管理的职业规划师关注视角的差异、规划理论的社会科学化、学科发展的综合化、规划体制的发展（如规划权力向地方集中）等多方面原因①。

（2）对社会思想发展的影响

如果说理性的综合规划把社会改良的理想建立在城市空间环境改造的基础上，多元规划模式中激进的社会改革思想却脱离了城市物理空间基础。例如，有着律师身份的Davidoff认为，只有破除理性的综合规划理论所代表的专制和“独裁”，有人权、有民主，一切技术问题都可迎刃而解。规划理论的社会科学化，使规划的社会目标大多基于社会思想基础，而不是基于城市物理空间基础，而规划实践却离不开城市物理空间。规划的社会思想及目标能加深我们对规划作用性质及意义的理解，但却缺乏对建立在城市物理空间改造基础上的规划实践的直接指导作用。正是因为这种缺失，反过来又影响着社会思想作用的发挥，所以在1980年代以后，现实世界的种种制约使这种激进的社会改革思想逐渐减弱，一种新型社会合作思想开始出现。

另一方面，我们也不能完全否认理论思想的先行对规划实践的积极作用。当规划界认识到规划是一种广义政治过程时，公众参与的社会就已不仅仅只是一种理想，同时也是一种政治行动过程，一项新的规划建制。1960年代以后，公众参与城市规划制度的建立、完善与发展正是这种影响的体现。

3.4 合作性规划模式与社会合作（1980's～2000's）

3.4.1 合作性规划模式产生的社会发展背景

3.4.1.1 1980's后新自由主义的主导地位

“新自由主义”（Neo-Liberalism），顾名思义，是在古典自由主义思想的基础上建立起来的一个新的理论体系。传统意义的自由主义是一组关于经济、政治、社会的理念，其基本原则简单地说就是：贸易自由化、价格市场化和私有化。继承了自由主义基本理念并加以推广的新自由主义，产生于二次大战期间的西欧和美国，冯·哈耶克是公认的新自由主义的祖师爷。1944年，他发表了《通向奴役之路》一书，激烈地批评国家对市场机制的干预，认为“对经济自由的限制也是对政治自由的限制，最终会导致现代奴役制”②。由于战后凯恩斯福利主义成为西方国家的主流政策，哈耶克和M·费里德曼等人一方面致力于反对凯恩斯主义和战后福利社会政策，另一方面为创建一种强硬的、不受规章约束的资本主义新模式奠定理论基础。他们认为，凯恩斯主义的福利国家推行国家干预和平均主义，但是国家干预会破坏公民（企业）发展的自由，平均主义会扼杀人们的创造性，而这两者正是社会发展的根本动力。凯恩斯主义希望通过国家提供福利缓和社会不平等，哈耶克则认为“不平等是一种积极的价值”，因为正是不平等才能激发人的竞争能力（P·安德森）。

---

① 参见：向俊波. 理论与实践分离的城市规划. 城市规划汇刊，2004，(2)：44～45.

② A·甘布尔，著；王晓东，朱之江，译. 自由的铁笔：哈耶克传. 南京：江苏人民出版社，2002.

由于凯恩斯主义保证了西方国家经济战后30年的稳定发展，新自由主义思潮也一直处在边缘化地位。直到1974年，由于能源危机引发滞胀型经济危机，经济界对凯恩斯主义的批评开始高涨。同时，1970年代后期的政治气候也发生了变化，1979年英国撒切尔夫人政府上台，1980年美国里根政府上台，使西方政治气候明显右转，大大有利于新自由主义的推行。此后，新自由主义成为西方发达国家的主流经济政策。直至今天，新自由主义已经超出了经济政策的范畴而成为一种强大的意识形态，成为当代西方国家的主流政治——经济理念，资本主义全球化政策的基础①。雷尼（Ranney，2003）把它称为一种“政治、经济的世界新秩序”（New world order）②。

在西方国家，新自由主义的经济政策主要表现在三方面：私有化、削减社会福利、减税。新自由主义城市政策的中心是取消国家提供的社会保障，转而强调增加“个人在市场中的竞争力”（Ranney，2003）。在美国，这些政策包括下列内容：

a. 以“个人责任”代替社会福利保障，即“社会责任的个人化”；

b. 公共住宅私有化，让市场决定住宅供应；

c. 就业政策强调个人技能、质量的培养以自谋出路；

d. 建立城市管治的“新增长同盟”；

e. 国家干预从“日常型”转为“非日常型”。

这些城市政策对普通市民的生活、他们的价值取向产生了很大影响。著名德国学者哈贝马斯的总结是：“新自由主义的核心是暗暗地把民主的立宪主义简化为贯彻经济自由。用生产者和消费者的私人自治来代替公民的政治自治，同时，用放松市场管制来代替政治控制。……参与游戏的人和不参与游戏的人——那些被边缘化了的和多余的人——的实际生活状况也日益悬殊”（Habermas，2002）③。

从美英等国推行新自由主义政策的实践后果来看，其本质是效率和公平的取舍问题。新自由主义政策往往能提高效率，增强某个国家、城市、集团的竞争力，其代价是削弱社会公平，扩大贫富差距及社会两极分化。其负面影响也是显而易见的。所以自1990年代以来，西方左翼知识分子对新自由主义和全球化开展了系统批判④。

受新自由主义思潮的影响，西方国家政府虽然没有根本性地改变城市规划体系，但

---

① 总结新自由主义的历史，英国教授B. Jessop指出，有三个原因使新自由主义在1970年代后变成现实：第一，经济发展的不断国际化或全球化；第二，出现了互相关联的几个经济、政治危机，1970年代的能源危机最终导致凯恩斯主义本身的危机，1980年代苏东集团的危机则导致其最终解体；第三，由于上述原因导致的新社会运动，这个社会运动由新自由主义，新企业主义、新国家主义和新公社主义构成（Jessop，2002）。

参见：张庭伟. 新自由主义·城市经营·城市管治·城市竞争力. 城市规划，2004，(5)：46.

② D. Ranney. Global Decision，Local Collisions. Temple University Press，2003.

③ 李其庆主编. 全球化与新自由主义. 南宁：广西师范大学出版社，2003. 74.

④ 在欧洲有德国的E·哈贝马斯，英国的P·安德森，法国S·乔治。在美国，有N·乔姆斯基，以及规划学科的P·马库斯和D·雷尼。这些学者从几个层面上提出批判。如在哲学层面，认为新自由主义只重个体价值，而不重视群体价值，而社会的根本进步有赖于群体理性的提升，而不仅仅是个体理性的光大；在伦理上，用S·乔治的话，“新自由主义的基本观点就是应该允许市场机制主宰人类的命运。经济将用它的原则主宰社会，……这一学说正在引导着我们走向社会的毁灭”。

参见：D. Ranney. Global Decisions，Local Collision. Temple University Press，2003.

却要求城市规划更加积极地响应市场的发展要求。在这种时代背景下，规划理论新进展主要有政体理论（Regime theory）和规则理论（Regulation theory）。

3.4.1.2 对福利国家的再反思及“公开协商方式”的社会标准化机制的形成

“二战”后，西方社会普遍形成了各种不同类型的福利国家，社会福利政策中对权利的强调也是前所未有的。

1970年代中期以后，在新自由主义兴起的背景下，对传统福利国家的批判或反思一直持续至今。反对国家干预，主张削减福利开支，引入竞争机制、实行私有化或公私合作等，是福利国家的批判者共同倡导的改革措施，也是过去20多年福利国家改革的主要内容。

然而，强调市场的作用必然会带来一定的社会风险，加剧社会的不平等和不稳定性，而如果社会不稳定，经济发展必然会受到影响。目前的一个共识是，福利国家既不能建立以国家为主导的模式，也不能单纯依靠市场，而是需要建立一个积极的福利制度，使社会各个成员都能够充分发挥各自的作用（the enabling state）。在这种背景下，目前普遍形成的是一种“混合型的社会福利模式”：政府、市场、社区、自愿组织和非正规部门进行合作，共同满足社会的需要。作为社会福利的提供者，这些机构之间的区别已不明显；原来的“福利国家”现在事实上变成了“福利社会”，政府只是其中的一分子。

新型社会福利思想强调的核心观点之一就是政府、私营组织和公民社会组织之间必须围绕社会的整体目标展开合作，分别做出各自的贡献。如R. Levitas认为，社会福利的目标是实现社会整合，通过促进参与来实现社会包容，而不是建立在平等主义基础之上的再分配①。

在此方面，欧洲国家的探索，提供了有益的借鉴。战后欧洲福利国家的社会政策成功地降低了社会不平等的程度，减少了贫困人口的数量，通过稳定社会而实现了政治制度的稳定，并为经济的平衡发展提供了良好的基础。在此过程中，欧洲人发明了“社会伙伴关系”——由来自劳方、资方、政府的代表就关系到三方利益的问题进行平等协商，就社会的共同利益取得认同。但随着经济全球化的发展，生产规模已经扩大到了民族国家的疆界之外，而利益的相关者并没有随着这一变化而获得参与社会战略制定的过程，他们当然也难以就社会价值达成认同。鉴于欧盟的经济规模已远远超出了民族国家的范围，而社会团结（或福利国家）模式却仍然以民族国家为主体，2000年3月，欧盟里斯本首脑会议就提出了一种以“公开协商方式”（open-method-of-coordination）为主的社会标准化机制，在尊重民族国家多样性的基础上，通过共同协商、统一目标和统一方式，让各成员国以各自的资源、特色和方式去实现共同的目标，从而加强欧洲联盟的一致性②。

这种注重社会合作及公开协商的社会行为趋势，是1980年代后交往型规划及合作性

---

① 梁祖彬. 演变中的社会福利政策思维——由再分配到社会投资. 中国社会科学，2004，(6)：13.

② 参见：周弘. 欧盟标准化工程及其对社会保障制度改革的意义. 人口科学，2003，(2).

周弘. 欧盟经验：促进发展追求公正. 中国社会科学，2004，(6)：15～18.

规划占据城市规划理论主导地位的重要原因。

3.4.2 规划理论与实践中蕴涵的社会思想

1980年代后，城市规划受到市场导向因素和新自由主义的影响，1960～1970年代基于政治经济视角而提出的激进规划改革思想开始衰退，新的规划范式更加重视规划的实施（implementation）。由于新自由主义理论在规划上都赞成对土地使用有“一些”（some）控制，但认为这种控制应该集中、直接并适应市场，而不是妨碍市场，因此，规划实施理论学者认为，规划者为了更有效地实施规划和政策，就必须学会与包括私人部门在内的其他能动者进行协商和交易，甚至为了确保一定的规划得益（planning gains），必须准备着在与资本发展商的交易中“弄脏他们的手（get their hands dirty）”。这种新的趋向实质上就是认可规划在实践中与市场进行实用主义的合作，为达成某些关键性目标而在规划理想上进行妥协。

3.4.2.1 从萌芽到成熟：合作性规划（Collaborative Planning）形成的过程

合作性规划模式认为规划要想在真实、复杂的社会背景下发挥作用，就必须考虑通过增强合作减少不同利益主体之间的矛盾和隔阂。而这种社会价值观也反过来要求重新审视规划师应承担的角色，以及规划要解决的核心问题是什么。在1960年代以后开始的城市规划范式转换的探讨中，合作性规划思想逐步形成。

（1）1960's～1970's：萌芽

20世纪60年代的西方社会，受自由主义复兴和民权运动的影响，民众的自我意识开始觉醒，社会上出现了多元化思潮。在规划领域，从政治经济视角对理性的综合规划进行了批判。在具有高度复杂性和不确定的公共政策制订过程中，传统的理性综合规划模式显得无能为力，决策应该是各方面利益的妥协与调和，是一种有限理性过程①。在这种思考的启示之下，规划的重心开始从结果向过程转移。Davidoff提出的注重公众参与的倡导性规划即是这种转变的开始，它蕴涵了合作性规划思想的萌芽。这一思想在1977年的《马丘比丘宪章》中已有所体现：“城市环境是人民创造的。城市规划必须建立在各专业设计人、城市居民以及公众和政治领导人之间的系统的不断的互相协作配合的基础上”②。

（2）1980's～1990's：发展与成熟

在新自由主义主导的背景下，1980年代后私人部门的影响力逐渐扩大，规划常以市场开发为导向，在政府力、市场力、社会力的此消彼长中，规划作用下降。在新的社会环境中，城市规划需要赋与新的角色内涵。交往行为的概念在1989年首先被John Forester引入规划领域③，此后，以美英著名学者John Friedmann，Judith E. Innes，Pasty Healey等人在理论和实践两个层面对规划中的交往行为进行了深入探讨，逐步建立起交往型规划

---

① 龙元．交往性规划与公众参与．城市规划，2004，（1）：74.

② Office of International Affair，Department of Housing and Urban Development，ed. Charter of Machu Picchu. Inter national Review，1978，（1）：6.

③ John Forester. Planning in the Face of Power. University of California Press，1989.

(Communicative planning) 的基本框架①。“交往转变 (communicative turn)” (Healey, 1992)② 也因此在1990年代凸显而生。许多学者开始借助哈贝马斯的社会批判理论和交往行为 (communicative action) 理论来重新阐释城市规划和地域公共政策的形成过程。在实践领域，政府也认识到自身的局限，开始尝试摆脱长久以来的公共利益代言人和决策人的角色，转而走上与社会及市民组织合作以共同制定公共决策之路。这些直接导致在1990年代后期，合作性规划 (collaborative planning) 理论范式 (paradigm) 的成型 (Healey, 1997)③，并开始占据规划理论的中心地位。

合作性规划要求利害相关者 (stake holders) 采用辩论 (argumentation)、分析 (analysis) 与评定 (assessment) 的方法，通过合作而不是无序竞争，来达成共同目标。这种合作主体包括私人部门、公共部门、专业机构与客户群等。合作管治关系主要又可分为两种，即社区伙伴关系和市场伙伴关系 (黄俪，2002)。前者偏向于社会政治权利的维护，保护弱势群体的公平存在利益；后者可以根据市场化机制，在地方政府与企业或公众之间达成协议，避免无序竞争，减少不同利益主体的冲突与对抗。

从交往型规划到合作性规划，新的规划模式实际上是对变化了的资本主义社会形势的一种应对，但规划中蕴涵的社会合作思想仍不失为一种积极的价值取向。

3.4.2.2 政体及规则理论 (Regime and Regulation Theory)

“二战”后近30年的时间内，欧美国家基于社会民主的共识，将很大部分的公共财政支出移交给地方政府。在1970年代中期经济危机之后，地方政府公共财政支出不断削减，政府职能也相应转变，不得不从地方公共服务供应者的角色转向去吸引私人投资的支持。到20世纪80年代，地方政府的注意力主要投向了振兴地方经济上。David Harvey将这种政府行为方式的变化总结为“由60年代的‘管理化’(managerial) 倾向转为80年代的‘企业化’(entrepreneurial) 倾向”。规划的有效实施越来越需要建立在各方协调并达成共识的基础上。

由C. Stone，J. Logan及H. Molotch等人提出的政体理论，对城市发展的动力——市政府 (“政府力”)、工商业及金融集团 (“市场力”) 和社区 (“社会力”) 三者的关系，以及这些关系对城市空间构筑和变化所起的影响进行了分析，指出发达市场经济国家面临

---

① 综合Healey及Innes等人的观点，可大致归纳出交往型规划理论要点：

a. 规划是一种广泛的社会参与的交往行为；

b. 对交往型规划而言，知识和行动之间是连续的直接对应的关系；

c. 参与规划的各主体应保持开放的心态和意识相对化过程；

d. 交往型规划更强调规划过程和软件的建设；

e. 交往型规划的过程中，规划者必须改变过去的精英地位，转而去适应同时扮演多种角色：市民参加的交往过程的组织者和促成者 (organizer)、市民间意见冲突的调停者 (mediator)、为特定价值的辩护的交涉者 (negotiator)；

f. 规划是一个博奕的过程，所谓合意就是共同体成员通过各自的策略选择而达到的一个均衡系统，它不是最优化结果而是满足化结果。

② Pasty Healey. Planning Through Debate: The Communicative Turn in Planning Theory. Town Planning Review, 1992.

③ Pasty Healey. Collaborative Planning: Shaping Places in Fragmented Societies. London: Macmillian Press, 1997.

着一个基本矛盾：经济活动的私有性和政府管治的公共性之间矛盾，在实际中，经常出现掌握着权力的政府和控制着资源的企业集团结盟，即在城市管治中的“权”和“钱”的同盟，或称“政体”（regime）。这种结盟不是为了某一私人的个人利益，而是为了代表统治者群体的共同利益。这种结盟同时又受制于社会约束。

虽然“政体”受具体情况制约在实施过程中不尽相同，但可以肯定的是，当政府越来越依赖市场力来实施政策时，规划实施就越来越趋向于各方联动、讨价还价和谈判（keity Bassett，1996），城市规划活动也因此变得更象是在做交易（doing deals）。这一变化对规划而言更增加了规划的社会复杂性，政府在规划中的权威地位逐步转变为主导、协调和规范作用，多方参与成为规划的现实过程。

政体理论关注的中心是如何在“吸引投资促进经济”和“让广大市民分享到经济发展的利益”之间找到平衡。由于“权”和“钱”的力量总是大于社会的力量，故关键是加强社会的监督作用，培育社区参与决策的能力。政体理论既反对经济基础决定论的主张，也反对多元决定论的主张，认为尽管经济关系仍然是核心决定力量，但是政治与经济是相互关系而非从属关系，其理论中蕴涵着社会利益均衡思想及社会公正的诉求。

3.4.3 合作性规划模式中的社会思想及其嬗变

3.4.3.1 主要社会思想

（1）合作协调

合作（collaboration）是一种社会行为方式和社会互动的基本形式，指人与人或群体与群体为达到共同的目标，有意或无意彼此配合的行动。合作的建立与维持有赖于如下条件：

a. 人们思想上接近或一致，包括同情心、共同志趣、相互依赖和共同认识；

b. 具有物质上最起码的条件以及时间和空间条件；

c. 具有一定的知识和技能①。

协调是指调整不同利益主体之间的关系、观念、行为，并使之达到一种和谐的状态②。协调蕴涵着和谐之意。在现代社会，没有合作协调，人们将无法生存。合作协调一般可使合作的双方获得有利的结果，它是人类社会共同的社会行为，其社会作用随着社会分工的不断分化变得更为重要。

1980年代以后，由于社会发展背景的变化，导致规划的地位下降，合作协调是规划平衡社会各利益集团最有效的办法。按 Judith E. Innes 及 David E. Booher 的说法，（规划）“决策由社会中各种力量共同决定。这些社会力量包括代理机构、集团、个人和商务企业。他们所依赖的知识是在社会中形成的，包含了专家和非专家的意见。”“该方法以相互依赖为基础，由各种各样的成员组成，但不是由于规则限制、自上而下的控制的要求

---

① 王康. 社会学词典. 济南：山东人民出版社，1998. 157～158

② 张玉堂. 利益论：关于利益冲突与协调问题的研究. 武汉：武汉大学出版社，2001. 162.

而产生，而是出于参与者在理解和讨论后达成的一致”①。在新的规划范式中，规划师已从公众的代言人转变为规划决策制定的参与者，规划师的作用是引导、解释和帮助形成意见，而不再是某一社会集团利益的辩护者。决策是在交流、讨论中形成，社会各利益集团在合作、协商的原则下，最后达成规划决策。面对当代社会日益分散的政治和社会结构及信息时代的快速变化，合作协调思想能促进具有不同目标和能量的参与者的共生行动（symbiotic action），从而使社会整体受益，无疑具有社会进步意义。

（2）利益均衡

所谓利益均衡，就是在利益不断实现，不断增长的过程中，促成市场要素和社会要素的分布都达到均衡稳定状态。即利益均衡的思想包涵着发展和稳定两个方面的意义。

利益关系是行为主体之间最基本的社会、经济关系，不同的行为主体即利益主体之间的利益差异，以及诸主体对这种差异的追求是利益关系演变的动力所在。当代社会文化及价值的多元化发展，促成了利益多元化格局的形成。各种利益个体、利益团体都追求自身利益的最大化，形成多方竞争的局面。在这样一个互动的、竞争的多元主义社会中，任何一个团体都不应该垄断决策过程。政府在政策制定与实施过程中同时兼顾全局和局部利益是一种较优的策略选择。利益均衡就是符合条件的最佳策略选择。

城市社会发展的本质是人们经由各种不同团体彼此竞争、妥协、互动过程所产生的结果。合作性规划将城市理解为由众多利益相关的个体所构成的社会共同体，规划便是一个博弈的过程，而最后形成的规划就是共同体成员通过各自的策略选择而达到的一个均衡结果，它不是最优化结果而是满足化结果。

（3）社会公平与社会公正

Rawls 认为，在一个多元化的社会中，各类团体及个体之间的平等是保证社会有序运作的关键。城市规划历来具有理想主义的传统，社会平等及社会公正是规划一贯的目标诉求。但 1960 ~ 1970 年代规划理论界左翼追求的绝对平等、公正，在现实社会中已被证明难以实现，并且受到新右翼规划理论（New Right Planning）的批判，后者认为差异才是社会发展的动力，他们更相信市场的力量。1980 年代后的交往型规划及合作性规划理论，本质上仍然与民主和参与模式的规划理想紧密相关，即希望由所有可能受到影响的群体共同参与并实施规划，而不仅仅是强权行动者，并以此彰显社会公平。由于社会公平符合民主政治的基本原则，社会公平开始取代社会平等的理想，成为规划中新的社会思想旗帜。

Pasty Healey 认为，社会公平的实质是实现规划主体间的平等对话，规划应该在平等交流、相互理解的前提下进行，社会权力和经济实力不能左右规划的最终决策。John Forester（1989）在《Planning in the Face of Power》一书中对规划的最终目标有明确表述：“规划的目的是为了人民”。Healey 在 1997 年出版的《合作性规划：在四分五裂的社会中塑造处身之地》（Collaborative Planning：Shapping Places in Fragmented Societies）中也指

① Judith E. Innes，David E. Booher，著；侯丽，干靓，译. 网络化社会中的规划制度；合作规划理论. 国外城市规划，2004，(2)：23 ~ 24.

出：规划是社会性的，社会性的特征是权力关系，这些关系生于社会结构，但人可以改变它们；有些社会权力关系会反映到空间的利用上来；规划的使命是改革这些权力关系和它们在空间上的表现。希望通过对城市管理权力的监督来实现社会公正的追求，是这些规划理念的核心思想之一。

3.4.3.2 核心思想：社会合作

交往型规划及合作性规划的核心就是在多元主义的思想前提下，寻求一种"政府——市场——社会——规划师"的多边合作，多方参与是其实现途径。正如 H. Wohlin 早就预料，现代城市规划已更多具有咨询和协商（consultation and negotiation）的特征[①]。1980 年代之后，城市规划理论与实践中蕴涵的社会合作思想，实际上是对当代社会变化的一种回应。伴随着个性化革命和点对点交流方式的发展，当代社会的主流由越来越多的网络、针对专项问题的协会和按照不同方式组织起来的联盟所组成（Bannett，1998）。这种分散、快速的社会构成变化和信息时代日益加深的互相依赖性，使任何关注于冲突、集中的专家控制及古板的规范和价值观的传统制度，已不适应这样一个社会的需求。当个人和群体发觉旧的制度形式不能满足他们需要时，他们会寻找新的战略，并与那些与他们有着潜在共同利益的个人和群体建立联系，他们努力建立共享的认同感和理念，以追求其共同利益。在这样一个过程中，社会合作成为达成目标的基础，而且有利于形成具有广泛基础的社会意识、社会团结和凝聚力。

3.4.3.3 规划中社会思想的嬗变及其原因

（1）从追求绝对公正到寻求合作、均衡

从 1960 年代起，规划越来越建立在对社会多元化和权利不均衡性认知的基础上。在 1960～1970 年代，基于激进的社会改革理想，社会平等及社会公正成为规划中社会思想的核心，意识形态因素对规划理论发展产生重大影响，规划的目的是努力实现城市土地资源分配、设施建设和服务的平等与公正。但自 1980 年代后，面对市场力的日益强大和社会的日益碎片化，激进规划理想在消褪，规划转而寻求社会合作之路，试图实现社会、经济、文化多样性差异之间的协调发展。

（2）规划中社会思想嬗变的原因

1980 年代末期以来，西方城市规划中社会思想的嬗变，与大的社会发展背景的变化密切相关。

①市场经济一体化的需要

20 世纪 80 年代以来，经济全球化成为支配世界发展的新趋势。经济全球化在本质上是由各国市场开放带来的市场经济体制全球化[②]。随着市场配置资源的基础性作用从国家内部扩展延伸到全球，一方面是各国经济之间的相互依赖程度加深，另一方面是全球利益矛盾与冲突的增加。由于社会整体理性的提高，解决矛盾冲突的方式也由过去的武力和战争更多地走向谈判与协商。

---

① 孙施文，殷悦．西方城市规划中公众参与的理论基础及其发展．国外城市规划，2004（1）：19.

② 张燕生，毕吉耀．对经济全球化趋势的理论思考．世界经济，2003，（3）：3.

②社会权力关系的转变

一方面是市场机制在经济生活中的主导作用日益加强，政府职能及权力减弱；另一方面是全球范围内 NPO、NGO（非营利、非政府组织）及市民团体活动的活跃，越来越多地分享了部分决策权力。与此相应，城市规划作为政府公共干预一部分，作用也在降低。为保证规划基本目标的实现，规划师不得不参与多方协商，力图建构一个协同的规划行动纲领。传统的冲突管理规划逐步转化为协调合作规划①，规划中的社会合作思想开始占据主导地位。

③市民社会的日益成熟

1980 年代末期以来，席卷全球的市场化和民主化进程，促进了市民社会在全球范围的复兴。国际上许多事务甚至是重大事务很大程度上已由非政府组织来承担。有学者指出“一场真正的社团革命现在似乎正在全球范围展开，在 20 世纪末出现的这场革命所具有的社会和政治意义又可能会同 19 世纪民族国家的崛起相媲美”② 市民社会作为国家政治生活之外的社会秩序和社会过程③，其本质和市场经济的原则是一致的，它和政府干预是根本对立的，体现了对“私权”的绝对尊重。在这种背景下，作为“公权”之一的城市规划的权威地位被大大弱化，规划更多的是起着平衡、协调各方利益的作用。

④追求多方共赢共识的达成

人类社会正走向知识经济时代。作为知识经济的战略资源——知识和信息，与农业经济时代及工业经济时代的战略资源（土地、资本、矿藏资源）截然不同，具有可共享性与利用的无限性，这无疑为共赢思维的发展和实践，提供了客观可行性基础。今日人类社会中的许多共性问题，如环境保护、生态失衡、毒品犯罪等问题均具有全球性，这些问题的解决也需要全球、全社会合作。合作则共赢。

对于城市规划而言，共赢就是要克服市场机制的缺陷，使城市空间资源得到优化配置，实现规划目标，而加强社会多方参与的合作与协调，则是其关键。

3.5 规划中社会思想演进历程及其启示

3.5.1 近现代城市规划中社会思想演进的总体概括

建立在空想社会主义思想基础之上的城市规划，历来具有追求理想社会的传统，并因此赋予其社会思想的内涵。纵观 100 多年的城市规划发展历程，主流规划模式及规划中的社会思想前后经历了 3 个阶段的发展变化。

19 世纪末到 1960 年代是近现代城市规划的早期阶段，理性的综合规划模式在理论与实践中占据主导地位，社会改良及人文关怀成为规划中社会思想的核心。尽管在这一阶段中，城市规划理论发展经历了由 1950 年代之前的物质环境规划到 1960 年代之后系统理

---

① 董金柱．国外协作式规划的理论研究与规划实践．国外城市规划，2004，(2)：49.

② 何丹．市民社会思潮复苏下中国城市规划师的角色定位．城市规划汇刊，2003，(1)：27.

③ 袁祖社．中国特色市民社会问题研究：理论旨趣与实践意义．理论与现代化，1998，(7)：18.

性规划的重要转折，对于规划活动的本质认知也从艺术转向科学。但从社会思想发展角度看，这种转折并没有导致规划中社会思想的根本变化，城市规划的设计基础也没有因此被完全剥离，在地方规划层面，物质形式和美学形象仍然是城市规划的重要内容，通过良好的物质空间环境塑造来改良社会的思想基础没有变。

规划中社会思想第一次重大转变发生在1960～1980年代，随着多元规划模式的出现，激进的社会改革思想开始形成，社会平等及社会公正成为规划中社会思想的核心。对规划活动的本质认知发生改变。

理性的综合规划将规划视为一种专门技术和科学，多元规划则将规划视为以实现特定价值观念为导引的政治活动。对城市规划的评估也不再被认为是简单的技术问题，而是与价值判断紧密联系。基于对规划本质是政治过程的认知，理论研究开始更多地关注城市规划中的社会政治问题。

这种将规划视为民主及相应的政策过程，并赋予其社会改革的作用，标志着城市规划的民主政治理想追求的顶峰。

规划中社会思想第二次重大转变发生在1980年代之后，一直延续到今天。合作性规划模式占据主导，合作协调、利益均衡成为规划中社会思想的核心。随着对城市规划价值观念和政治活动本质的认知发展，规划师已从早期技术专家角色转变为不同利益群体间关于规划议题评判的协调者（facilitator）角色。面对社会多元化和权力不均衡性的客观现实，激进的规划理想在消褪，通过广泛的社会合作以达成规划目标已成为新的行动方向。

应该说，近现代城市规划中主流规划模式及其社会思想演替的阶段并非泾渭分明，一个阶段可能同时存在多种探索和若干社会思想，而一种社会思想也可以跨越前后阶段。例如城市规划中追求理想社会的传统，使社会公正诉求始终成为各时期规划中社会思想的重要内涵。阶段划分的目的一方面是为了便于讨论研究，另一方面也是强调思想的发展具有渊源和后续（图3－2）。

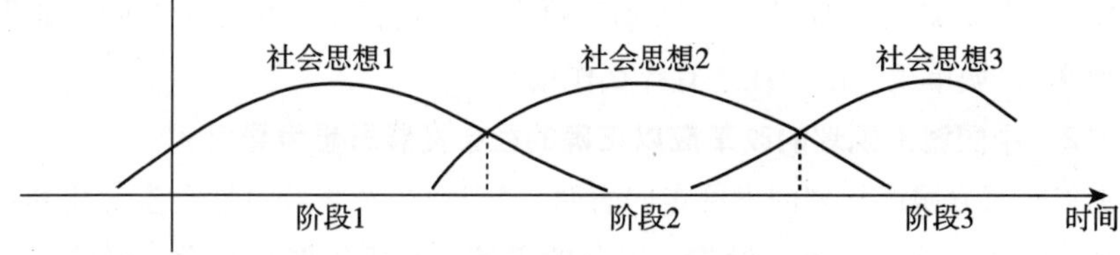

图3－2　阶段划分与社会思想发展的关系

值得说明的是，100余年的西方城市规划中社会思想的变化，与当时社会发展背景及主流意识形态密切相关。早期的古典自由主义，“二战”后的凯恩斯主义及福利国家政策、近20年来新自由主义，各种政治——经济理念先后占据主导地位，对同时期社会思想的形成与发展产生了重大的影响。

3.5.2 对中国当代城市规划发展的启示

3.5.2.1 中国城市规划的发展需建立在城市规划本质正确认知的基础上。

Nigel Taylor 通过对“二战”后西方城市规划思想和理论演变历程的整体性和历史性考察，认为就本质而言，城市规划是用以改变或维护世界的社会行动和干预行动，既不是艺术也不是科学，尽管其仍然需要以美学和科学理解为基础①。城市规划理论因此仍然需要回答诸如怎样的环境才能更好地适合人们生活，以及怎样才能创造出这样的环境等价值观问题。而对照国内规划界，至少在与实践紧密联系的主流认知层面，城市规划活动的本质仍然更多地被视为技术活动，特别是以物质设计为核心的本质认知观念仍占主导，而对其政治过程的本质认知则受到忽视。

当今中国社会正经历经济转轨、社会转型的双重转型时期，社会公平在效率与公平的两难选择中被忽视，社会力在政府与市场力的结盟中被边缘化，社会矛盾有增加与激化的趋势。全球化背景下深刻的社会分化，一方面是中心城市和沿海地区的高度繁荣，另一方面是广大农村的凋敝和城市贫民的涌现。不同社会集团之间的利益分野不可避免地投射到意识形态领域，使“民生”成为各方面广泛关注的热点问题。问题是在如何选择未来发展的路径上，中国主流知识界发生了分裂：一方面是新自由主义对知识界舆论的主导，另一方面是“新左派”的异军突起②。双方争论的中心是效率与公平的关系以及市场和国家的关系。关于争论的实质，可以借用旷新年的话：中国需要“英国革命”（以建立资本主义的市场），还是“法国革命”（以建立平民的平等社会）（旷新年，2003）。主流知识界的纷争及莫衷一是，在某种程序上已影响到规划界对规划本质共同认知的形成。

西方城市规划经过百余年的发展，对城市规划的政治活动本质已经形成共识。而中国城市规划的主流思想仍停留在物质设计及经济绩效保障上。由此我们可否提出，中国城市规划的进一步发展，首先要建立在对城市规划本质正确认知的基础上。我们需要反思，城市规划还需不需要保持其追求理想社会传统；城市规划师是否仍然应当以维护公共利益，特别是弱势群体利益为崇高职业道德。在中国，社会力本来已经处于边缘，如果听凭市场力主导，规划也侧重于“效率”追求，它是否比市场更为有效？如果不比市场更有“效率”，城市规划的存在还有什么作用？

3.5.2.2 中国城市规划的改革应以正确的社会发展思想为导引

近几十年来西方城市规划的发展走向表明，“规划”意味着对社会多元化和权力不均衡性的认知，实现土地、资源、设施、服务的平等，有机发展与社会、经济、文化多样

---

① Nigel Taylor. Urban Planning Theory since 1945. Sage Publications, London, 1998.

② “新左派”也称“自由左派”，其代表人物有王绍光、崔之元、甘阳和汪晖等人。受新自由主义影响的中国“自由右派”则包括朱学勤、徐友渔、毛寿龙等。“新左派”与“自由右派”的争论主要集中在三个问题上：资本主义与中国；市场经济与民主；要什么样的现代化（毛寿龙，2000）。“新左派”高度重视美国新政自由主义的传统，强调市场经济必须受到国家和社会力量的制约和调节。而“自由右派”则认为，阻碍中国社会进步的是国家内在的陈旧体制和意识形态，社会弊病是陈旧的权力机制寄生于扭曲、甚至压制了市场机制的结果，要解决社会弊病，必须实行宪政治国（朱学勤，2003）。

参见：公羊，主编. 中国“新左派”及其影响. 北京：中国社会科学出版社，2003.

化差异之间的协调发展。参与者的多样性、社区自治和公正的资源分配对新型规划至关重要。

在中国当前举国倡导建设和谐社会的大背景下，城市规划不应囿于技术工具角色，而应以明确的社会思想为导引，对规划法制、规划行政、规划组织、规划社会监督机制进行全方位改革，才能充分发挥城市规划的社会发展促进作用。

4

与城市规划及建设相关的社会发展目标

4.1 城市空间环境规划建设与社会发展目标之间的关系

社会空间统一体的基本理念就是社会和空间之间存在辩证统一的交互作用和相互依存的关系（吴启焰，2000），并非一方面是“社会因”，另一方面是“空间果”。空间与社会相互建构、相互融合的关系，对于揭示像城市规划、城市空间环境建设这样的空间实践（spatial praxis）在建构城市社会中的实际作用，具有重要意义。

4.1.1 城市空间环境规划与建设会影响到社会发展目标的实现

当代城市社会是一个日益多元化、包容与排斥并存的社会。种族差异、贫富差异、宗教信仰差异等等，以及由于这些差异而制造出的社会“地位”分级，导致产生了世界范围内种种城市社会问题，从而影响到城市社会发展与进步。尽管从更广阔的背景来看，城市问题是由经济、社会、文化发展自身的固疾及发展不均衡导致，但城市空间环境作为城市各类活动的物质载体，特定的空间环境反过来又会影响到生活在其中的人的行为及社会活动，乃至经济活动的效益。城市空间环境的规划与建设会影响到社会发展目标的实现。

4.1.1.1 城市空间环境与社会发展的关联

（1）环境心理学的解释

人类创造了空间环境，空间环境反过来对人的心理、生理及行为产生影响，人与空间环境是一种双向互动的关系。人们生活、活动于某一特定的环境，力求取得个人与环境的效应，便会对某情境做出相应的行为反应。正像路易斯·康所言：“在一个儿童的成长过程中，优秀的城市环境将会告诉他应该做的事和如何去做”①。只是这种作用是潜移默化的，因此我们常常忽略它。日本著名社会心理学家相马一郎曾指出，以人的行为为主要研究对象，从心理学的角度探讨什么样的环境才是符合人的心愿的环境，是环境心理学研究的主题。环境心理学的创立说明城市物质空间环境确实会影响生活在其中的人的行为。

行为不同于心理，是一种外露的行动，它可以被人观察到，而且会产生一定的社会影响。比如，城市社会治安状况不好是由于少数不法分子肆意妄为的违法犯罪行为造成的；城市传统社区的和谐安定的氛围是由于居民长期互助、广泛交流形成的。从这个意义上说，城市空间对社会发展的影响是通过对人的行为的影响间接发生的。

（2）空间环境与城市生活质量

人们总是希望所生活的城市变得生动、温暖而有趣，这是需要各种物质手段作为基础的。良好的城市空间环境建设，意味着在保护自然环境的基础上，能为市民营造安静、

---

① John Lobell. Between Silence And Light. Boulder, Colorado: Shambhala Publications, Inc, 1979. 146.

舒适的居住环境，提高居住环境的质量，同时，还应该提供设施齐全、交通便捷的城市生活硬质环境。良好的物质空间环境质量是良好的生活质量的基础，而良好的生活质量是现代社会发展最重要的目标指向之一。由此可见，城市物质性的空间环境质量及水准与城市社会发展具有必然的联系。

(3) 空间环境与和谐社会环境

城市空间形式对形成和谐社会环境的影响，经常被忽视和低估，例如，公共空间、"两者之间"的空间几乎都得不到应有的关注和考虑，这些在快速成长的大城市和所谓"非正式"区域里表现得尤为突出。因此，我们必须认识到：空间并不仅仅是社会、文化和经济过程产生与消亡的容器，空间与社会经济行为之间存在辩证关系，它差不多是我们的社会环境作用的结果，同时还是这种社会环境的基础和框架。我们应该欣赏和认可空间在人类交流和集体意识的构成中所起的作用，因为空间深刻地涉及到安全与自由、犯罪与不公、侵略与冷淡、恐惧与排斥。寻找积极的途径和方法，努力把城市空间塑造成社会生活中积极与有价值的依靠，对形成和谐的社会环境有重要影响，而创造一个社会和心理意义上的、能培养包容性思想和行为的和谐城市环境，无疑有利于社会发展与进步。

(4) 一项实证分析：空间环境与邻里关系

空间的设置对人们的交往影响很大，合理的空间安排会促进人们的交往，不合理的空间安排会起到相反的效果。作为人们之间重要交往方式的邻里关系，其与空间形式之间的关系研究证明了这一点。

弗斯廷格与沙赫特在对伦敦西威斯特哥特的住宅区居民社交活动的一项调查中①，对问及的"你最常见的是哪三个人?"问题，住在底层的人反映他们和隔壁邻居要比隔一个门的邻居更接近，和隔一个门的邻居又比走廊尽头上的邻居更接近。人们选择的41%是隔壁邻居，22%是隔一个门的邻居，而走廊尽头的邻居只占10%；不住在同一层的居民与住在同一层的居民相比，虽然他们之间的实际距离相差不多，但很少被提及，这可能因为上下楼比来到走廊里走更多花力气。这个例证说明空间的设置对邻里关系的影响较为显著。

空间形式对邻里关系的影响，最直接的表现在公共空间上。良好的邻里关系必须有一定的公共空间作为基础，否则就难以建立起来。公共空间不仅能够满足人们生物性、社会性的需求，还能激励与引导人际交往。我们在理解公共空间时，不能简单地只从物质技术角度出发，还要认识到，社区公共空间的内涵是公共生活。正是因为这个原因，传统社区邻里关系一般要比现代"集合公寓住宅区"密切。北京零点公司1996年的调查分析显示，住在楼房区的居民邻里相识度比平房区居民低得多。34.1%的平房居民表示认识所有的邻居，而同一指标在楼房区只有15%②。当代城市大规模兴建的统一居住区，在空间组织中不注重个体的多样化，舍弃了私密与公共空间的过渡，忽视了交往及互助

① 宋言奇．城市社区邻里关系的空间效应．城市问题，2004，(5)：48.

② 北京晚报，1996-06-27

空间的安排，容易造成家庭与邻里、社区的隔离。它有可能助长内向、封闭和心理上的孤独、行为上自私的倾向。定居的安全与防卫功能从由邻里、社区共同负担转变成为个体家庭负担，因此安全感下降；老人与儿童社区邻里的“寄托性”已不存在，社会网络不易形成。而在传统的居住社区中，由于公用设施多，公用部位多，决定了邻里之间交往的频繁，因此也容易形成良好的邻里关系。即使是环境质量较差的棚户区，由于居住面积小，设施简陋，居民经常到户外公共空间进行必要的活动，久而久之，相互关心及互助的邻里关系也容易形成。

简·雅各布斯在《美国大城市的生与死》一书中曾指出，传统居住区的街道充满了生活情趣，因为这样的街道充满了公共空间，而且和私有领域进行了明确的划分，因为街道免于交通的干扰，人们乐于进行邻里交往，同时这种街道还派生出另一种功能，那就是预防犯罪①。传统街坊有一种“自我防卫”的机制，因为居民间彼此熟悉，邻里之间相互照应，等于不同的时段都在对有犯罪动机的人实施监控，使他们有所顾忌，这也就是雅各布斯所谓的“街道眼”概念。这一概念后来又被纽曼发展为可防卫空间。与之相对的还有不可防卫空间。这一事实说明空间的形式（尺度与形态）本身蕴含着一定的信息，稳定的空间情境产生的效应可能有利于也可能不利于和谐社会环境的形成。

4.1.1.2 城市规划与建设对社会发展目标的影响

（1）城市规划的影响

约翰·M·利维在论述“我们为什么需要规划”时，将对规划的需求概括为两个词：相互联系性（interconnectedness）和复杂性（complexity）②。因为任何类型的城市土地利用与开发都会有明显的公共利益产生，这就是相互联系性的本质。复杂性更容易理解，由于现代城市功能的日益复杂，功能之间的关联增加，因此任何一种规划决策都不是简单的单一目标。规划能够与广泛的目标相联系，其中包括社会发展目标。

城市规划的基点是物质性规划，物质性规划主要涉及城市土地利用、空间及环境问题。政府为达成规划目标，可以通过诸如公共资本投资（public capital investment）及土地利用管理（land use controls）等方式以形成合理的土地利用模式。公共资本投资投向城市道路、高速路、地铁、上下水系统及其他公益性设施，其投资区位及方向会影响到不同的受益对象。由于规划决策涉及巨额资金，大量公共资金以资本投资的形式表现出来，即使不涉及公共支出流向，规划决策也将使一些人享受巨大收益，另一些人承担巨大损失，从而影响到社会公平。同样，城市土地利用管理，也会影响到社会发展目标。例如，根据地方分区条例的要求，美国许多城市居住社区必须配齐中低档次住宅，方才受到法庭的保护，免受种族歧视的控告；而另外一方面，1990 年代以来，越来越多的私人社区的出现，特别是大量设置门卫，具有排他性私人社区的出现，却破坏了意义更为广泛的整体社区，形成新的社会隔离。

---

① Jane Jacobs. The Death and Life of Great American Cities. New York: Random House, 1961.

② 约翰·M·利维，著；孙景秋等，译. 现代城市规划（第5版）. 北京：中国人民大学出版社，2003. 1.

事实上，当代城市规划除能够指导良好的物质环境建设外，更为关心社会发展及社会公平。如关心公共设施的合理配置，在一个衰败的社区创造就业机会及经济复苏，在老社区中，关注如何更新及为低收入居民提供住房。借助公平分配经济资源以使全体民众的生活状况达到“价值平等”（equal value）是城市规划的重要目的之一。

（2）城市建设实践中的表现

从国内外现代城市发展的总体过程上看，各时期城市物质空间环境的规划与建设对当时的城市社会发展均产生了不同程度的影响。如《雅典宪章》确立的功能主义城市建设模式导致城市生机及多样性的普遍缺失；西方战后卫星城、新城建设在营造一个平衡，充满机会和选择自由的社会方面进行了有益尝试；西方城市郊区化运动及区划制度造成的社会空间分异与隔离的加剧；城市更新中对旧区邻里社会网络的破坏，以及更新过程中对社会公正的损害；计划经济时代中国“企业办社会、单元圈大院”的城市建设方式在塑造多元融合的社会及多样性城市生活方面的不足。诸如此类，都昭示着城市空间环境建设对实现社会发展目标的影响。

Andreas Duany 和 Plater Zyberk 在其宣言式的著作《郊区国家：蔓延的扩张和美国梦的衰落》（Suburban Nation：The Rise of Sprawl and Decline of the American Dream. North Point Press，2000）中，分析了郊区住宅、郊区街道和交通对美国社会的影响。郊区住宅导致了社会不和谐，如私人活动场所替代了公共场所，住宅布局使社会分化。美国郊区的建筑环境和形体设计，特别是街头巷尾的消失，导致了社会的不健康；越来越多的人蜷缩在家里，脱离了公共生活；越来越多的人驾着车呼啸而过，街头生活消失；社区精神成为天方夜谭。

在当代中国城市建设实践中，种种不利于社会和谐发展的现象亦屡屡出现。圈地热，农民失去耕地，在许多城市中，这些严重的社会问题都被掩盖在“优化土地资源配置”，“农转非的户籍改革”之中。广泛存在的剥夺农民养肥城市的指导思想，使许多城市规划与建设只考虑城市的需要。“生态城市”、“森林城市”、“园林城市”、“花园城市”、“大树进城”、“亮化城市”、“美化城市”、“净化城市”、“城市森林”、“城市湿地”一般都忽视、无视或侵犯乡村的利益。同样，在城市内部，随着社会阶层的日益分化，产生了一个个高收入权贵阶层自我闭垒的聚落。在所谓“王者风范，贵族享受”的高品味住区之蔓延兴盛中，社会阶层的隔阂加深。且很多高级住区占据了城市中具有较高生态质量和景观品质的区段，如湖滨、河滨、山麓等，使这些具有公众开放空间潜质的资源被垄断，本应为市民共享的资源被少数人独享，严重损害社会平等及社会公正，背离社会发展的基本目标。

4.1.2 合理的社会发展目标导引是塑造良好城市空间环境的重要条件

城市政府基于社会整体利益及公共利益，对城市空间环境建设进行干预，其政策目标包括保证城市基本的物质资源，尤其是公共服务的供给、社会安全与社会公平等。确立合理的社会发展目标，可以为城市规划与建设提供正确的行为导向，并建立起相应的制度保障，使城市空间环境建设朝着良性轨道发展。

4.1.2.1 社会发展目标导引下若干成功的城市建设实践范例

近现代城市规划历来有追求理想社会的传统，尽管由于资本主义土地私有制等制度的限制，使规划中的社会理想很难完全实现，但在一部分城市建设实践中，仍取得良好的效果。

（1）卫星城及新城建设范例：密尔顿·凯恩斯

从霍华德田园城市发展而来的卫星城及新城建设，在初始阶段只是为了疏散大城市的人口及产业，卫星城缺乏吸引力，建设得并不成功。1950～1960年代后，建设平衡的社区及和谐的社会网络等社会发展目标成为新城建设重要的指导思想，具有和谐城市环境的新城才开始出现。

1967年，英国东南部经济规划委员会在《东南部战略》中提出，在伦敦西北走廊发展地带建设密尔顿·凯恩斯（Milton-Keynes）新城。密尔顿·凯恩斯面积90km^2，原有人口4万，计划规模25万人。根据经济预测，2000年时人们的实际收入至少要比当时增加一倍。这就意味着，人们要求住得更宽敞一些，住宅周围留的地方更大一些，拥有更多的小汽车，在教育方面花更多的时间和金钱，以及有更多的业余时间，所以环境的建设将显得十分重要。新城需要向社会地位较低和较贫穷的人们开放，为他们提供住房及就业机会，而这在过去的新镇规划中是从来不予考虑的。新城还要吸引那些高收入的人们来新城生活，发挥应有的作用，而不是住到郊外乡村里去。

基于这些思想，在新城规划之初便制定了六大社会目标：

①充满机会和选择自由（Opportunity and freedom of choice）；

②一个交通极为方便的城市（Easy movement and access）；

③平衡及多样化（Balance and variety）；

④一个吸引人的城市（The creation of an attractive city）；

⑤便于公众参与（Public awareness）；

⑥有效地和充分地利用物质设施（Efficient and imaginative use of resources）。

密尔顿·凯恩斯新城规划方案考虑了一系列社会、经济和物质环境之间的相互关系及其对应的城市形式，采取了诸如人车分流、开放便利的居住区活动中心及完善的绿色开放空间系统等规划建设举措。后来的建设实践表明，人车分流，购物中心位于每个街区的四周道路的中点上，就业、居住、商店、休息娱乐、各种功能混合的土地使用模式，这些共同营建了一个从社会学角度上平衡、充满机会和选择自由的城市。

（2）解决城市中低收入居民住房问题的建设试验：中国“安居工程”计划

在20世纪90年代，面对城市住房高度紧缺的状况，为解决城市社会贫困阶层住房问题，中国政府实施了“安居工程”计划，极大地推动了很多低成本、安全舒适的住宅小区的开发。“安居工程”项目受益对象后来扩大到城市中、低收入群体。政府给政策，如对“解困”房部分或全部减免税费，优惠或免费提供土地，对开发企业限制其销售房价及获取的利润率，同时也限制其单套住房的面积标准。这种带有社会救济性质的住宅项目开发，一方面推动了城市整体居住环境的改善，另一方面也有利于和谐社会环境的形成。

4.1.2.2 在达成社会发展目标方面不成功的城市建设范例

在城市空间环境建设领域，住宅建设往往能产生最大的社会效应，而明确、坚定的社会目标导引，是住宅建设成功的关键。有些从实体设计上看起来规划建设得很好的项目，从更广阔的视角观察，并未取得良好的效果，原因是精彩的实体设计并不能解决人们心理上的阴影，解决家庭问题、经济问题、毒品问题以及其他社会问题。兹以战后美国城市住房建设及城市更新实践为例说明之。

（1）战后美国城市住房政策的社会目标及实施中的偏离

美国联邦政府从新政（New Deal）时期开始，就积极地介入城市事务，早期的城市政策，是以解决城市居民，尤其是中低收入居民的住房问题为目标。其措施是由联邦政府，或由联邦政府担保贷款给地方政府建设公共住房，优惠提供给中低收入居民家庭。1949年的住房法，是联邦政府第一次采用更为有效手段来帮助城市清理贫民窟和重建残破衰落的地区。国会对这项政策实施结果的宏伟预期，充分体现了联邦政府积极城市政策的目标。国会在表述1949年住房法的立法精神时说："美国的总体福利和安全，人民的健康与生活标准，要求其住房与相关的社区发展足以弥补严重的住房短缺，通过清理贫民窟和凋敝地区来消除住房标准不够与数量不足的现象，一旦可行便可实现每个美国家庭对体面住房和舒适生活环境的追求，因而有利于社区的发展和再开发，有利于促进国家的经济增长、福利和安全"①。这表明战后初期城市政策目标仍然是建设公共住房，住房政策充分体现了公共政策的社会福利性质。

不幸的是，由于战后郊区化的迅速发展，白人中产阶级家庭大部分迁往郊区，私人住房在郊区获得空前发展，而大多位于中心城市的公共住房，逐渐成为低收入者、黑人、少数民族移民集居地。联邦政府战后初期的住房政策，一个重要的考虑因素是为城市低收入白人家庭，以及战后复员军人提供住宅，而对黑人家庭的住房要求较为漠视。待到1960年代之后黑人家庭大批迁居到城市，白人家庭迁往郊区之后，政府对城市公共住房建设就变得三心二意，推进乏力。城市黑人家庭面临的经济社会问题不断积累，以致最终形成"丰裕社会"中的另一个美国。

在半个世纪之后的今天，联邦政府曾经设想过的由高、中、低收入家庭混居以解决贫困家庭的住房及相关经济、社会难题的方案仍然只是自由派在城市政策上的奋斗目标。在1992年洛杉矶骚乱之后，同1960年代类似的政策建议又重新出现。著名的城市问题专家戴维·腊斯克在1990年代中期针对居住隔离提出的建议是，城市政策"必须系统地帮助黑人和西班牙裔居民融入到整个大都市地区"，"需要将贫困人口从破败的城市社区移向郊区，将财政资金由相对富裕的郊区政府向城市政府转移"②。这个建议说明，经过半个世纪的城市改造和建设，美国在住房问题上的社会目标并没有实现。

（2）城市更新对公共住房政策目标及社会公正的损害

公共住房政策的目标是在中心城市建设更多的满足中低收入家庭需要的公共住房，而战后美国城市更新则在实际上趋向于拆除城市的破败地区，建设高楼林立的中心商业

---

①② 罗思东. 战后美国城市改造对社会公正的侵蚀。城市问题，2004，(1)：67.

区，而且前者的成绩远逊于后者。许多城市更新项目"搭便车"占用联邦资金，阻碍了公共住房政策目标的实现。如1950年代，美国全国共有250万套旧住宅被拆除，可是所拆毁的住房远远多于建造的公共住房，腾出的土地往往用作其他利润更高的房地产开发和中高档住房建设。在城市更新地区，1968年以前总计有40.4万套住房被消灭，这些房子原来大部分是被穷人和低中等收入家庭且常常是由黑人和西班牙裔人占有的。为低中等收入家庭在城市更新地区提供的住房到1967年只有41580套，不过是被消灭掉的住房的十分之一。

另外，为求得规模效益，政府管理部门往往不容许被拆迁的住房按他们自己的意愿选择公共住房建设的地址，而是把公共住房的规模尽可能扩大，成片开发，以便腾出更多的地方进行商业性开发。"这样做的结果会把接受补贴的家庭都集中在一个特定地区"，"就意味着社会病态的地区性集中"。无怪乎"城市更新"这个名词在1949年住房法提出20年以后会被住在贫民窟的人嗤之以鼻。如美国圣路易斯兴建的普鲁伊特—艾戈（Pruitt—Igoe）公共住房工程，其设计在当时堪称佳作，曾获得AIA设计奖。该住宅区本来是为低收入者所建，设计者的出发点是为他们创造更好的物质环境，事实上这方面的努力也成功了。但出乎设计者意料的是，若干年后，这里的环境及社会治安每况愈下，许多低收入者宁愿支付昂贵的房租挤在肮脏的公寓也不愿意入住普鲁伊特—艾戈。1972年该住宅项目被承认失败，并于1974年被住房与城市发展部爆破拆除。

普鲁伊特—艾戈公共住宅项目的失败说明，只是基于某种简单的目的（如解决贫困人口住房问题），而忽视其他多方面的社会影响，即是在物质环境塑造方面取得成功，也不一定能形成一个和谐的城市社会环境。战后美国城市更新在创建繁华的中心商业区的同时，郊区化政策又在郊区给到中心区上班的中产阶级家庭营造了安乐窝，唯独将城市的破败地区撇在一边。哥伦大学城市史学家肯尼思·杰克逊将两者联系起来，指责"联邦住宅政策的基本方向是将贫困集中在中心城市，而把富足播散于郊区"，它"不仅缺乏社会目标，相反，却为社会不公确立了标准"①。

4.1.2.3 人文主义的社区建设及其启示

西方工业化以来城市更新大致经历了三个发展阶段，第一代旧城更新是针对19世纪末工业城市用地功能混杂的状况，以纯土地功能置换为主，第二代旧城更新，是"二战"后以大规模拆除重建、清理贫民窟为主。事实证明，这种目标单一，单纯注重改善物质环境的城市更新也不成功。1970年代后，许多国家越来越认识到，城市更新不能只注重物质转变，它必须涵盖更为广泛的社会改良和经济复兴，必须更多地注重政策制定的社会和经济方面的问题，人文主义的社区建设成为第三代旧城更新的主流趋势。其中"邻里复兴（neighborhood revitalization）"及"绅士化运动（gentrification）"是其两种不同类型的代表。

1970年代后的美国邻里复兴运动，改变了过去的单纯注重物质环境改善的城市更新

① Kenneth T. Jackson, Crabgrass Frontier: The Suburbanization of the United States. New York&Oxford: oxford university Press, 1985: 215; 230.

做法，将城市更新置于更为广泛的社会发展目标导引下，推行社区内部自发的“自愿式更新（in cumbent upgrading）”。一方面强调给衰败的邻里输入新鲜血液，另一方面又注意避免原有居民被迫外迁造成的冲突，注重强化社区结构的有机性。邻里复兴的社会目标涉及经济增长的促进，环境质量的改善，社会福利的提高，贫困地区的复兴，以及医疗卫生、教育与就业、预防犯罪、反吸毒及酗酒、文化娱乐等广泛领域。邻里复兴计划经过10余年的实验与推行，取得了一定的成效，表现为计划实施地区，经济发展较为迅速，居民生活获得一定改善，社区安全与秩序较为稳定，衰落的社区逐渐得到复兴。

1970年代后西方城市普遍出现的“绅士化（gentrification）”现象①，则是一种自发的城市变化过程。随着部分高中收入阶层迁入内城的一些地区，使原有低收入阶层从原住社区迁出，这些社区家庭及人口结构发生了根本性的变化，社区的公共设施及服务设施显著改善，社区文化得到彻底的更新。学界对绅士化现象，出现了不同的观点。从经济发展角度入手的观点认为，绅士化促进了内城经济发展及复兴，所以应予以支持和鼓励；另一种社会研究的观点则认为，绅士化导致了城市社会空间的分化、混合邻里的破坏，以及社会冲突等问题，应不予提倡。虽然在鼓励与反对之间存在着对立，但研究者均认为城市政府在绅士化过程中具有重要的作用，合理的公共政策（public policy）及其内涵的社会发展目标对绅士化具有好的引导作用。如对荷兰城市的研究表明，为了使经历绅士化过程的社区中仍然保持一定程度的社会融合（social integration），即保留一定数量的原住低收入家庭，政府采用制定法规（regulation）和建设津贴住房（subsidized housing）等措施，可有效地影响城市绅士化的进程。在西方人文主义的社区建设过程中，邻里复兴计划某种程度上的成功，以及绅士化过程中积极因素（如带来内城经济局部复兴）与消极因素（如新的社会空间分化现象）的并存，说明了无论是有计划引导的城市建设或自发的城市发展，合理的社会发展目标导引是形成良好城市物质空间环境及和谐城市社会环境的重要前提。

4.2 与城市规划及城市空间环境建设相关的社会发展目标

社会发展的内涵宽泛，社会发展目标涵盖的领域众多，城市规划只是众多可能促进或损害社会发展的因素之一，且它只对部分社会发展目标产生较为明显的影响。由于城市规划的主要对象是城市土地使用及空间环境，因此，明确与城市规划及城市空间环境相关的社会发展目标，可以使城市规划及城市空间环境建设调控有的放矢，更好地发挥其对城市社会发展的促进作用。

---

① 绅士化是指城市中原先低收入阶层居住的社区被中高收入阶层移入所取代的社区变化过程。绅士化在不同的城市中虽然表现出不同的“轨迹”，但其总体过程大概可划分为起始、发展、成熟三个阶段。在起始阶段，经历绅士化的低收入社区有少数高中收入阶层的个人和家庭迁入，原因是该社区原住居民的文化氛围和可获得的住房对新迁入者有吸引力；这一阶段社区人口替代（displacement）效应不明显。在发展阶段，迁入人口及家庭大量增加，人口替代效应明显，原住居民的文化因素不再是吸引新迁入者的重要因素。当原住居民中的绝大部分迁出后，绅士化过程转入成熟阶段，人口迁出迁入速度减缓，形成新的社区文化氛围。

根据第二章所归纳的现阶段中国社会发展目标内涵及体系构架，可以确定与城市规划及空间环境建设相关的社会发展目标如下。

4.2.1 社会平等及社会公平

“获得、平等、参与（Access、Equity、Participation）”的社会公正原则一直是当代社会思想的核心。许多城市问题确实是不平等（相对贫困）所表现出来的病症。

西方世界社会想像的重大转折发端于200多年前西欧和北美的自由主义现代性的确定。这一转折意味着平等逻辑取代等级逻辑而成为社会建构的基础。它造就了全新的社会构造标准，一种全新的政治社会秩序。根据这一标准，每个人都享有无条件的原始平等，对社会资源的任何形式的分配都应根据平等、理性的个人视为公正的原则和程序来进行，任何从属关系都意味着压迫和被压迫的关系。

城市规划及城市空间环境建设中的社会平等及社会公平问题，本质上是与社会资源的“分配性冲突”相关，即涉及城市空间环境的质和量的分配。

4.2.1.1 城市土地及空间资源的配置与社会公平

城市规划主要对象是城市土地及空间环境，而城市土地及空间资源的配置会影响社会公平。

一般来说，城市土地及空间资源是按市场机制来配置，市场机制能保证资源配置的效率要求。但同时由于存在着市场失效，市场机制不能完全满足资源配置的公平要求。

由于当今社会阶层的显著分化和社会极化，高收入阶层及权力阶层具有更大的获取各种空间环境资源的能力，单纯的市场资源配置，会导致社会强势阶层对优质空间环境资源的排他性占有，而使中低收入阶层失去分享的机会，如富有阶层的高档住区对优质环境资源的占有。其结果是导致日益严重的社会空间隔离，城市贫困区位化趋势强化。

国外有的专家认为，所谓社会公平，指的是一种使社会中自然形成的弱势群体和强势群体获得平等的发展条件的分配政策或行为过程（Lans，1994；Smith，1994）。这要求城市土地及空间资源、环境资源的公平分享，应排除种族、性别、阶层的差异，避免社会排斥及社会剥夺。政府在城市管治过程中，要优先考虑弱势群体的需要，加强私有财产的公共管理；在资源配置中，要努力让每个市民拥有最低限度的资源，防止一部分社会成员承担成本，另一部分社会成员享有福利，或者以整体利益名义牺牲部分社会成员的利益。

4.2.1.2 城市基础设施及公益性社会设施的配置与社会公平

城市基础设施及公益性社会设施的配置由包括城市规划决策在内的公共决策来确定，且其大部分是通过公共投资来建设。这类设施的布局会对机会均等及社会公平产生较大的影响。

在西方国家，公共资金的投向本身就是一个严重的政治问题。富人不需要公立医院、公立学校、公墓，加强公共投资，提高政府公共服务范围及水平，受益的主要是中下阶层。其次，公共投资是投向衰败的旧城邻里社区，或改善关系到普通民众生活的公立医院及学校质量，还是投向艺术馆、博物馆等高档文化艺术设施，或富裕的郊区的基础设施，会对社会公平产生影响。前者受益的主要是中下阶层，后者受益的主要是高中阶层。

我国城市基础设施及公益性社会设施投资，大多是政府以城市整体利益的名义，在公众缺少参与机会的状况下，运用“公权力”进行决策。缺少对决策权力的制衡与监督，使一些重大公共投资，变成“锦上添花”的政绩工程，而不是“雪中送炭”的民生工程，加剧了社会的不平等。

具体来讲，城市基础设施及公益性社会设施项目中的公平问题主要表现为下列方面：

一是项目建设能否促进经济发展，提供公平的就业机会。

二是项目完成以后能否提供公平的使用机会，是否存在限制公平使用的因素。

三是项目的布局是否会影响到“地域平等”目标的实现。不平等强烈地表现于城市地域中，而城市的服务供给起着很重要作用，公共部门必须利用它的资源去减少城市里服务上的分配不公，确保城市区域内各部分都享受财政公平和相对“均等”水平的服务。

4.2.1.3　其他空间环境建设领域中的社会公平

事实上，社会平等及社会公平几乎与城市规划及城市空间环境建设的所有领域相关，只是在有些领域表现得更为明显而已。

城市发展在某种意义上也是城市各利益集团为实现自身利益的最大化而进行的此消彼长的斗争过程。强势集团经常利用他们的权力影响决策，将公共投资投向他们生活的地区和他们能获得利益的领域，而日渐边缘化的弱势群体却没有话语权。如国外有的城市，在贫穷邻里和有色人种社区修建垃圾中转站，布置污染工业及大量重型卡车交通，歧视及不平等显而易见；穷人最需要增加交通可达性及机动性能力，而市政当局对改善贫困地区公共交通却漠不关心。

在住房建设领域，空间环境上所显现的不平等及社会隔离更为严重。如美国城市中，受政府资助的公共住房工程的选址布局就是一个棘手的问题，富裕的白人中产阶级不愿意与公共住房为邻，担心会受到犯罪、安全性降低、学校质量下降等威胁，因为公共住房主要为低收入者所用，如黑人、其他少数民族移民等，他们有购买公共住房的优先权。与之相应的是，1990年代以来，美国城市外围出现了愈来愈多的“带门卫（gated）”的私人社区，禁止闲杂人员入内，形成一个高中收入白人家庭的封闭社区。很多反对这种朝着私人社区发展趋势的人士用“巴尔干化（balkanization）”来形容它，用以强调四分五裂各行其道的离散化状态。加州伯克利分校的Edward Blakely对此评论道：“自从国家立法宣布公共事务中在住房、教育、公共交通、饮食住宿等各个方面所有形式的歧视均为非法之后，至今已经30多年了。然而，我们今天竟然看到了一种新型的歧视，那就是设置门卫、设置围墙的私人社区。我把它称为‘城堡化现象’”[①]。Blakely对此提出疑问：“难道我们真的打算放弃美国的梦想吗？放弃各族人群、各种信仰、各个阶层平等一体的美国梦想吗”[②]？然而Peter Hall揭示的一个事实是，1980年代，占黑人穷人总数近三分之二的人生活在多数都是穷人的环境之中，避免的可能性实际上为零。Peter Hall将其称

①② Edward Blakely. Viewpoint. Planning，January 1994. 46.

之为美国的“城市病态化（the city pathological）”①。

在我国，城市规划及空间环境建设中的公平问题也日益凸现，除规划界及城市地理学界所普遍关注的城市居住空间分异趋势外，社会科学领域及文化界学者也分别从不同的视角揭示了城市空间环境建设中的不平等现象及其影响。如外来人口聚集区往往成为城建工作的“死角”，任何形式的公共投资都难以眷顾到该类地区，恶劣的居住环境，加上缺乏宽容的社会环境，使外来打工人口享受了事实上“非国民待遇”。城市改造中对城市贫困人口聚集的区域望而却步，进一步恶化了贫困人口的生存环境，强化他们的贫困地位，导致出现所谓“贫困的再生产”。

还有的学者将城市空间环境建设中的社会平等延伸到广义文化、社会权利的平等，而不仅仅只是对资源的公平分享。

> 上海的“新天地”改造项目成为国内许多城市学习的榜样。破旧拥挤的石库门老房子拆掉，让崭新的楼房建起，而崭新的楼房又维持一种古旧的情调，夹杂着刻意留下来装饰用的石库门片段残垣。讲究的饮食、流行的音乐、前卫的艺术与时尚，使外国人以为找到了想像中充满东方情调的古典上海，使上海人觉得自己的生活品味与纽约、巴黎同步同曲，找到了想像中的现代。“新天地”是按照一定配方调制出来的文化产品，给大都会的新兴阶层带来尊严和快乐，给大都会本身定下一个价值的新坐标。一流、进步、国际化，种种抽象概念在这里被具体定义，透过物质以及文化作为商品。
>
> 有什么不对吗？把“新天地”作为一个孤立的个案，它是一个成功的开发典范，但是从城市发展的整体来看，却有太多“开发”者不能回答的问题：大都会新兴阶层的需求当然必须得到满足：剧院、美术馆、音乐厅、高格调的酒馆、餐厅、沙龙等，可城市社会底层的原住民，他们的需求可能不是美术馆、音乐厅，而是与邻居声气相通的小巷弄，可以打太极拳的小公园，可以大声笑闹的戏园子。他们的文化权谁在照顾？大都会的年度预算中又有百分之几是用在他们身上？他们所享受到的社会资源与新兴阶层的比例如何？换一个问法：属于社会底层居民的“新天地”在哪里？
>
> 龙应台．谁的城市谁的家——我的市民主义．南方周末，2003-3-15.

在新兴阶层的品味逐渐成为强势的时候，底层的庶民文化要得到什么样的尊重或者提升？按照罗尔斯的正义社会结构“两原则”② 要求，社会和经济的不平等必须符合处于

---

① Peter Hall，著；洪强，译. 美国城市规划八十年回顾（1890～1990）. 国外城市规划，1991，（1）：55.

② 罗尔斯认为，正义不是个人品质问题，它的核心是社会制度的结构，是社会分配基本权利义务的方式，也是通过社会合作产生利益的方式。正义的首要功能是把所有社会成员凝聚起来，努力合作，最大限度地激发并合理分配社会资源，前提是他们认为正义的社会结构可以为每个人提供最大限度的公平。罗尔斯认为，这个社会结构应该基于这样两个原则：a. 所有人都享有和其他人同样的基本自由体系相类似的权利和自由；b. 社会和经济的不平等必须符合处于最不利地位的人的最大利益，在机会平等的情况下公共职务和地位向所有人开放。第一个原则针对公民的政治权利，是指导社会政治资源的分配；第二个原则针对的是公民经济、社会、文化权利，其使命是指导社会物质资源和管理资源的分配。

参见：J. Rawls. A Theory of Justice. Cambridge，Mass：Harvard University Press，1971.

最不利地位的人的最大利益。这种忽视社会底层权利的行为是否符合正义原则？

由此看来，都市的空间环境建设已远不只是拆房子建房子，它还深刻地影响到社会平等及社会公平，包括平等的文化权，对资源分享的权利。龙应台先生曾言："没有一个真正的国际化不从自己的村子出发。没有一个值得爱的城市不从市民的情感开始"①。只有注意创造和培育一个宽容的和谐的城市环境，才能促进社会平等及社会公平。

4.2.2 社会稳定及社会安全

在当今中国，腐败、失业、贫富差距、犯罪、安全事故（交通、火灾、生产事故）等都会影响到社会稳定及社会安全。社会不稳定及社会安全恶化的本质原因与改革之后中国社会经济发展变化及带来的相应问题相关。随着社会阶层显著分化，社会流动加快，社会阶层之间的矛盾及利益冲突加大，社会资源的"分配性冲突"日益凸现。处于被排斥、被剥夺的社会弱势群体，以及对不平等现状极度不满的各类社会成员，就会通过种种合法的及非法的方式表达他们的不满，或采取暴力方式获取直接的个人或团体的利益，从而危及社会稳定及社会安全。

例如，失业及贫富差距往往是引起社会不稳定及社会安全形势恶化的重要原因。在世界上很多国家，公民的政治权利分配是平等的，社会物质资源的分配是不平等的，富人的富与穷人的穷同样会令人触目惊心（如印度）。在我国则存在着政治及经济权利的双重不平等，据国家信息中心的有关资料，前50名富豪的财产等于5000万农民的年收入，300名富翁的财产等于9亿农民的纯收入。"穷者恒穷、富者恒富"成为规律。温铁军认为②，1990年代中期中国城市进入实质性改革之后，国家出现资本集团，资本集团及其利益代表成为一个强势群体。随之，下岗分流减员增效，保护投资人权益，以提高资本收益等，成为城市改革的实质性突破。国有企业低效益的问题几乎毫无疑问地变成了工人的问题。当资本集团势力增大，它对于整个制度框架和法律框架的影响开始增大。制度文化总的趋势也就越来越不利于城市的劳动群体。随着资本集团的个人化或公司化，和公共品部门的企业化（如教育、医疗部门）、产业化或私营化，普通城市劳工阶层、下岗失业人员、农民打工群体的生存环境恶化。当经济增长的成果不能为全社会各阶层共同分享时，社会稳定及社会安全必然面临威胁。

如前所述，尽管城市规划及城市空间环境建设并不是社会稳定及社会安全最主要的决定因素，但由于规划所具有的公共决策性质及城市空间环境与社会各阶层生存环境的密切关联，城市规划与城市空间环境仍会对社会稳定及社会安全产生重要的影响。

4.2.2.1 规划决策及空间环境组织会影响到就业机会，间接地影响到社会稳定

失业与贫困是一对孪生兄弟，有令人信服的证据表明③，"城市低下阶层（urban underclass）"形成的原因，部分是由于城市内长期存在着大批的失业者。长期失业除产生生

---

① 龙应台. 谁的城市谁的家——我的市民主义，南方周末，2003-5-15.

② 温铁军. 农民工问题及新时期的劳资关系. 读书，2003，(7)：9～15.

③ 参见：william J. Wilson. The Truly Disadvantaged. Chicago：University of Chicago Press，1987.

活的重压之外，还会使人产生消极的情绪，诸如紧张、绝望、压力和易怒，最终导致恶性的城市问题爆发。而规划决策及相应的空间环境组织会对就业机会产生影响。例如一个人的住处会影响到其出入休闲娱乐场所是否方便，购物及其他生活服务设施是否便利，是否有良好的就业机会。城市规划及空间环境组织不当，把低收入者的居住地点和他们能够胜任的工作的地点分开，就会减少他们的就业机会。任凭低收入阶层或城市外来打工群体被排挤到城乡结合部的边缘地带，又不注意增加穷人的易达性，改善其信息缺乏的状况，必然会减少其参与机会及就业的可能。

因为城市贫困人口的文化素质较低，他们的就业去向应以劳动密集型的第三产业，尤其是服务业为主。然而问题恰恰在于，贫困人口聚集在一起，贫困区的整体消费能力很低，难以带动服务业的发展，从而提供更多的就业机会。

4.2.2.2 减少居住隔离，增加融合，有助于减少仇恨，促进社会稳定

城市社会阶层分化，社会空间隔离，最明显地体现在城市不同阶层的居住隔离上。在规划及空间环境建设中，有意识地推动适度混合居住模式，被认为是促进社会融合的有益措施。

在全球化进程中，亚洲的大都市普遍面临着严峻的社会贫富不均和社会矛盾激化的挑战。一个融合城市所期望的多元与平等的机会正在被侵蚀。社会不平等增加，社会极化趋势加剧，从居住空间到消费空间，一个由相互排斥的群体构成的新的城市模式正在形成。

当今中国城市存在着两种基本的城市“族群”类型：一是有相对稳定的工作和基本收入保障的城市居民及来自其他城市人口的移民，构成了城市社会的主流群体；二是来自外地农民的从事体力劳动的流动人口、本地区原农村住房进入城市（城中村）人口及城市中长期失业、无固定收入的城市贫民，构成了城市社会的边缘群体。主流群体、边缘群体又因社会经济地位的差异而分化为更多的阶层。这种群体、阶层的差异日益明显地体现在居住空间的隔离上，使城市呈现贫困区位化特征①。例如北京，新流动人口倾向于集中居住在那些拥有过剩廉价房屋出租的边缘地带，木樨地附近的浙江村已经成为较大的新的城市贫民窟；而在亚运村以北到小汤山之间的京汤路沿线新建的别墅区地带正在成为新富裕阶层的集中地②。在物化价值观的作用下，这种住区分异也日益成为地位、身份不平等的象征。

尽管有的观点认为，具有相同经济能力，价值观念及文化旨趣的人聚集在一起往往更能形成和谐的社区环境，但由于不同档次住区事实上享受到的城市公共服务水平及接近性的巨大差异，将会在城市整体层面上使不同群体、阶层间的对立、冲突加剧，边缘群体的不公平感加深。帕克早在 1924 年就论及这种明显的坏兆头：“大城市贫穷的、缺乏道德修养的、违法的人群挤在一种不健康的、有传染性的环境中，身心不断地遭受感

① 陈涌．城市贫困区位化趋势及其影响．城市问题，2000，(6)：15～17．

② 顾朝林．城市社会学．南京：东南大学出版社 2002. 137～142．

染"[①]。贫困人口的聚集，固然有利于降低他们的相对剥夺感，减少社会不稳定因素，另一方面，又有可能加强了他们的整合程度，集体性地破坏社会稳定的可能性大大加强了。且我国城市贫困区又大多集中在边缘区、城中村及衰败的旧城区，这些地方往往成为治安的"死角"，危及社会安全的因素也更多。1994 年美国洛杉矶贫穷黑人放火烧毁中产阶级居住区（韩国城）的例子表明，不平等及分离会滋生仇恨，有仇恨的社会不可能安定。

通过采取适当的城市规划及城市空间环境建设举措，例如：加大贫困住区的城市公共设施投入，缩小住区外部环境的差异；试点建设高中低房价混合的居住区，增加不同阶层的融合；住区建设注重物质环境与社区文化并重，创造多样化的交往空间；强化住区多层次的综合服务功能，健全社会化服务体系；或从城市整体层面，以紧凑城市的理念控制土地使用，在空间形态上避免大规模的居住空间分异及社会极化，形成高密度混杂的城市形态。这些措施有利于和谐城市社会环境的形成，从而促进社会稳定及社会安全。

4.2.2.3 良好的空间环境组织，可控防治安性犯罪，增进社会安全

古希腊建筑师 C. A. Doxiadis 曾说过："一个城市必须在保证自由、安全的条件下，为每个人提供最好的发展机会，这是人类城市的一个特定目标"[②]。所谓安全城市，是指对自然灾害、社会突发事件等具有有效的抵御能力，并能在环境、社会、人身健康等方面保持一种动态均衡和协调发展，能为城市居民提供良好秩序、舒适生活空间和人身安全的地域社会共同体[③]。在英语语境中，safer city 一般与阻止犯罪联系在一起，侧重于防卫，并且与城市物质环境的规划、设计及管理相联系[④]。

Gerda R. Wekerle 和 Carolyn whitzman 在《安全城市》一书中，概括了控制城市犯罪的三种主要方法：最常用的方法是法律和规定，意味着更多的警察，更强硬的法律，更严厉的监狱等法律性惩罚，让犯罪分子在监狱呆更长时间；第二种方法是关注犯罪的根源：体制的不完善、忽视和歧视；第三种方法是"安全城市行动（safer cities initiatives）"，鼓励在解决城市犯罪问题的过程中国家政府、城市、邻里和公民的合作[⑤]。1988 年，英国就曾开始实行"安全城市计划"，其最初的目标是：减少犯罪，减轻人们对犯罪的恐惧感，创造一个经济和社区生活都很繁荣的安全城市[⑥]。此后，安全城市活动的影响扩展到世界各地。联合国人居署于 1996 年开始实施"安全城市计划（Safer cities programme）"，并一直持续至今，此计划通过与世界各国城市合作（如南非的约翰内斯堡、肯尼亚的内罗毕、中国的沈阳），广泛开展了大量地方层面的实践项目探索。城市层面的干预领域中，环境预防：旨在通过改善城市规划和设计，改变滋生犯罪行为的物质环境是其重要干预领域之一。到 2004 年，联合国人居署与瑞士联邦科技学院（EPFL）等机构共同举办了"城市空间与安全政策"国际会议（巴塞罗那，2004. 9）。会议主要从城市空间与城市

---

① peter hall，著；洪强，译；美国城市规划八十年回顾（1890～1990）. 国外城市规划，1991，(1)：48

② 吴良镛. 人居环境科学导论. 北京：中国建筑工业出版社，2001：286.

③ 马德峰. 安全城市：基于多维视野的考察. 城市规划学刊，2005，(1)：98.

④⑤ Gerda R. Wekerle &Carolyn whitzman. Safe cities：Guidelines for Planning，Design and Management. Van Nostrand Reinhold：A Division of International Thomson Publishing Inc. 1995.

⑥ Nick Tilley. Safer Cities and Community Safety Strategies. Police Research Group. Crime Prevention Unit Series：Paper no. 38. London：Home Office Police Department，1992.

安全的相关联系角度，研究制定地方层面的综合性犯罪预防策略，包括强制性法律、社会融合以及物质规划干预，并探讨了城市空间安全问题的实现途径。“安全城市”关注的焦点是：加强政府与全民，尤其是边缘群体的合作；通过环境设计、社区发展和教育来阻止治安性犯罪；将社会阻止和物质环境变化（优化）的方法结合起来；城市安全性成为引起环境变化的催化剂①。

从上述国外安全城市的研究与实践中可以发现，在防控治安性犯罪领域，人们越来越关注城市空间环境的作用，通过城市空间环境设计来阻止犯罪是安全城市方法的一个重要组成部分。简·雅各布斯最早注意到环境设计对社会安全的作用，她运用社会学的方法研究街道空间的安全感，提出“街道眼”的概念，主张保持小尺度的街区（block）和街道上的各种小店铺，用以增加街道生活中人们相互见面的机会，从而增强街道的安全感②。其后，建筑师 Oscar Newman 的著作《可防卫的空间：通过设计阻止犯罪（Defensible Space：Crime Prevention Through Urban Design）》③，使减少和阻止犯罪与环境设计变化联系的方法流行起来。Newman 强调对地点非正式监视的重要性，尤其是通过视觉可达性。他也强调提高对公共领域的集体责任感。C. R. Jeffery 的《经由环境设计来阻止犯罪（CPTED，Crime Prevention Through Environment Design）》一书中④，提出预防犯罪，应考虑犯罪发生环境与犯罪人的互动关系，应妥善规划与设计城市环境，通过环境设计强化人际沟通与互动，减少疏离感。2004 年 4 月，英国副首相办公室则发行了《更安全的场所：规划系统和犯罪预防》（Safer Places：the Planning System and Crime Prevention）一书，作为建设可持续发展社区，规划更安全场所的实践指南⑤。

当前在我国城市社会治安形势相对恶化的背景下，在城市规划设计及空间环境改造中，注重营造积极的城市空间，避免消极的城市空间，在社区层面，为邻里守望相助预留所需场所空间，诸如此类举措，无疑有利于减少目的性或偶发性的治安犯罪，增进社会安全。

4.2.3 良好的生活质量

社会发展的最终目的是改善和提高人的福利和所有人的生活素质，良好的生活质量

---

① Gerda R. Wekerle &Carolyn whitzman. Safe cities：Guidelines for Planning，Design and Management. Van Nostrand Reinhold：A Division of International Thomson Publishing Inc. 1995.

② Jane Jacobs. The Deaty and Life of Great American Cities. New York：Ranndom House，1961.

③ Oscar Newman. Defensible Space：Crime Prevention Through Urban Design. New York，Macmillan，1972.

④ Jeffery C. R. Crime Prevention Through Environment Design. Beverly Hills，CA：Sage，1971.

⑤ 书中提出的可持续发展场所应具有以下 7 项特征：

a. 可达性和移动性——拥有精心设计的道路、场所和人口，提供便利的交通，避免各种危及安全的可能；

b. 功能合理性——场所都经过合理布局，避免不同使用功能的冲突；

c. 可监视性——所有公共可达空间都能接受俯瞰监视；

d. 归属感——促进社区成员对于场所的归属感和责任感；

e. 物质保障性——场所拥有必需的、精心设计的安全保护要素；

f. 活动适宜性——人们的活动与场所相适宜，尽量避免犯罪风险，营造全天候的安全氛围；

g. 可持续性——场所设计结合了管理和维护的考虑，能阻止和预防当前和未来犯罪行为的发生。

参见：http：//www. unhabitat. org/programme/safercities/

是其重要内涵。但人们期望的高质量城市生活究竟是什么？它受到哪些因素的影响？对这些问题的理解，则有很大的差异。

从普遍意义上来理解，生活质量是建立在一定的物质条件基础之上，社会提高国民生活的充分程度和国民生活需要的满足程度，以及社会全体成员对自身及其生存环境的认同感。生活质量概念内涵的多元化趋势，使国际上生活质量指标体系的基本内容（即影响因素）也有所差异（表4－1）[①]。

国际上生活质量指标体系的基本内容 **表4－1**

指标类型	指标内容
联合国人类发展指数	寿命（人均预期寿命）、知识（成人文盲率和人均受教育年限）、生活标准（人均 GDP）
国际生活指数（ILI）	经济、健康、文化、基础设施、生活花费、自由、环境
亚洲开发银行	人均 GDP、受教育年限、不同阶段入学率、成人文盲率、每位医生的服务人数
北欧	教育、就业、住房条件、经济状况、交通与通讯、娱乐、生活环境、社会关系、社会流动、政治参与
香港	健康、教育、工作、社会关系、居住、休闲、经济状况、公共秩序、交通、医疗、就业、娱乐、社会福利
德国	人口、社会经济地位和主观阶层认同、劳动市场和工作环境、交通、收入与收入分配、物品与服务供给与消费、住房、公共安全与犯罪、休闲与大众传媒、健康、教育、环境、参与

对我们更为关心的城市生活质量问题，1980 年代，英国格拉斯哥大学对英国 25 万人口以上的城市进行了一项实证研究，由全国范围的普查得出影响生活质量的因素（表4－2）[②]。

普查结果表明，如果人们有选择城市的机会，他们一定会选择居住在暴力与非暴力犯罪率低，良好的健康服务设施、低污染、生活费用低廉、购物中心设施齐全以及能享受到各民族之间和睦相处、充满情趣的城市之中。研究还表明，城市生活质量的众多因素并不都像气候条件那样不可改善，相反，人们可以控制的因素，例如污染程度与足够的健康服务设施等才是影响城市生活质量的基本要素。

各种城市生活质量因素的重要程度 **表4－2**

因素	非常重要	重要
暴力犯罪率	78.2	93.3
健康设备条件	70.1	93.5
非暴力犯罪	76.9	92.9
污染	55.3	88.8

① 郭嵘，卢军，吴松涛．我国生活质量指标的比较研究．2004 年中国城市规划年会论文集．851～856.

② Rogerson R. How to Evalllate Urban Life Quality. Town and Country Planning，1998，(10)：270～273.

续表

因素	非常重要	重要
生活费用	54.8	87.3
种族和睦	52.0	80.2
风景质量	39.2	78.2
自购住宅价格	50.0	73.9
工资水平	49.6	70.2
教育设施	50.5	69.7
就业前景	52.6	69.2
失业率	44.2	67.0
运动设施	33.1	66.5
闲暇消遣设施	24.2	62.7
上班路途时间	37.7	62.4
公房的质量	29.3	53.0
公房的可通达性	27.6	48.3
私房租金	20.8	44.2

城市规划及空间环境建设恰恰能对城市生活质量的各类基本要素产生广泛的影响。城市规划与建设的目标是创造一个最佳的城市生活空间情境，以利于人们的学习、工作和生活。合理的规划设计及空间环境组织，能营造良好的城市空间情境①。包括城市物质情境及城市社会情境，从而起到提高城市生活质量的目的。

4.2.3.1 良好的城市物质情境是高水准城市生活质量的基础

从总体上看，城市物质情境主要影响到生活质量的客观因素。

（1）与生活质量相关的城市空间环境量化指标

包括人均居住面积、人均道路铺装面积、人均绿地面积、绿地率、绿化覆盖率、空地率、自来水普及率、管道燃气普及率等。这些指标可以客观地显示出城市居民居住生活及环境服务水平。

（2）生态环境质量及居住环境质量

城市整体的生态环境质量，如保护良好的原生态系统，完善的绿色开敞空间系统，足够的量化环境指标，对污染的控制程度等均会从整体上影响到城市的生活质量。而在微观层面上，营造安静、舒适的住区环境，通过各种物质手段，如构筑完善适宜的邻里空间体系，提高居住环境质量，亦会对生活质量产生直接的影响。

（3）交通及通讯基础设施

Pacione 就曾指出：“内城地区生活质量的一项重要指标是服务和供给设施的空间

---

① 按杨贵庆的解释，任何空间情境均由若干情境要素组成：

a. 空间本体形态及其实体构成；b. 自然环境；c. 使用者（包括个体及组织）；d. 使用及活动方式；e. 文化区位。

参见：杨贵庆编. 城市社会心理学. 上海：同济大学出版社，2000. 76～82.

可达性”[①]。便捷的交通及通讯基础设施，可以提高城市整体的易达性，改善人们获取各种信息、知识的能力，缩短人们交往的时空距离，提高生活质量。

(4) 公益性设施的完备程度及服务水平

完备的教育、健康、社会福利及文化科技设施对城市生活质量有重要影响，高水准的社会服务和文化品味，是营造高品质城市生活不可或缺的因素。

(5) 城市景观及住区景观

丰富协调的城市景观及住区景观，能够增加城市的识别性，给人带来赏心悦目的效果，增强居民的家园感及自豪感，从主观层面提升城市生活质量。

(6) 城市形态

采用集中紧凑的或者松散低密度的城市开发方式，自然会对城市的环境质量产生影响，从而影响到城市的生活质量。尽管学术界对于究竟何种形态有利于城市生活质量的提升，目前还有争议[②]。

4.2.3.2 良好的城市社会情境是高水准城市生活质量不可或缺的因素

杨贵庆博士提出城市社会情境的基本组成包括：社会结构与社会制度；社会公德；风俗习惯、信仰与宗教；科学技术与文化艺术成就；生活内容与方式[③]。这主要是社会学角度的阐释。从建筑及城市规划视角出发，与城市生活质量相联系的城市社会情境，更偏重于空间环境的社会意义。一般来说，人们更喜欢一个安全、可以预料、有组织、有秩序、有法律的世界，因此，城市社会情境主要与人们的社会及心理感受相关，它是影响城市生活质量的主观因素。良好的城市社会情境包括：

(1) 多样性的城市社会环境

城市环境的体验是受局部与整体相结合的空间多样性的体验所限定的。因此，城市就成为社会关系的缩影。简·雅各布斯指出：“多样性是城市的天性（Diversity is nature to big cities)”。不同的民族、年龄层次，不同的社会阶层，本地人口与外来人口的和谐共

---

① 路易斯·托马斯，维尔·卡曾斯. 紧缩城市：一种成功、宜人并可行的城市形态？见：迈克·詹克斯，伊丽莎白·伯顿，凯蒂·威廉姆斯，编著；周玉鹏等，译. 紧缩城市——一种可持续发展的城市形态. 北京：中国建筑工业出版社，2004. 57.

② Mclaren 1992 年在《紧缩还是分散？调和并不是解决的办法》一文中论述了紧缩城市的人口密度所能带来的裨益。Peten Calthorpe（1993）及 Duany（1991）等人的研究表明，通过对不同密度的空间进行有效的综合利用和开发，将可以在追求高质量的生活方式与温和的节能设计方案及严格规划的开阔空间之间找到某种平衡。支持紧缩城市的人认为，通过使城市区域密集化，将会形成更加安全和更具活力的城市生活，从而提升生活质量。

与此相反，反对紧缩城市的人则认为：有时，人口的密度可能会带来一种“糟糕的邻里关系”和公共区域的拥挤状况。如过密会产生噪声污染，从而影响生活质量。B. Crookston 等人在《紧缩城市与生活质量》一文中，列举西方郊区化的原因之一，就是大量中产阶级不满意城市内生活质量的每况愈下，而在郊区及城外却能享受到优质的居住环境。Thomas Sharp 相信，郊区化的根源是人们“对自己不得不居住的恶劣的城市环境的厌恶”。更有人声称，紧缩或聚合只会离传统住宅的平等主义本质越来越远，并剥夺了人们追求现在已经拥有的家庭和社区生活方式的自由。……人们的生活质量将会大为降低。

参见：迈克·詹克斯，伊丽莎白·伯顿，凯蒂·威廉姆斯，编著；周玉鹏等，译. 紧缩城市——一种可持续发展的城市形态. 北京：中国建筑工业出版社，2004. 57 ~ 70，144 ~ 154.

③ 杨贵庆编. 城市社会心理学. 上海：同济大学出版社，2000. 82.

存，是一个城市的宽容性与开放性的标志之一。而社会簇群的多样化并存，使任何人在这里都能发现与自己兴趣爱好相同的亚文化团体，而且从与自己不同的亚文化团体受到启发和刺激。多样性能激发城市活力，提升城市生活质量。

（2）包容性的城市社会环境

可以设想，当大多数市民生活于贫困之中，或被社会所排斥，我们怎么可能拥有一个包容性的城市社会环境呢？因此，创造包容性城市环境的首要任务是促进经济增长，并注重资源的公平分享。为了提高包容性，城市需要增加穷人的易达性，并支付得起城市设施费用，没有住房权利的城市不可能是包容性的城市。

其次，要注意培育全体市民的包容性思想和行为。如果我们不认识我们的邻居，我们就不会信任他们。如果我们不理解他们的文化、历史和行为，我们必然害怕他们（Elisa Araujo）。不同社会阶层之间缺少沟通及共享的理念，必然会造成社会隔离。中国城市化过程中大量的流动人口涌入城市，更需要宽容，尽可能避免原居民和新移民两方文化上的震荡，从而引起对职位与安全的忧惧、误解和担心，避免造成社会冲突和两极分化。而处于社会簇群严重对立的城市，不可能有良好的生活质量。

（3）安全性的城市社会环境

暴力及非暴力犯罪是影响城市生活质量的重要因素。“良好的城市空间环境组织，可控防治安性犯罪，增加社会安全”，这一点在前文中已有过阐述。除此之外，营造安全性的城市社会环境，还需要采用相关的社会政策和措施，如努力消除不平等，提供有助于有效地减少犯罪的就业机会，加强社会福利保障制度的建设，培养所有进入城市的人对所在城市的认同感，均是创造安全性的城市社会环境的有效举措。

（4）关爱性的城市社会环境

普遍地改善全体市民的健康及生活福利状况，如满足老龄化群体的健康需求；注重对儿童和青年人群的投入；关注预防和早期治疗，缩小贫困、残疾人群与大众的健康差距；通过政府全面关注健康事业提高城市健康水平，并与社区合作发展可持续的社会照顾系统；支持各年龄阶段发展积极的生活方式；改善心理健康，减少心理障碍等，可在整体层面营造充满关爱的城市社会环境，提升城市生活质量。

4.2.3.3 城市物质情境及社会情境的交互影响及作用

如前所述，城市物质情境主要影响到生活质量的客观因素，城市社会情境主要影响到生活质量的主观因素，而良好的生活质量，既取决于物质条件，又取决于人的主观感受。城市规划与设计会对城市物质情境产生明显的影响，并间接地影响到城市社会情境。

因为城市不仅仅只是一个物质实体，而且也是一种精神场所。城市生活中存在人类精神最重要的因素——共享。我们，即使彼此完全陌生，但却共同使用着城市的公共空间，城市的各种基础及公用设施等，通过精心的规划设计，不仅会提升这些物质要素的质量，而且也有助于形成良好的社会环境。

例如城市公共空间——街巷、邻里、广场、公园及市中心等各层次的公共空间体系，不仅具有塑造城市风貌，确保环境品质等传统的景观、生态功能，同时也是一个促进社会交流融合的场所。21 世纪对城市开敞空间的要求，除了传统的景观、生态考虑之外，更重要是要求它能够支撑和促进新生活方式、价值观念和民主精神等在城市空间上的活动与融合。城市公共空间中各类形式的集会、交流，能增进社会了解，培育市民的包容性思想和行为，促进社会和谐。

同样，既然包容性思想和行为可以通过增强学习和提升交流手段的方法来培养，那么，很显然，信息及通讯技术的发展，交通及通讯基础设施的完善，对促进社会交流，培养人们包容性的思想和行为无疑具有正面影响。

又如，恰当的城市规划及空间环境组织，会对多样性及安全性的城市社会环境的形成产生有益的影响。简·雅各布斯曾提出产生城市多样性所必须的物质性手段①。城市空间环境组织对城市安全性的重要性也已经得到了充分的论证。

总之，通过对空间的营造可以培养和开发良好的城市社会环境，从而提升城市生活质量。在物质生活已比较丰富的西方后工业社会中，人们对工资等经济条件的关注降低，而更注重城市是否富于多样性，是否有多种生活方式可供选择，市民态度是否宽容，以及气候、温度、绿化等各种城市生活的利便条件，并将其作为城市生活质量的主要考虑因素。而处在发展中的我国城市，经济条件、城市物质情境及社会情境对生活质量均具有重要的影响。

4.2.4 多样选择与自由

4.2.4.1 现代性与多样选择及自由

多样选择及自由成为社会发展目标之一，与现代人普遍表现的现代性特征相关。

社会分化（differentiation）是前现代社会（传统社会）与现代社会区别的特征，社会分化使个体从集体中分离出来而成为“现代人”②。社会分化包括了个体的分化及群体的分化两种社会现象。德国社会学家格奥尔格·齐美尔（Georg Simmel）（1858～1918）认为：“群体的分化是出于效率的考虑，而个体的分化则导致自我意识的觉悟、为追求人格的完善和显示与众不同的个性”③。显然，这两者之间存在着内在的矛盾性，但它们共同的目的都是“与他人形成差异”，共同的表现则是个体性的发展。

从社会个体与群体的关系上看，齐美尔认为，首先，充分展示个体性是现代人的本性。随着个体所在的群体规模的不断扩大，个体与群体之间联系的纽带将逐步松动，因而也就容许个体性有更大的发展余地。也就是说，原有关系结构的变化，使人们能够超越原有的种种限制，获得行动的自由。群体的限制越少，个体性就越可能得以发展；而个体性越得到发展，个体之间的生存竞争会越加激烈，个体之间要求差异的意愿也越强

---

① Jane Jacobs 提出产生丰盛的城市多样性所必须的4种情况是：
a. 混合的基本功用（mixed primary uses），将人们的出行时间分散到一天内的各个时间段；
b. 小的街块（small block），增加街道的数量和面积，增加人们接触的机会；
c. 不同年代的老房子（aged building），满足经济能力不同的功用的需要；
d. 人口的充分密集（dense concentration of people），使各种功用充分发挥经济效能，增加城市的舒适性。
参见：Jane Jacobs. The Death and Life of Great American Cities. New York：Random House，1961.

② 成伯清. 格奥尔格·齐美尔：现代性的诊断. 杭州：杭州大学出版社，1999. 62～72.

③ 成伯清. 格奥尔格·齐美尔：现代性的诊断. 杭州：杭州大学出版社，1999. 70.

烈。不仅群体之间希望相互区别，独立的个体之间更加希望自己是一个“特定的不可替代的个体”。“一个人要与其他所有人区分开来，他的存在和行为只适合于他自己，与众不同对他的生活来说具有正面的意义和价值”①。其次，群体规模的扩大也加剧了群体中个体之间的生存竞争，而这种生存竞争直接推动了个体行为的专门化，从而也导致了个体性的发展②。

齐美尔关于现代性中社会分化与个体性发展的观点对我们理解多样选择及自由成为现代社会发展的基本目标之一有很大的启发性。从个体性的正面意义上看，讲求的是一种不可比拟性和不可替代性。现代人有强烈的表现自我并且与他人相区别的潜在愿望，并将它表现在社会生活方式的各个方面。在追求抽象的独立和自由概念的支撑下，人们在生活方式方面“不断在表现自我的方式上推陈出新”③。而多样选择与自由则是这种个体性发展的目标表述。

4.2.4.2 多样选择及自由与城市多样性

多样选择及自由的目标包含着生活方式的多样选择、个人的充分自由等内涵。其目的是满足人的自由发展的需要。从社会发展广阔的背景来看，这一目标的实现与社会、经济、政治、文化发展等众多因素相关。例如“自由”内含着政治自由的诉求，政治自由则与社会的民主政治建设相关。本文重点不是去探讨多样选择与自由的广泛内涵，而是要辨析城市规划与空间环境建设与此目标的关联。

按简·雅各布斯的观点，现代城市，特别是大城市具有一种“天生的（natural）”多样性。这种所谓“城市的天性”与现代社会的个体性特征有着不可分割的联系。换句话说，作为人的个体性发展的一种目标表述——多样选择与自由，与城市多样性密切相关。由于城市中的人类活动都是以一定的空间环境为载体，城市空间环境的多样性程度必然会影响到多样选择与自由目标的实现。

4.2.4.3 城市空间环境多样性的影响

广义的城市多样性，其形成原因可归结为两大因素：首先是城市自身的性质决定了城市必然是一个各种阶层的人群、各种经济和社会职能在空间上聚集的场所，同时也是市场竞争最激烈、个体性发展最适宜的场所。城市的综合性特征使它具备了比非城市地区的人类聚居地更丰富的多样性。另一方面，时间是城市多样性形成的一个极为重要的因素。城市在历史的长河中成长、积淀的过程，以及在这个过程中不同社会经济、文化背景影响所遗留下来的物化环境、人文环境，使之具有多样性。

（1）城市空间环境建设会影响到城市多样性

前面已说明了城市本身所具有的多样性“天性”，这是从一般意义上来讲的。实际上，各个城市多样性的程度还是有巨大的差别的，这种多样性程度与不同时期各个城市空间环境建设状况密切相关。

---

① 成伯清. 格奥尔格·齐美尔：现代性的诊断. 杭州：杭州大学出版社，1999.71.

② 成伯清. 格奥尔格·齐美尔：现代性的诊断. 杭州：杭州大学出版社，1999.65.

③ 成伯清. 格奥尔格·齐美尔：现代性的诊断. 杭州：杭州大学出版社，1999.90.

在我国城市快速发展过程中，城市空间环境却愈来愈失去多样性。在城市改造中，一些亲切、丰富的多样性特征被忽略，历史建筑、原有社区、传统空间与破旧的建筑物、脏乱的环境一起被“端走”，宽阔的道路、成荫的绿地、高大的建筑和各式各样的“创意”形态取而代之。历史的与非历史的，传统的与非传统的，一旦被纳入到“改造”的范围，往往意味着长时间积淀下来的物化环境多样性的消失以及相应的人文环境多样性的弱化。在新区开发建设中，更是成为“国际化”的现代建筑一统天下，城市空间的单一化与零碎化并存。

（2）城市空间环境的多样性会影响到城市生活的多样选择

C·亚历山大所提出的城市“半网络结构”强调城市功能在空间上的“交叠”，也就是城市功能及其物质要素的多样复合，从而使人具有更多的选择性。A·拉波波特等人则认为城市空间（环境）的多样性实际上是文化多样性的反映。J·盖尔在《公共空间，公共生活》（1999）一书中，通过调查分析哥本哈根步行街（区）在改造前后城市公共活动的情况，指出人们在城市公共空间中的公共生活更倾向于发生在那些具有丰富的街道界面、多样化的城市公共设施以及适宜用途多样化需求的场所。简·雅各布斯在《美国大城市的生与死》中对社会结构的多层次性、城市生活的多样性、社区结构和亚文化的复杂性和多样性进行了详细的描述，并对它们与城市物质设施的多样性之间的关系进行了分析，提出了与保持城市多样性相关的四大措施：需要混合的用途、保留一定数量的历史建筑、保留小尺度的街坊，需要一定的居住密度。所有这类研究均表明，城市空间环境的多样性会影响到城市生活的多样选择与自由。

城市化时代，城市社会主流人群的异质化加深。人们职业的异质化、经济财富的异质化、社会地位的异质化、文化素质的异质化以及文化背景的异质化使城市社会五彩纷呈。社会的多元化，使不同社会群体对城市空间环境有着多样化的需求。当人们购物、出行和旅游不再是一种目的，而是一种体验过程的时候，这种要求尤为强烈。因此，对构成城市多样化体验及使用功能要求的物质要素进行精心的组织，包括城市空间系统的结构、城市公共空间的尺度和界面、各类城市空间的功能组合，并尽可能地丰富各个局部城市空间环境的“类型”与“数量”，增加城市空间环境的“形式”，赋予其环境“意义”，无疑有利于增加城市活力，满足人们的多样化生活需要，给人们提供更多的机会和选择自由。

4.2.4.4 城市规划的作用

一种简单的理解是，城市规划因其具有的对城市空间环境形成与变化的独特控制作用，必然会对城市空间环境的多样性产生影响，并因此间接地影响到城市生活的多样选择与自由。

现代社会及现代城市的基本特征决定了多样性在现代城市中生长和消失的矛盾并存。城市多样性不可能彻底消失，它面临的生存威胁也不可能完全消除。城市多样性不能依靠规划去“规划出来”，因为多样性并不是通过规划控制就会“自发地”生成，但规划又确确实实地能对城市多样性起着促进或损害的双重作用。

（1）规划控制不当会损害城市的多样性

一个令人难堪的事实是，与现代城市规划控制下形成的城市相比，缺少规划控制的传统城市中的多样性更加丰富多彩。按照C·亚历山大的说法，“自然形成的城市”（指传统城市）之所以具有“人工建造的城市”（指现代城市）所没有的那种生动的城市生活景象，是因为传统城市具有一种“半网络结构”，具有“有机的整体性”。这种“有机的整体性”的形成与其中包含的“渐进发展的过程”、“不可预测的结果”、“复杂要素之间的结构及其连贯的过程”以及“富有情感的空间意义”的特征是不可分割的，而这些特征在现代城市发展的过程中则不具备①。这也就是说，“有机的整体性”包含着多样化生成的过程。而规划控制对现代城市的“有机的整体性”的缺失有一定的影响。

现行的城市规划体系及方法对城市多样性的损害主要体现在三个方面：

第一是忽视了现有基础及条件的差异性。旧区改造及新区开发，中心城区与郊区，往往采用基本相同的技术指标控制，类似的景观环境控制“理念”和“准则”，结果是将有丰富历史文化内涵的旧区改造得像新区，丧失了城市的惟一性和独特性，多样性消失，单一化和零乱化却得以滋长。

第二是量化指标在规划编制、规划评判、规划管理中占据了主导地位。几乎所有的规划，量化指标的满足是基本的“准入”条件。例如容积率、建筑密度、建筑高度、建筑间距和建筑退界距离（包括后退道路红线和后退地块边界线）是控制城市开发和进行规划管理的重要指标，这些指标对城市空间的构筑具有重要的影响，但当规划面对单一化和零乱化问题时，现有的规划控制方法似乎“无能为力”：容积率因为开发成本而难以撼动，建筑密度因为保证环境质量而不可放松，建筑高度因与前二者相关也缺少余地，建筑间距因为日照标准及消防等方面的要求而被固定，城市空间的尺度也因受到更多的量化指标限制而缺少灵活性和变化。其结果只能是城市多样化的逐步削弱。

第三是重视个体，忽视整体。现代社会个体性的极端化发展，使得城市开发者及设计师往往强调一个项目自身的完整性，规划控制对整个城市及周边地区各种环境关联缺少考虑及有效的协调办法，结果是单体建筑及城市空间更强烈地以风格化、时尚化的倾向来表现自身。当扩大开发规模与膨胀的利润至上的商业化、自我表现的社会化结合为一体时，以项目“整体”尺度去看时是一种单一化，而以项目作为城市的“个体”尺度时，又表现为一种零乱化。

（2）谨慎的规划控制亦可为城市多样性的发展创造条件

尽管城市规划不能规划出多样性，但谨慎的规划控制策略却有可能促进多样性的发展。

例如通过采用适度的功用混合，使建筑与城市空间的用途具有一定的复合性；在分区控制和功能组织等方面采用适当的规划措施和方法，避免城市单一化；改进单纯注重僵硬的量化指标控制方法，针对不同区域特点进行量化指标差异化控制；努力使城市中各种要素在不同的时间及空间尺度上得以共存，尤其是新与旧的共存，保护遗产作为城市多样性共存的基础；尊重建筑与城市空间的规模、风格、尺度和形态等方面的差异，以创造城市多样性生成的背景环境及条件；谨慎地审查城市各类开发活动，注重环境要

① C·亚历山大. 城市设计新理论. 北京：中国建筑工业出版社，2002.

素之间的协调，避免新要素的介入给城市带来单一化或零乱化的结果；针对具体地域情况，适当提高城市密度，尤其是新区建设密度，为促进城市活力及多样性创造条件①；规划要注意为城市多样性的持续生长营造一个市场和社会环境，以使城市多样性获得持续生长的能力。

4.2.5 公众积极参与的社会

4.2.5.1 政治学视野中的公众参与

"普遍的参与"作为现代化的重要内涵，往往被等同于"政治现代化"，是现代性在政治领域的重要表征。亨延顿把政治现代化为分三个基本层面，即政治权威的理性化、政治功能的分化和政治参与的扩大化。这其中，"参与的扩大化"是衡量一个国家现代化是否完成的最后标志②。

在西方（尤其是英美）占据主流的政治发展理论主要建立在多元主义理论价值的基础之上，并且在价值取向上遵循自由主义民主政治的一些基本价值目标：公平、正义、平等权利等。多元主义以及新多元主义以社会为中心，认为社会政治力量在政治中具有决定性的重要意义，而国家的作用则是协调来自社会的各个不同的政治和利益要求，尽可能达到一种平衡和合理的政治输出和政策结果，以维护政治和社会的稳定。因此，社会团体、政党、选举、利益表述、利益整合、政治过程以及相应的民主政治文化特征和政治制度安排成为政治学研究的主要内容③。尽管人们对政治发展理论在价值取向方面对西方发展模式的偏袒及理论的普适性存在质疑，但社会多元化则是当代社会的共同趋向，面对社会分化及利益冲突，为保证"所有人都享有和其他人同样的基本自由体系相类似的权利和自由"④，"普遍的参与"不失为实现社会民主政治的一条重要途径。"普遍的参与"的实质是：在现代市场经济利益多元化的条件下，社会群体及个人能够在政治决策过程中取得应有的地位，从而能够使人民群众的利益可以在社会的制衡中得到保障，而没有任何一个人或团体的利益可以凌驾于社会公众之上受到压倒性的保护。

另一方面，1970年代以来，比较政治学者的政治变迁理论研究，则将研究视角放在政治系统发生变化的原因、方式、过程和结果等方面⑤。戴维·伊斯顿认为，政治系统的

---

① 关于密度与多样性的关系在学术界仍存在争议。J. Jacobs 主张提高城市密度，并且深信正是密度造就了城市多样性，从而创造了像纽约那样多姿多彩的城市生活。她在《美国大城市的生与死》一书中就曾经质疑：大面积的公共绿地总是好的吗？高密度一定是错的吗？在1980年代之后的紧缩城市（the compact city）探讨中，部分学者也认同这一观点。但也有部分学者认为，城市扩张及分散化趋势难以阻挡，单纯在密度上做文章，对营造多样性的现代城市环境不具备决定意义（Breheny M.）。

② 亨廷顿，著；王冠华，刘为等，译. 变化社会中的政治秩序. 三联书店，1989.

③ 戴维·伊斯顿，著；王浦劬，译. 政治生活的系统分析. 华夏出版社，1999.

④ 此为罗尔斯所述正义社会结构的两原则（即正义两原则）之第一项原则，参见：信春鹰. 正义是社会制度的首要价值. 读书，2003，(3)：122~129.

⑤ 政治变迁是指一个政治系统发生变化或向另一种系统转变的过程。按戴维·伊斯顿的定义，政治系统是指维系一个社会政治生活正常运行的有机体，由系统组织、系统成员以及组织的能力和成员的权威性影响力等要素组成。政治系统的适应能力决定其能否维持或崩溃。见：戴维·伊斯顿，著；王浦劬，译. 政治生活的系统分析. 华夏出版社，1999. 16~17.

主要功能是将政治输入转化为官方的政策、决定和执行行动，对社会价值进行权威性分配。为了使这种“权威性分配”（即决策）能为社会大多数所接受，避免政治系统的崩溃或丧失公信力，公众的普遍参与（决策的过程）是其有效手段。亨廷顿在《变化社会中的政治秩序》一书中也提出，发展中国家最重要的任务是维持政治稳定，而政治稳定取决于政治参与和政治制度变化之间的联系。在现代化的各种关系中，政治制度与政治参与之间的关系非常重要，因为这种关系的失衡将导致发展的失败，使政治变迁走向政治衰朽。在他看来，现代化及社会经济的发展，必然导致政治参与范围的扩大。

如果说政治发展理论将“普遍的参与”视为实现民主政治价值目标的重要途径，政治变迁则将“政治参与”作为政治系统的维持和稳定的重要条件。由此可见“公众参与”并非是民主政治基本价值目标，也非社会发展的基本价值目标，只是由于其对实现政治基本价值目标及社会发展基本目标的正向作用，以及其在国家现代化及社会发展中的标识意义，使其本身成为社会发展目标之一。

4.2.5.2　中国改革背景下的公众参与的意义

中国政治改革是在现有的基本政治制度框架下对权力结构和政治运行体制进行调整和有限变革，其主要手段是通过现有权威体制制定改革政策，并主要通过现有政治和行政体制来推行改革政策，以达到政治改革的目的。从这一基本认识出发，政治改革可以被看作一个政策过程，即政治权威在特定的政治环境和政治体系中，按照特定的规则选择和制定政策，并付诸实施的过程。政治过程的主要内容则是一个政策选择、制定与实施的政策过程。在这一过程中，来自社会不同阶层和利益群体的要求与压力，无疑会对政策选择、制定和实施产生影响。政治权威为减少政策失误及实施阻力，增强政策作用，也往往会借助公众参与，了解主流民意，提高政策合理性。

经济改革是中国改革的核心，通过价格逐步放开、国有企业逐步转换经营机制来形成市场的主体与客体，中国经济改革是从“无交易机制”突破，从“价格形成机制改革”走出了第一步，即选择了从“市场客体市场化”为路径来走出第一步，从而逐步建立起社会主义市场经济体制。由于在改革过程中缺乏一种有效的利益均衡机制，致使出现社会利益分配失衡，阶层分化显著，社会矛盾及社会冲突凸现。

中国“自上而下”的改革特点，使公众参与的程度较低。而今因改革而导致的社会不平等加剧，使“分享式改革”成为社会的普遍呼声，公众的广泛参与——让人民享有平等的参与权、表达权、讨论权、乃至投票权，日益受到重视。参与的过程就是信息披露的过程，也是各种利益表达的过程，更是各方妥协的过程，它是建立社会利益均衡机制的重要环节。

4.2.5.3　城市规划对构建公众积极参与的社会的作用

城市规划对形成公众积极参与的社会的作用是通过规划中的公众参与来达成的。城市规划作为一项公共政策，其制定、实施过程中的公众参与要求，推动了一个广泛参与的社会的形成。

（1）规划作为一种广泛的社会参与的交往行为

德国著名社会学家哈贝马斯（Habermas）在其早期重要著作《公共领域的结构转型》

中，曾肯定了18世纪和19世纪早期存在于资产阶级的市民之间那种基于家庭生活和精神之上，以文学艺术沙龙、咖啡馆、报纸杂志、集会及政治辩论等形式就共同关心的公共事物进行自由议论和意见交换的公共领域的价值，并用“公共圈（public sphere）”这一空间概念来表述由公众舆论所形成的社会空间，主张只有通过公众交往才能重建公共圈并实现公共性的再生①。其后，他在《交往行为理念》一书中，提出了一种交往理性——即主张在生活世界中通过对话交流、交往和沟通，人们之间相互理解、相互宽容就能在思想上达成一致，在行动上友好合作，就能实现启蒙的理想，即以自由、平等、宽容这三种价值为基础的公民理想②。

城市是公共性空间化的场所，城市规划作为一种公共契约，是为达成社会公共性和公共圈所进行的社会交往活动。正是通过人与人之间相互作用和交流使市民丰富多彩的生活需求得以明晰。所以，规划者大部分时间要用在对话交流上，创造型对话的孕育就是规划的重要目标之一，多元化的价值观，经验、直觉等相融合的公开议论和意见交换也是必备的规划方法。

由此可见，规划作为一种广泛参与的社会交往行为，一项重要的社会实践活动，必然有利于推动公众积极参与的社会的形成。

（2）规划作为一种公共政策

城市规划作为重要的政府职能及公共政策，其目的是维护公共利益。由于城市物质空间所具有的广泛社会意义，界定与城市物质空间相关的“公共利益”具有很大的难度，因此也很难给城市规划这种公共政策的制订提供简洁明了的指引。面对由众多利益相关的个体所构成的城市社会共同体，城市规划只能努力寻求在各类群体中进行沟通、对话，对各种不同的价值观、生活方式和文化偏好在空间层面寻求解释，或者将这些内容转化为不同的空间形态，然后通过协商和谈判，建构一个协同的纲领。从这方面看，规划实际上是一个博奕的过程，所谓合意就是共同体成员通过各自的策略选择而达到的一个均衡结果，它不一定是最优化结果而是满足化结果。这种满足化结果的达成是建立在社会广泛参与的基础上，这一过程体现了John Friedmann所述的“规划作为社会动员”及“规划作为社会学习”的作用，并对“公众积极参与的社会”的形成具有促进作用。

（3）规划与城市社会生活

城市规划的对象是城市空间及土地使用，城市空间环境与市民生活密切的关系，使规划较之其他公共政策，更加受到广大民众的关注。尤其是城市改造方面的规划政策，直接影响到原居民的切身利益，居民有更大的参与热情并重视其参与决策的权利。

阿里斯戴尔·罗杰斯在《多元化主义和公民权力空间》一文中说：“研究公民权利和地理学之间的关系，一个根本的出发点：公民总是‘某个地方’的公民。”正如汉娜·阿伦特认为的，“……人与物构成了人的每一项活动的环境，离开了这样的一个场所，人的

① Jurgen Habermas，著；曹卫东等，译. 公共领域的结构转型. 上海：学林出版社，1999.

② Jurgen Habenmas，著；洪佩郁等，译. 交往行为理念. 重庆：重庆出版社，1994.

活动便无着落；反过来，离开了人类活动的这个环境，即我们诞生于其间的世界，同样也无由存在"①。城市空间环境作为城市社会活动的主要场所，市民生活网络与之形成共生关系，关心环境变化并试图施加影响，努力参与控制环境变化的过程，是人们追求良好生活质量的行动的一部分，内在的动力使公众对参与城市规划——它具有直接控制城市空间环境变化的作用——有更大的热情，并在这个过程中，进一步强化自我权利的意识及平等意识，从而培养更加广泛的参与意识，为最终形成公众积极参与的社会创造条件。中国自1980年代初开始的渐进的市场化进程在1992年进入了社会主义市场经济的新阶段，伴随着经济市场化、社会多元化、政府权利的下放和职能的转换，私人利益得到承认和鼓励，产权概念的逐渐明晰以及文化世俗为市民社会的发展提供了现实的可能性。原有的"国家——单位——个人"的社会结构，逐步演化为"国家——非政府组织、社区（市民社会）——个人"的模式。尽管有学者认为用"市民社会"一词来解释现代中国的社会结构还为时过早（徐勇，2001），但是在建构社会和国家的关系上采用"合作型"或"政府主导型"、自治而非"对抗型"的理念却是一致的。中国民主政治的发展必然是渐进的，通过扩大社会参与，对培育公民民主素质有重要作用。而在建立公众积极参与的社会方面，城市规划正是其重要的实践领域。

4.2.6 和谐的人与自然的关系

4.2.6.1 人与自然的和谐发展：科学发展观的重要目标之一

社会发展主要涉及人与人之间的关系及人与自然之间的关系，社会发展目标就是要努力实现人与人之间的和谐和人与自然之间的和谐。

人类不可能脱离自然界而生存，但人类同时又是自然生态系统被破坏最主要的责任者。时至今日，作为生态系统的一部分的人类已经极其严重地破坏了生态系统的整体平衡和稳定，已经极其严重地危害到整个星球和它上面的所有生命的存在了。在这样一个急需刻不容缓地保护所有生命的生存环境的形势下，追求人与自然和谐发展，意味着人们不能仅从人的角度认识世界，只关注和谋及人类自身的利益，而应为了生态整体的利益自觉主动地限制超越生态系统承载能力的物质欲求、经济增长和生活消费。

人与自然的关系是区分不同发展观的一个显著标志。在传统发展观下，人与自然的关系是对抗型的，它从人和自然两极对立出发，在讨论自然时看不到人，在讨论人时又忽视了自然的存在。马克思主义认为："历史可以从两方面来考察，可以把它划分为自然史和人类史。但这两方面是不可分割的，只要有人存在，自然史和人类史就彼此相互制约。"② 树立科学发展观的一个重要目标就是要改变人与自然的这种对抗关系，还自然以本性，把自然纳入到发展系统中，看成是人类发展的有机构成部分，从而使人与自然建立起一种和谐的新型关系——共生关系；就是要"按照实现经济发展和人口、

---

① 引自：世纪中国 http：//www. cc. org. cn/wencui/indexo112b. ht

② 马克思恩格斯选集（第一卷）. 北京：人民出版社，1995. 281.

资源、环境相协调的要求，不断增强可持续发展能力，实现经济效益、社会效益、环境效益的统一”①。我国全面建设小康社会的一个重要目标就是：“可持续能力不断增强，生态环境得到改善，资源利用效率显著提高，促进人与自然的和谐，推动整个社会走上生产发展、生活富裕、生态良好的文明发展道路”②。

4.2.6.2 城市化发展与城市建设活动：人与自然和谐关系的最大障碍

据美国哥伦比亚大学地球研究所的科学家2005年3月8日公布的一项研究报告显示，地球陆地表面积的3%左右已被城市占据；全球约80%的城市人口在50万以上；沿海地区城市最密集，全球约10%的沿海地区已经城市化，在那里定居的人口占城市总人口的65%；全球大约有7%的城市人口定居在纽约、东京、上海这样的超大都市里。21世纪人类已进入一个城市化的时代，城市已经成为人类最主要的聚居地，也是各类人类活动最集中的地域。无可否认，也正是不断推进的工业化与城市化进程，给人与自然的和谐关系带来了最大的损害。

工业革命后的现代城市，其人居环境越来越脱离自然而走到了人工的极端：钢筋混凝土高楼林立，地面普遍硬化，绿地、水面减少及被污染。

城市内部环境过度的人工化和密集发展带来了严重的不良后果。噪声污染、空气污染、视觉污染、热岛效应、酸雨等，以及绿地和开敞空间的缺乏，使人的感知世界有太多的不和谐因素，并导致生活质量的下降。

从更广阔的视野看，城市区域化、城市郊区化所导致的城市无节制蔓延（urban sprawl），使更大范围的自然生态环境遭到破坏，绿色原野及生物多样性消失；由于生活水平的普遍提高，汽车的普遍使用，使能源及资源的消耗大量增加，污染物类型及总量不断扩大，从根本上危害整个人类的生存环境。

改革开放20余年，我国经济发展取得了举世瞩目的成绩，但不容忽视，以GDP增长为目标的“硬发展”，使我国付出很高的资源环境代价。尤其是近20余年的城市大规模建设及扩张，对自然生态环境造成了极大的损害，表现在：

①城市用地大规模扩张，使国家紧缺的耕地资源减少，城市区域原生生态环境遭到破坏。尤其是沿海经济发达地区，城市区域化趋势明显，城乡界限混杂，城市周边的农村地区也是“村村点火，处处冒烟”，绿色原野已难以寻觅。

②城市“粗放型”的经济增长方式，投资饥渴的驱动，使相当部分有污染、大能耗的产业进驻城市，加重了城市环境污染。

③“重形式、轻内涵”的城市建设方式，片面的“政绩”观，使城市建设与自然环境之间的协调失衡。如许多城市“形象工程”搞了不少，宽马路、大广场、大绿地赏心悦目，但地面道路修得漂亮，地下管网却不配套，污水管网覆盖率低，污水处理率更低。园林绿化重形式，轻生态价值。

---

① 胡锦涛. 在新进中央委员、候补委员学习“三个代表”重要思想和贯彻十六大精神研讨班结业时的讲话. 2003.2.18.

② 江泽民. 全面建设小康社会，开创中国特色社会主义事业的新局面. 北京：人民出版社，2002.

4.2.6.3 合理的城市规划及空间环境组织：重构人与自然和谐关系的重要途径

路易斯·芒福德指出，当城市和自然环境的契合丧失时，城市就开始衰败和恶化。触目惊心的现实，使越来越多的有识之士认识到保持生态系统的平衡、稳定、和谐、完整、持续的重要性。针对城市化可能带来的对环境的胁迫、影响生物多样性、人体健康、微生物的生态效应、局部气候等负效应，从规划及建设控制方面入手，成为重构人与自然和谐关系的重要途径。

I·L·麦克哈格（Ian Lennox Mcharg）在《设计结合自然》一书中曾指出：显然人和自然的关系不是为人类表演的舞台提供一个装饰性背景的问题，也不只是为了改善一下肮脏的城市，而是需要把自然作为生命的源泉、社会的环境、诲人的老师、神圣的场所来保护。通过良好的规划设计及建设管理，可以减轻、改善人与自然关系失衡的状况。

（1）城市建设规模与生态量的平衡

过去20年，中国城市发展与经济发展有着相同的特征，即以“量”的增长为主，表现为城市人口及用地规模的扩张，城市行政区及市区的扩张，城市交通量的巨大增长。尤其是城市用地规模的增长最为明显：1998年为2.8%，2000年则为4.3%，2001年达7.1%，2002年则高达8.1%。超出自然环境容量及生态承载力的规模扩张，是城市区域自然生态环境恶化的重要原因之一。

城市建设规划应受到环境容量的限制。如城市人口的容量取决于城市人口的合理密度及城市用地规模可能达到的限度，大气环境容量、水环境容量、土壤环境容量也会对城市发展规模、工业发展容量产生影响。城市规划可以通过分析自然生态系统在生境、物种、生物学状态、性质和生态过程等方面的服务性能和潜力，确定合理的环境容量和科学的建设标准，将发展控制在生态承载力的范围内。

（2）城市空间配置与合理生态格局的平衡

城市土地利用及空间布局，是城市建设控制的主要内容，城市土地利用规划不仅是组织城市功能的主要手段，而且经常是改善城市环境的工具。

城市空间配置，主要考虑功能组织的合理性，聚集经济效益及交通可达性是其主要影响因素。功能布局的合理性折射出经济的合理性。城市合理生态格局则具有环境导向性，如完整的绿色开敞空间系统①。自然生态系统的保护与合理利用，足够的量化环境指标，都是构成合理生态空间不可或缺的因素。两者之间的平衡，与城市空间增长方式，城市空间布局的结构模式、城市形态等方面密切相关。

城市规划可以通过合理的空间增长方式选择，采取适当的空间结构及形态优化策略，引导城市空间发展，改善城市里人与自然相隔绝的状况。如采用环形绿带、楔形绿地方式，谋求把自然引入城市，作为解决问题的一种对策；借鉴生态学中的斑块——廊道——基质理论②，应

---

① I·L·麦克哈格认为，大城市最好有两种系统，一个是按照自然的演进过程保护的开放空间系统，另一个是城市发展的系统。这两种系统结合在一起，就可为全体居民提供满意的开放空间。

② 斑块泛指与周围环境在外貌或性质上不同，并具有一定内部均质性的空间单元；廊道是景观中与相邻两边环境不同的线性或带状结构；基质则是景观中分布最广、连续性最大的背景结构。该理论主要用于解释生态空间的系统性。

用到城市生态空间组织中去。

(3) 城市生态建设与城市建设的平衡

城市生态建设是按照生态学原理，以空间的合理利用为目标，以建立科学的城市人工化环境措施去协调人与自然的关系，协调城市内部结构与外部环境的关系，使人类的城市建设和自然生态系统相适应。城市规划及建设控制可以从下列方面入手，增强城市生态建设与城市建设的平衡协调关系：

首先是在城市发展过程中，注意构筑市区与郊区复合生态系统；其次，在城市建设中，要保证城市绿化的量化环境标准；再次，在城市建设中，要注重环境基础设施建设。

诸如此类举措，都有助于改善人与自然的关系，实现和谐发展。

5

理性认知偏差：城市规划社会发展作用弱化的认知原因

5.1 技术·理性·制度：城市规划存在与发展的三维结构

城市规划是以技术发展及其成果为基础，以理性的观念及其演变方式为导向，以制度的建设与规范为调控手段的社会实践活动，三者的动态有机结合构成了城市规划存在和发展的三维结构。探究城市规划失效，尤其是城市规划的社会绩效弱化的原因，首先必须了解城市规划中技术、理性及制度之间的辩证关系及其内在的逻辑结构。

5.1.1 作为城市规划存在和发展规则的“理性”

5.1.1.1 理性的概念及层次

理性（rationatity），从它本身而言有两层含义：①指概念、判断、推理等思维形式或思维行动；②用以划分人类认识能力或认知能力发展阶段的标准。

纵观西方哲学史对理性的理解，大致可以把理性区分为以下四个不同的层次：

①从本体论的角度来说，理性是指本体理性。它探讨的是关于宇宙万物的终极存在与本质，在人与世界的关系上，强调的是外在于人的普遍理性的绝对确定性和完美性。

②从认识论的角度来看，是指认知理性。由于认知理性是人类一种独特的认识能力和认识手段，也称认知理性为科学理性。它主张追求科学与真理，把对科学知识的探求作为人类社会生活的惟一目的和实现人类改造自身的强有力的手段和工具。因此科学理性同时也称为工具理性或技术理性。M·韦伯的“形式理性”和法兰克福学派的“工具理性”即是指这种科学理性。它的基本特征是批判性和非完备性（理性认识的有限性）。

③从价值论的角度来说，是指价值理性，它强调理性的价值理想目标和价值评判标准，把理性看作是诸如柏拉图的“善理念”、康德所言的实践理性的“道德律”，它崇尚的是道德、正义及其规范，试图建立一个符合人类理想的价值目标体系。它的基本特征是：非功利性和抽象性。

④从方法论的角度看，是指方法理性。方法理性是指理性作为认识事物的中性的工具和手段，它是工具理性的方法论形态。

在西方对理性的上述四种理解中，可以看出它们之间的相互关系。一般来说，本体论的理性由于超出了对人类社会的认知范围，是在抽象的范围内完成的，因此不具备实在的意义。认知理性离不开方法理性，对事物的认识总是以一定的方法作为依据的。作为工具的理性（科学理性）的理解的共同点是：“第一是指事物存在与发展的一般秩序和规则，第二是科学方法论的逻辑认知结构，第三是指一种文化原则和体验方式的普遍意向。”①

① 陆江兵. 技术·理性·制度与社会发展. 南京：南京大学出版社，2000.9.

5.1.1.2 城市规划中的“理性”

在现代化理论中，“现代性”是为现代化定位的核心概念。在欧洲，现代性是与世俗化过程密切相关的，因此，它集中表现为对理性的崇拜，对经济发展、市场体制和法律/行政体制的信仰，对合理化秩序的信念，从而构成了一种现代化的意识形态。笛卡尔（R. Descartes）认为理性是所有的人与生俱来就平等的能力，对于人的理性的崇尚，是现代性的核心。

现代城市规划的理论和方法也是建立在“现代性”对人类理性的信念基础上的。它的前提是，城市发展是有自身内在规律的，而这种规律是完全可以被高度理性化的人所认识和掌握的。人们可以根据被认知的城市发展规律设定城市发展目标，并通过一系列的理性的规划措施的实施去实现这一目标。

1960年代之前西方社会占主导地位的理性的综合规划模式，深受欧洲早期启蒙运动的影响。启蒙思想家认为理性是衡量一切事物的尺度和准绳①，只有理性才能保证人类社会的进步（吴国盛，2002）。而理性精神主张人类社会如同自然界一般都存在规律性，这些规律通过理性原则可被认知，同时，这些规律和知识可以用来指导行为实践，形成一套普适的、理性的行为模式。

如果说19世纪的空想社会主义城市规划理论还少有理性，对现实世界缺少理性认识，但到霍华德的《田园城市》，对城市的认识应该说已更具客观理性色彩。虽然在手段上仍带有强烈的理想主义色彩，但在认识上已经迈出了理性的第一步（如用永久绿带控制城市的扩张，用田园乡村协调城市空间等）。在20世纪初，现代建筑运动迅速发展之后，理性主义思想在城市规划领域的影响也达到高潮，Le Corbusier成为这一思想的旗手。他认为，城市中出现的种种问题只要进行客观分析，运用理性主义的方法，通过新的规划形式和建筑形式就能予以解决。国际现代建筑会议（CIAM）于1933年通过的《宪章——城市规划大纲》，就是从理性主义的思想出发，依循其方法制定的现代城市规划的纲领性文件。它将城市活动分解为居住、工作、游憩和交通等四个部分，通过对各项活动的现状进行分析，提出功能分区的现代城市组织原则。这种以机械为原型的“功能主义”的城市空间组织方式，反映了理性主义认为目的和手段之间存在因果关系，因而通过理性分析可以找出相应手段达到理想城市的状态（韦亚平，赵民，2003）。

理性主义思想在1960年代得到的新的发展，则主要是在城市规划实践领域。1950年代末，系统论、控制论的思想和方法被引入到城市规划实践领域后，形成的理性主义系统规划（B. Mcloughlin，1969）和过程控制论（M. Webber，1963；A. Faludi，1973），更加强调科学的价值，城市本身成为科学研究的对象。被J. Friedmann称为理性规划的总结者A. Faludi认为，规划作为人类思想和行为的理性过程最本质的目的应该是推动人类社会的进步、发展，同时规划又是一个关于未来发展的决策过程。在这样的认识下，

---

① 恩格斯曾指出：“启蒙学者是非常革命的，他们不承认任何外界的权威，不管这种权威是什么样的，宗教、自然观、社会、国家制度，一切都受到了理性的批判；一切都必须在理性的法庭面前为自己的存在做辩护或放弃存在的权利。思维的悟性成了衡量一切的惟一尺度”。参见：马克思恩格斯选集（第三卷）. 北京：人民出版社，1973. 231.

A. Faludi 很自然提出了规划方法的中心准则——理性。理性规划的方法主要为：界定、分析规划对象和目标，并将其分解为相关问题和目标；提出若干选择方案，评价选择最佳方案，并对结果不断进行检查反馈。

1960 年代后占西方世界主导地位的多元规划模式，以及 1980 年代后占主导地位的合作性规划模式，充分认识到早期城市规划把理性认知重点单纯放在城市规划的客体对象——城市及其发展规律之上，而忽视在一个多元化的社会中，不同利益群体利益诉求的巨大差别，人们对城市物质环境变化的要求是不一致的，就是对于普遍存在的城市问题，人与人之间对问题的理性认识、解决途径的看法也不一致。这就导致了公正理性的规划过程本身成为规划理论关注的重点。由于任何决策及政策的"好"与"坏"是由相应的价值观所定义，如何通过更好的规划程序的组织和管理实现社会基本"满足化"（非"最佳化"，因为不存在最佳化）的目标，是城市规划需要首先解决的。

由此可见，如果说西方社会 1960 年代之前以物质空间规划为主导的理性的综合规划模式中，规划理性主要是一种科学理性，那么，1960 年代后多元规划模式及合作性规划模式占主导时期，规划理性则更多为价值理性所主导。

5.1.1.3 城市规划的理性特征

城市规划是以城市发展的客观存在为依据，以理性的指导原则来进行的。城市规划的理性特征，体现在它同时具有相对立的两种理性。

首先是城市规划的技术理性特征。马克斯·韦伯将理性化过程视为现代化过程的核心，但他所指的理性的核心已经成为形式理性①，也即主要为科学理性或技术理性。这种诞生于启蒙思想的哲学传统，因为相信科学知识能够解决一切问题并创造一个美好的人类社会，从而在信奉科学与技术为圭臬的西方世界中有着不可估量的潜在影响。因为城市发展存在着一定的客观规律，注重对这种规律的揭示及对人类改造城市能力的充分信心，奠定了城市规划技术理性的基础。例如对城市规划"科学性"的追求，对城市规划理论、方法和技术，尤其是对城市发展预测技术和方法持续不断深入的研究，都反映了规划界提高自身理性认识能力的努力。我国计划经济体制下的城市规划被评价为"建设蓝图"、"终极目标"式的规划，带有比较明显的"建构理性"② 的色彩。而改革开放后，市场经济下城市发展的动态性增强，规划师更加注重"演进理性"的观念，注重研究城市发展的条件和多种可能性，寻求动态的、具有应变能力的规划方法。但无论是"建构理性"还是"演进理性"，本质上仍然是一种技术理性思维。

其次是城市规划的价值理性特征。城市规划是人类理性化地引导、建构和规范社会

---

① 或称工具理性，韦伯的功绩即在于他区分了形式理性和本质理性，指出理性实际上成为技术和程序的合理性，人类对本来是手段的形式理性的效率作为目的来追求，在享受了它所带来的物质丰裕之后，反而丧失了根本目的。

② 建构理性（constructivist rationality）和演进理性（evolutionary rationality）是哈耶克提出的两个对立的观念。建构理性相信人的绝对的主观能动性，即一种从明确的前提出发做出逻辑演绎的能力，认可人可以根据自己的理性对社会和世界进行大规模的设计和改造。而演进理性认为人类社会的发展是一个演进的过程，即是一个无意识自发秩序的结果，是生物体或人为了生存积极寻找机会、适应环境不确定性，通过长期的竞争而形成的。

的一种方式。在理性经济人追求自身利益最大化的背景下，城市规划的重要功能，是以政治理性、社会理性来调节和规约个体理性，在资源利用、自然和人文环境保护、建设和发展活动的空间和时序安排等方面协调、整合和规范人们的行为。因为涉及资源的配置，必然会产生谁会受益、谁会受到损害等问题，因此规划决不是一种纯技术性的与政治无关的专业活动，它需要合理的价值引导。

5.1.2 作为城市规划存在和发展基础的“技术”

5.1.2.1 技术的本质

所谓技术（technology），是指人们为了达到某种特定目的而借助的工具和人的活动，是人类借以改造和控制自然来满足自身的生存和发展需要的包括物质装置、技艺与知识在内的操作体系。

对技术的本质的理解历来存在着不同的观点。亚里士多德把技术与科学区分开来，认为科学是一种理论，而技术则是与人们的实际活动联系起来的人类活动的技能；狄德罗把技术定义为完成特定目标而协调动作的方法、手段和规则体系。

理性与技术的互动关系表现为，一方面技术是理性的载体，理性的产生和发展都要以客观的物质条件为基础；另一方面技术是理性的完美实现，在技术中蕴涵了人类社会理性发展的主要成果。“技术之中有理性，技术是理性的产物”，从这一点来说，技术是“理性的”技术，是理性的再现和表述；同时，一旦技术的思维以理性的形式被确定下来，就会使理性走向它的片面化，成为“技术的”理性。从“理性的技术”到“技术的理性”的过渡，说明由于技术向理性化方向的不断发展，导致理性的领域在不断地缩小，并且日益走向片面。这种片面性是技术与它的价值关系中体现出来的。

技术本体与价值的关系，就本体的意义而言，技术本身的价值是“中立”（neutrality）的。技术的社会后果必须在技术成为制度或组织调控的对象时才具备价值的倾向性。如果说技术会产生什么特殊的政治与伦理问题的话，那么，其责任并不在于自然属性的技术本身，而恰恰在于技术运行的社会环境——制度和组织过程之中。技术在它的运用中所体现的目标是获得最大的效益。

5.1.2.2 城市规划技术的特征

城市规划技术是指人们为了营造理想的城市环境，而采用的规划方法、手段和规则体系。城市规划之所以能成为一项独特的社会实践活动，一项职业行为，就在于它所具有的技术特质。否则，它就可能像其他公共政策一样，是由政治家及“公众”作出，而不需要借助专业的城市规划工作者。

城市规划技术的特征体现在两方面：

（1）注重“范本”与“典型”的意义

这是技术所具有的普遍特征。就技术作为“范本”意义而言，技术本身体现了人类认识发展的成果，人类对某一事物的认识结果以技术的客观物质形式体现出来，它既表现出人类认识发展的一种阶段性成果，同时也是人类进一步认识事物的新起点；它是以理论的形式来表现的形态，表现的是人类思维活动的深刻程度。在这个意义上，技术作为凝结的理性结果，为人们提供了人类认识发展的范本和模式。技术作为“典型”的意义是它作为范本意义的延伸和物化。

从近现代城市规划的发展过程看，“物质性规划”传统一直受到重视，理想的城市结构模式成为城市规划师孜孜不倦探索的主题①。19 世纪的工人新村方案、A. S. Matao 的带形城市（Linear City）、E. Howard 的田园城市（The Garden City）、T. Garnier 的工业城市（Industrial City）、到现代城市规划理论中具有突出影响的 Le Corbusier 的“光明城市”结构模式、“Team 10”的“簇群城市”结构学说，都反映了城市结构模型在规划理论演进中突出的标志意义。从另一角度来看，各种城市结构模型实际上是特定阶段人们对城市发展认识的一种阶段性成果，也是规划技术发展的阶段性标识。各种城市结构模型作为规划技术发展的“范本”和“典型”，为理想城市营造提供了参照。如在处理城市大规模的突变上，可资借鉴的就有恩温的卫星城市模式、沙里宁的有机疏散结构和戈德曼的连绵城市带理论；在城市局部区段开发上，佩里的邻里单位（neighborhood unit）、斯泰因的雷德伯恩（Radburn）街坊模式、苏联的居住小区等则经常成为规划技术的“范本”与“典型”。

（2）规划方法及程序是规划技术的主要载体

城市规划技术不同于一般自然科学技术，自然科学技术是以揭示客观物质世界本质及运动规律为目的，因此它是实证的；城市规划的对象虽然也是作为客观物质存在的城市，且城市发展也有一定的客观规律，但城市规划技术施加的对象却是城市规划本身，主要对城市规划这一人类主体行为应采取的方法、手段、合理的程序进行揭示，因此它缺少自然科学技术所具有的精准性。这也是为什么世界上各国城市规划从编制体系到规划编制的技术路线存在差别的根本原因。

早期的物质性规划的方法源自建筑、工程和景观设计，格迪斯（Patrick Geddes）的调查——分析——规划（survey - analysis - plan）：调查城市现状；分析现状的状况并预测未来人口和经济活动；设计最能满足未来需要的城市土地使用模式成为经典的规划过程方法。1960 年代后，系统论、信息论、控制论对现代科学产生巨大的影响，城市规划领域的发展也不例外。城市作为一个复杂的系统，B. Mcloughlin、G. Chadwick、A. Wilson 等人强调城市规划的实质就是进行系统地分析（analysis）和系统地控制（control）②。过去终极兰图式规划转变为过程控制型规划，确定问题与目标——比较可行性方案（或策略）——评价可行性方案（或策略）——实施方案——监督反馈成为新的规划过程方法。虽然在任何规划的编制过程中，都会运用到各类城市发展分析及预测的技术，包括运用系统方法、数学方法建立数学模型，运用计算机来模拟城市某一系统或多个系统的变化规律，但这都只是作为一种科学分析的辅助手段，并不能对城市规划决策起到决定

① 胡俊博士认为，近现代城市规划理论体系的发展，一直贯穿着两条基本脉络：其一是关于城市本体结构理论的发展，主要是各种不同的城市发展理想结构模式和学说的推陈出新；其二是关于城市规划方式和过程理论的变迁，即如何促成城市向理想状态不断迈进的基本规程。参见：胡俊. 重构城市规划基础理论体系初探. 城市规划汇刊，1994，(3)：12 ~ 16.

② N. Taylor. Urban Planning Theory since 1945. Bage Publication，1998. 254.

性作用。

5.1.3 理性与技术的社会构成——"城市规划制度"

制度（institutions）与规则、秩序、准则等是同等程度的范畴。制度经济学的鼻祖凡勃伦（Thorstein Voblen）认为制度实质上是个人或社会对有关的某些关系或某些作用的一般思想习惯，换言之，制度无非是一种自然习俗，由于习惯而被人们广泛地接受而成为一种公理化和必不可少的东西①。凡勃伦揭示了制度的一般形式，即非正式规则的存在。制度经济学的代表人物康芒斯（Conmons）认为，所谓制度，就是"以集体行动控制个体行动"②，其中最主要的是法制。很显然，康氏的制度主要指正式的强制性的法规。

西方对制度的论述一般是在传统的社会契约的定义中加以展开的，一般认为，对西方政治哲学传统中的"社会契约"概念加以细化就是所谓的"制度"，这种契约是对个人及社会组织的有效约束机制。正是在此意义上，新制度经济学（New Institutional Economics）的代表人物诺斯（North）认为："制度是一个社会的博弈规则，更正式地说，是人们制定的、规范人们相互关系的约束条件。"③ 由此可见，新制度经济学认为制度是一个社会为人们发生相互关系而设定的一系列规则，是对人们行为的一系列制约。美国著名政治学者亨廷顿则指出，所谓"制度是指稳定的，受到尊重的和周期性发生的行为模式"④。凡此种种，概而言之，制度一般被视为规范、规则、准则体系，或被视为某种行为模式。

城市规划制度作为社会制度的一个重要组成部分，也具有一般制度的普遍特征。城市规划制度主要用于决定城市建设中个人或社会组织之间相互关系的一些制约，它构成了不同利益团体（或个人）在城市土地与空间资源分配与交换方面的行为规则和激励结构，它包括正式规则、实施机制和非正式规则三个部分。

城市规划制度是以人们对城市发展客观规律的认识基础上建立起来的，它体现了人们希望城市有秩序增长的目的。从经济学的角度来看，城市规划作为政府对城市建设、资源保护、土地利用安排等方面干预和管制的主要理由在于，任由市场机制发挥作用会有许多失效的方面。典型的"市场失效"现象如自然垄断经营、外部性、信息不对称、公共产品提供不足等。由此可见，"市场失效"会引发"市场界限"，即市场不能超越的能力界限，如市场难以保证社会公平、扶贫助弱，在城市中单纯的市场机制也难以确保生态保护，建立合理的城市空间形态。城市规划制度也正是针对市场机制之不足，在理性原则指导下建立起来。

另一方面，城市规划制度的建立，也离不开它的技术基础，并受规划技术的存在、发展的影响和制约。典型的如城市规划编制制度、各种法定规划编制的内容和深度实质

---

① ［美］凡勃伦．有闲阶级论．商务印书馆，1964.139.

② ［美］康芒斯．制度经济学．商务印书馆，1997.81.

③ ［美］道格拉斯·C·诺斯．时间进程中的经济成效．经济社会体制比较．1995，（6）：9．（本文是诺斯1993年12月9日在接受诺贝尔经济学奖时的演讲）

④ ［美］S·P亨廷顿，著；王冠华、刘为等，译．变化社会中的政治秩序．上海三联书店，1989.12.

上反映了特定阶段规划技术发展的阶段性成果。城市规划制度正是社会层面上的理性与技术的结合方式。

从更广泛的意义上看，理性、技术、制度三者在城市规划中的作用都不能单独实现。它们之间相互联系、相互影响、相互渗透又相互制约，共同构成了一个具有有机联系的动态结构。其中，技术的因素是城市规划发展的基础；理性的因素是城市规划发展的内在逻辑前提；制度形式一方面是以技术为基础，在理性的指导下建立起来，另一方面又对理性和技术起着能动的反作用，从而规定了城市规划存在和发展的本质和方向。在这个意义上，理性、技术和制度作为城市规划存在和发展的三维，构成了城市规划动态的立体式结构。反过来说，如果城市规划缺乏其中的任何一极，不仅城市规划难以正常发展，其本身存在的合理性也不复存在。

5.1.4 理性、技术、制度三位一体的基础——城市规划实践

理性、技术和制度既然是城市规划动态三维结构中的三要素，那么它的作用也必然是在城市规划实践的过程中展开的。

关于城市规划实践，目前普遍的共识是：城市规划（实践）是人的一种主体行动意愿，即有意识的干预；规划行动的受体是城市空间，目的是采取行动使城市空间达到“更可取的既定状况”①。P. Hall 及 J. Friedmann 曾指出“规划作为一项普遍活动是指编制一个有条理的行动顺序，使预定目标得以实现”，“规划并不完全与认知和行动相关，而是起到一种联系的作用，它是（介于两者间的）特定的行动者，其特殊使命在于将科学技术知识运用于公共领域当中。”② 美国规划界对规划较普遍的共识是“规划是通过把专业知识应用于实践行动来改良社会（planning is the application of knowledge to action in order to improve society）。”③ 这些界定均强调城市规划实践是把“知识应用于行动”。

另一种理解则把“知识的来源”也视为城市规划实践的一部分。张汝伦在《历史与实践》一书中指出，“实践”（praxis）在西方实践哲学传统中的原始意义着重在“为人”，而非“行事”④。张兵也指出：“规划实践不仅包括了规划编制和实施管理这样‘做’的实践活动，也包括了立足于价值的、对编制——实施连续过程中立体行为进行‘反思’的理论实践活动”⑤。显然，这样意义的“规划实践”不等同于通常理解的“规划实际工作”。

城市规划实践既包括理论实践活动，又包括具体规划行动。人们通过城市规划与建设的实践，在认知的基础上逐步形成城市规划的理性观念。城市规划技术是在理性的基础上产生的，又是在规划实践中由理性的力量来推动。理性与规划技术在社会组织层面上的结合——形成城市规划制度。

---

① ［法］让·保罗·拉卡兹. 城市规划方法。商务印书馆，1996. 5 ~6.

② John Friedmann. Planning in the Public Domain. Princeton Univ. Press，1987. 25.

③ 张庭伟. 中国规划走向世界——从物质建设规划到社会发展规划. 城市规划汇刊，1997，(1)：6.

④ 张汝伦. 历史与实践. 上海：上海人民出版社，1995，215，246.

⑤ 张兵. 城市规划学科的规范性问题。城市规划，2004，(10)：83.

"理性的"认识在规划实践中表现为两个层次：对人与城市环境的实践关系，形成的是关于城市发展规律所表现出来的，符合城市发展本质原则的技术理性；对人与人的实践关系而言，则形成对自己所处的社会规划、规范和制度性的认识，通常把它称之为价值理性或制度理性。

在不同的制度理性（技术理性和价值理性及其关系所体现出来的形式）制约下，城市规划发展状况是有差别的：如果制度理性中的技术理性与价值理性关系协调，价值理性规范城市规划技术理性的发展方向，则城市规划发展就会顺畅；反之，如果城市规划技术理性片面主宰价值理性，那么城市规划就会出现偏向，表现为单纯注重城市物理环境的改善，而忽视一个多元化社会不同利益群体（或个体）对城市环境变化需求的差别，忽视城市空间环境的社会意义。

5.2 城市规划技术（工具）理性的突出与不足

5.2.1 城市规划技术（工具）理性的主导地位

"为了支配自然，人类领悟或认识自然规律，并把它们在实践中加以利用，这就是技术的本质。"① 无可否认，17～18 世纪西方启蒙运动（Enlightenment）及科技革命对人类社会发展具有巨大推动作用，并开启了一个科学方法的新时代，即信仰科学的时代。正是 19 世纪的西方社会、科学的主体思想催生了现代科学意义上的城市规划学科的诞生，然而，也正是这种思想的影响，使现代城市规划长期被技术理性所主导。

5.2.1.1 城市规划作为一项技术性工作的传统

在 19 世纪西方城市化大发展时期，虽然还没有形成系统的城市规划思想，但是一些规划工程技术措施已开始被用于城市发展控制，如以划定道路红线为主要内容的普鲁士城市规划（由警察部门负责），以规定城市卫生设施和住宅最低建设水准为主的英国城市规划（由卫生部门负责）。

早期城市规划将技术作为解决工业革命后城市问题的主要工具和手段，交通技术、建筑技术、工程技术、公共卫生技术都是个中代表，规划师因此承担着城市设计者（urban designer）的角色。在人们的认识中，所谓"规划"主要是有关城市物质形态规划的技术方法，从 19 世纪中叶的奥斯曼的巴黎改建规划、美国格网状城市的总体规划、霍华德（E. Howard）的田园城市模型、西谛（C. Sitte）的城市形态研究，到艾伯克隆比（P. Abercrombie）的大伦敦规划、柯布西埃的光明城，《雅典宪章》的诞生乃至"二战"后西方国家的重建，对城市物质空间规划技术的探索主导了当时西方城市规划的理论和实践活动。

"二战"前西方城市规划的思想精英们主要强调用现代技术的手段来解决城市发展中无法回避的种种问题，特别是城市物质空间建设中的问题，其解决办法主要是借助于作为各种规划技术"范本"和"典型"的城市理想结构模型。到 1960 年代后，西方城市规

① 星岛芳野. 技术. 引自：技术与技术哲学. 北京：知识出版社，1987.1.

划则进入了系统分析时代，系统规划思想将城市视为一个多种流动、相互关联、由经济和社会活动所组成的大系统，运用系统方法分析各要素现状、发展变化与构成关系，预测及模拟城市发展过程，规划师又成为系统分析员（systems analyst）。但此时的规划“技术”的“所指”已经是建立在系统方法、数学方法基础上的各种科学分析方法。1960 年代后，尽管规划理论领域已经向多元化发展，但在规划实践领域，系统规划及理性过程控制论仍起着重要作用。

5.2.1.2 规划编制的技术理性

城市规划编制曾一度被理解为城市规划工作的主体，“规划（planning）就是编制规划方案（plans），画出在一定年代内希望实现的某些最终状态的详细图景”①。这种“终极蓝图”式的规划思想虽然在理论上被批判，但在实践中仍然有顽强的生命力。P. Geddes 提出的经典的规划编制的线性模式“调查——分析——规划”，仍然对今天的规划编制过程起着某种规范性作用。只不过“调查”的范围越来越广泛，从经济、社会、环境到各种工程设施几乎无所不包；“分析”的手段越来越现代化，新技术在城市规划中得到越来越普遍的应用；“规划方案”的形成仍然是基于规划专业人员的经验基础上，“预感规划（Hunch Planning）”的痕迹依旧。

1960 年代后西方主流的系统规划及过程控制“规划程序”②，虽然在规划工序方面作了很大的改革，城市系统的复杂性、城市规划的综合性的认识也空前提高，但追求城市规划的工具理性③这一本质并没有改变。

在我国的城市规划编制体系中，技术理性的主导地位更为突出，从总体规划到其后续的分区规划、控制性详细规划，主要是技术编制层面上的延续，核心是土地利用规划的逐级深化，以及相关的公共设施、交通设施、基础设施布局的深化。各类规划编制成果的文本条文，实质上是技术文本，还不是一种法律文本④，对城市物质空间安排的推崇和依赖主导了城市规划实践。在这里，人们难以见到城市规划作为一种公共政策在城市规划编制成果中应具有的表达和体现，而城市规划作为一门“技术”（以城市物质空间为对象，预测、设计及控制其发展结果的一门技术）的特征却十分明显。

---

① Peter Hall. Urban and Regional Planning，1975；城市和区域规划（邹德兹，金经元译）. 北京：中国建筑工业出版社，1985. 261.

② 基于系统论、控制论思想所设计的规划“程序模式”，也即西方普遍视为理性化的规划工序一般由以下几部分构成：

a. 鉴辨问题——精确表达问题的主题、描述背景、分析问题的结构（因果关系）。

b. 确定目的和目标——“鉴辨问题”会引发出意欲追求的目的。目标是目的的量化，是规划实施应有的后果。

c. 设计方案——问题的鉴辨和目标的确定可以引出和启发解决问题和追求目标的方向、原则和灵感，以供设计方案之用。不同方案也可来自不同的参与者。

d. 选择方案——有系统地评估供选方案，评估方案的预期结果及这些结果对规划目标的意义。

e. 实施结果的评价及反馈

这一规划程序主要由 B. Mcloughlin，G. Chadwick，A. Wilson，M. Webber，A. Faludi 等人倡导提出。

③ 工具理性是指基于目的合理性，对实现目的所运用的各种技术手段的评估，预测由此可能产生的后果，并在此基础上追求预定的目的。

④ 法律制度有它的基本要素，假设、处理、制裁三者缺一不可，否则就不能构成行政法律规范。

5.2.1.3 以标准化技术理性为基础的城市规划管理的官僚（科层）制度

韦伯认为，以法律所规定的严格体系建立起来的行政组织制度即是科层模式，又称官僚制。在韦伯的学说中，官僚化制度被视为现代化过程的关键制度，其权力来源于人们的工具理性和效率追求。官僚制模式属于一种以技术理性为基础的行政制度发展模式，“其最显著的特征在于它的运行完全依照纯粹形式的法律制度，而不能依据某些绝对价值衍生的法律原则”①。

城市规划行政主管部门在政府的架构中主要被视作一个技术性部门，城市规划政策目标一般是由其上级政府确定的，而规划部门的主要职责是在城市建设方面以符合政策目标为标准，管理城市土地使用，维护和创造一个有利于社会生产和再生产的物质环境。问题在于能够决定城市规划政策目标的城市政府面临着多方面的目标要求，在其对目标的轻重缓急判断和选择中，追求经济增长往往成为优先目标，也是其“政绩”的主要标识，城市规划及建设也要服务于政府推进经济发展的主体目标。在现代社会的官僚（科层）制度模式下，受官僚制度模式的机械制约，城市规划行政主管部门自身的政策理念和道德价值越来越成为官僚制的附属品，在整个社会中技术理性不断向制度体系渗透的背景下，结果是以讲究功能、效率为目标的城市规划管理的官僚制度模式得以形成与发展。

5.2.2 城市规划技术（工具）理性的片面性

城市规划技术（工具）理性的片面性并不是指追求城市规划中的知识和技术进步本身有什么错，因为作为自然属性的技术本身并不承担社会责任，以求真为目的的它本身并不解决、也无力解决善与美之类的价值问题。

科学追求的是对客观事物的“真知”，强调对客观世界本质和规律的精确把握。而现代城市规划最本质的定义，应当是政府从公共价值和目标出发，运用公共权力对社会进行调节、干预和控制的一种方式。城市规划绝非如自然科学那样，完全以物质客体为研究和工作对象，而是很大程度上以社会为工作对象。在利益主体多元化的社会背景下，城市规划是通过对土地及空间资源的配置以及对发展权的分配，来分配社会价值和社会利益，协调、整合不同社会群体和个人利益关系的过程。这决定了城市规划是一种政治过程，具有鲜明的公共政策属性和意识形态色彩。

当今城市规划领域中的问题，很大程度上也正是迷信和极度膨胀人的理性能力的结果。许多地方普遍确定了“做大、做强、做美”城市和加快城镇化发展的目标，并且坚信这些目标是人的理性能力能够实现的。从而导致出现种种现象：城市人口规模不够，可以大力推进人口城镇化，鼓励移民；水资源不足，可建设跨地域的调水工程；资金短缺，可以搞“经营城市”、“企业化政府”运作、“以地生财”；用地规模不足，可以采用跨行政区的“占补平衡”，“撤村并点”的用地转换等等方式……。

产生这些问题的重要背景，是多年来浓厚的“发展至上”的制度环境和氛围，人们

---

① 苏国勋．理性化及其限制——韦伯思想引论．上海：上海人民出版社，1988．213．

只关注“如何发展”的问题，笃信凭借建立在人类理性能力基础上的科技进步，可以保障无止境的发展，而漠视“为了什么发展”和“怎样发展才是最好的发展”的问题。表现出工具理性、技术理性的无限扩张和价值理性、人文关怀的严重缺失。

张兵博士通过对城市规划编制过程的分析，指出“规划编制的技术理性不是不要政治，从设立目标到追求目标的每一个环节，各种利益主体，特别是政府决策者的价值，连续地与规划师的价值相互作用并影响着规划的价值判断。规划作为政府行为，根本决定了规划编制对规划目标的追求，本质上服务于政策目标，在城市建设中为政策的实施提供广泛的合法性”①。由此，针对目前我国城市规划状况，可以判断出城市规划技术理性片面性发展的两方面原因：技术理性与价值理性的分离；价值理性本身的缺失（这点可以解释为什么规划编制过程中实际上也融合进部分价值判断，但因这种价值判断并不完全吻合城市规划的核心价值，因此，它也就难以有效纠正规划技术理性之不足。此部分留在后文中进行分析）。由于技术理性与价值理性的分离，使城市规划技术的发展缺乏价值理性的引导与制约，从而导致城市规划社会绩效难以实现。

所谓价值理性是指行为在价值上是理性的，也就是说价值理性把人们的追求目标视为一种特定价值。在具有明确的追求目标这一点上，城市规划的技术理性与价值理性是相同的。城市规划的技术理性努力提高规划的技术质量，使规划（plans）更能符合城市的客观规律，达到提高城市土地及空间的使用效率的目的，功利化、实用化、最优化、技术化特征明显，但其对性能和功能的偏好，对效率的崇尚和追求，使得城市人类生活的另一维度，即体现人类生存和发展需要的非功利性、非实用性、非技术性的社会目标受到忽视和排斥。价值理性在追求城市规划社会理想目标而不计其对城市发展效率的暂时影响这一点上与技术理性大相径庭。

M·韦伯（Max Weber）曾对发达资本主义社会价值理性和技术理性相互分离与对立现象进行过揭露和批判。韦伯认为，人类社会文明的全部成就及问题皆源于“技术理性”与“价值理性”的紧张对立。以“功效”为取向的工具理性必然毁损以道德伦理为取向的价值理性的人文主义理想。H·A·马尔库塞把发达工业社会中这种技术理性与价值理性相互割裂，技术理性取代价值理性占有指导地位的社会称为“单面社会（one dimensional society）”②。从卢卡奇、葛兰西到法兰克福学派，也都对这种技术价值片面性进行过批判③。这些批判者总体的共识是，现代科学技术不能离开特定的社会制度框架，不能离开人类的价值判断和道德确认，正是由于价值理性能够达到对事物及其规律的真善美的至上境界，因此对社会发展而言，实践过程中的技术理性的发展总是要被价值理性所制约，唯其如此，技术片面化才能被有效调整与控制。

缺失价值理性引导和制约的城市规划技术理性，其不足主要表现在下列两方面。

（1）注重城市物理环境营造及美化、城市发展经济绩效提高之技术，忽视城市发展

① 张兵. 城市规划实效论. 北京：中国人民大学出版社，1998. 145.

② ［美］H·A·马尔库塞. 现代文明与人的困境——马尔库塞文集. 上海三联书店，1989. 83.

③ 如法兰克福学派认为，科学技术在当代取得了合法的统治地位，技术理性成为当代社会统治最重要的组织原则，这是造成当代社会病态的总根源。

社会绩效改进之技术

近现代城市规划起源于公共卫生运动、城市美化运动和田园城市，历来具有重美学、艺术之传统。早期占主导地位的物质形态规划，在物质环境决定论思想影响下，主要醉心于城市物质空间改善的工程技术手段。在市场经济制度环境下，城市规划又被作为提高城市土地及空间利用经济效率的工具。如此种种，可见城市规划在致力于物质环境改善及经济绩效提高方面，确实发挥了其应有的作用。但在城市规划作为一种实现城市发展政策目标的技术工具的角色中，它长期有意或无意地忽视了其对提高城市发展社会绩效应具有的角色和作用。

以我国城市规划为例，美学原则、艺术效果及功能组织的合理性（实际上反映了土地及空间利用的经济合理性）一直是规划技术思维的重点。城市土地有偿使用制度建立起来后，根据地价规律合理进行城市功能布局更是受到空前的重视。中央政府与地方政府的角色转换，中央向地方放权让利，使城市规划从计划经济体制下落实国家经济计划的技术手段转变为地方政府实现经济利益目标的技术工具。在中国社会转型时期，作为政府行为和政府职能的一部分，城市规划具有公共政策属性，规划应坚持以社会理性为主导，在对城市空间资源和社会资源的再分配中，坚持规划的公平公正性，尤其要体现对弱势群体的关怀，而不应成为强势集团攫取更多利益的“工具”。遗憾的是，在我国过去的规划编制及实施过程中，规划基本上由“精英”所掌控，使城市空间资源调整和再分配过程中溢出的巨大利益更多地流向“强势群体”。在城市新区拓展、开发区造城运动中，失地农民利益受损，而地方政府及开发商在农地转换的地价差中获得了丰厚的报酬；在城市经营的喧嚣声中，地方政府及开发商成为“经营”的最大赢家。城市规划的社会职责的缺失进一步激化了原有的社会矛盾。而在这一过程中，城市规划通过技术途径控制环境变化可能达到的社会效果，则无人研究关心。

如怎样的城市土地及空间资源配置才有利于减少社会不平等及社会公正？怎样的城市人口居住组织才有利于减少社会隔离？怎样改善城市各地域公益设施配置及服务水平差异才有利于地域及社会平等？怎样的旧城更新模式才有利于保护城市旧城弱势社会群体的利益？怎样的城市开放空间系统才有利于促进社会交往及社会融合？诸如此类问题，在城市规划技术改进的种种探索中，却没有受到应有的关注。

（2）注重官僚（科层）制度的组织原则，忽视城市规划管理应秉承的价值原则

现代科学技术的飞速发展使社会组织形态由传统的权威统治型模式向以知识为基础的法律——理性型制度模式转移，它形成了技术理性高于价值理性的荒诞局面。表现在城市规划管理领域，处于政府行政架构之中的城市规划行政主管部门，一方面忠实地执行城市政府的规划政策目标（在我国当代社会转型时期，这种政策目标经常是偏离价值理性的），另一方面却丧失自己作为城市规划政府行为的执行者应具有的规划组织的价值原则。

5.3 城市规划价值理性、制度理性的缺失

城市规划技术理性的主导地位及其片面化发展是城市规划社会绩效弱化的原因之一，

它主要表现为规划的技术理性发展中缺少价值理性的引导和制约，导致规划所应具有的价值理想和目标难以成为城市规划与建设实践的行动指向，从而导致出现社会损害。另一方面，前文已经指出，城市规划价值理性本身的缺失也是导致技术理性片面化发展的原因之一。实际上，对我国城市规划而言，规划价值理性、制度理性的缺失正是城市规划社会绩效弱化的主要认知原因。它表现为规划的核心价值不明确，规划价值目标错位，以及规划制度理性的不健全。

5.3.1 城市规划的核心价值

作为一项社会活动，规划的核心价值必须要符合共享的社会价值的规范。另一方面，城市规划主要是对城市土地使用及空间变化施加控制，它需要基于一定的理论技术基础，其中包含着从专业视角对城市发展方式方法的理解认识和价值判断，这种价值判断是对社会价值做出的专业意义上的阐释。因此，规划的价值传统、社会环境制约及特定阶段的社会发展目标均会对规划的核心价值产生影响。

5.3.1.1 西方自由主义现代性与规划价值传统

西方世界中社会想像的重大转折发端于两百多年前西欧和北美的自由主义现代性的确定。这一转折意味着平等逻辑取代等级逻辑成为社会建构的基础。它造就了全新的社会构造标准。根据这一标准，任何从属关系都意味着压迫和被压迫关系。

在康德传统中，这一社会想像的根本变革被表述为正义优先取代至善优先。在任何社会里，社会秩序都取决于某种正义观念，没有哪一个社会可以理所当然地要求少数人为了多数人乃至整个社会的利益而承受不公正（Rawls：A Theory of Justice，1972）。但这并不意味着每一种社会秩序都同样公正。在所有传统社会或非自由主义社会里，正义观只是预设而不是决定社会资源分配的基本原则。真正的分配原则来自黑格尔所称的“伦理习俗（sittlichkeit）”。即某一特定社会的伦理生活所固有的习俗、规范和预期。只有在自由主义社会里，正义才会与社会基本结构产生直接的关系。因为自由主义社会最突出的特征恰恰在于其对社会正义的诉求。因此，自由主义社会标志着人类历史上出现了一种全新的政治社会秩序。在这一秩序中，每个人都享有无条件的原始平等，对社会资源的任何形式的分配都应根据每个平等、理性的个人视为公正的原则与程序来进行。许多学者把这种新的社会结构称为“自由主义现代性”①。

西方自由主义现代性为我们分析近现代城市规划的核心价值传统提供了背景渊源。众所周知，城市规划历来具有追求理想社会的传统，“现代城市规划产生的初衷就是改变资本主义土地及财产发展过程中出现的无效性和不平等性，慢慢又发展成为对健康有序的城市的实际追求，对理想社会秩序的理论叙说。”② 从早期的乌托邦（Utopia）规划思想，到20世纪上半叶试图通过城市物质环境建设来改良社会的思想，1960年代后试图通过规划过程改革来实现社会公平，城市规划都是力图在不平等的社会现实中，努力地实

---

① 陈维纲. 文化·边缘正义·马克思主义的公共霸权理论. 读书，2004，(10)：130~131.

② 迪尔，著；李小科等，译. 后现代都市状况. 上海：上海教育出版社，2004，(前言)，6.

现社会公正。西方世界自启蒙运动、美国独立战争、法国大革命以来形成的自由主义社会及其普遍共享的自由、平等和民主等价值观念对规划价值传统的形成有重要影响。因为在自由主义社会的政治社会秩序中，社会资源应按公正的原则与程序来进行分配，城市规划主要涉及城市土地及空间资源的配置，如何在资源配置过程中实现社会公平自然成为城市规划的核心价值观念。城市规划的思想家们本质上是社会改革家，虽然他们关注的是城市物质空间环境或合理规划过程等问题，但其思想的核心却是社会公正。城市规划是以社会的综合最优发展为目标，而且倾向于对社会弱势阶层的同情与对公共事业的保障。

5.3.1.2 社会制度环境对规划的角色及价值的限定

社会制度包括经济制度、生育制度、政治、文化制度等，其中最为基础性的制度是经济制度。市场经济制度目前已经成为全球多数国家实行的经济制度，以市场为主来调节及配置资源已成为主流选择，在这种制度背景下，之所以还需要城市规划，原因就在于存在着市场不足及市场失灵。在市场经济条件下，理性的“经济人”都有追求自身经济利益最大化的天性，由此带来的外部性损害、公共物品供应不足等却不能由“市场”自动解决。另一方面，城市中各利益个体之间的竞争，某一个体利益的扩大完全有可能带来其他个体利益的减少，从而造成不平等。1960 年代以来，经济学对社会不平等测量的研究极大地受到伦理学的影响。“市场失灵”的概念和理论的确立与流行，使福利的公共提供问题找到相应理论依据，不完全竞争的市场、公共物品的供给问题及外部性的存在等成为经济学证明公共提供社会服务合理性的来源之一。

城市规划正是为克服市场缺陷、满足公共提供社会服务之要求而发挥作用。城市规划存在的理性就源于自由市场经济的负面效应和局限性，它也肩负着避免和防止市场失效（market failure）的社会职责。John Friedmamn（1987）在他的《公共领域的规划》一书中，指出了市场经济条件下规划社会功能的 10 个方面内容①。Richard Klosterman（1985）在“规划正悖论”（Arguments for and against planning）中更是精辟地概述了规划的 4 项主要社会功能：为公共和私人领域的决策提供所必需的信息；倡导公共利益或集体利益；尽可能弥补市场行为的负面影响；关注公共与私人行为的分布效果，努力弥补基本物品分布上的不公平。规划被赋予的社会功能要求它发挥城市公共政策及公共管理的作用，而公共政策及公共管理行为应具有的价值原则客观上界定了城市规划核心价值的内涵。

作为公共政策的城市规划，是以政府行为的方式介入社会发展过程，通过调整社会资源在不同利益之间的分配，纠正市场失灵，维护社会公正，在土地、空间资源的分配

---

① 弗里德曼这里所称的十个方面的功能包括：指导经济稳定成长，为经济发展服务；提供各种公共服务、满足社会需求，如国防、公共住宅、教育、医疗卫生等；投资私人无意投资的领域，如公交、公路、大型水电站、城市土地开发整理等；提供公共补贴，以资助某些有利全体公民的项目，如工业搬迁、农田占用补贴、再开发、新兴产业等；保护业主的利益和地方经济利益，防止市场力过于膨胀，如制定用地规划、区划法、防污染法等；调节收入分配，为市场受害者提供补贴，减少两极分化等；协调区域发展，如流域开发、农业综合开发等；保护社会利益，制约市场理性，如海岸规划、就业保护、野生资源保护等；兼顾弱势群体，如对失业和妇女的补偿等；其他抵御市场力的方面，如提倡社会与空间公平、资源保护等。

上体现社会所期盼的公正性与有效性。政策科学的创始人之一拉斯维尔（H. Lasswell）和卡普兰（A. Kplan）认为，公共政策是“一种含有目标、价值和策略的大型设计”，这一定义道出了公共政策必备的三个要素，即目标、策略和价值。任何政策都包含某种价值观，判定公共政策的依据不仅仅是事实判断。例如，作为现代城市规划“核心内容”的城市土地利用及空间布局，并不单纯地是一个技术问题，也是一个社会与政治问题。城市空间及土地利用也不单纯取决于“科学性”，同时也取决于“利益冲突”和“价值判断”。按照罗尔斯正义两原则的第二个原则“社会和经济的不平等必须符合处于最不利地位的人的最大利益，在机会平等的情况下公共职务和地位向所有人开放”所确立的社会物质资源和管理资源的分配准则，城市规划公共政策应在土地及空间资源配置过程中维护公共利益，优先保障公共产品，保护弱势群体利益，谋求公平和正义。

作为公共管理行为的城市规划，应该具有公共管理的共同特征。公共管理首先应具有合法性，即其天生的合法性。它以民主立宪为基础，追求的是公民福利、社会公正、公共利益和社会责任等多元价值，若脱离了这些目标，则失去其存在的理由。其次，公共管理应具有合理性，即以理性的工具，经济高效地供给公共物品（包括有形的和无形的）。合法性是基础，合理性是手段，两者皆有，才能保障公共管理的顺畅运行。从合法性基础来看，城市规划首要的目标是应成为维护公众利益的重要工具，并为社会公平公正服务。其次，城市规划公共管理，作为国家及城市政府公共管理的组成部分，应“在国家政府所规定的政治框架中管理城市，并尽可能地为城市社会谋取利益”①，这种“利益”抽象地说是保证城市公共利益的最大化，具体地说就是怎样去解决公共物品的供给、怎样去防止外部负效应、怎样减少土地及空间资源分配的不平等，引导城市公平发展。

5.3.1.3 社会发展目标对规划的价值导向

前文中，作者已归纳出狭义社会发展意义上的十大社会发展目标，并指出与城市规划及城市空间环境建设相关的社会发展目标包括社会平等及社会公平、社会稳定及社会安全、良好的生活质量、多样选择与自由、公众积极参与的社会、以及和谐的人与自然的关系。应该说，城市规划目标及价值与社会共同目标及共享的价值观是高度一致的，这些共同的价值取向就是对自由、民主、平等、公平、正义的信仰与追求。

从亚里士多德时代开始，正义就被当作评价社会制度的一个价值标准，用以匡正人类不平等的自然事实。社会出身的不平等、自然天赋的不平等，可以使一个人在18岁就获得受人尊敬的地位，也可以使一个人一生默默如草芥。在罗尔斯之前，西方政治哲学正义理论的主导是功利主义，由休谟创立的功利主义理论的核心是：一个社会的法律制度如果能满足社会成员的最大幸福，它的组织就是正确的和正义的。社会成员最大幸福的标准是一个社会总的福利大于个人福利的总和。功利主义最大的弱点是它无法解决资源的公平分配问题。经常发生的情况是，社会福利的总和增加了，但它的成果和成本的分配则是不公平的，最糟糕的情况是一部分社会成员承担成本，另一部分社会成员享有福利，或者以社会整体利益的名义牺牲部分社会成员的利益。罗尔斯将正义与社会制度

① 张兵. 城市规划实效论. 北京：中国人民大学出版社，1998. 58.

的结构相联系，指出正义的最重要功能是把所有社会成员凝聚起来，努力合作，最大限度地激发并合理分配社会资源，前提是他们认为正义的社会结构可以为每个人提供最大限度的公平。自罗尔斯之后，正义成为社会制度的首要价值，就像真理是思想体系的首要价值一样，公平、正义成为社会的基本价值观念和准则。“从最一般意义上看，公平成为一个社会所追求的最高价值取向之一，也是社会和谐发展的重要条件，公平也是蕴含在一个社会深层的意志。”①

城市规划以城市土地及空间利用为对象，在市场经济条件下，如果任由市场决定城市土地利用和空间发展，那么就必然会存在一系列社会不公平的问题：资源的不公平配置、弱势群体的利益得不到保护、私人开发对公共利益的侵害等等。社会正义要求城市规划——作为社会制度建构组成部分——应当以促进城市土地和空间资源的合理、公平配置为已任，以社会公平为核心价值目标。

5.3.2 城市规划价值理性的缺失

在我国城市发展的现实中，城市规划的社会作用难以充分发挥，与规划的经济绩效相比，其本应更为重要的社会绩效反而不明显，其原因之一就是规划的价值理性的缺失，表现为规划的核心价值受到忽视，规划的价值异化。城市规划的价值理性的缺失与社会发展目标及整体价值错位、规划价值判断迷误、政府角色及价值偏离相关。

5.3.2.1 社会发展目标及整体价值错位

20余年来的改革开放，我国走的是一条以追求经济增长为主线的发展道路，以经济增长“硬发展”为目标指向的发展观，使发展的本来目的——改善和提高人的福利——反而被忽视，社会发展目标错位导致社会整体价值错位，效率的价值受到空前重视，而社会的基本价值规范如公平、正义却日渐式微，道德的正义感、约束性严重减弱。各种各样不正当的行为被冠冕堂皇地贴上“务实”、“与时俱进”的标鉴，混淆了基本的道德价值规范。如我国某著名国家级经济技术开发区早在1990年代初期就提出过“投资者是帝王，项目是生命线”的发展口号，作为所有政府官员的基本信条，并作为经济发展的制胜法宝广为宣传。同时，对于占人口绝大多数的蓝领工人，采取在工业区内安排集中居住的模式，以防止这些所谓低素质人员对生活区高雅环境的破坏，因为在生活区里居住人口的主体恰恰是外商和政府官员。由此，人们不禁要问，我们发展经济、建设城市的目的是什么？难道仅仅是做出“政绩”，营造社会阶层化差异吗？它是否背离了我们发展是为了改善全体民众生活福利这一根本目标？

5.3.2.2 规划价值判断的迷误

当今中国社会的显著特征是社会结构的巨大变化，突出地表现为社会阶层的分化。社会阶层之间的社会、经济、生活方式及利益认同的差异扩大，导致城市发展建设中的利益群体、社会阶层之间矛盾冲突的激化。

城市规划将实现“社会共同目标”作为其核心思想，将“追求社会公共利益的保障

---

① 李风圣. 公平还需兼顾吗？读书，2003，(5)：47.

和提升”作为其最终目的，理论上无可厚非。但当今社会已不是计划经济时代的均质型社会，市场经济环境下，社会阶层的显著分化，使得“提取”“社会共同目标”和“公共利益”变得困难。甚至有学者认为，“在日益复杂的城市社会系统中，人们在可以预见的将来，是不可能找到能够为全社会普遍接受的社会公正和价值判断。”① 在这种情况下，城市规划可能片面地以某些社会阶层利益为价值基准，成为特定阶层或利益群体谋取“增长剩余的分配份额”② 的行政工具，导致城市规划的价值异化。

因为“各种城市规划决策中都无可避免地包含个人或特定利益群体的价值判断”③。那么，在我国城市规划决策中，谁的价值判断在起主导作用呢？按后现代主义社会学理论的观点，道德观和价值观都是社会化过程的产物，因为是过程，所以它们是变量而不是常量。某时某地的道德观和价值观由当时当地的主导范式（paradigms），以及掌握话语权的主流社会对其提出的解释所决定。

这些解释已明确地指示了目前城市规划的价值判断主要由有话语权的主流群体所确定。1990 年代以来，随着中国改革逻辑的明显变化，社会力量格局出现很大程度的不均衡。中国社会形成了以占有大量资源为特征的强势群体和以拥有大量人口为特征的弱势群体或社会底层。前者由经济精英、政治精英和部分知识精英组成，他们占有大部分资源和财富，并且形成比较稳定的结盟关系，具有相当大的社会能量，能够对整个社会生活产生重要影响；而与之对应的是人口众多的弱势群体，其主要构成为少数富裕农民之外的贫困农民，进入城市的农民工和城市中的无业、失业下岗人员。强势群体凭借其利用社会机会和资源，影响社会舆论和政策制定，城市规划的价值判断也主要受到强势群体价值取向的影响。其结果是使城市发展在效率和公平的两难选择中，更多地偏向效率。所谓规划要“树立市场意识，适应市场经济的发展”，把规划作为发展市场经济的工具。如在城市旧城更新中，目前中国城市广泛采用的，以商业开发为主导的旧城改造模式，即政府在低投入甚至获利的前提下，采用以盈利为目的房地产开发商进行的大规模旧城改造，利益分配的天平也更多地偏向政府及开发商。

在我国目前备受争议的旧城更新中，普遍存在政府在政策层面对房地产开发商的倾斜，在规划政策的制定和实施中缺乏对原住居民利益损益给予足够的考虑，造成改造中产生的“增长剩余”分配不均。即依靠行政力量，不平等地将原住居民原来拥有的城市资源转移给开发商利益集团和行政“管理”利益集团。

《南方周末》在 2002 年 5 月 16 日刊登了被搬迁的原住居民将上海市著名的旧城改造项目“新天地”告上了法庭的案例。原因是政府部门为了降低开发成本，利用强制拆迁权在原住居民非自愿、没有获得合理补偿的情况下将土地使用权转让给房地产开发商，并改做商业用途。就项目本身而言，在政府较少投

---

① 卢源．论社会结构变化对城市规划价值取向的影响．城市规划汇刊，2003，(2)：70.

② 增长剩余的分配份额：城市增长产生了增长剩余，在特定时间空间下增长剩余的总量是确定的，总剩余在各个阶层之间的分配比例被称为城市增长剩余的分配份额。参见：David Harvey. Social Justice and the City. John Hopkins University Press，1975. 58.

③ David Harvey. Social Justice and the City. John Hopkins University Press，1975. 26.

入的前提下，迅速地改善了原来的城市环境，在城市核心区实现了“城市美化”的目标，在历史建筑的保护上取得了相当的成功。通过旧城改造，将原来低收入阶层的聚居区转换成上海著名的新“SOHO”区，是“白领人士追捧的人气旺地”。对高收入阶层而言，通过改造，他们在城市核心区获得了适合其消费水平的休闲娱乐场所；对于商业利益群体而言，通过改造，他们获得了相应的商业利益或者利润可能。这种改造运作模式被推崇为“当代中国新城市规划”、“发展中的历史文化街区保护”理念获得成功的典型案例。但同时，对于原住居民来说，这个改造项目却彻底地改变了原地的社会结构。“被迫”迁离城市中心，他们所有的住宅资产由于区位的改变而降低了价值；同时他们能够得到的工作机会数量和质量，以及公共服务设施的服务数量和水平也相应下降。从直接和间接两个方面损害了原住居民（尤其是居住其中的弱势群体）的利益。将原住居民的既得土地用于商业目的，项目本身的所谓“公共目的性”受到了他们的质疑，甚至引发了深层次的社会矛盾。

正如很多社会学者理解的，正是由于在开发中涉及的多个社会阶层的利益差异性和不调和导致了矛盾的产生，而这其中以城市规划为代表的行政力量的价值取向决定了改造的“实际”社会性质。相同的规划政策对于不同的利益群体和社会阶层将可能产生截然不同的社会效果。现实社会中以强势群体价值判断为基础的规划决策，难以避免社会损害的后果，它实际上也偏离了规划的核心价值。

5.3.2.3 政府角色及价值偏离

从委托代理角度来讲，地方政府作为公众的代理人，其目标应该是为地方公众利益服务，其行为应该是在一定的税收预算约束下，通过提供地方公共服务，来致力于当地公众社会福利的最大化。在传统经济学理论中，无论是亚当·斯密古典世界里“守夜人”型的最小政府，还是凯恩斯积极干预主义的强政府，政府无不假定为一个企图做好事的外在于经济的力量，甚至是“市场失灵”的矫正者和弥补者。但1970年代以后，诺斯的新制度经济学、科斯的产权学派、布坎南的公共选择学等各种自由主义经济思潮的纷纷崛起，从根本上打破了政府一心为公的神话，政府也被视为一个具有福利或效用最大化行为的“经济人”，政府干预本身也被“市场化”了。

学界许多学者曾指出，我国1970年代末以来的改革，主要是“分权让利”和“市场化”两方面构成的渐进过程。地方政府自主权的扩大，片面的发展观的影响，使各级地方政府将以经济工作为核心作为主要行为指向，忽视政府之社会公益服务及调节社会差异的职责。而且由于政府本身将自己作为一个最大的“企业法人”进入了具体的市场竞争而不是扮演调控市场的角色，“经济效益”成为政府所追求的最迫切、最现实也最具有显示度的行动目标。虽然地方经济增长能促进社会财富的增长，提高社会福利的总体水平，但过分的经济增长追求也会导致一系列的短期行为，会促使地方政府采取大幅让利来招商引资，将有限的政府资源用来为投资商服务，如为了维护房地产开发商及政府自身的利益，而损害拆迁户的利益，城市大量基础设施建设及公共投入主要围绕少数投资者的需求进行，而忽略当地居民生活环境的改善和社会福利的提高。在这种背景下，本应由政府承担的基本职责，如提供公共物品，抑制理性经济人为追求自身利益最大化而损害公共利益的行为，维护公平正义，也因政府自身的角色偏离而失去保障。对于公共组织，尤其是政府组织而言，过分强调效率，甚至将其视为一种终极的价值观，不可避免地要与公共组织的其他价值标准如正义、公平和参与产生冲突。

城市规划作为政府公共干预的工具之一，受到行政力的强大制约，在政府的指挥棒指引下，也必然会偏离其核心价值。虽然从理论上看，科学合理的城市规划也是对经济发展的重要支持，但由于不是以“最大经济效益”为目标，且效果又往往来得过于“缓慢”与“间接”，于是一些急于追求政绩显示的政府及其领导人不惜直接干预。政府要建大型豪华城市广场、景观大道、大规模扩大新区建设范围，规划部门要做的只是决策后论证其“正确性”和“必要性”，并提供相应的技术服务。城市规划成为政府控制和参与城市土地使用活动的重要机制，成为在物质环境方面体现政府意图和利益需要的特殊工具。在某些情况下，城市规划已成为政绩需要、权钱交易的“中介”。如大规模扩大城市规划规模，为大规模低价征用农地、剥夺农民利益，披上了“城市发展需要”的合法外衣①；某些旧城更新规划成为强制拆迁旧城住区、驱赶旧城原居民的重要依据。政府政治运作本身的方向和契机，深刻地影响城市规划的价值选择。

张兵博士在《城市规划实效论》中曾详细地分析了城市规划价值选择受到政府政治影响的机制②，其结论是城市规划在政府机构内部合法化的过程中，也失去了其作用及价值的独立性，规划的价值目标让位于现实政治或经济需要，政府政策目标影响并决定着规划价值选择。由于现实中极易出现政府的角色及价值偏离，政府对效率与公平的考量也不完全等同于规划所要考虑的那些内容（政府主要着眼于宏观经济运行和全社会的分配与再分配，规划更多的是从城市物质环境的角度来考虑公平和效率），所以也就不难理解为什么城市规划的核心价值容易被扭曲和异化。

5.3.3 城市规划制度理性的缺失

制度理性是技术理性和价值理性及其关系所体现出来的形式。无论是技术理性还是价值理性，都必须借助制度才能发展其历史性作用。“20 世纪后半期，人们对于理性的批判以及非理性思潮的抬头，表面上对两次世界大战的反思，对于专制、屠杀、资本主义和科技理性主义导致的异化的批判，而其根要，恰恰在于历史对制度理性的忽略。”③

“所谓制度理性，从历史主义和本质主义来看，其渊源于古希腊理性主义对社会秩序所作的思考，旨在保护下层社会的安全和利益，维护上层社会所需的社会价值秩序。”④由此判断，制度合理性就是制度符合正义性。“正义”是全部历史的焦点，是历史理性的

① 从 1996 年到 2005 年，中国 10 年间耕地减少 1.2 亿亩，约占耕地总量的 6.6%。……至 2005 年底，我国耕地面积为 18.31 亿亩，人均 1.4 亩，不足世界平均水平的 40%，约相当于美国的 1/8，印度的 1/2。

引自：《报刊文摘》2006 年 3 月 20 日。

② 张兵. 城市规划实效论. 北京：中国人民大学出版社，1998. 104 ~ 114.

③ 苗启明. 论制度理性：从不发达到现代化的主导力量. 学术探索，2000，(5)：1.

④ 杨桂森，庄良杰. 制度理性与全球伦理. 惠州学院学报（社科版），2004，(8)：7.

最高表现。它是对于整个社会的要求，且集中体现于制度之中，由制度实现。如社会发展中的公平、公正、平等、民主等都是制度合理性必须考虑的问题。一般来说，制度合理性是价值合理性的发展升华，又独立于价值理性。因此，对于社会发展来说，仅有技术理性是不够的，必须有价值理性的支配，通过制度理性的发展来进行保障、控制和激励。

城市规划的制度理性，主要是指社会发展中与城市规划相关，能调控城市规划的技术理性和价值理性，并符合正义性的制度安排。这里的制度既包括城市规划制度本身，也包括城市规划的制度背景或制度环境。城市规划制度理性的缺失，主要体现在两个方面：一是城市规划重技术、轻制度建设；二是城市规划制度保障的重点偏离。

长期以来，我国城市规划一直被当作实现经济社会、城市建设目标的技术性工具来看待，规划界自身也孜孜不倦地探索城市规划编制体系、内容和方法的完善，至于编制出来的规划在执行中的“实效”如何，只在近几年才成为人们关心的问题。例如我国城市规划编制体系内容庞杂，但真正具有法律要求的内容则很少，除了与“一书两证”有关的内容之外，其他很难通过法律付诸实施。城市规划编制的成果主要是以理性技术性成果表征为主，而不是法律文本性质来表征的成果，也就是没有把理性技术成果转化为政府可实施的行政法律文件或地方性法规。注重规划技术改进、轻视规划制度建设的传统，使城市规划系统功能难以得到真正改善，规划系统的有效作用难以真正发挥。

城市规划制度理性的缺失，更主要的还是体现在城市规划制度保障重点的偏离。即已有的城市规划制度构架，没有把重点放在城市规划社会绩效的保障上。

城市规划作为公共管理的正当性，抽象地说是保证城市公共利益的最大化，具体来说就是怎样去解决公共物品的供给，怎样去防止经济的外部效应，保障城市土地及空间资源的合理、公平配置。如果说市场机制主要解决效率问题，城市规划作为一种公共政策，作为政府运用公共权力创造和合理分配公共利益、促进和维护社会公平的方式之一，其主要作用在于保障城市发展与建设中的社会效益。所以，城市规划制度理性的缺失，实质上也是指规划制度正义性①的缺失。

我国现有的城市规划制度框架，是建立在规划技术基础上的制度体系。国家法定规划编制及审批制度，侧重的是规划编制内容及技术性深度规定的落实，曾长期作为本行业的“母法”1990年颁布实施的《中华人民共和国城市规划法》，也侧重规划的制定内容及深度的规定、城市新区开发及旧区改建的技术性原则，规划法中虽然也有“法律责任”内容，而作为现代法治主旨的“以法律制约权力”的原则则体现较少。总的来看，规划法律制度的主要目标是规范城市规划编制和实施，以保证城市规划成为国家和城市政府控制城市建设和发展，实现国家政策目标的手段。但如前所述，由于过去长期以来，国家发展政策目标上片面注重经济发展的失误，使城市规划制度也不自觉地强调保障城

---

① 制度正义就是作为社会基本结构的主要社会制度安排被认为是符合社会正义原则，为社会成员提供分配权利与义务的平等公正的机制，确定社会合作的利益和负担的适当分配方法。在制度哲学视野中的制度正义有其特定的内涵，制度正义是合规律性与合目的性的统一。

市发展的经济绩效，忽视城市规划的社会绩效。在中国当代语境下，所谓规划功能组织及布局的合理性，实际上就是经济的合理性。

马克思曾明确地指出了以技术为基础的理性化的制度形式实际上具有双重特征：一方面，技术的发展为制度的文明创造了物质基础，对社会生产力的发展具有极大的推动作用；另一方面，在这种制度形式之下，其实掩盖的是对技术和理性的滥用，制度的性质不同，技术和理性的社会意义也就表现出截然的对立。因此，理性化的制度形式存在着时刻偏离人类社会历史正常轨道的可能，因为这种制度形式对技术的发展存在着过分的宽容和迁就，极易把社会发展的方向引向片面的技术理性。体现在城市规划中，就是规划制度框架（形式）太过偏向于技术性制度，从而导致对城市规划社会绩效的制度保障方面的忽视。

6

机制缺失：城市规划社会发展作用弱化的制度原因

所谓“机制”（mechanism）是指在事物变化、发展和演进过程中的内在机理和内在过程，也就是影响事物变化的主要因素、作用过程及其运行规律。制度则是社会运行的规则。作为开放系统的事物的产生、发展，不仅取决于事物内部的因素，也取决于外部力量的作用。机制的形成和完善需要制度的“强制”，城市规划公共管理行为在规划的规范和制度的制约下，逐渐形成一种“纪律”、“习惯”类带有规律性的不以个人意志为转移的东西，可以说这就是城市规划的“机制”。

在同一系统或同一范畴内，机制是制度与制度之间的关系，以及制度运行程序、过程和规律的总和。机制是一种“纪律”、一种方式或习惯，机制一旦形成，就会对本范畴或系统内各项制度的规定、运行和相互关系发挥规定和制约作用。反过来说，也正是各项制度在同一范畴或系统内的运行和互相磨合，才使机制的形成成为可能。

城市规划社会发展作用弱化的根本原因就是规划决策—实施机制的不健全，尤其是城市规划制度的不完善，使之不能有效地发挥对社会绩效的保障作用。

6.1 制度与社会发展的关系

6.1.1 制度因素是社会发展的内生力量

按照目前占主流的新制度经济学的解释，制度是人为设计的各种约束，它包括：a. 以规则和管制形成对行为施加的一系列约束；b. 检验行为是否偏离了规则和管制的一系列程序；c. 一系列的道德和伦理行为规范，它们定义了规则和管制可选择的订立方式和实施方式①。这种制度概念，体现为一种制度结构，用以把人与人之间的相互作用系统化。它是由正式强制（如规则、法律、宪法）、非正式强制（如行为规范、社会惯例）以及它们的实施特征构成的。而社会制度（social institution）② 则是“在特定的社会活动领域中以一定的目标为基础而形成的具有普遍意义的、比较稳定的和正式的社会规范体系。”③“是社会承认的行为模式或行为规范体系”④。

制度作为行为规范和社会关系的总和，是社会的博弈规则并提供特定的奖励框架，制度与价格机制并非替代而是互补的关系，制度体系构成了社会经济发展及市场运行的基础环境及制约条件。同时，制度本身既是社会经济发展自发形成的产物，也是人为设计的产物，加上制度变迁所具有的路径依赖的特点，制度安排的优劣在很大程度上决定了社会经济发展的状况。在当代社会，人们愈来愈认识到，制度在促进社会经济发展方面起着关键作用。

6.1.1.1 制度决定经济效益

古典经济学信奉“看不见的手”，市场的机制就是供需平衡以及调节供需平衡的价

---

① 道格拉斯·C·诺斯，著；陈郁，罗化平，译. 经济史中的结构与变迁. 上海三联书店，上海人民出版社，1994. 23.

② 社会制度既包括社会的经济制度、自然生育制度，也包括政治法律制度和思想文化制度。其中经济制度、生育制度是基础性制度。

③ 陆江兵. 技术·理性·制度与社会发展. 南京：南京大学出版社，2000. 215.

④ 张敦福编. 现代社会学教程. 北京：高等教育出版社，2001. 130.

格。制度经济学则认为，“看不见的手”固然重要，但能够使市场运作的制度是市场经济的前提。市场运作的机制是由制度限定的。市场经济的效率由产权结构和交易费用决定，“看不见的手”在这个制度框架内发挥作用，制度决定经济效率。

许多市场经济的发达国家之所以富有，是在于市场经济的高效率和激励机制。许多市场经济的第三世界国家之所以贫穷，以前一直认为是政府过多地干预使得市场不自由，价格扭曲和垄断造成市场低效。现在认识到市场低效更多是由市场制度不完善所造成。“理性的个人追逐自身利益的强大冲击力，既是经济衰退的主要原因，也是经济增长和繁荣的主要源泉。无论这种结果是好是坏，均依赖于人为的社会制度结构，这种制度结构指限制人类行为并将他们的努力导入特定渠道的正式和非正式的规则（包括法律和各种社会规范）及其实施效果。”①

新制度经济学还揭示出，市场机制之所以难以达到令人满意的效果，就在于存在交易费用②。在专业化和劳动分工发展的情况下，生产要素交易时所产生的交易费用的存在，是导致制度产生的根本原因③。在减少交换过程中的交易费用方面，制度的作用在于，规制人们之间的相互关系，减少信息成本和不确定性，把阻碍合作得以进行的因素减少到最低程度。没有制度约束，亚当·斯密“看不见的手”的作用带来的可能不是繁荣，而是社会经济生活的混乱。

诺斯在分析西方世界兴起的原因时曾指出：“有效率的经济组织是增长的关键因素，西方世界兴起的原因就在于发展一种有效率的经济组织。而有效率的组织需要建立制度化的设施，并确定财产所有权，把个人的经济努力不断引向一种社会性活动，使个人的收益率不断接近社会收益率”④。制度的作用一方面在于建立并保护明确的财产权利，另一方面使个人收益率接近社会收益率，防止别人搭便车和不劳而获，从而与其所得的收益挂上钩，这样也会更加激励人们去从事他们的生产行为。

总的来看，制度影响人类行为的选择，是通过信息和资源的可获得性；通过提供激励或阻碍；以及通过建立社会交易的基本规则而实现的。这些制度的存在本身构成了效率的概念，成本与收益之比是占主导地位的制度结构的产物，因为市场过程是判断什么是有效率的标准，又因为制度安排制定了市场过程的范围和意义，所以，制度决定了什么是有效率的。

6.1.1.2 制度保障社会效益

前面已经论述了制度在降低交易成本、减少不确定因素、为社会合作创造条件、提

① 道格拉斯·C·诺斯，著；陈郁，罗化平，译. 经济史中的结构与变迁. 上海三联书店，上海人民出版社，1994. 155.

② 科斯认为：“交易费用是获得准确的市场信息所需要付出的费用，以及谈判和经常性契约的费用。”威廉姆森认为：“交易费用分为两部分：一是事先的交易费用，即为签订契约、规定交易双方的权利、责任等所花费的费用，二是签订契约后，为解决契约本身存在的问题，从改变条款到退出契约所花费的费用。”阿罗则指出：“交易费用是经济制度的运行费用。”一般来说，交易费用是个人交换他们对于经济资产的所有权和确立他们的排他性权利的费用。

③ 卢现祥. 西方新制度经济学. 北京：中国发展出版社，1996. 9.

④ 个人收益率是某个经济单位（个人或企业）从其所从事的活动中获得的纯收入，社会收益率则是社会从同一种活动所获得的纯收益总量，它等于私人收益率加上这一活动对其社会其他成员所造成的影响。个人收益率不断接近社会收益率的过程，也就是社会的所有权制度和分配制度不断完善的过程。

供激励机制等方面的作用，制度的效率作用明显。但单纯的经济效益提高并不等同于社会发展及进步，制度在保障社会绩效方面是否具有同样的决定作用呢？回答是肯定的。要理解这种作用，首先要了解制度的表现形式。

布罗姆利认为，制度有两种表现形式：一种是意见统一的安排或一致同意的构成行为准则的行为方式；另一种是界定个人和集体选择界限的规则和所有权①。社会组织的运行正是从这些规则和准则中能够结构化而得以运行的。

（1）作为行为准则的制度之社会绩效促进作用

"制度是社会或组织的规则。这种规则通过帮助人们在与别人交往过程中，形成合理的预期，以此来对人际关系进行协调。它反映了在不同的社会中，有关相对于人们自己的行为和他人的行为的个人和集体行为，而演化出来的行为准则。"② 行为准则是人类行为的规则，它给人们相互关系带来了秩序和可预测性。制度的这种特性，为社会合作创造了条件。

社会关系是人与人的互动关系和交往关系。人与人之间的互动和交往关系的实质是避免冲突以寻求合作，而这一切都必须在制度的框架内进行。制度变迁理论的创始人诺斯把制度看成是"提供了人类相互影响的框架"，"是建立一个社会或更确切地说是一种经济秩序的合作与竞争的关系"③。罗尔斯也认为，制度就是"要把社会变成自由平等的，被各自持有合理的综合性信条深刻分裂的公民间的一个公平稳定的合作体系"④。制度的行为导向、社会整合功能，为人们在广泛的社会分工中的合作提供了一个基本框架。而合作能够带来和谐与效率，增进社会绩效。

例如在城市规划区划法规所提供的环境中，每个房产开发行为都可以预期别的开发行为也会遵守区划法规，因而自己也会心甘情愿地遵守。而对整个城市而言，则会因为城市开发者之间广泛的社会合作，而减少开发中负的外部性，并且避免开发者之间不必要的纷争，从而带来社会总体收益的提高。

（2）作为规则和所有权的制度之社会绩效保障及激励作用

作为规则和所有权的制度是强制性的，需要外部权威（如国家）来实施。社会中每个人都希望通过法律规则来保护自己的权益，但在一个社会中，始终存在违反法律及危害公共秩序的行为，从而对社会公众造成危害。这时就需要一种外部权威来对这种现象进行控制。

康芒斯（John Conmbns）将制度定义为"限制、解放和扩张个人行为的集体行为。"⑤ 施奈德（Cunter Schmitt）则将制度定义为"人们之间有秩序的关系集，它定义了他们的权利，对别人的权利的特权和责任。"⑥如国家强制实施产权制度，会提高个人所有的资

---

① 丹尼尔·W·布罗姆利，著；陈郁，郭宇峰，汪春，译. 经济利益与经济制度——公共政策的理论基础. 上海三联书店、上海人民出版社，1996. 51.

② 丹尼尔·W·布罗姆利，著；陈郁，郭宇峰，汪春，译. 经济利益与经济制度——公共政策的理论基础. 上海三联书店、上海人民出版社，1996. 23.

③ 道格拉斯·C·诺斯，著；陈郁，罗化平，译. 经济史中的结构与变迁. 上海三联书店，上海人民出版社，1994. 225.

④ 罗尔斯. 自由与正义. 引自：公共论丛（第2集）. 上海三联书店，1996. 330.

⑤⑥ 引自：丹尼尔·W·布罗姆利，著；陈郁，郭宇峰，汪春，译. 经济利益与经济制度——公共政策的理论基础. 上海三联书店、上海人民出版社，1996. 54.

产价值，这种国家行为构成了市场交换的一个基石。正是因为存在强制性规则和产权制度，才能对个人行为形成一种约束及激励机制，保障社会发展绩效。

马克思曾经讲过，科学是最高意义上的革命力量。这是从人类历史的长河来讲的。对于一个具体而确定的时代来说，制度却是最高意义上的创新力量。这是从制度作为激励人们行为的最高规范意义上讲的。制度决定了人们的行为预期，是最终极意义上的行为规范。对个体、组织和利益集团来说莫不如此。

熊彼特之后，创新理论演变为两大分支：以技术变革为研究对象的“技术创新”理论和以制度变革为研究对象的“制度创新”理论。技术创新理论把技术作为经济增长的内生变量，而把制度因素作为外在变量，认为技术创新是经济增长的决定因素；制度创新理论则认为，技术进步或技术创新等，并不是经济增长的原因，而是经济增长本身。经济增长的基本原因在于制度创新，是制度创新决定技术创新。“改进技术的持续努力只有通过建立一个能持续激励人们创新的产权制度以提高私人收益才会出现”（诺斯，1991）。制度高于技术，是从终极意义上讲的。因为制度可以从激励、从清除不确定性上、从消除信息不对称上、从利益分配上来激励人们创新。没有一个产权界定明晰的产权结构，要使高科技企业得到迅速的发展是不可能的。这也是现在一些地方政府投资办高科技企业为什么难以取得像硅谷那样的效果之缘由了。

从社会发展角度，完善的制度框架可以把理性的经济人追求自身利益最大化的行为控制在一个合理的范围内，避免负的外部性。如一项城市开发建设行为不能以相邻地段遭受损害为代价。完善的制度框架也可以对个人行为形成一种激励机制，如城市规划区划制度中，通过容积率奖励、开发权特许，鼓励开发者提供公益性的公建和市政公用设施，提供公众共享的公共空间及绿地，从而增进社会绩效。

从某种意义上看，制度对社会绩效保障作用更为重要。因为在市场经济环境下，市场机制会自动倾向于效率的追求，而社会公平正是弱项，政策制度则可起到最主要的弥补及修正作用。

6.1.2 制度设计与社会发展的互动关系

制度的发展与社会发展是互相适应的，制度的发展包容于社会整体发展之中，并且是与社会发展互动的。一方面，制度对社会协调稳定发展起着引导、保障和推动作用；另一方面，制度又是由社会发展所驱动，是社会发展的结果。

制度经济学中的两条制度演进路径①，进化论强调制度的进步依赖社会自身的力量，经济和社会生活的需要，公众的呼唤与参与，是制度发展的真正动力，是避免法制文明

---

① 即以哈耶克（F. Yiedrich Hayek）为代表的演进理性主义思想取向和以诺思（Douglas North）为代表的工具理性分析路径。简言之，哈耶克认为一系列具有明确目的制度的生成，既不是什么设计的结果，也不是发明的结果，而是产生于诸多未明确意识到其所作所为会有此结果的人的各自行动，是自生自发地生发与建构出来的。而诺斯则认为，制度的发展与创新，并不像哈耶克所理解的那样来自市场过程中的自发秩序的生成，而是来自统治者、经济或政治的企业家们的理性计算和心智建构。

参见：韦森. 社会秩序的经济分析导论. 上海三联书店，2001.

出现逆转的根本保证；建构论则更重视政府的主导作用。我国在政府主导下，自上而下的经济体制改革，促进了经济的快速发展及社会转型，面对社会经济迅速变化了的情势，制度的发展自然不能仅靠自身的进化，缓慢的爬行必然制约社会的进步。信息技术的发展，全球一体化的推进，使知识和经验的传播更为容易，使我国能够通过拿来主义，跳跃发达国家所走过的曲折路径，在开发本土资源的同时，加大借鉴、吸收移植的力度，进行制度的建构。凡是现代制度中已有的，反映现代经济共同规律的制度概念、规则、原则和技术，西方国家“二战”后建设福利国家、福利社会成功的政策制度，各国成功的方法经验和判例，都可以在对我国国情及社会发展阶段的判断与认识基础上，有选择地吸收、借鉴，以减少制度创新的成本，缩短制度创新的时间。

转型社会普遍面临的制度短缺的状况，如果不加以认真重视和解决，必将加剧社会失范，从而影响社会的进一步发展。制度设计可以提供社会的共同基础，成为公共理性的基点，决定着人们的选择。对于急剧变化的我国当代社会而言，在总结、借鉴基础上，建构性地进行制度设计，并通过实践的检验不断修正，形成适合我国经济社会发展的制度模式和制度创新方法，才是保证社会持续稳定发展的永恒之道。

6.2 城市规划制度及制度变迁

6.2.1 城市规划制度

城市规划制度可以理解为用于决定城市建设中个人或社会组织之间相互关系的一些制约，它构成了不同利益团体（或个人）在城市土地及空间资源的分配与交换的行动规则和激励结构。它包括正式规则、实施机制和非正式规则三部分。

6.2.1.1 体制中的正式规则

对于正式规则我们可以分为两个层次来进行探讨。一个层次是对城市规划制度具有约束和影响的上层法律框架、政策框架（如宪法、基本法规、司法解释等），它们是城市规划制度建立和运行的前提和参照；另一个层次是城市规划体系内部一系列可以罗列的规范、原则及限制的总和，是针对对象的内涵和外延、运行规律等来制定或自发生成的正式规则。后者主要包括：城市规划编制与审批制度（国家法定规划系统的制度安排），城市规划委员会及城市规划行政管理科层制度，城市规划设计资质和注册规划师执业制度，作为城市规划母法的《中华人民共和国城乡规划法》，以及风景名胜区规划、历史文化名城规划、村镇规划等制度。

6.2.1.2 体制中的执行机制

第二层次是实施机制，包括衡量、监督、实施处罚等。诺斯认为，实施机制有效与否直接影响到交易费用和契约类型，从而构成制度的核心。人们判断一个制度的建设，除了要看规则覆盖是否全面，更要看已经建立的规则是不是得到了执行。所以，从制度功能实现角度看，光有规则，没有执行机制，制度是不完整的。城市规划制度设计的目的是为了指导实践，城市规划制度的执行便是一项具体规则安排在实践中的检验过程。只有通过实践的检验我们才能够对某项制度是否有效，是否需要进一步的改进做出判断，也只有在实践中我们才能够比较指向同一目标的不同制度设计哪一个更有效。制度的实施方式可以分为三种类型：实施者可以是第三方，主要由政府执法机构或者社会仲裁机构来执行；相互实施，受害方的报复行为，或者当事人预见到将来名誉的可能损失，为了长远利益而放弃的短期机会主义行为；自实施机制，主要是出于道德自律和文化传统，当事人对自己行为的约束。这三种实施机制是互为补充的，缺失任何一种都会使实施的效果不能有效发挥。

6.2.1.3 非正式规则

非正式规则主要由社会规则及信仰体系构成。社会规则是特定文化的表现，主要由习俗、惯例、个人行为准则和社会道德规范构成，地域或习俗的不同使这些社会规则在城市建设上表现出独特的城市风貌和建筑特色。信仰体系是非正式规则的核心，它涵盖了价值观念、伦理规范、道德观念，而且还可以在形式上构成正式制度安排的“先验”模式，是正式制度的理论基础和最高目标，它决定了正式规则选择以什么样的方式追求城市发展及社会进步。城市规划制度的正式规则安排只有与这些有着特定地域和文化特征的非正式规则相适应才能够充分发挥作用，推动城市经济和社会的有序协调发展。具有可移植性的正式规则也正是在这种特定的社会规则和信仰体系中完成其本土化的过程。对行业内部，城市规划制度是城市规划工作的工作框架，是约束规划部门的执业规则；对外部，它是约束参与规划的各个利益群体竞争与合作的规则。社会规则、信仰体系及社会规则中制约和影响城市规划制度的法律框架、政策框架等对城市规划制度起外部主导作用，外部决定和影响城市规划的制度安排，是城市规划制度的运行环境。

6.2.2 制度变迁理论

制度经济学关于制度变迁理论的研究是基于制度在市场运行中其约束与激励机制对经济活动的促进而阐发的，制度经济学的研究成果，尤其是制度经济学对于制度变迁的历史性考察和规律性总结已日益被人们熟悉和接受，并且“制度”及“制度变迁”的概念已不仅仅局限于市场，局限于对经济活动的研究，而是逐步影响到越来越广泛的社会发展领域。城市规划作为社会发展的重要建制之一，城市规划制度作为社会制度的一个重要组成部分，考察和借鉴制度经济学对于制度变迁共性规律的研究成果，无疑有利于我们加深理解城市规划制度变迁的路径，检讨其不足。

6.2.2.1 制度变迁的理论基础

“新制度经济学修正了古典经济理论的理性主义假设，把制度作为一个极其重要的约束条件，并把交易成本的分析作用作为制度和生产成本之间的联系添加到了新古典经济学理论。”① 因此，新制度经济学关于制度创新与经济发展的理论基础建立在交易费用理论和博弈论之上。由于有了交易费用理论，才能将西方经济学以经济人假设为基础的成本——收益分析方法用于制度分析，如果没有交易成本（即制度的运行成本），就不能对制度进行成本——收益分析，也就不能对不同的制度进行比较，人们选择制度、判断是

① 道格拉斯·C·诺斯. 新制度经济学及其发展. 经济社会体制比较，2002，(5)：6.

否值得进行制度创新就失去了依据。诺斯曾明确地说过："我的制度理论是一个关于人类行为的理论结合一个关于交易费用的理论建立起来的"①。同时，新制度经济学家，特别是诺斯还明确接受了"博弈论"。新制度经济学修正了假设交易成本为零（即具有充分信息，是信息对称分布）的新古典博弈的模型，引入了交易成本为正（信息不充分、不对称）的环境。也就是说，制度的运行与变迁都是需要成本的。这时，制度创新主体是否实施创新，如何创新，就被视为一个重复博弈和非合作博弈的过程。

6.2.2.2 制度运行和制度演变的规律

既然制度如此深刻地影响着社会经济发展，那么，怎样才能实现制度的合理变迁呢？诺斯认为，制度的变迁和报酬的递增受到一系列主客观因素的制约，其中包括不完善的市场状况、制度的初始设计、行为者的主观意识结构和个人偏好，以及战争、灾害等。在这一系列因素中，一个社会的组织状况在很大程度上决定了报酬的实现方式。诺斯认为"要把制度和组织区分开来"。"制度是社会游戏的规则，是人们创造的，用以限制人们相互交流行为的框架。如果说制度是社会游戏的规则，组织就是社会玩游戏的角色，组织是为一定目标所组成，用以解决一定问题的人群。"② 也就是说，组织一方面是在现在制度允许的范围内产生和发展的；但是另一方面，组织又会影响制度的运行和变迁，它既可成为阻止制度变迁的巨大障碍，也可成为促进制度变迁的重要力量。

在清晰地界定了制度和组织的相互关系之后，诺斯精辟地总结了制度变迁的五个特点：

①在稀缺经济和竞争环境中，制度和组织的连续的交互作用是制度变迁的关键。

②竞争迫使组织为了生存不断投资于技能和知识。个体和他们的组织所获的技能和知识种类将形成对机会和选择的不断发展的认识，这些机会和选择又会不断地改变制度。

③制度框架提供激励决定人们取得什么种类的技能和知识并取得最大限度的报酬。

④人们的想法来源于人们的思想角色。

⑤一种制度机制的规模经济、技术互补性和网络外部性，使得制度变迁不可抗拒地具有不断积累和路径依赖的特性。

对于诺斯总结的五个特点，我们可以从两个方面进行理解：一方面，从制度变迁自身演变的客观规律而言，"今天的选择受历史因素的影响"，"路径依赖仍然起着作用"，"这也就是说我们的社会演化到今天，我们的文化传统，我们的信仰体系，这一切都是根本性的制约因素，我们必须考虑这些制约因素"；另一方面，制度变迁并不仅仅被动地由外界环境所限制，制度与组织的相互关系决定了制度变迁发生的范围和程度。制度的框架将决定会出现什么样的组织，制度的激励方式也将决定组织学习的形式③。组织的学习速度决定了制度变迁的速度，组织学习的种类决定了制度变迁的方向。

---

① 道格拉斯·C·诺斯. 制度、制度变迁与经济绩效. 上海三联书店，1994. 23.

② 道格拉斯·C·诺斯. 制度变迁理论纲要. 改革，1995，(3)：53.

③ 例如：如果制度机制中对侵权行为（或者更一般性的再分配行为）支付的报酬多于生产行为，那么人们学习的方向将会是如何学到更好的侵权行为的形式。

6.2.3 中国城市规划制度变迁

要理解我国城市规划制度社会绩效保障作用不足的历史性原因，首先必须了解我国城市规划制度演进的路径，本着“从历史中学习”，将城市规划制度功能的发挥及作用方式的演变还原到特定的社会经济背景环境中去，结合中国社会政治制度的变迁加以考察。城市规划制度作为城市发展的社会建制之一，是直接在社会、经济、政治体制运作许可的范围内生存、发展和发挥作用的，社会、经济、政治等因素对城市规划来说具有决定性。

6.2.3.1 理想的构建——计划经济体制下城市规划制度的发展

1949 年后，在从国家尺度上整体移植了苏联式的社会主义计划经济制度之后，我国也从整体上移植了与之配套的城市规划制度。在新制度经济学有关制度变迁理论的分析中，这是我国 1840 年断裂了与封建制度下传统城市规划制度百余年后，一次整体性、突进式的制度设计，作为填补制度空白（真正的制度空白是不存在的）式的制度设计，这种整体移植在制度设计的成本上是最低的。

计划经济体制确立了公有制的所有权关系，经济决策权集中在排斥市场的科层结构中，资源配置以计划规划为主导，这种建构理性主义的行政控制经济的体制为城市规划设计了一个交易成本为零的世界。城市是否发展、发展规模的大小、速度的快慢，甚至如何发展，主要取决于国家的投资或其投资导向。城市规划是国家统一计划的一部分，它从属于经济计划，“是经济计划的解释、补充或延伸，或者说是经济计划的空间图解”①。也就是说，城市规划只是在国民经济计划制定之后，完成其在城市土地和空间上的落实。

在计划经济的理念中，规划的内容和规划行为都是可控的，城市的发展不仅是可以预测，而且批准的规划是能够完全实现的。城市规划无需也不容许有自身的价值准则和判断选择，因为在国家和政府具有充分理性的假设下，它可以代表各个体和不同群体的偏好，由于社会阶层及经济地位差别不大，利益群体需求矛盾不明显。因此，城市规划制度在这一时期主要表现为行业内部技术规则和程序规定。在这个交易成本为零的世界中，城市规划制度的完善与否，是由其是否拥有“科学和理性”的规划技术来提供最优的空间解决方案作为评价标准的。城市规划的实施则完全依赖于外在的行政过程，强制性地加入到城市建设过程之中，这种制度设计将城市规划的服务对象局限于具有充分理性的城市政府，相信政府完全能够代表人民的利益，并且依附于政府和行政权力来完成规划的实施。

6.2.3.2 建构后的渐变——改革后中国城市规划制度变迁的路径

至 1978 年，计划经济体制在中国走过了其坎坷的 30 年。相对于建国初期计划经济体制能集中一切财力、物力进行集中建设的优势逐渐减弱，而管理僵化、效率和激励缺乏等制度弊端已经暴露并成为经济进一步发展的巨大阻力。解放思想，承认市场的作用成为新时期中国改革的开端。应该说，“路径依赖”仍然对我国社会经济体制改革起着重要

① 孙施文. 经济体制改革与城市规划的再发展. 城市规划汇刊，1994，(1)：1.

作用。改革之初，我国采取了尽量利用初始条件，在不放弃国家控制的前提下，逐步放权，在旧价格、劳动、行业和区域经济等领域实行一系列“双轨制”①。因此，自由市场经济不可能一蹴而就地全盘取代计划经济，而是在原有计划板块之外重新建立一个市场板块，来满足个人和集团的利益偏好，通过微观层面的经济激励的尝试，一步步地推进改革，从总体上甚至可以说是在计划经济模式下所进行的经济操作手段的变革。这种渐进式制度变迁，正是中国特殊制度背景下决定的制度变迁路径选择的目标。

随着社会环境的变化，我国城市规划开始复归其正常的地位，逐步回到了有交易成本的世界。强劲的内、外部需求拉力与压力使我国的城市规划制度化建设表现出较强的制度移植特征，只不过与过去单一、被动的前苏联指向不同，此时的制度源在开放性和本土化的基调下表现出一定的多样性与目的选择性。另一方面，在交易成本非零的世界中，以前那套纯技术手段的探索受到来自意识与实践的双重挑战，城市规划制度作为交易成本也参与到市场运作之中，制度变革自觉地或不自觉地都是在权衡成本与收益中取舍，同时也受制于认识和理性的局限。变革时期的中国城市规划制度变迁，以1990年的《中华人民共和国城市规划法》的正式颁布与运行为标识，大致分为前后两个阶段。1980年代开始的中国城市规划制度的探索，主要是规划制度的初创设计及规划机构的创建，从1980年的《城市规划法（草案）》到1984年的《城市规划条例》，再到1990年的《城市规划法》，规划的立法实践过程将城市规划的“科学知识”制度化为城市规划的权力。城市规划职业教育体系逐步完善，规划编制体系基本成型。

这一时期的城市规划制度建设，仍呈现变革初期较强的计划经济体制的特征：在自身定位上，由于“双轨制”改革中政府对改革的实际推动作用，城市规划作为政府科层制结构中的一个部门的地位并未改变；在制度的约束对象上，虽然从1980年代早期财政、税收、金融体制的改革已经开始，但政府和公共部门（单位）在城市建设中的投资主体地位仍旧牢固，城市政府仍是规划权力的直接授与者，对政府政治道德良好的预设使城市规划制度的设计将制度的需求方指向了城市政府，而将城市规划制度的作用方指向了“单位和个人”；在规划制度实施程序设计方面，深刻地反映了计划经济体制下中国社会的政治形态，其基础是社会直接具有政治性质，而个人完全隶属于具有强大政治功能的单位组织，社会和个人基本消失于国家生活中。

1990年代之后，中国社会经济环境发生了显著的变化。1980年代的十年改革开放，“双轨制”的渐进改革已证明市场板块经济的活力，以放权让利为主要激励手段的体制改革又给予城市及地方更大的自主权，地方和中央的利益开始分化，改革前单纯追求平等发展的战略被地区竞争所取代②，权力下放使地方政府的角色得到重新定义。为地方服务、对地方负责的地方政府推动经济发展的责任受到其财力薄弱的制约，迫使地方政府必须找到某种方法，可将政府规划转化为市场行为，土地补贴或税收减免成为地方政府

① “双轨制”一个基本逻辑，是允许自发型构的新制度安排在不对旧利益格局构成本质影响的前提下，合法地获取制度外的收益。“双轨制”长期以来，被认为是中国体制改革之初的成功尝试，它较顺利地解决了旧体制对新制度的激烈排斥而可能导致的改革失败问题。

② 在旧有的中央调控系统下，中央政府收入拔用和花费安排的力量抑制了地方上的经济及政治利益追求。

刺激市场发展的有力手段，城市规划也因此受到前所未有的重视。因此，在1990年代后，城市规划为满足政府的需求开始了对市场运作规律的探索，并由此引发了对城市经营、控制性详细规划、法定图册、近期建设规划等的探索。社会主义市场经济体制明确提出，要求重新界定城市规划的角色、地位，也使城市规划制度化建设有了新的方向。

这一时期城市规划制度建设的主要成就体现在城市规划制度操作层面上对城市土地开发市场化所带来的问题做了局部的调整，但并没有结构性改变；规划职业的社会角色开始呈现多元化趋向，执业资格制度开始建立。可以说在1990年代以来，城市规划制度改革的压力比1980年代要大得多，但改革的幅度却反而不大。其中原因恐怕仍要从作为这个时期开创性起点的《城市规划法》的颁布来寻找①。无庸讳言，随着社会主义市场经济体制的逐步形成，《城市规划法》与之不相适应状况日甚，《城市规划法》本身存在着大量不足及结构性缺陷。"法律的这些缺陷，部分源于它所具有的守成取向，部分源于其形式结构所固有的刚性因素，还有一部分则源于与其控制功能相关的限度"②。因此，对于这一时期城市规划制度变迁的评价，不能仅限于可见的规划正式规则的制度建设的成就，更应从规划界思想的变革及有选择地对国外制度的借鉴和讨论中展开。这一时期规划界对体制问题的研究空前热烈，并且开始了城市规划制度改革的探讨；讨论的重点也不再局限于规划技术的学习和操作，而是开始了关于规划的权力地位、作用范围及学科本身性质的争论。

在规划作用的认识上，已不再是把规划单纯地视为对城市土地使用及空间安排目标实现的技术手段，它更是城市政府对市场的调控手段，是对偏向"效率"的市场所作的"社会公平"的修正。

在规划地位的认识上，在认识到政府的有限理性及其利益偏好局限性之后，城市规划开始寻求应该建立怎样的机制来实现其自身的存在、发展及其理想。虽然这一时期城市规划组织体系仍在政府体制内，为其授权的《城市规划法》也带有强烈行政法、部门法的特点，但毕竟开始了通过法律寻求规划权力的保障，这使城市规划可以从政治的高度来审视其在政府与市场之间的作用方式。这种对规划制度在观念和意识形态上的思考，对制度建设及制度改革方面的实质性探索，为制订新的《城乡规划法》奠定了基础。

在学科领域的认识上，对于自身作用与地位的确认使得城市规划有机会以一种比较主动和独立的姿态参与市场运作，从中认识到城市规划安排的城市土地及空间是其与城市经济、社会交流的媒介；对国外理论思潮的学习交流也为我国城市规划学科领域扩展提供理论上、知识上的支持。

这些理性的探索和知识储备对城市规划制度创新具有重要意义。1990年代以来可见的变化，首先是规划制度和服务主体随着权力来源转向法律而不再局限于城市政府；城

---

① 《中华人民共和国城市规划法》的起草、通过、颁布均发生于计划经济体制仍占主导的时期，社会背景及理性认知的局限性，使《城市规划法》的制度设计内容，不可能避免计划模式下注重技术理性思维的特点，以及计划模式下对规划作用、地位认知的局限性。

② E. Bodenheimer，著；邓正来，译．法理学：法律哲学和法律方法．北京：中国政法大学出版社，1998. 402.

市建设投资主体的多元化①也使得城市规划的服务主体扩展至政府、企业开发商、市民等；与之相应，城市规划制度作为游戏规则，参与城市建设及市场交易的组织和个人在获得城市规划服务的同时也进入了城市规划制度的约束范围。学科地位领域的变化，约束主体的扩展，需要城市规划价值观与制度理性的再建设，来进一步推进我国城市规划制度的创新。但客观上讲，由于我国总体上推行的是一种经济效率优先的改革，政治改革相对滞后，在这种社会背景环境下，城市规划制度设计也不可避免地显现出技术理性主导的特征，价值理性及制度理性缺失。制度演进的方向仍偏于城市发展经济绩效保障，社会绩效保障作用不足。

6.3　转型期城市规划制度的社会绩效保障作用之不足

毋庸置疑，改革开放20余年来，我国城市规划制度化建设取得了很大的成绩，在城市发展及现代化建设中发挥了重要作用。但同时需要指出的是，转型期城市规划制度在城市发展社会绩效的保障上也存在严重不足。这种不足主要是由两方面原因导致：城市规划制度本身的原因——规划制度短缺及制度设计不足；制度环境的制约，包括作为规划外部约束的大的社会制度背景及规划体系内部环境。其中，社会发展及社会制度变迁的大背景对规划制度变迁及规划体系内部制度环境均构成了前提性影响。

6.3.1　社会发展及社会制度变迁大背景的影响

城市规划制度的社会发展保障作用之不足，离不开中国社会发展及社会制度变迁大背景的影响。

6.3.1.1　社会发展背景的变化

据清华大学教授孙立平的观点，中国20余年的改革过程，从社会发展的视角看，又可以分为两个阶段，即从1980年代的资源扩散到1990年代资源重新积聚，从生活必需品阶段向耐用消费品阶段转型，社会结构定型化，强势群体与弱势群体并立的社会结构格局②。在1980年代，我国经济增长一般会带来社会状况的自然改善，也就是说，经济增长与社会发展的关联度是很高的。但到1990年代后，经济增长与社会发展脱节，表现在经济增长的同时，劳动就业状况没有得到根本的改善，贫富差距拉大，社会治安状况恶化。也就是说，在1990年代后，经济增长并没有使绝大多数人受益，另一方面，则是各种社会力量、社会阶层分化越来越清晰。在一个多元化的社会环境中，改革已经成为各种社会力量的利益博弈，且由于各种力量格局的不均衡，尤其是强势群体与弱势群体对公共政策的影响及社会机会利用能力上的巨大差别，进一步加剧了我们社会的不平等。

---

① 随着不完全市场向完全市场的转变，政府、企业、开发商及个人都是城市建设资金的来源，甚至在公共物品的提供方面，也开始了市场化合作的投资尝试。

② 孙立平. 断裂——20世纪90年代以来的中国社会. 北京：社会科学文献出版社，2003. 20～34.

孙立平教授还指出一个特别值得关注的现象，就是中国社会的资源配置格局正由1980年代的扩散向1990年代的重新积聚，这是形成目前我国收入差距不断扩大以及由此造成的社会不公平的深层制度原因①。1980年代的经济体制改革，促进了财富增长及资源扩散效应，整个社会阶层因此普遍受益。但1990年代后，少数群体开始财富聚敛过程，使社会阶层分化显著，资源重新积聚的一个直接后果，是在社会中形成了一个具有相当规模的弱势群体（贫困农民、进城农民工、城市中以下岗失业者为主体的贫困阶层）。“断裂社会”成为1990年代以来中国社会新征兆②。

孙立平还提出“失衡”（imbalance）是理解“断裂社会”的关键。恰恰是“社会权利的失衡”构成了“社会断裂”的基本机制或基础。“关键的问题就是在我们这个社会中不同社会群体在社会权利上的高度失衡”③。导致贫富剧烈分化的原因众多，但根本原因，“在这种影响因素背后的，是不同群体在表达和追求自己利益的能力上所存在的巨大差异”④。因此可以说，贫富悬殊的背后是不同群体在表达和追求自己利益的能力上失衡的结果，而不同群体在表达和追求自身利益能力上的失衡又是他们之间社会权利失衡的结果。归根结底，则是我国在改革及市场经济发展过程中，没有建立一种有效的利益均衡机制。

1990年代以来，中国社会改革逻辑的变化，即随着社会力量及其组合关系的逐步定型，定型下来的社会结构已经有力地影响着改革的方向和进程。改革的内涵由初期具有很强的意识形态取向，转变为不同利益群体的利益博弈；改革的动力由初期的政府自上而下的推行，转变为多元化的社会力量对改革进程发挥着重要的影响；一种扭曲改革的机制已经开始形成，使旨在促进社会公平的改革措施，往往在实践中收到的是不公平的社会效果；社会力量的不均衡导致社会不平等机制的形成。这种社会整体发展背景的变化，无疑是我们理解城市规划社会作用弱化原因的基本前提。

6.3.1.2 社会制度变迁的影响

社会发展变化不可避免地与社会制度变迁相关联。道格拉斯·C·诺斯指出，制度变迁决定了社会演进的方式，“制度”是“理解历史的关键”⑤。

改革开放以来，中国社会制度转型被一些学者概括为三个相互联系的基本方面：分权化、市场化、全球化。

分权包括“行政分权”和“经济分权”，行政分权的实质，是中央和地方政府之间对

① 孙立平. 断裂——20世纪90年代以来的中国社会. 北京：社会科学文献出版社，2003. 59～73.

② 孙立平将“断裂”这个概念明确为下面几层含义：

a. 在社会等级与分层结构上是指一部分人被甩到社会结构之外，而且在不同的阶层和群体之间缺乏有效的整合机制。

b. 在地区之间表现为城乡之间的断裂。

c. 社会的断裂会表现在文化以及社会生活的许多层面。断裂社会的实质，是几个时代的成分并存，互相之间缺乏有机联系。

参见：孙立平. 失衡——断裂社会的运作逻辑. 北京：社会科学文献出版社，2004. 5.

③④ 孙立平. 失衡——断裂社会的运作逻辑. 北京：社会科学文献出版社，2004. 6.

⑤ 道格拉斯·C·诺斯. 制度、制度变迁与经济绩效. 上海三联书店，1994. 3.

国有资产控制权限和相应收益权限的重新界定和分配，包括向地方政府下放财税权、投资融资权、企业管理权（吴敬琏，2003）；经济分权的实质，是产权控制权的重组，即与行政管理权限相应的公有资产的控制权及收益权在中央、各级地方政府、企业之间的重新分配。分权化使地方政府及企业有追求自身利益最大化的要求。

中国的市场化是在社会主义既有权威结构下的“市场化”，是在体制外“增量改革”的诱发和推动下，体制内的“存量”经济成分由“计划轨道”经“双轨”阶段而逐渐过渡到“市场轨道”的过程（林毅夫，2002；吴敬琏，2003）。市场化一方面推动了作为市场主体的企业所有制改革；另一方面则是推动了资源要素配置的市场化。前者容易导致权力和资本的“增长联盟”（growth coalitions）；后者则催生了政府经营城市行为的出现。

全球化是外部世界力量对正处在转型期的中国社会经济进程的一种影响，它为社会经济制度演进方向提供了“国际游戏规则”的导向。在经济全球化的影响下，地方政府为吸引投资，开始注重改善投资环境，“筑巢引凤”，但也带来了减少控制，对土地及空间资源的不合理使用要求让步。

总体上看，近20余年来，中国社会制度变迁的动力是市场力的扩大，而市场力扩大的根源在于市场主体之间因各种交易行为的频繁而显现出的经济活力。以企业为主的各种市场主体的成长、壮大、成熟，形成了制度变迁过程中最主要的特征之一。也正是制度变迁过程的这种活力特征，对社会的组织秩序构成了一个极大的挑战。

由于市场在限制垄断、提供公共物品、约束个人极端自私行为等方面具有的内在缺陷，要求必须建立一套完善的规则建制及积极有效的政府调控。但在中国现实的政治力量和实力较量过程中，在新、旧分利集团分化组合后崛起的新“权力—资本”联盟事实上主导了1990年代后制度改革的实际进程，他们有可能基于自身利益最大化的考虑而构造出在整体上不利于社会公平的制度来。中国社会现在缺乏一种容纳各种利益集团平等地谈判、博弈的制度框架，现实中不平等的政治参与，强势利益集团凭借自身拥有强大经济资源和社会资本，通过影响公共政策及制度的制订，获取社会“分配剩余”。而弱势群体由于资源及社会资本的匮乏，其表达利益诉求的活动受到制度的强制而无法合法化，其权益难以得到保障。

新制度学派也认为，制度演进的方向是由社会中处于强势地位的利益集团决定的，强势群体之所以能够决定制度演进的方向，又主要是通过一定的方式获取国家政权的支持，与政权形成合作的关系。由此，我们不难理解，为什么改革开放以来，中国社会制度变迁的总体路径主要是对市场力发展的适应，是哈耶克所说的“赢者生存的实践”（the survive of the successful），制度体系的设计主要注重经济绩效的保障，在整个社会主流思想关注经济效率而不是社会公平的状况下，社会绩效保障自然也难以成为制度建设的重心。城市规划制度作为社会建制的一部分，必然受到社会整体制度演进方向的影响。

6.3.2 城市规划制度短缺与制度设计不足

6.3.2.1 转型社会制度短缺的普遍性

在转型社会中，制度短缺是一个普遍存在的问题，而解决制度短缺问题，则成为转型社会的主要问题之一。

亨廷顿在《变化社会化中的政治秩序》一书中指出，发展中国家社会变革和现代化实践的过程实际上是一个在政治稳定前提下的全面制度化的过程。这一重大问题的潜在含义就在于：发展中国家在现代化实践中制度是逐渐建立并系统化的。制度化过程本身就表明是逐渐消除与经济增长和社会发展不相适应的原有制度，建立新的与经济增长和社会发展相吻合的制度。

诺贝尔经济学奖获得者西蒙·库兹涅茨指出："在任何时代，增长不仅仅是整体上的变动，还应包括结构的转变。即使这种增长的冲动是由重大技术创新带来的，每个社会在采用这种技术时必须调整现有的制度结构。这意味着社会组织的巨大变动——新制度的产生和旧制度的逐渐淘汰"①。

在经济转轨、社会转型的过程中，原有的社会经济制度已不完全适应，新的制度的实际数量和质量供给不足而造成的制度短缺是必然存在的，其主要表现为：

（1）制度供给的数量不足引起制度短缺

中国经过20余年的改革与发展，社会生产力有了很大的发展，但与现代市场经济相适应的制度系统及行为规范体系，显然不是短时间可以构建完成的。例如城市规划制度建设明显滞后于城市化进程，制度覆盖面窄，1990年版的《城市规划法》及相关配套法规已不能适应快速发展的城市现代化建设需要。

（2）制度供给主体由于制度供给或创新的意愿和能力不足而引起制度短缺

政府作为制度公共产品的供给者也有其特殊的偏好，诸如寻求政治支持的最大化等，这种偏好就影响了政府这个主要制度供给者提供制度的意愿和能力，从而引致制度供给不足或短缺现象。例如，城市政府在城市建设中，如果只是基于"政绩"显示，片面注重经济增长目标，就不可能推进有益于"社会公平"的规划制度安排。

（3）制度供给主体在具体执行和实践制度安排方面的能力和意愿不足而引起的制度不足

制度安排的提供并不等于制度安排的执行。市场经济也是法制经济，多元化的社会分化及行为需要制度规范。中国在经济转轨、社会转型过程中已初步形成了一套制度规范，但具体执行效果则不尽如人意，体现为有法不依、执法不严等。这种因制度安排的具体执行不力而造成的实际制度供给不足，也会引起制度短缺现象的出现。

以上三种情况，第（1）种是制度供给数量方面的，而第（2）、（3）种情况是制度供给质量方面的，归结起来则是制度供给数量短缺及制度设计质量不高。

6.3.2.2 城市规划制度短缺及制度设计不足的表现

城市规划制度短缺及制度设计不足，是规划社会作用弱化的重要原因。所谓短缺是指规划制度量少，覆盖面窄，使大量城市规划行为缺少制度依据；而制度设计不足，则是指既存规划制度存在着缺陷。从总体上，规划制度结构及制度安排存在的重大缺陷，主要表现为既存的规划制度框架没有建立起有效的激励及约束机制、利益补偿机制及社

---

① 西蒙·库兹涅茨. 现代经济增长. 北京：北京经济学院出版社，1991.5.

会监督机制。

（1）激励机制的缺失

按社会发展制度决定论的观点，制度之所以高于技术，就在于技术的发展只有在一个具有激励创新的制度环境下才会出现。正如丹尼尔·W·布罗姆利所言："任何一种制度的基本任务就是对个人行为形成一个激励集，通过这些激励，每个人都将受到鼓舞去从事那些对他们来说是有益处的经济活动，但更为重要的是这些活动对整个社会有益"①。同样，城市规划制度应当为城市建设主体构造一个有效的激励结构，规划制度安排应能为城市建设主体各类有益于城市发展社会绩效的开发行为提供激励和保护功能。虽然在地方城市层面也有一些对提供公共空间、开放绿地、公益设施等城市开发行为予以奖励的规划制度规定，但在宏观层面，在规划制度整体构架上，面对日益严重的城市社会阶层分化、收入差距扩大、空间隔离及地域发展不平等、土地及空间配置不公平现象，规划制度并没有相应的激励机制去鼓励各类有益于减少社会不公平的城市开发活动。

（2）约束机制的缺失

"制度可以概括为关于博弈重复进行的主要方式的共有理念"②。城市规划制度作为城市建设的规范控制准则，关系到全体市民的生活空间，也应是全体市民的"共有理念"。也就是说，城市规划的服务主体和约束主体应该是相同的，这个主体就是城市规划中涉及的利益主体③。城市建设中各利益主体的开发行为，是偏重于个人化理性选择，但这种个人化理性选择有时是与城市整体发展利益相背离。规划制度的一项重要功能，就是要建立起对城市各类利益主体及其开发行为的约束机制。城市发展中的种种社会损害，城市规划社会作用的弱化，在很大程度上是由于规划制度中约束机制的缺失所致。

①对政府行为的制度约束缺位

由于规划的组织体系仍处在政府的体制内，城市规划权力运用仍然受制于城市政府，所以，政府往往被排除在城市规划制度的约束之外，并且以服务主体的身份左右着城市规划制度的供给及执行。对政府行为的制度约束缺位，是城市规划社会绩效弱化的主要原因之一。

在我国分权化、市场化等制度转型过程的影响下，地方政府的独立经济利益逐步加强，在地方经济活动中的主动性大大增加，这不仅使地方政府在转型期获得了本区域内国有经济的剩余分享和控制权，而且在区域调控权限和微观管理职能上也得到一定程度的加强，地方政府成为分散决策权的重要主体和推动经济增长的主要力量。在全社会对"经济增长"普遍追求背景下，"效率优先"成为社会认同的行动准则，经济发展成为地方政府官员的政绩所系及晋升之途（陆学艺，2001）。基于政绩显示，政府极易采取机会

① 丹尼尔·W·布罗姆利. 经济利益与经济制度——公共政策的理论基础. 上海三联书店，1996. 48.

② 青木昌彦（Masahiko Aoki），著；周黎安，王珊珊等，译. 什么是制度？我们如何理解制度？经济社会体制比较. 2000，(6)：33.

③ 城市规划中涉及的利益主体是指直接或间接地参与规划的编制、审批、执行、评估及监督的个人、团体和组织。规划中主要有四类利益主体，分别是地方政府、开发商或企业等利益实体、社会公众、城市规划师；他们各自在现行的规划体制中承担一定的职责。参见：吴可人，华晨. 城市规划中四类利益主体剖析. 城市规划，2005，(11)：79～85.

主义行为和短期行为，甚至采取各种不合理的让利措施吸引投资，以促进GDP的增长及财政数字的增加，而有意或无意地忽略了产出的结构和哪些人因增长而受益。地方政府行为企业化①的趋势，政府公权使用过度及对权力监督约束机制的缺失，助长了政府及社会各类利益主体的寻租倾向，导致城市发展中不断增多的社会损害现象。

例如，现阶段对城市规划决策权力的制约还缺乏相关的制度，城市规划管理者的自由裁量权过大。城市规划决策往往是只有领导者才是“决策者”，权力集团及资本集团对规划决策起决定作用，劳动力集团基本被排斥于规划决策程序之外，决策权力缺乏监督约束，从而导致城市开发中广泛的寻租活动。公共选择学派经济学家布坎南(J. Buchanan) 等人认为，所谓租或经济租是指一种生产要素的所有者凭借垄断地位而获得的收入中，超过这种要素的机会成本的剩余。而寻租（rent-seeking）是人们凭借政府保护进行的寻求财富转移而造成的浪费资源的活动②。现阶段我国城市规划决策与管理中的寻租活动主要发生在土地批租、“一书两证”等各类许可权的批准发放、开发区建设及政策制定、公共物品和社会服务的供给等领域。常见的寻租现象如经济人利用政府政策制度的漏洞谋求自身利益（如建设用地指标的制定失误使开发商借机谋利；不恰当的公共物品管理造成严重的“搭便车”现象）；一些地方政府出于短期政绩需求或迫于经济增长的压力，受开发投资者制约，通过廉价出让土地、提供过度倾斜的政策优惠使开发商获得超额利润；部分政府官员利用权力谋求经济利益，进行非法的权钱交易，使规划为开发商的利益服务（如城市绿地被改建为商业、建筑容积率随意增加、违规批地违规建设）。这些寻租活动，几乎无一例外的是寻租主体得利，而损害的是城市长远利益及城市发展的社会绩效。

②对开发商或企业等利益实体牟利行为的约束失效

开发商等利益实体是城市建设最活跃的主体，以追逐土地的开发价值和商业利益的最大化为目标，规划制度的一个重要目标就是控制各类开发企业的逐利行为，防止开发活动的外部负效应及社会损害，即“促进和支持资本的利益，同时又防止这些利益对公共性生活基础的损害”（Friedmann，1987）。现实中对开发商等利益实体牟利行为的约束失效，主要由两方面原因引起。

一种情况是开发企业在自身经济利益驱动下，求诸于政府“权力”，用行政权力介入

① 地方政府企业化是指转型期中国地方政府普遍表现出的、以追求经济利益为目标的行为模式。其主要特征包括：以行政区划为载体的空间行为指向；以短期效益最大化为目标的政府行为指向；以政府为绝对主导的城市政体指向；以不约束的增长联盟为主体的社会管治指向。孙立平将政府行为企业化视为社会失序的根源，因为它导致：政府功能的畸变；政府功能的失效；社会生活的失序；公共事业的削弱；政府超越性降低；政府官员腐败机会的增加。

参见：殷洁，张京祥，罗小龙. 转型期的中国城市发展与地方政府企业化. 2005中国城市规划学会年会论文集. 18~23. 北京：中国建筑工业出版社，2005.

孙立平. 断裂——20世纪90年代以来的中国社会. 北京：社会科学文献出版社，2003. 20~34.

② “寻租”概念有广义和狭义之分。广义的寻租是指人类社会中非生产性的追求经济利益活动，或者说是那种维护既得的经济利益或是对既得利益进行再分配的非生产性活动。狭义的寻租活动，也是现代社会中最多见的非生产性行为追求利益行为，是利用行政法律的手段来阻碍生产要素在不同产业之间自由流动、自由竞争的办法来维护或攫取既得利益。

本应由价值规律调节、由市场主体自决的领域，达到利益重新分配的目的。在经济增长追求及政绩显示的驱使下，一些地方政府在招商引资过程中，不是以提高城市实力取胜，而是利用行政权力通过社会资源的让渡来获取短期利益，在利税减让、土地批租等优惠政策上层层加码，最常见的便是城市土地的大规模扩张并以尽可能低的价格吸引开发投资，或者对开发商明显不合理的土地使用迁就让步，法定的规划在威权政府及其领导人眼里不具备约束作用。社会利益分化后，权力与资本的结盟，是造成城市建设中社会损害的重要原因之一。在西方，权力与资本结成的增长同盟会受制于社会的约束，如果权钱的结盟以牺牲过多的社会利益为代价，或者城市发展带来的利益未能被市民所分享，则市民在选举时，可以用更换掌握权力的人——改选市政府的办法来拆散现有的权钱同盟，而代之以新政府。但中国不存在这样的约束机制。

另一种情况是，当城市规划所规定的内容与开发企业追求利益最大化的初衷相矛盾时，开发企业经常选择突破建设行为的规划控制要求来挖掘利益，如漠视土地环境容量超强度开发、变更土地性质不合理利用、逃避建设配套设施义务或千方百计压缩公益配套设施及绿地规模，一些地方城市规划执法不严，法治秩序尚未形成，也使规划的约束作用降低。

（3）利益补偿机制的缺失

城市规划基于公共利益干预城市各类资源的配置，必然会对各社会集团或个人利益产生影响，利益的协调需要补偿机制的支持，而城市规划制度却缺乏相应的利益补偿机制。

规划中常见的因公共目的而导致的利益损害情况包括：

a. 为了公共利益，在提供公共物品时，对合法的产权进行的征收或征用；

b. 为了发挥城市的集聚效益，提高土地利用率，而采用的合理布局，一些地区的发展受到制约；

c. 风景区、历史街区、水源地、特殊生态敏感区的发展权的配给受到制约。

新的宪法修正提出为公共利益而采用的征收与征用，应给予合理的补偿。上述规划中的侵权行为客观上是有利于城市发展的社会绩效的，是基于城市公共利益的目的，合理的规划制度应确立相应的补偿责任与义务，而我国长期延承下来的威权政治传统却视公共行为具有天然的合法性，漠视利益个体的权益，城市规划制度设计也没有构建合理的利益补偿机制。

（4）社会监督机制的缺乏

城市是全体市民的共有财产，因此，从理论上讲，城市规划对城市土地及空间资源的处置必须遵从全体市民的意志。然而“全体”的概念过于宽泛，而城市规划在实践中也不能逐个征求每个公民的意愿再来形成统一意愿，因而对“全民”意愿的遵从是通过对不同利益群体偏好的征询实现的。在中国社会转型时期，具有权威话语权的是握有权力资本的城市政府和握有财力资本的企业和开发商，普通市民和社会下层的弱势群体则处于无组织、无地位的“失语”状况。缺乏监督使权力集团通过经济特权或限制准入来创造经济租金；而各种经济利益集团通过行贿政府官员影响立法司法、政府管治和政策制定，并最终服务于自身特殊利益。这两大强势集团在各取所需的结合中以其自身利益偏好代替了其他利益集团的偏好，而受损害的是普通公众的共同利益。正因为如此，后现代城市规划理论特别强调，规划的使命就是要改革社会权力关系及其在城市空间上的表现，要通过对城市管理权力的监督来实现社会公正。反观中国城市规划制度，作为现代法治要旨的“以法律制约权力”的原则较少体现在制度设计中，且缺少对公众参与监督规划的权利、对规划行政主体的约束等方面的明确规定。在缺乏有效监督机制的情形下，很容易导致政府权力的滥用和权力的商品化，导致官商勾结损害城市公共利益，或出现利益主体的其他社会损害行为。

综上所述，在我国过去20年既存的规划制度中，激励机制的缺失不利于城市发展社会绩效的提高，约束机制的缺失导致城市发展中广泛的社会损害现象，利益补偿机制的缺失彰显出城市发展中的不公平，而社会监督机制的缺失则使各类社会损害现象的行为主体无所顾忌。由于城市发展的社会绩效往往不是直接的，立竿见影的，往往需要经过长时间的积聚才能显示出来，在缺乏城市规划制度保障的情况下，其弱化乃至被忽视也就不难理解了。

6.3.3 城市规划制度环境及其与社会发展目标的偏离

转型期城市规划制度的社会发展保障作用之不足，除规划制度本身的原因外（体现为规划制度短缺及制度设计不足），城市规划制度环境现状的影响也是一个重要原因。在某些情况下，城市规划制度的失效，往往并不在于制度本身，而是作为制度运行条件的基础秩序出了问题，即制度环境存在问题。

所谓制度环境是指由法律、行政、经济等社会机制组成的对某行业（产业）的制度性约束（激励）条件（环境）。制度环境是社会环境的重要组成部分，对城市规划而言，制度环境是由法律、行政、经济等社会机制组成对城市规划的有效运转的制度性约束（激励）条件（环境），它既包括作为规划外部约束的社会制度背景，也包括对规划主体行为构成直接制约的规划法制、规划行政、规划组织、规划社会监督环境。

社会发展及社会制度变迁对城市规划制度演进的影响在前文中已有过阐述，这里主要讨论对城市规划社会作用产生影响的规划内部制度环境及其不足。

6.3.3.1 规划法制主旨的弱化

规划法制的主旨是指规划法制立法所要体现的主要目的或基本理念。在市场经济条件下，作为政府公共干预工具之一的城市规划，其政策及制度无疑应侧重于弥补市场缺陷，侧重于社会公平发展的保障。市场本身就是偏向效率的，高效益是其优点，社会公平正是其弱项，故需要公平的规划来弥补。

近20余年的改革开放，“发展是硬道理”，“以经济建设为中心”成为压倒一切的任务，为实现国家经济发展和工业化的主要目标，社会制度建设也侧重于市场经济发展的保障。在这种大的制度环境背景下，在相当一段时间内，“城市规划必须为经济发展和现代化建设服务”成为社会共识，规划法制也侧重于经济绩效的保障。

诚然，经济发展是社会发展的重要物质性基础，但经济发展不等于社会发展。如果经济发展成果不能为全民所共享，引发社会矛盾激化，“城市规划宁可与经济效益相抵触，也应站在维护公正、公共福利等社会全体利益的立场上”①。陈锋先生在论及20余年规划得失时曾指出：“最大的问题也许就是作为公共政策核心的公共性的缺失，使之不能合法地担当对社会利益进行权威性分配和调节的权能”②。所谓社会利益是从社会生活角度，为维护社会秩序、社会的正常活动而提出的主张、要求和愿望（沈宗灵，1983）。由此可见，规划法制的重点应放在调节城市土地使用各利益群体的关系上，以维护社会公平为主旨。而我国现行规划法制则注重规划编制和规划行政的授权上，缺乏相应与社会发展结合、促进城市规划社会作用发挥的规范性内容。

6.3.3.2 规划行政的运作及其功利化倾向

随着市场经济的发展及中国社会的转型，传统价值体系在崩溃，“崇尚功利与价值，追求各种财富和利益，并使利益最大化，用功利的眼光去观察和体悟世界，正成为人们的一种经常化的实践”③。这种现象也已浸入到本应具有公正性的政府行政行为，导致行政行为的功利化倾向④。

自从取得法定地位之后，城市规划便成为政府管理城市的行政行为，城市规划从编制到实施的运行过程，规划的决策主体、执行主体均是政府及其职能部门，转型时期城市规划决策权力的“中心化”⑤，社会民主及规划管理权力约束及监督机制的缺乏，助长了规划行政行为的功利化倾向。

典型的如规划行政中的“寻租”活动。中国分阶段的渐进式改革及新旧体制的摩擦和矛盾为各种权钱交易、腐败之类的寻租活动留下了体制性空间。由于政府在资源配置中举足轻重的作用，当政府成为类似“商人”的经济人，有追求部门利益和官员自身利益最大化的内在趋势，就会使政府行政过程偏离公平、公正、公开的宗旨，在利益驱动下进行创租寻租。规划行政的审批权也可能成为与金钱交换的对象，成为开发商谋取有限的、稀缺的城市土地与空间资源所蕴藏的巨额利润的工具，而牺牲的是城市社会共同利益。规划行政运作的功利化倾向，还突出地表现在长官意志主导规划行政，追求政绩显示。各种各样的“形象工程”、“政绩工程”成为规划行政优先服务的对象，如“政府搬迁”、“新城运动”、“大马路”、“大广场”、“大绿化”等，而各类政绩工程决策是否真正合理，是否是公共资金的最佳利用，是否有利于城市发展的社会绩效，已不是规划行政过程需要权衡的主要问题。

---

① 张松.《城市规划法》修改的理论问题初探. 城市规划，2000，(3)：38.

② 陈锋. 转型时期的城市规划与城市规划转型. 城市规划，2004，(8)：9.

③ 刘明君，汪志言. 转型期中国社会“泛功利化”倾向透视. 江汉论坛，2002，(8)：41.

④ 行政行为的功利化倾向，首先是从功利角度去观察、理解和审视一切政治权力和政治行为，是被功利对象化了的存在。其次，是把功利作为一种尺度去衡量、评估一切政治权力和政治行为的价值，功利的获得与否成为一种政治权力和政治行为是否有价值的惟一标准，“功利化”倾向在这里表现为典型的政治实用主义理论。最后，行政行为中的“功利化”倾向是把追求物质利益的最大满足作为政治行为的指向和航标，把获得功利作为追求权力目的和意义之所在。

⑤ 按雷翔先生的解释，所谓“中心化”是指在城市规划决策系统中，城市政府及城市的最高决策者（党政首长）作用的绝对化，而人大、政协作用虚化，专家、咨询作用弱化，群体决策淡化。

参见：雷翔. 走向制度化的城市规划决策. 北京：中国建筑工业出版社，60～78.

公平、公正和效率都是现代社会努力追求的重要价值维度，有学者甚至提出，现阶段“要实现社会目标的转换，将社会公正作为社会发展的最高和最后目标”①。我国转型时期规划行政的功利化倾向增大了社会成本，有损社会福利，严重影响了城市规划制度的正当性和权威性，使其难以起到城市发展社会绩效的保障作用。

6.3.3.3 规划组织的目标及价值偏离

这里所指的规划组织②，是把规划机构③和规划师加以抽象化的统称。现代城市规划创始之初，规划组织的主体本质上是一群社会改革家，虽然他们当时关注的是物质空间和环境问题，但其思想核心却是市场公正和社会理性，并由此奠定了城市规划追求理想社会的传统。在20世纪一百年间，规划组织的角色及目标的认知虽几经变化，但维护社会公共利益，体现社会的公平公正，始终是规划组织追求的目标，规划师始终是以寻求建立民主、公平、公正的城市为已任的。

在经济转轨和社会转型时期，理论界对我国规划组织的目标的认知也发生了两个转变：由维护政府利益转向维护社会公共利益；由维系社会平等向社会公平转变。

改革开放之初，以技术为主的规划编制并无专门独立的规划组织，而是一般附属在规划行政管理机构内。如地方建委或规划局内部的规划处（科）设置，基本上是按照计划编制规划的模式，财政来源于政府拨款，职责是完成政府“指令性”的规划任务。规划组织是政府利益忠实的维护者。在计划经济体制仍占主导的情况下，政府作为公众利益的代言人，享有排他性的绝对优势，维护政府利益也就是维护公共利益。在市场经济不断发展的背景下，城市规划建设中各主体形成了多元化的利益结构，政府不再是公共利益的惟一代表。随着利益多元化和人们逐利行为的公开化，“无论是市民、开发商、政府官员，还是地方政府，多基于自己的或地方的利益，而不是虚无飘渺的‘公共意志’和社会公共利益”④，在这种情况下，协调和解决城市发展建设过程中的利益冲突，维护城市的公共利益和公众利益是规划组织的重要职责。

中国社会政治关系中强调平等的思想，城市规划的公平性往往与政治的平等性相关联。随着市场经济的发展及社会利益主体的分化，各利益主体为了谋求自身利益的最大化，势必会造成对其他主体利益的侵损，尤其是相对弱势群体的利益更容易受到损害。任何社会都不可能实现完全意义上的绝对平等，追求结果的平等是没有实际意

---

① 周毅. 中国社会焦点——冷漠与热烈. 北京：大众文艺出版社，2002. 64.

② 组织（organisation）是人们为了达成共同的目标，按照特定的结构方式和活动规律而结合起来的开放性的、动态的人类共同体，它是包括组织的成员、组织目标、组织结构、组织制度、组织行为、组织环境等组织的基本要素在内的稳定的和不稳定的人类组合系统。美国组织心理学家A·薛恩对组织的定义为：“组织就是人们通过劳动分工与职能划分，并通过一个权责层系，来实现某些共同的目的或目标时所进行的活动，作为计划的协调”。薛恩所称的协调的对象是活动，而不是人。

参见：[美] A·薛恩. 组织心理学. 北京：经济管理出版社，1987. 15～16.

③ 按照组织的定义，广义的规划机构应包括规划行政管理机构，规划咨询、编制及设计机构。规划行政管理机构是政府组织的组成部分，尽管作为一个规划组织，它应秉承规划组织的共同目标，但它更是行政权力架构的一部分，要优先考虑政府的目标。为讨论方便，此处把它划为政府机构，文中规划机构则主要指规划咨询、编制设计机构。

④ 麻宝斌. 公共利益与公共悖论. 江苏社会科学，2002，(1)：92.

义的。规划组织不是资源的直接供给者，权力发挥的范围有限，其目标只能是缩小不平等的差距。“公平就是有差别的平等”①，因此，规划组织的目标应由追求社会平等向社会公平转变，在规划过程中尽可能考虑到各社会成员对城市土地及空间资源的公平分享。

然而，在现实的城市规划实践中，面对转型时期社会利益群体多元化、利益结构复杂化、利益差距扩大化、利益冲突明显化的情势，规划组织价值取向面临着多重困境的困扰。首先是不同利益群体的利益追求冲突中，规划组织更应维护谁的权益？“因为谁都不希望垃圾堆放在自己家的后院！”（J. M. Bachanan）。其次是在个体利益与公共利益冲突中，规划组织应以何种价值取向来协调矛盾？如果把公共利益建立在牺牲少数群体或个人利益基础上，则会有失社会公平；如果单纯重视个体权益，有时又难以实现社会整体利益。再次是在公平与效率的两难选择中，规划组织如何应对？从社会作用定位上，规划无疑应偏向公平，但在政府及社会普遍的经济发展压力下，规划组织又难以选择。

激烈巨变的经济与社会环境、巨大的经济与社会压力、不规范的社会行为、眩目的经济与社会诱惑，使当前中国社会整体价值错位，道德的正义感、约束性严重减弱，规划机构及规划师也难以自觉守护住应有的从业规范及职业道德情操。表现为规划机构为讨好城市政府这个最大的顾主，往往迎合政府及其领导人的偏好，而不顾当地经济社会发展实际水平，去做所谓“高标准、高起点、高规格”的城市规划，一些“形象工程”、“政绩工程”规划只是决策后的可实施性论证（不合理也可论证为合理）；经济效益成为规划机构维持运营和追求的首要目标，规划组织的社会价值目标往往让位于利润追求。规划师的职业行为老板化、商业化、庸俗化，在职业目标与经济利益相矛盾时，规划师的角色意识中，经济人战胜道德人，从社会公共利益的“守门人”变成商人，本应作为社会公共利益维护者的规划师为了自身的利益追求，不仅无原则地迁就委托方（政府、开发商）的意见，甚至以损害公共利益为代价。在全社会普遍的经济利益追求导向下，规划组织的价值偏离，受到损害的只能是城市发展的社会绩效。

6.3.3.4 规划社会监督的边缘化及其缺位

所谓社会监督，主要是指社会成员为了某种目的或目标，仰仗一定的权利，通过事务内部分工约束或外部民主性参与控制等途径，对公共行政进行相对独立的检查、评议和督促的过程。从社会监督参与的主体来看，可以分为公众监督和舆论监督。公众监督的主体是市民、社会团体、群众组织、行业协会和公益组织，主要体现为公众参与；舆论监督的主体是新闻媒体。

（1）规划社会监督的边缘化

城市发展及城市规划中存在着政府力、市场力和社会力三种作用力，规划社会监督

---

① 郑抗生．社会公平与社会分层．江苏社会科学，2001，（3）：30.

的边缘化实际上是社会力的边缘化①，即指市民和社会团体组织等，在城市规划的作用力中处于被分离、被阻止、非一致性失调的位置与地位。

伴随着多年的改革开放，城市社会权力结构与运作机制发生了一系列的变化。“城市社会正由过去那种高度统一和集中、均质、社会联带性极强的社会转变成为更多带有局限性、碎片化、流动感特征的社会”②。社会的转型和经济的转轨，促使市场和政府“两只手”的作用日益彰显，缺乏竞争能力的市民和社会团体组织由于原有的社会联结被冲破，面对市场和政府，无力重构各自的利益集团，提出自身权益要求，无法参与城市规划决策。社会力的边缘化，尤其是当政府与开发商结成“权钱联盟”时，城市规划与建设中的社会绩效往往受到忽视。

（2）规划社会监督的缺位

规划社会监督的缺位，首先表现在城市规划中公众参与的缺位，其次表现为规划的社会舆论监督缺位。

公众参与城市规划不是简单地把公众看作规划行政的对象，而是积极的监督行动者，不是只让公众仅仅了解决策的结果而是应该让他们参与城市规划决策、管理、实施等全过程的监督。而目前我国正在兴起的公众参与城市规划，仍偏重于非制度的过程参与。公众的规划意识和参与意识比较淡薄，有限的公众参与通常是以个人的方式，而非团体组织介入方式，向政府规划行政主管部门表达意愿，能在多大程度上引起决策者的重视，值得怀疑。“从欧美发达国家的实践中可以发现，单个市民参与城市规划，并对规划决策层面起效应的成功案例几乎没有。”③ 公众参与缺乏制度渠道，只能通过群众来信、来访，对自己切身利益或社会公共利益受损的规划决策进行质询、反映意见或表达意愿。另一方面则是公众参与流于形式。通过召开一系列由各阶层代表参加的会议，把政策及规划方案公布于众，并向公众阐明，再论证，形成修改意见。这种形式是我国规划公众参与常见的做法。但实际上，提交公众讨论的方案多数已到最后评审阶段，有的甚至在批准后才公示一下，搜集到的公众意见很难反映到成果中去，也很难影响规划决策，公众参与成了一种宣传方式。虽然一些重大规划成果编制都要经过专家技术评审，但专家评审仅仅提供技术层面的论证，而不是社会各方利益意见的表达。无论是偏重于非制度的个人参与，还是流于形式的公众参与，都反映了规划公众参与尚缺乏实体性内容和程序性内容的制度构建。

舆论监督不仅对城市规划的重大事务起到集思广益的作用，而且还通过及时、真实的信息反馈，反映规划实施过程中的变异和问题，督促偏差的纠正和方案的完善，促进

---

① “边缘”是社会学研究中用于描述社会系统中不同对象所处位置与地位。边缘化包括三层含义：一是作为一类社会现象，指存在资源禀赋差异的区位结构，因国家作为行动主体的干预而引起发展时空的社会分离，并在时空重组中形成一种结构性的张力；二是作为一种社会效应，指市场与结构转型必然导致与国家的同一性、主流社会发展和主流生活非一致性的社会分化负效应与社会失调现象发生；三是作为一种趋势，指社会系统内部的要素流变具有单向性和其资源互补过程受到社会机制的阻止。参见：戚攻．析转型期“边缘化”趋势渐成的社会机制．理论学刊，2004，（2）：118.

② 袁方等著．中国社会结构转型．北京：中国社会出版社，1998. 78.

③ 王江．公众参与城市管理的制度障碍和创新．现代城市研究．2003，（2）：16.

城市规划决策的民主化和科学化。如武汉市长江堤坝内造高档住宅小区、南京市紫金山风景区建造观景台、杭州西湖景区违规大兴土木，以及众多城市旧城拆迁改造中引发的社会问题，都是通过舆论监督报道，形成全社会高度关注的舆论氛围，才引起政府相关部门的重视并下决心加以纠正。但目前的社会舆论监督往往受行政权力的干涉，报喜不报忧。在我国政治改革相对滞后的背景下，权威政治结构下的强势政府出于维护自身政绩及部门利益的需要，经常对舆论媒体的报道进行干涉，舆论媒体屈从于压力，也难以充分发挥其对城市规划与建设中非理性、非公平性决策及行为的监督作用。

公众参与城市规划，社会舆论监督规划决策及实施的过程，是以维护社会的整体利益、维护社会公平公正为前提支点的。市场机制会自动趋向于经济效益的达成，而社会效益则需借助公共干预和公民社会的努力才能得到保证。城市规划社会监督的边缘化及缺位，受损的自然是城市发展的社会绩效。

综上所述，面对迅速的经济转轨及社会转型，城市规划制度根深蒂固的技术性特质并没有转变适应，社会利益群体的分化使城市土地及空间资源配置中的矛盾更加尖锐和激烈，这种矛盾和冲突已不是单纯通过“规划技术”手段就可以解决，缺乏有效制度武器的城市规划，在短期物质利益至上的社会博弈中显得调控乏力。也正是因为既存规划制度结构及制度安排的种种缺陷，使其难以起到激励城市各类开发趋向于社会正效应、约束各类开发活动的社会损害的作用。

“一场新型的保守革命，以进步、理性和科学——尤其是经济学——为掩护，正在使市场意识形态的复辟正当化。”虽然法国社会学家布迪厄在他生命的晚年不止一次地提出上述忧心忡忡的警告（Bourdieu &Grass，2000），但大多数为市场神话欢呼的人们似乎已经忘记了自由市场的恣意扩张曾经给人类带来的悲剧。的确，苏式社会主义的失败为有人宣称“历史终结”并将一切社会保护的主张扔进垃圾堆提供了口实，可是，只要我们稍稍注意到即使是中国这样采用渐进、温和式的市场经济发展道路，也会带来深刻的社会分化和不平等，就会提醒我们在当代新自由主义大行其道之时，不要忘记“社会保护”。

博兰尼在其著作《大转折》（另译：《巨变》）中曾深刻地揭示了市场经济制度对20世纪社会秩序及传统的灾难性影响，大声疾呼要加强国家干预及其社会保护的责任。1997~2000年间担任世界银行首席经济学家的斯蒂格利茨作为西方主流世界的“圈内人”，也曾批评“华盛顿共识”是“市场原教旨主义”①，盲目崇拜市场力量，以为市场自身就可以导致经济的高效率。斯蒂格利茨等经济学家因此将中国模式与拉丁美洲的新自由主义模式加以对比，说明中国的改革恰恰因为它没有遵循新自由主义的逻辑。中国的改革不能被整体地概括为新自由主义改革，它的成就建立在社会主义时期的经济积累和改革时期许多正确的经济政策之上，但远景不意味着中国的改革没有受到这个模式的影响，否则就难以解释正在我们社会发生的严重的贫富分化、区域分化、城乡分化、社

① 市场原教旨主义的核心观点，即：“无数个人在市场中自由地追逐个人利益，无形之手就能通过市场价格实现最有效率的经济分配”。

会保障体制和生态的危机。国内有学者指出："近年来，中国政府已经开始放弃基于'华盛顿共识'的改革策略，并且转入'第二代改革'，同时注重经济发展和分配正义。"[①]为此，政府开始重新界定介入经济和社会事务的适当范围和性质。或许，改革思维的转变及社会制度环境的变化，将会为城市规划制度的改革与创新，为规划社会发展作用的强化提供新的契机。

① 王绍光．巨人的瘸腿：从城镇医疗不平等谈起．读书，2005，(11)：12.

7

城市规划的技术性调控策略

城市规划主要涉及城市土地及空间资源的配置，而这种空间资源的配置折射出社会经济、文化、政治利益的分配，会对城市社会发展目标的达成产生影响。因此，基于社会发展目标的城市规划技术性调控，主要是在合理的价值取向下，通过恰当的规划手段、方法和措施，来合理引导城市土地开发、功能组织及物理环境营造等空间活动，以促进社会融合，减少社会排斥，增强城市社会可持续发展的能力。

由此可见，规划的技术性调控主要立足于空间—社会过程的复杂关系。按弗里德曼的说法，规划师惟一拥有的知识主体就是掌握和应该掌握有关空间—社会过程的基础知识，社会与空间的相互作用，从而产生了人居环境（Friedmann，1998）。当代城市空间既是不同利益群体博奕的场域，又成为竞相追逐的重要资源。强势群体和弱势群体对空间资源占有状况的巨大差别，加剧了空间的分异及社会的极化，增加了社会不公平。城市规划要成为社会发展及社会公平的一项积极促进因素，必须要更加关注于空间规划技术的革新。

由于各类城市土地使用及空间环境建设活动均会对城市社会发展产生某种程度的影响，因此，任何人都难以系统完整地归纳规划技术性调控措施的方方面面。本书只能从城市规划角度，择其对城市发展社会绩效产生影响的重要领域进行分析。

7.1 城市功能组织及空间资源配置

7.1.1 理论基础

城市功能组织实际上就是对城市各类活动的安排部署，城市的土地空间布局是城市各类活动在用地上的投影，因此，城市功能组织的合理性也就从城市土地空间布局的合理性上体现出来。从总体上看，城市功能组织及土地空间布局对社会发展的影响主要体现在：

①城市土地及空间资源的合理配置会有利于社会公平；

②城市功能混合及土地使用的适度兼容有利于城市多样性，促进社会交往及多样选择社会的形成；

③城市功能的合理组织有利于增加就业机会，间接地影响到社会稳定及社会安全。

7.1.2 主要问题

7.1.2.1 城市土地及空间资源配置不当，城市优质景观资源排他性占有现象突出

在计划经济时代，中国城市所特有的“企业办社会，单位圈大院”建设方式，使相当一部分行政办公机构、大中型工厂及军事设施圈占了城市中的滨江岸线、山体湖泊等优质景观环境资源，不仅使这些土地的优势区位不能充分发挥作用，而且由于这些设施的相对封闭性，使优质景观资源不能实现社会共享。改革开放之后，随着市场经济的发展，市场力量开始在土地资源配置中起着决定作用，新的问题也随之出现。由于社会强势群体具有更强的获取各种空间资源的能力和实力，大量高档社区、高档休闲娱乐设施

占据城市优质空间景观资源，形成对稀缺的优质资源的排他性占有，使本应为全民共享的天赋优质资源被少数人独享，助长了社会不公平。

7.1.2.2 机械的功能分区，导致城市活力及多样性丧失

工业时代城市土地空间布局遵循两项基本原则：不同功能区以相互隔离为原则；功能区之间的联系以交通可达性便利为原则。1933 年国际建协的《雅典宪章》奠定了现代城市规划中功能分区思想的基础，在这种英雄主义的规划思想指导下诞生了一批有深远历史意义的作品，巴西首都巴西利亚的规划就是其中之一。

巴西利亚是按巴西建筑师柯斯塔的获奖方案建设的。设计者的指导思想是将巴西利亚建设成为有秩序、协调、雄伟的首都，同时又是方便、有效率、亲切的城市。整个城市的空间构图是生动的，能体现首都的宏伟气魄。但由于城市僵硬的功能分区，如边界明确的居住区、商业区、旅馆区、政府办公区等，致使本应丰富多彩的城市生活变得单调贫乏。印度一位城市规划专家在考察该城后说："在旅馆区我见不到一个孩子，人们在城市中怎能见不到儿童，这里显得非常孤寂。"① 这也许就是马丘比丘宪章所指出的城市生活的贫血症。巴西利亚的居住区被安排在与政府轴线十字交叉的弯曲轴线上，它象征着飞机的两翼衬托着机身，在空中鸟瞰时，构图良好。但这种相互雷同的居住街坊，使生活在地面上的居民感到贫乏无味。美国建筑师波特曼对此评价说："这是一个毫无人情味的地方，除了庞大的排成军队行列式的建筑外，什么也没有了。……表现为不理解人的尺度和人在环境中的要求。"②正如现代建筑在发展中产生了过于"纯净"的缺陷一样，现代城市规划与设计中出现的机构功能分区，也使城市失去活力及多样趣味性。

7.1.2.3 城市功能及土地使用活动组织不当，影响到就业及参与机会，间接地影响到社会稳定

城市规划中严格的功能分区控制，经常造就出城市中性质单一功能均质区，例如城市外围成片的居住新区，或是把旧城更新改造成单纯的商业、文化娱乐区，旧城原居民被排挤到城市边缘乃至远郊各种拆迁还建区中。这种看似合理的城市功能及土地使用组织方式，却会导致产生新的社会问题。因为城市中众多的低收入阶层及边缘群体，由于其文化素质较低，他们的就业去向主要是劳动密集型的第三产业，尤其是蓝领服务业。将他们的居住地点和他们能胜任的工作地点分开，就会减少他们的就业及参与机会，增加失业，从而导致其贫困，而贫困及社会排斥是社会不稳定的重要诱因。

传统城市规划以土地利用规划及土地发展政策为核心，往往注重提供足够土地以支持经济增长，而忽视土地开发及再开发所导致的社会不利影响，如对生计、工作机会、本土经济的负面影响。土地发展会带来大环境的改善（如新商场、购物中心、资本密集的新产业），但也可能把本地区原有"小经济"的营运环境彻底改变，减少了城市贫穷人口的谋生机会，带来负面的分配效应。

---

①② 夏祖华，黄伟康编著. 城市空间设计. 南京：东南大学出版社，1994. 14.

7.1.3 规划调控策略

7.1.3.1 注重城市优质空间资源的全民共享，减少城市空间资源配置的社会差异

在城市土地及空间资源配置中实现社会公平，最为重要的是要注重城市优质空间资源的全民共享性，努力减少社会各阶层以及城市各地域空间环境质量的差异。为此，在城市土地空间布局上，首先应在遵循土地使用经济合理性的基础上，注重增设更多的公共绿地及开敞空间，避免城市具有良好景观环境质量的山体、湖泊、滨江地段、景观标志地区被一些封闭型社区、公用程度低的单位所占有。其次，从减少社会差别出发，应保证城市居民，尤其是弱势阶层居民占有能满足生活基本需要的空间资源，压制少数富有阶层对空间资源的过量占有，如限制所谓“豪宅”及高档别墅区的建设，限制高档会所的建设。再次，要注重各地域发展的平衡，尤其是城市公共设施的建设上，要加强弱势群体聚居地域的公共投资，改善其公益服务水平及交通可达性，并增加公园绿地及开敞空间，提高此类地域的环境质量。

7.1.3.2 倡导城市功能混合及土地使用适度兼容，增强城市的活力及多样性，促进社会融合

城市是一个复杂的有机体，城市生活活动时间、空间纵横交错。如果不了解城市生活的这一特性，孤立地建立“理性的空间秩序”，则会产生不良的后果。简·雅各布斯对此曾提出了有价值的见解。她指出：“规划迄今为止最主要的问题，是如何使城市有足够的多样性。”城市功能混合是城市多样性的思想核心。从经济学角度来看，功能混合是对城市公共设施的一种合理有效的利用。当城市的功能混合表现为人口和经济的聚集效应时，会收到意外的经济效益，这就是福利经济学中的外溢性效应。

从社会学角度来看，功能混合有助于人们的接触、交往，增加城市的活力和人们的安全感。国外1950～1960年代一些城市的更新中，原有的居民住宅和混杂其中的中小商业全部被金融保险、大商业设施、高级写字楼等置换，形成所谓的中央商务区（CBD），由于其功能单一，白天，商务区拥挤喧哗，但是一到夜晚和周末，则变成了“死城(Nekropolis)”①，带来治安交通等一系列社会问题。

从建筑形态学看，功能混合有可能导致建筑的复合利用，从而导致城市区域密集化。国外一部分支持紧缩城市（The Compact City）的学者认为，通过使城市区域密集化，将会形成更加安全和更具活力的城市环境，它将有助于地方贸易及服务活动的开展，并能实现最大程度的社会公平②。

在城市生活中，各种城市功能活动发生的时间区段是不同的，且各种功能活动之间存在一定的关联性（表7－1）。从城市功能活动的内在关联性出发，以时间维度为衡量标准，可以在规划中采用系列功能混合、同类功能混合、主从功能混合等功能及土地使用兼容措施。

---

① Lewis Mumford. The City in History：Its origins，Its Trans formation，and Its Prospects. New York：Harcourt，Brace &World，1961. 205.

② 参见：迈克·詹克斯，伊丽莎白·伯顿，凯蒂·威廉姆斯，编著；周王鹏等，译. 紧缩城市——一种可持续发展的城市形态. 北京：中国建筑工业出版社，2004. 107～122.

城市各类功能的关联性　　表 7－1

	商业零售	办公	居住	旅馆	交通	休闲游憩	娱乐	文化教育	服务
商业零售									
办公	∷								
居住	∵	· ·							
旅馆	∵	∵	· ·						
交通	∷	∷	· ·	· ·					
休闲游憩	· ·	· ·	∵	· ·	· ·				
娱乐	· ·	· ·	· ·	· ·	· ·	∵			
文化教育	·	·	· ·	·	· ·	· ·	· ·		
服务	∵	∵	· ·	∵	· ·	· ·	· ·	· ·	

· 关系矛盾　· · 关系一般　∵ 关系较密切　∷ 关系密切

7.1.3.3　注重就业岗位与居住的平衡，增加参与及就业机会，促进社会稳定

缺少参与机会及失业是贫困的温床，而一个存在大量贫困人口的社会不可能是一个和谐、稳定的社会。失业的一个重要诱因是在城市的功能组织中，没有注意到在城市贫困人口聚居的地域中，发展能为低技能劳动力提供就业岗位的第三产业或劳动密集型的加工业，而城市贫困人口又因为通勤贫困①，信息缺乏、参与机会的缺乏而缺乏在全市范围内择业的能力。因此，在城市的功能组织及土地空间布局中，要注重居住功能与其他能提供就业岗位的功能之间的联系。

从社会学角度看，城市开发形成成片的纯居住新城并不可取。规划要采取相应的策略，例如在有大量人口聚居的居住片区中，注意发展一定规模的商业服务业，建设小型的都市型工业园区，并注意改善贫困社区的交通可达性，增加贫困人口的社会参与及就业机会，促进社会稳定。同样，在城市土地利用规划及土地发展政策中，不能单纯注重土地开发对经济增长的效用，必须同时兼顾生活素质，包括解决发展带来的分配效应，尤其是城市贫困问题。这就意味着城市功能组织及土地利用中，要关注更广泛的社会目标和弱势群体的利益诉求。

7.2　城市人口分布及居住组织

7.2.1　理论基础

城市人口分布及居住组织并不只是一项简单的城市居住功能组织问题，它同时涉及

① 通勤贫困指的是居民通勤需要的花费超过其可支付能力的情况。例如小汽车的使用。在西方国家，汽车在中产阶级的普及推动了基础设施、道路等的相应发展，使不能支付汽车使用的家庭处于不利的地位。如在2005 年 8 月 29 日，"卡特里娜"飓风袭击了美国南部海滨城市新奥尔良，使城市几乎遭到毁灭，遇难者中，多数是贫困人口。新奥尔良是贫困人口比例最大的美国城市之一，28% 的人生活在贫困中，很多人在飓风来临时，"连搭公共汽车离开的钱都没有"，"飓风的遇难者中很多是小孩，他们死在飓风中是因为出身于贫困家庭"。（参见《环球时报》2005 年 9 月 7 日第 2 版：世纪大飓风带来反思。）

广泛的社会发展问题，正因为如此，学界对此领域的研究也最为充分。

西方自1920~1930年代芝加哥学派人文生态学理论提出后，城市社会空间结构的研究领域不断扩展，通过分析城市中的社会问题和空间行为，广泛揭示了城市中社会组织和社会运行的时空过程和时空特征①。而其中的研究分支——城市社会空间分异研究②，自1960年代以来得到迅速发展，并成为众多国家制订规划建设调控政策的理论基础。以社会科学领域学者为主的研究，把重点放在城市空间结构变化的社会成因及其实证状况分析上，如认为居住空间分异是社会阶层分化、住房市场空间分化与个人择居行为交互作用的空间过程与结果，并开展了大量城市实证调查研究，而对重在采取行动对策的规划调控策略则研究不足。

从社会发展角度，城市合理的人口分布及居住组织的理论基础在于：

①良好的居住组织将有助于实现社会平等及社会公平；

②减少居住隔离，增加融合，有助于减少仇恨，促进社会稳定；

③良好的居住环境组织，可防控住区治安性犯罪，增进社会安全；

④良好的居住环境将提高城市生活质量。

7.2.2 主要问题

7.2.2.1 城市社会分化及居住空间分异现象日趋明显

当代社会发展的一个显著的结果就是社会阶层的不断分化，社会流动加快。中国目前正在经历一个现代化与制度急剧转型的过程，在这一过程中，社会分层结构的变化是其显著结果之一。基于职业、教育和收入等客观位置的差异而不断加深的社会阶层分化，使中国从20年前世界上最平等的社会转变为世界上收入不平等水平最高的国家之一。城市规划所关注的，也正是这种分层结构所导致的社会行为模式对城市空间环境变化的影响。

城市居住空间分异③作为居住物质环境对社会经济分化的一种响应，一方面它是社会阶层分化所产生的空间分隔的结果；另一方面，这种社会空间隔离又进一步强化了社会阶层的分割。这也就是说，居住空间上的阶层分化特征并非单纯的社会分层现象，同时也是一种导致社会阶层化、社会封闭趋势显性化的重要机制。例如，不同社会阶层的人们，由于受到不同的结构性条件的制约，选择了不同的居住方式，它表现为，在一些生活质量和居住质量十分类似的社区中，集中居住着一些生活条件和生活机会大致相似的

---

① 有关城市社会空间结构研究的状况可参阅：易峥，阎小培，周春山. 中国城市社会空间结构研究的回顾与展望. 城市规划汇刊，2003，(1)：21~24.

② 有城市社会空间分异研究的状况可参阅：吴启焰. 城市社会空间分异的研究领域及其进展. 城市规划汇刊，1999，(3)：23~26.

③ 刘冰、张晋庆认为，我国城市居住空间分异现象产生的背景：

a. 多层次住区空间环境质量的差异为居住空间分异提供了物质前提；

b. 住房商品化为居住空间分异提供了政策条件；

c. 自主性择居行为为居住空间分异提供了实现途径。

参见：刘冰、张晋庆. 城市居住空间分异的规划对策. 城市规划，2002，26(12)：82~85.

人群；并且，在这样的封闭性社区中，人们逐渐养成了大致相似的生活方式和地位认同，从而在更广泛的意义上产生了相对封闭的社会阶层群体。这种分隔化的趋势从本质上是不利于形成一个平等、融合的社会。

众多学者的实证研究表明，中国城市社会空间隔离与居住分异与西方国家不同。在西方国家中社会隔离最为突出的美国，城市社会空间分异的表征是：贫困阶层集中于城市中心、近郊区和建于1945年后正在衰败的城郊——环区，而中等收入和工薪阶层徘徊于逐渐衰退的郊区，富裕阶层则选择区域边缘地区的“封闭性社区”（gated communities）或那些豪奢而非请莫入的私人领地。

而在中国，城市在整体层面上呈现出“非均衡破碎化”的社会空间隔离状况，即隔离已在多种尺度上出现，从城市中心区到边缘区；在单个住宅区内部存在着高度的同质性，在不同的住宅区之间存在着高度异质性。居住隔离不单以居民的社会经济特征，而且也以住宅区的物质环境特征为表征。在大城市地区，最普遍的隔离模式是马赛克状的镶嵌式隔离（Mosaic Segregation），新旧地区、贫困与繁荣地区镶嵌状交错并置，并相互割裂。

黄怡以上海市静安区南京西路街道为例，揭示了大都市核心区的社会空间隔离①，指出在高档住宅区和传统住宅区、新建商品住宅区与回迁区、传统住宅区内部不同团体之间，外籍居民住宅区与地方居民住宅区之间普遍存在的隔离现象。魏立华、闫小培通过广州的案例调查②，揭示了大城市郊区（包括近郊与远郊区）社会空间的隔离——破碎化现象，即富有阶层的“封闭性社区”（gated commnities）、大型中产阶层居住区、原住自然村落、外来移民聚落在空间上相邻，却在社会上相隔离。城市整体层面上的社会及空间极化，对社会团结、和谐社会的构建形成了一个长期的威胁。

7.2.2.2 住区服务水平及景观环境质量差异突出，封闭型住区不断涌现

日益增加的居住空间分异现象，主要表现为各类型住区公共服务水平及景观环境质量的巨大差异。不同档次住区的居民无法对城市公共服务获得同等的接近性，所享受的设施服务水平也有明显的差异（如中高档住区各项设施完善，而贫困居民、边缘群体居住区居民由于消费能力低下，设施及服务也相对较差）。另一方面，在市场规律作用下，不同档次住区空间景观环境质量差异巨大，大量优质景观环境资源地段被所谓“高品位”住区占有，所谓“王者风范”、“帝王享受”、“欧陆风情”成为部分高档楼盘宣扬的口号。

各类住区日渐突出的差异，导致封闭型住区不断出现。一方面是富有阶层聚居的设置门卫、围墙的高档防卫型社区，另一方面是下层低收入人群，边缘社会群体聚居的隔离型社区，二者形成强烈的对比及反差。

日益增加的封闭型住区在世界各国是普遍存在的，只是程度不同，产生的原因有一

① 黄怡. 大都市核心区的社会空间隔离——以上海市静安区南京西路街道为例. 城市规划学刊，2006，(3)：76～93.

② 魏立华，闫小培. 大城市郊区化中社会空间的“非均衡破碎化”——以广州为例. 城市规划，2006，(5)：55～60.

定差异，且都会导致大致相同的社会不良后果。

在北美地区，种族文化隔离与阶层隔离是关联的。一方面是精英阶层在舒适豪华的富有社区聚居，且近年来其居住空间一般通过防护、保安等不为外人接触，形成了所谓的防卫型社区（gated community，wyly，1999；Webster，2001）；另一方面是城市下层低收入人群、少数种族等，在贫困人群聚集的衰败社区中居住，尤其是美国黑人社区，由于其边缘化地位甚至构成了所谓“下层阶级”（underclass，wilson，1987；smith 1989）。这现象被一些学者称为“双城”（castells，1991）、“碎城”（Marcuse，1989）、“多极城市”（Kempen，1994）等。在美国，种族是社会隔离的一个重要原因，尤其是对黑人。Massey 和 Denton 在“美国城市中黑人和白人的空间行为”一文中总结道：“种族继续成为美国社会一个基本的分裂。然而不是种族自身……而是黑人种族”①。R. Fishman 在总结过去 50 年影响美国城市发展的十大因素时也指出②，各种种族隔离的方法使得为数众多的美国黑人新移民根本无法融入郊区中产阶层社区。他们中的大多数只能继续蜗居在城市内黑人棚户区，被社会学家称为“过渡隔离”：实际上是整个地被隔离在白人城市和郊区之外的特定地区，这里充斥着贫穷、犯罪以及社会无序的其他特征。

Herrnstein 和 Murray 也指出，美国城市里的下层阶级从地域上就注定了处于劣势地位，这种劣势既是空间分布上的，又带有种族主义的意味。这种邻里环境、种族间紧张关系是导致种族暴力犯罪的重要起因。

欧洲国家大多拥有相对稳定的社会福利制度，社会极化、社会经济隔离及空间不平等主要集中在阶层差异上，且其程度没有美国显著。贫困和衰落是导致居住隔离的主要起因。

在我国，随着社会结构的分化和全球化影响的到来，主要基于经济地位差异而导致的社会空间的分化已经成为当今城市居民日常体验的城市印象。如城市所谓高尚社区、别墅区的出现，浙江村、新疆村等移民村的出现。新城市贫困现象在特定地域的显现，大量封闭型社区的出现，进一步加深了社会隔离，阻碍了社会的交流与融合，不利于一个融合性社会的形成。

7.2.2.3 地域上聚集的贫困人口住区，容易成为社会不稳定及暴力犯罪的温床

我国城市中的贫困及低收入阶层，主要包括下岗职工、较早退休人员、进城农民工及其他一些特殊困难的群体。1990 年代以来，在城市经济迅速增长的同时，低收入和贫困阶层的数量整体上表现出较明显的增长趋势，大量的农村剩余劳动力涌向城市，进一步加大了城市中边缘社会群体的人口数量。在住宅商品化及房地产市场机制作用下，随着高收入居民向居住质量较高的住区迁移，建成年代较早的城市旧居住区、边缘动迁安置小区，政府投资兴建的经济实用房小区及廉租公房区、外来打工人口聚集的城中村等日益成为贫困人口聚集居住地。吴启焰、崔功豪通过对南京市 1992 年 201 片已销售的商业居住小区以及老居住区的实证研究，表明南京市存在六类居住空间，并由此确定出六

① Massey, D. S. and Denton, N. A. Trends in the Residential Segregation of Blacks, Hispanics, and Asians: 1970 ~ 1980. American Sociological Review, 1987, (2): 823.

② Robert Fishman. The American Metropolis at Century's End: Past and Future Influences. Housing: Facts & Findings, 1999, 4 (1).

种不同的社会空间群体①。其中两类，即郊区或市区危旧房的蓝领阶层；租郊区农房、多人合租城市边缘区危旧房或安身于建筑工地或自行营造棚户的农民工阶层是贫困阶层及其聚居区。刘精明、李路路通过我国部分城市的实证研究也发现，客观的社会阶层（由职业阶层、收入等级、教育水平三个变量来考量）位置与居住空间的分化有一定的一致性，居住于城镇边缘和老旧城区的多是客观位置较低的阶层②。

目前我国对低收入阶层居住的主要保障是建设经济适用房和廉租房，但是在建设中没有考虑居住空间分异的问题，如基于低成本的考虑，在偏远、通勤不便、环境较差的地区建设，从而形成弱势群体的空间聚集。以北京市为例，市国土资源局于2005年明确表示：东、西、北四环路以及南三环路以内的中心城区将限制建设经济适用房项目。目前，北京市70%～80%的经济适用房建设在城市边缘，甚至更远的郊区县。由于产业单一缺乏就业机会，加之基础设施不配套，特别是与中心城区缺乏高效快捷的公共交通系统，使远迁到城郊的中低收入人群的工作和生活受到严重影响。经济适用房选址的不合理，造成大规模人口日夜钟摆式的单向流动。北京北郊的回龙观及天通苑是两处容纳大量中低收入人群的“巨无霸”社区，其远离中心区、管理缺失、治安混乱，环境质量有待提升。

据张高攀的分析，2003～2005年北京经济适用房项目在城市各区域的分布比例为：

a. 城市边缘或郊区经济适用房（五环外）占68%；

b. 城区经济适用房（五环、三环之间）占22%；

c. 城市中心区经济适用房（三环、二环之间）占8.6%；

d. 旧城经济适用房占4.4%。

另一方面：从经济适用房潜在的购买群体分析，中心城区占有绝对的需求量，北京市的朝阳、东城、西城、海淀4个区域潜在购买群体约占总体的80%。

经济适用房的城市边缘布局，意味着中心城区及旧城中的大部分中低收入人群要迁出城外，大量的中低收入人群因迁出城外而失去更多的非正式就业渠道、社会联系和互助因素，也失去了所依赖的公共设施和服务环境，迅速降低了他们的生存适应能力，其生活质量非但没有改进，反而进一步恶化。由此产生社会心理失衡，增加了社会不安定因素。

张高攀．基于旧城改造背景下的经济适用房模式选择——以北京为例．城市规划，2007，(11)：71～77.

---

① 吴启焰等划分的南京市六类居住空间及其社会空间群体为：

a. 郊区高级别墅区的富豪阶层；b. 近郊区多层、市中心高层公寓区的上流阶层；c. 市区或近郊区商品房的中上阶层；d. 郊区或市区低档商品房、房改房的中级阶层；e. 郊区或市区危旧房的蓝领阶层；f. 租郊区农房、多人合租城市边缘区危旧房或安身于建筑工地或自行营造棚户的农民工阶层。

参见：吴启焰，崔功豪．南京市居住空间分异特征及其形成机制．城市规划，1999，(2)：23～26.

② 参见：刘精明，李路路．阶层化：居住空间、生活方式、社会交往与阶层认同——我国城镇社会阶层化问题的实证研究．社会学研究，2005，(3)：53～81.

在“美国城市与区域规划历史协会”组织评选出的过去50年影响美国城市发展的10大因素中，第10个因素就是“1960年代的城市暴乱”①。一直到现在，Fishman在论及影响美国城市未来发展的10大因素时，仍将“中心城和近郊区贫困阶层周而复始”（第4位因素）和“1945年后城郊一环区（First-ring）的衰退”（第7位因素）列为两大因素②，强烈地表现出对贫困家庭隔离于内城及邻近一环区所具有的破坏性的担心。2005年法国巴黎郊区的暴乱事件，也为这种担忧增添了新的注脚③。

在我国，随着社会分化的日益显著，城市“贫困聚居”现象也越来越突出，贫困聚居的分布从市中心到外围、再到城乡结合部，形成了遍布城区“马赛克”式贫困聚居镶嵌区。在这些贫困聚居的住区中，城市本地贫困阶层、外来低收入流动打工人员及其家属相互混杂，这种被P·霍尔称为“病态化”的城市贫困人口集中现象，进一步加重了该类住区的环境衰败；消费能力的低下使该类地区第三产业发展不充分，稳定的就业参与机会更少；治安环境恶化，进一步增加该类地区居民的不平等及被剥夺感，滋生仇恨心理，使该类住区容易成为滋生暴力和犯罪活动的温床。

7.2.3 规划调控策略

城市社会极化、居住空间隔离现象，作为贫富差距及社会不平等的一种空间表现，解决的根本途径在于国家的社会经济政策方面。如在发展市场机制的同时，要构建一种利益均衡机制，通过相关的经济社会政策，调节收入水平，建立失业及贫困救济制度等。城市规划作为一种公共政策，面对日趋明朗的社会阶层分化和居住隔离趋势，城市开发中各种各样的空间权益之争，亦可以采取相应措施，努力减少居住隔离，促进城市社会融合。

7.2.3.1 努力达成城市整体层面的居住优化布局，改变居住地域空间资源占有的不平衡状况，促进优质空间资源的社会共享

在城市整体层面上，对不同档次、类型居住用地的合理布局，如高档住区用地及普通居住用地的混合布置，将经济适用房小区用地相对均衡地分布在不同的居住片区，有利于居民公平地分享城市的空间景观资源及公共服务，避免空间资源及服务上的分配不公。将中低收入层占主导的普通住区用地分散在城市各个地域，有利于低收入阶层居民获得更多的信息，增加其就近选择住房及社会参与的机会，促进就业，并以此来改善其生活条件。

当前城市建设中的一个突出的现象，就是许多城市在规划建设中，经常把大量的普

---

① 杨贵庆. 读Robert Fishman《世纪转折点的美国大城市》及其对我国城市发展的几点思考. 城市规划学刊，2006，(2)：104.

② 杨贵庆. 未来50年影响美国大城市发展的十大因素及其思考. 城市规划学刊，2006，(5)：103~110.

③ 2005年法国巴黎郊区的暴乱，与城市规划政策有关。巴黎建设了很多城市廉租房，大部分都建在郊区。住廉租房的大多是移民、社会弱势阶层，因为公共设施缺乏，公共交通服务不足，形成一些比较封闭、独立的地区。由于这些原因，弱势群体跟政府之间的关系非常恶化，有30%的失业率，还有50%的人文化水平比较低，因此，社会暴力就容易发生在这些地方。

通住宅、经济适用房、拆迁安置房放在城市的边缘。据中规院调研资料①，北京70%～80%的经济适用房都在离城区比较远的地方。当然从市场角度，这样做有它的理由，因为这类住房价格相对便宜，选择低地价的边缘地区开发，符合成本效益的原则。但从空间资源分配角度看，这是一种不合理、不公平的现象。因为低收入弱势群体本身机动性能力就弱，在城市边缘地区形成隔离，交通可达性降低，出行不便，参与机会减少，会进一步降低其就业参与机会，加重其贫困状况。中规院的研究表明，北京回龙观经济适用房的一些居民因为就业及通勤的原因，又重新回到旧城内租用条件很差的住房以维持生计。因此，城市居住组织不能单纯从土地集约利用效率出发，也要考虑区位利益和低收入阶层福利。

同样值得注意的另一个现象是在城市近郊或远郊具有较高生态质量和景观品质的区段，如滨江、滨河、滨湖地段、山麓等，被大量所谓“高尚住区”占有，富有阶层由于具有较强的经济能力及交通机动性能力，往往捷足先登，形成一个个高档防卫型社区。

按照“空间的正义”原则②，一个社会的成员应能通过正常合法收入得到他应当得到的空间产品。如果房地产价格被资本和某些地方“联合”抬高到暴利的程度，那么实际上剥夺了公众对基本生存所需要的空间产品的享有权。同样，如果城市共有的优质景观及空间资源被某一强势阶层通过种种方式排他性占有，那么实际上剥夺了社会弱势阶层对优质空间资源的平等分享权。社会贫富悬殊、权利不平等，反映在人们占有生态空间上必然是两极分化，而生活空间独有的高显示度张扬着贫富的符号性特质，容易引起人们心理的极大不平衡性，进而造成社会分裂。对此，不能单凭市场机制发挥作用，规划要采取预先控制手段，控制出共享的景观生态用地，预留部分中低档社区及公益设施用地，满足城市未来发展需要，为营造城市未来的多质性社会共同生活住区创造条件。

7.2.3.2 鼓励实现异质居住区，创建混合邻里

社会和种族的融合进程可以通过不同种族和社会经济地位的人口的有意识混合——一种强制的异质来帮助实现，这是西方国家已经尝试过的经验。

欧美国家为改善低收入者的居住状况，长期以来一直推行以政府为主导的公共住房计划，通过政府专项资金支出、社会资金投入和政府的优惠鼓励政策相结合等多种办法，成功地建设了许多公共住宅单元，缓解了低收入者住房的供需矛盾。但公共住房政策在一定程度上促进了低收入者聚居邻里的相对集中的趋势，引起相应的环境及社会问题。自1970年代起，美国一些地方政府通过土地使用控制和免税政策，试图将低收入阶层的住宅整合到中高收入阶层邻里中去，联邦政府也改变了以往集中建设公共住房的做法，转而以不同的收入阶层混合居住作为其发展策略，为此，国会颁布新法令要求新社区建设应以分散低收入阶层的空间集聚为目标，“……减少低收入居民在社区和空间上的疏离，通过为低收入居民提供住房，实现其空间上的分散化，以此增加和提升社区的多样

---

① 李晓江．和谐规划自由论坛．城市规划，2006，(12)：75.

② 所谓空间正义，就是在空间生产和空间资源配置中的社会正义。进入高速城市化阶段的中国，空间生产及空间资源成为资本逐利、公民空间权益、政府制度设计三方博弈的主要战场。以资本为核心、以效益为导向、以制度公正相对缺失为条件的空间生产，必然会损害公众的空间权益，缺乏“空间正义”。

性与活力；恢复败落社区的生机，吸引较高收入的居民到败落地区居住”（Grigsby，et al. 1987）。法国政府针对移民、弱势阶层住房难问题，在2002年也出台了一个法律，要求每一个城市里面，至少要有20%的廉租房，分成不同的层级，且要求在一些房地产项目中要有一部分住房给政府作廉租房，使廉租房不至于与正常住区完全隔离。瑞典早在1970年代，就开始将住房混居作为其住房政策的目标之一，住房混合和居住混合模式是社会民主党住房政策的核心（Musterd & Andenson，2005），一方面，多样化成为规划重要指导原则，多样化社区强调多样性的人群结构、多样化的景观、房屋设计、差异化的价格、混合的功能、明晰的公共领域等。

混合居住模式是将不同收入和阶层的居民在邻里层面结合起来，形成相互补益的社区，尤其是对低收入群体来说，使之不致被排除在城市主流社会生活之外。尽管在美国，由于种族因素及根深蒂固的隔阂，使其社会效果仍存在争论。但多数社会学家认为，基于社会公平的价值观，低收入者应该与高收入者享有同等的生存与发展条件，混合不同收入阶层的居住模式，至少为低收入居民提供了平等的外部社会经济环境，为其自身社会经济能力的提升创造了同等的外部机遇。如适度的多样化混居可使低收入阶层享受到较好的公共服务，尤其是高质量的中小学，以减少其子女再度陷于贫困的机会。

我国不存在类似欧美国家的种族隔离及居民文化差异问题，居民共同的文化背景，使我们有比西方更为有利的优势来推动异质性混合住区的建设。建设部、国土资源部等九部门在近年发布的《关于调整住房供应结构稳定住房价格的意见》中出台了一系列调控房地产市场的举措，其中尤其提出各地应重点发展满足当地居民自住需求的中低价位住房，新批、新开工项目套型建设90m^{2}以下住房必须达到70%以上。这种政策要求，使我国大城市居住空间混合格局的出现已经有了潜在的条件。通过有效的规划控制手段实现居住的混合，可以改善低收入群体的生活环境质量，扩大其社会网络及社会资本，使其受到良好的社会行为准则的影响，减少犯罪活动。同时，低收入群体还可以得益于更多的就业机会、教育设施、安全性及更好的地区社会服务。从更高的一个层面上看，城市异质居住区的建设将有利于社会各阶层公平地分享社会资源，帮助弱势群体和促进社会各阶层的相互交往和理解，从而促进社会整合和社会可持续发展。

7.2.3.3 加大贫困人口住区的公共设施投入，缩小住区外部环境条件的差异

国外有关研究表明，贫困人口聚居区多由四个方面因素造成：社会排斥、通勤贫困、环境枯竭和地点不可达性，且国外贫困集聚的社区多出现在内城及近郊的一些地段。美、英、澳等国的城市弱势群体一方面与公共住房分布相联系；另一方面，也有一些私房区的弱势群体，特别是在大量出租私房的社区。

我国贫困人口住区大多分布在衰败的旧城住区、建成年代较早但所依托企业已破产或效益不好的单位福利房区、外来农民工大量聚集的城市边缘出租私房区、“城中村”，以及部分经济适用房及廉租公房区。这类住区面临的共同问题是各类公益性公共设施、市政基础设施不完备，服务水平低下，物质环境衰败，部分边缘住区交通可达性低。

解决城市人口极化及居住空间分异问题，很大程度上取决于如何解决贫困人口住区的问题，为此，规划应采取适当的措施：

①非居住空间资源的分配对社会公平意义重大，尤其是公共设施，如娱乐、教育、卫生保健、文化设施，以及市政基础设施、交通设施。因此，规划要重点关注这些设施分配的合理性及公正性。市场经济体制下的内城旧居住社区复兴、衰败的单位制社区更新、"城中村"改造得以开展的一个必要条件是其区位的增值潜力，开发商的开发是有选择性的。如内城人口高密度造成居住拆迁的高成本，若没有政府补贴，市场不会自动选择更新。对于目前区位土地增值潜力不高的贫困住区，政府可以提供优质公共产品来增强其潜在价值，如搬迁有污染企业、增加绿色开敞空间、改善交通可达性条件、优质教育医疗机构的进驻等。但当今状况下，政府要确立适度倾斜政策，加大贫困人口住区的公共资金投入，提高此类住区的公益设施完备程度和服务水平，改善社区服务。此外，残疾人、少数民族等弱势群体对住房、社区服务、健康保健和教育等方面的特殊需求，必须认真考虑并予以满足。

②推动贫困人口住区环境更新，关注环境公平。贫困人口住区普遍面临建筑破损、环境衰败、乱搭乱建严重、公共卫生条件恶劣等问题。而且，此类社区还常受到在附近布置有污染的工业及垃圾处理设施等环境不公平待遇。因此，政府应加大该类住区规划管理力度，制定有效可行的改造规划，采用多种途径促进该类住区环境更新。如制订优惠政策，鼓励原居民在统一规划下自我改建，政府出资对住区建筑外环境、市政基础设施进行改造；引入房地产投资，对部分旧城住区进行特色化更新。

7.2.3.4 扩大经济型住房的供给，为弱势群体创造更多的选择与分享的机会

从规划政策层面引导及控制城市土地开发，为弱势群体解决居住问题，一直是国内外城市发展的基本策略之一。西方国家有公共住房及廉租房的发展政策，我国有城市经济适用房政策，对解决低收入群体住房不足问题起到了一定的作用。目前，以城市本地弱势居民为对象的经济适用房及以外来农民工为对象的廉租房在实际操作中均出现了一些问题。

北京市天通苑经济适用房"惹争议"

2005年6月北京市天通苑经济适用房公开发售，2650元/m^2，数千人排队苦等两昼夜。经济适用住房，是指政府提供政策优惠，限定建设标准，供应对象和销售价格，具有保障性质的政策性商品住房（《经济适用住房管理办法》，2004年5月）。原应优先考虑住房困难的城市低收入阶层，并按居住条件优劣和收入预期排序，而非"排队"甚至"摇号"的发售方式，这必然造成很多经济适用房不能被最需要的人认购。从本质上说经济适用房是"带有福利性质的商品房"，初衷是解决城市中低收入群体的居住问题。低售价源于政府在税收、土地、财政等方面的优惠或补贴。经济适用房供应对象的设定范围为具有北京市城镇户口、家庭年收入在6万元以下的无房户或住房不达标户，鉴于经济适用房供给量少，可购者范围宽泛，难于界定核实；购买者的资质审核权却下放给开发商，"违规购买"现象严重，出现了经济适用房"经济了谁"的争议，即：①经济适用房应首先确定某一特定群体的优先购买权，如内城更新的拆迁户；②把政府兴建经济适用房的钱拿来直接对城市低

收入阶层进行货币补偿，通过市场体系来解决住房问题；③缓解经济适用房供求严重失衡状况，成立专门的不以营利为目的国家开发商来实现经济适用房的建设和发售；④优化经济适用房的区位，改善公共配套设施，既要“经济性”，更要“适用性”。

长沙市廉价农民工公寓“遭冷遇”

2004年作为国家建设部探讨进城务工农民住房问题试点城市之一的长沙市选址城郊边缘带，由政府投资7500万元兴建农民工廉租房公寓（公寓式集体宿舍）。小区环境优美、配套设施完善、实施社会化的物业管理，提供公共食堂、水电维修等各服务，租金低廉，单层床月租金70元/月·人，双层床50元/月·人。但竣工半年多来，鲜有农民工问津，原因是：①苛刻的不切实际的入住条件：“入住廉租房的农民工必须月均收入800元以下、在市区无自有房屋、被用工单位录用在岗一年以上、且劳动合同经劳动和社会保障部门备案（《长沙市人民政府关于改善农民进城就业环境的意见》，2005年1月）”，进城农民很少在岗一年以上，且有符合其条件的劳动合同；②偏僻，通勤费用太高，往返4元/天的通勤费和时间损耗令其难以接受；③集体宿舍式的公寓为单身汉设计，排斥携带家属的进城农民；④未掌握农民工的作息规律和地域分布特点，忽略了他们多样的个性诉求。值得注意的是，农民工廉租房公寓设立的初衷以营利为目的，以每个房间6张床位，每个床位50元/月·人折算，每个房间月租金300元，并不比市场价格低多少。

经济适用房政策的不完善，主要还是政府管理不到位的问题。从社会发展需求看，随着人口总量的继续增大，农民进城趋势的势不可挡，城市低收入住房困难状况在短期内不可能改变，仍需扩大经济型住房的供给。国家制订政策，限制规定在城市新开发住宅区中，$90m^2$及以下的住宅户型要占70%，这是2006年房产新政之一；国家继续加大对经济适用房、廉租房开发的支持力度，也是十分必要的。从城市规划技术性角度，在规划中要明确城市经济适用房、廉租房用地，合理选择、预留经济适用房用地，也是城市经济适用房政策取得成功的重要保障之一。

7.3 城市公益设施布局

城市公益设施主要包括文化、教育、医疗卫生、体育及科技设施等公益性公建设施，以及水、电、路、燃气、供热等市政基础设施。这些都是城市建设的重要组成部分，是城市居民学习、生活和交流必不可少的物质基础，健康生活方式的空间支撑，其建设水平充分反映了城市经济与社会事业发展的整体水平。

7.3.1 理论基础

城市公益设施建设是城市公共利益之所在。现代经济学对公共利益的认识与“公共物品”（Public Goods）[①] 这一概念紧密联系，公共物品是公共利益的物化表现形式。公共物品是与“私人物品”（Private Goods）相对而言的。私人物品是指那些可以分割、可供不同人消费，并且对他人没有外部效益或成本的物品。公共物品则是不论个人是否愿意购买，都能使全体社会成员均可获益的物品，是有外部正效应的物品。

城市公益设施具有公共物品的基本特征。首先，公益设施的使用具有非排他性，可以供任何有能力且有兴趣的个人或集体消费和使用；其次，公益设施的使用具有非竞争性，每个人对公共物品的消费取决于该公共物品向社会提供的总量，但一个人的消费不会减少另一个人的消费。由于城市公益设施所具有的这种公共物品性质，依靠市场机制，很难提供城市公益设施的有效供给，所以需要集体行动，有组织的供给方式才能得到满足。政府通常成为城市公益设施的有效供给者。

政府通过公共投资建设城市公益设施，目的是为全体市民提供公共服务，但对中国这样一个经济还不够发达的国家而言，公共投资是有限的，很难完全满足全体市民对公益设施多层次、多样化的需求，且存在公益设施布局的不均衡性，这样必然会造成不同地域居民对公益设施的空间可达性、所享受到的服务水平的差别。如何在有限的物力财力条件下，合理配置公益设施，为全体市民提供相对“均等”的公益服务，就涉及社会公平问题。

国外城市社会规划中一般都包括社会公共服务规划的内容[②]。社会规划的一个普遍目标是提高社会生活质量，G. Golany 在总结社会质量（quality of society）的评估要素时，就提出“社会服务的区位和接近度，尤其是教育和儿童设施”、“社会和教育服务的质量”、“地方机构的质量和多样性”、“健康服务的全面性和可达性”是社会质量的重要影响因素[③]，这也反映了公益设施及公共服务对社会生活质量的影响。公益设施的作用不仅仅在于为居民日常生活提供服务和交流的场所，它同时还有助于改善住区环境、提升社区形象、缓解城市交通压力、增强居民认同感，对于建设可持续发展的和谐社区有着重要意义。通过完善的社会公共服务规划满足居民日常和长期的生活需求，是城市社会规划中最为重要和基础的部分。

综上所述，从社会发展角度，城市规划必须重视城市公益设施建设的原因就在于：

①城市公益设施的合理配置有利于社会平等及社会公平；

②普遍提高城市公益设施的完备程度及服务水平，将有利于提升城市的生活质量；

③良好的城市公共服务有利于培养共享的价值观念，增进居民的家园感及自豪感，促进社会交往，营造一个公众积极参与的社会；

---

① “公共物品”有时又译为“公共产品”或“公共用品”。

② 国外城市社会规划尽管千差万别，但普遍都包括下列三方面内容：

a. 社会公共服务规划；b. 对社会优先权和社会关注的重视；c. 公众参与。

参见：Midgley J. Piachaud D. eds. The Fields and Methods of Social Planning. London：Heinemann Educational Books，1984.

③ G. Golany 提出的社会质量评估要素共 14 项。参见：Golany G. New-town Planning：Principles and Practice. New York：Wiley，1976.

④加大共享的公益设施建设，有利于创造安全平等的社会环境，减少犯罪，增进社会安全。

7.3.2 主要问题

7.3.2.1 城市公益设施配置的完备程度及服务水平，不能完全满足社会发展及居民生活的需要，影响到城市生活质量的提高

完备的教育、健康、文化科技设施及市政基础设施是影响生活质量的客观因素，文化品位及高水准的社会服务是营造高品质城市生活不可或缺的重要条件。

在过去计划经济时代，城市基础设施和服务设施均被视为“非生产性投资”，长期处于投资及供给不足的境况。近20年来，城市公益设施建设有了质的提高，但仍难以满足居民日益增长的物质及文化生活需求。究其原因，一方面是由于公益设施主要由城市政府投资，而公共投资始终难以完全满足城市发展的需求，这是世界上的普遍现象，对于中国这样一个仍不发达的经济体而言更不会例外；另一方面，我国正处于城市化发展的加速时期，很难完全满足飞速增长的城市人口不断上升的公共服务需求。表现为城市中的看病就医难、就学难、文化设施缺乏、场地紧张、设施老化和陈旧等问题。如武汉市主城区各级各类中小学校561所，但用地达标学校仅221所；最后，我国目前市场化的城市开发建设方式，也使城市公益设施建设面临着困难。表现为开发建设单位“重环境、轻配套”，开发商常常以“生态”、“景观”作为卖点，希望通过良好的绿化环境吸引住户，而往往忽略公共设施配套建设，尤其是公益性公共设施更是无人问津。文化科技、健康保健等公益设施的不足，严重影响到我们建设健康城市、文化性城市等发展目标的实现。

7.3.2.2 城市各地域公益设施配置完备程度及服务水平差异突出，导致社会不公

城市公益设施具有公共性、共享性以及公共投资性质，其配置必然会对社会平等及社会公平产生影响。实现城市建设中的社会公平，其中一个重要的内涵就是要使全体市民能够“均等”地使用各种公益设施，享受到比较均等的公共服务。这不仅只是一种权利，而且内涵着全体市民对这些公益设施应有相对均等的空间可达性。

我国城市公益设施资源在空间配置上的不平衡，突出地表现在下列方面：

（1）中心城与边缘区、外围新区在公益性公共设施完备程度上的差别

近20年来，我国城市发展是以外围新区拓展为主，多数城市用地规模扩展都在一倍以上。但多数城市高质量的文化、教育、医疗设施仍集中在老城区，如好医院大多集中在老城区，中心城内小学等教育设施也较为密集，而在边缘区、外围新区等城市新开发地区，居民最为关心的医疗设施、中小学校教育设施却配建不足，且“声望”不高。究其原因，在于新区开发是以房地产市场投资为主，公益设施建设由于经济收益不高，投资商缺乏投资热情，对于小区开发中必须强制配建的基础教育设施、社区文化设施等，投资商也千方百计压缩规模，甚至逃避建设。

（2）在衰败的旧居住区、外来人口集中的边缘区、“城中村”地区等贫困人口聚居区，公益设施严重不足，服务水平低下

一方面是历史遗留下来的旧城住区，或建成年代较早的工业企业职工居住区，各种配建设施标准低，市政管线严重老化，近20年来又缺乏维护更新，公益服务水平低下。另一方面是在近20年来快速城市化进程中，社会弱势群体、外来打工人员等边缘社会群体自发聚居的城市边缘区、“城中村”地区，各种公益性公建设施建设几乎是空白，市政基础设施也缺乏统筹的规划建设，自发的密集的建设方式，使区内道路不畅、出行不便、交通可达性低。

一些地方政府领导人片面的“政绩观”，使其只关注于“锦上添花”的形象工程，热衷于修建“大马路”、“大广场”、“景观一条街”等，而不做“雪中送炭”的民生工程，没有将公共资金投入弱势群体、边缘社会群体住区的环境改造、公益设施更新及建设。这也是造成贫困人口聚居区公益设施配建不足、服务水平低下的原因之一。

7.3.3 规划调控策略

7.3.3.1 注重城市整体层面上的公益设施的合理配置，提高城市社会公共服务水平

在当今社会背景下，城市公共资源管理和公共物品供给不足的问题并不主要是由城市规划所致。改革开放20余年来，政府将资源更多地用于竞争性领域，而教育、公共医疗卫生等直接影响到居民生活的社会发展项目和社会公共服务领域得到的公共财政支撑不足是其主因。尤其是部分公共服务市场化后，政府往往藉此逃避其对公共产品供给的责任。但规划也必须检讨其自身的责任与不足。

随着现代社会人民生活水平的不断提高，对城市公共服务提出了更高的要求。城市规划的重要责任之一，就是要在城市整体层面上，对城市公益设施进行合理的配置。

公益设施的合理配置，首先体现在城市公益设施类型的多层次、多样化上。每一类公益设施，都会有市级、区级、社区级设施等层次差别，完备的各级各类公益设施配置，是城市公益设施合理配置的基础。随着现代社会的发展，人们生活的选择性增强，对公益设施的多样化要求相应提高，特色化、个性化的公共服务受到普遍欢迎。例如文化设施，既要关注图书馆、博物馆、美术馆、艺术中心、杂技厅、纪念馆等市级文化设施建设，这些是城市文化的窗口；又要关注具有居民使用便利性的街道、社区文化活动设施及场所建设；同时，还要积极发展民众乐园、文化博览园等具有游览、参与功能的特色化文化活动设施。

公益设施的合理配置，还体现在空间分布的均衡性上。城市规划要努力改善城市各地域公益设施配置的不平衡状况，缩小中心城区与外围新区、城市边缘区的差别。应在新区建设中强制配套必要的公益性公建设施，加大城市边缘区、城乡结合部等地域的市政基础设施投资，普遍提高城市地域的公共服务水平。要注意各类公益设施分布与居民分布的关联性，防止部分地区设施供过于求闲置浪费而部分地区供不应求的情况。如许多大城市旧城区中小学教育设施容量过剩，生源不足，老师超编，而外围新区却普遍存在上学难问题。要鼓励形成多个同级公益设施横向联合、多个不同级公益设施纵向联合的网络化公益化公益设施区片联合体，使公益设施呈组团形式与社区协同发展，各类设施呈片区达标，最终形成“蜂巢”状均质分布、整体性强、可持续发展的全市公益设施空间布局框架。

公益设施的合理配置，也体现在公共性产品的属性及量的规模上。在目前社会环境下，城市公共产品经常出现过度市场化的现象。当原来以千人指标配建的医院、中小学，逐步变成民营、私营、贵族学校或医院之后，福利性的城市公益设施的供给就会不足，造成中、低收入阶层就学难、就医难。因此，规划有必要在土地使用规划控制中，明确城市公益设施用地属性，通过技术指标的确认，守住城市公益性公共设施指标的下限，满足普通公众的需要。

7.3.3.2　加大投资倾斜度，重点建设公益设施薄弱的贫困人口聚居区，彰显社会公平

城市贫困人口不仅是收入低下，而且还反映在贫困人口无法得到充分的就业、就学、就医、各类社会保险和卫生、供水、供电、电信、交通等基本生活服务。例如，交通既可以成为创造自由的工具，也可能成为制约城市机动性发展的束缚，贫困人口普遍存在的机动性能力不足，是造成其失业、社会参与机会缺乏的重要原因之一。在不平等状况不断加深的中国当代社会，实施公共交通优先发展战略，努力改善贫困人口聚居区的空间可达性条件，增加穷人的易达性，并支付得起城市设施的费用，推行有利于社会融合的交通政策，对于降低社会不平等的程度具有重要意义。

从更广泛的意义上看，城市公益设施及公共服务由政府提供，理应为全民共享，对局部地域，尤其是贫困人口聚居区投入不足，实际上是一种变相的社会排斥及社会歧视。因此，规划要确立适度的投资倾斜政策，注意重点加强贫困人口聚居区的公益设施配套和服务水平的提高。对外来人口聚居的城市边缘区、城中村地区，要结合环境整治及改造，增设与居民生活密切相关的中小学校、医疗服务等公益性公共设施，改造道路及市政基础设施，全面提高此类地域公共服务水平。对衰败的旧城住区，以及建成年代较早的企业职工住宅小区，重在改造其日益超负荷运转的、老化的市政基础设施，维护、整治及扩建住区内公益性公建设施，如扩大中、小学用地。城市政府也要加大对贫困人口聚居区公益设施资源的维护及发展支持，以此体现“执政为民”的管治理念，彰显社会公平。通过加大弱势群体聚居社区的公共设施投资，缩小其与其他社区外部环境及服务水平的差异，减轻一部分人的被剥夺感，可以避免形成滋生犯罪的社会环境。

7.3.3.3　科学地确定社区公共服务设施规划标准，创建和谐社区，增强社区的社会凝聚力

社区是城市社会的基本组织单元，是城市社会生活共同体的主要载体之一，社区公共服务设施不仅为居民日常生活提供服务和交流的场所，它同时还有助于改善住区环境，提升社区形象，增强居民认同感及向心力，增进社区融合。

由于现行的市场开发背景，政府逐步淡出经营领域，多数住区是由社会资本投资开发。开发商对住区内公益性配套设施的投资积极性不高，常常只建有利可图的商业服务设施等营利性设施，而对福利性的教育、医疗卫生、公共服务管理等设施则尽量逃避建设义务。规划应区分社区公益性与经营性公共设施的区别，科学确定不同规模社区教育、医疗卫生、文化、体育、社区服务、社会福利等公益性公共设施配套项目的类型、规模，确定社区公共服务设施优化布局模式，在加强规划引导的同时，加大规划的执行和管理的力度，确保公益设施项目的建设落实，通过增加社区各类公共设施的共享性，提升社区居民的生活便利程度，增强社区的内聚力，促进社会和睦。

7.4 城市旧城更新

1990年代以来，随着我国城市经济的普遍增长及城市化质量的提高，旧城更新被提上政府的议事日程，一些特大城市率先实施了一批有影响的旧城更新项目。但从总体上看，我国城市旧城更新仍然是推进乏力，且社会各界对目前城市旧城更新实施的绩效仍存在广泛的争议。

7.4.1 理论基础

西方国家工业化以来旧城更新实践大致经历了三个阶段。20世纪初期的第一代旧城更新运动，主要表现为纯经济利益取向的用地功能置换；"二战"之后的第二代旧城更新运动，是以清理市中心的"贫民窟"为初始目的的大规模推倒重建，但物质环境的改善并未使旧区恢复活力；1970年代后的第三代更新运动，为缓解郊区化带来的严重社会空间隔离问题，采用人文主义的社区开发方式，取得了一定的成效。西方后工业化时期的城市更新的重点已转向社区环境的综合整治、社区经济复兴及就业机会创造，以及居民参与下的社区邻里自建。总的趋势是更加重视从社会改良及经济复兴角度推进旧城更新，注重旧城更新的社会绩效。

在今天我国的城市改造中，政府官员的政绩需要和房地产商的利润最大化原则成为旧城改造最主要的动力源泉，见缝插针式的改造、沿街"一层皮"式改造和成片推倒重建成为旧城改造的主要形式。这种有选择性的、外科手术式的旧城更新方式，带来多方面不良效果：城市中心区迅速变成地价、房价的高地，而原居民被大量迁往城市边缘和远郊；巨大的拆迁成本，使建筑及人口密集的旧城住区无人问津，而部分质量尚可的旧城主要街道两侧却反而得到开发商的青睐；"破旧立新"式的拆除重建使旧城历史风貌特色逐渐丧失，城市失去多样性基础……。

旧城更新中的种种问题，要求城市规划必须从社会发展角度，重新审视旧城更新活动。这种重新检视的理论基础在于：

①改善旧城人居环境，提升旧城公共服务水平，有利于社会平等及城市整体生活质量的提高；

②注重旧城弱势社会群体利益的维护，有利于社会稳定，彰显社会公平；

③保护旧城传统风貌特色作为城市多样性基础，有利于多样选择及建设文化性城市目标的实现。

7.4.2 主要问题

7.4.2.1 旧城设施的超负荷运转及环境衰败，不利于城市整体生活质量的提升

我国旧城普遍存在布局混乱、房屋破旧、居住拥挤、道路狭窄、环境污染、市政基

础设施老化等问题。改革开放后，在地价规律作用下，城市中心地区的土地功能置换取得了一定成效，旧城部分地域如商业街区，主要道路沿街面地段有了较为明显的改善。但对于点多面广的旧城居住街区、衰败的工业仓储区，历史遗留问题积重难返，且呈进一步恶化趋势。

旧城物质环境方面问题突出地表现在下列方面：

（1）住房拥挤与房屋破旧仍十分严重

我国许多城市破旧房屋的数量长期居高不下。北京 1992 年对城区七个区调查统计，需改造的危旧房建筑总量达 1612 万 m^2，1990 年代初，北京市开始有组织地对市区成片危旧房改造，但至 1990 年代末，实际完成改造的危旧房区只有 33 片，仅占已确定的危改区 297 片的 11.8%，共拆除危旧房 360 万 m^2。

（2）基础设施滞后与不足与日俱增

我国旧城区市政基础设施大多是解放前以及计划经济时代建成并遗留下来，道路狭窄，市政管线老化，配置标准低。近年来，随着旧城人口及设施容量的迅速增加，人们物质生活水准的迅速提高，旧城基础设施普遍超负荷运转，致使旧城水、电等市政服务水平低下。

（3）旧区再开发地段容量过大带来环境恶化

由于旧城改造成本巨大，目前旧城再开发多趋向于高容量开发，这种高容积率、高密度的开发方式导致旧区绿地、停车用地、活动场地缺乏，旧区再开发并没有带来真正的环境改善。

旧城的衰退一方面是旧城物质性老化、功能性衰退及结构性衰退的结果；另一方面也与缺少城市建设资金投入、政府及社会对其忽视相关。改革开放以来，我国城市发展是以人口规模扩展及地域空间拓展为主要特征，城市开发资金大部分流向新区开发领域，其结果自然是加速了旧城的衰败及对旧城居民更深层的社会剥夺。相对于城市新区或高尚住区良好的人居环境质量，旧城环境的衰败，是城市居民不能平等地分享经济发展成果，改善生活质量的典型例证，它也不利于提升城市整体的生活质量。

7.4.2.2 旧城更新过程中对弱势社会群体利益的损害，有悖于社会公平原则，危及社会稳定

对多数旧城而言，旧居住区是其构成主体。我国多数旧城居住区在经历了解放初人口的剧增、文革时期的破坏、1990 年代后外来人口进城及城市职工下岗转产的过程后，拥挤及损毁日重，多数建筑的保护价值可说是丧失殆尽了。经过多年的居住流动，至今仍生活在旧区的居民多半是没有能力脱离这些地区过上理想生活或依赖旧城区社会经济网络生存的中低收入者，他们无力自主地改善生活及环境条件，迫切希望政府组织实施旧城更新。但现实中的旧城更新又让他们陷于新的困境：

（1）家园的失却

对旧区“保护”式的小修小补无益于从根本上改善旧区居住环境，而更多的“一揽子”大拆大建式改造，虽然能使旧区“旧貌换新颜”，但众多的中低收入居民却发现他们不再是原家园的主人。

城市旧区通常占据着市中心边缘的有利区位，随着城市功能的提升及用地功能的置换，市中心“退二进三”政策的实施，越来越多的旧区地段被拆建成大型商业设施、办公楼、高档公寓及休闲娱乐场所。这种旧城结构性调整的结果，经常是以旧城居民失去原家园为代价。

国内旧城改造的样板工程，如北京的菊儿胡同改建，因其对历史的继承和创新而赢得广泛声誉；上海的新天地项目，以中西合璧、新旧结合、兼具传统风貌特色及现代化功能设施而广受学术界好评。但更多的普通百姓的反应是：这些改建地区好是好，但住不起！

不能否认，在旧城改造的早期，实施“退二进三”的政策为城市中心区功能及结构的优化奠定了基础。但是发展到今天，纯粹以市场为导向的旧城更新已经有失控的倾向。如果不分青红皂白，以“拆一赔一”、“全体搬迁”或单方面制定标准的“货币补偿”等方式来强制更新，其结果将会是旧城住区为数众多的中低收入居民被赶出世代居住的家园，那些动迁到城市边缘的中低收入居民，在购物、教育、文化、交往、医疗、就业等方面均需要付出长距离出行的时间成本及经济成本，并导致其获得应得社会服务的权利匮乏及机会缺失，加重了其贫困状况。

以北京大栅栏改造为例。北京市规划委员会计划2008年大栅栏将以全新的面貌迎接奥运：所有破旧的危房烂房都按照原来的风貌得以修复或复建；市政设施将全部按现代化配套；著名的老字号商家和戏楼将会得到保存更新。由此判断，改造过的大栅栏将会很“宜居”。另一方面，在西城区，回迁房价一般不低于7000元/m^2，买一套两居室70m^2至少需要50万元以上，而目前居民拆迁补偿一般高额也就30万元/户左右。多数拆迁户还是很难承担得起。因此，薄弱经济购买力已成为回迁的最大障碍。

(2) 谋生环境的消失

我国从宋代出现商业街以来，商、居混合的城市传统就逐渐发展起来，在旧城区以小商品经营为主的经营模式极为盛行，甚至形成一定的规模，以市场街等各种形式进行着规模经营。现今旧区居民中，有一定经济能力的部分户主，对社区资源的依赖性不强，已搬迁到环境条件较优越的新区，而把旧屋出租以收取租金。仍然留在旧区的多数是处于经济上较低水平的一部分市民及外来承租户，他们除了没有离开旧住区的能力外，更深程度上还依赖着旧区提供的经济、社会网络来生存，他们的职业与旧区的经济、社会节点密不可分。

有学者对北京国子监地区的调研证明，低收入人口与繁荣的中小型商业之间正好形成一种就业平衡。该地区容纳的就业人口中，约70%左右从事个体或“三产”工作，而从事个体或“三产”工作的就业人口中，约80%就居住在本地区。这一调研结果说明，旧区人流密集的区位环境，以及历史形成的社会经济网络，是旧区低收入居民谋生的依托。街角边的小店、社区中的小型手工作坊，也许就是社区中某些贫困家庭生活的主要来源。

目前的旧区更新，无论是改造成贵族化的高尚住区（如上海新天地）还是大众化的高密度小区，或是“扫荡”旧城违章建筑的城市环境整治，这种低收入居民所赖以生存的传统经济网络多数已不复存在，被迫外迁“安置”的居民，更是失去了收入的来源。

任何一座城市的权力者们，他们无一例外地希望城市能够按照预期的规划，干净利索地“穿衣戴帽”，彻底快捷地“小区化”或“园林化”。在他们看来，我们的城市到处都充满着令人瞩目的违章现象，到处都存在着让美好城市难堪的地表疮疤。所以，和“违章”斗争，是城市建设的一大任务。

……一般而言，那些处在底层的城市人，他们的“违章”几乎是迫不得已的，同时又充满着奇异的创造力。……，和可怜的空间蚕食相对照的是对空间利益的大规模的重新分配。人们把这种重新分配称之为“旧城改造”，……，我们总是指责空间蚕食这种“违章”，看到这种“违章”对城市外观的破坏，比如说对“城中村”的责难，以为它是“伟大城市”的地表疮疤，是城市藏污纳垢的可怕场所，却偏偏忘记了空间利益重新分配中的一连串恶果。……。拆迁的本意是改变空间的使用性质，是名副其实的“圈地”运动，是创造飞速发展的国民经济发展数字的根本保证。……随着土地交易的进行，随着土地性质的改变，一代富豪也迅速成长起来，……。拆迁的代价还有一个，那就是让贫困化日见明显。城市贫困者是中国城市现代化的边缘人群，他们有原本的居民、本来就从事底层的工作、有突然之间成了下岗工人的“吃皇粮者”；有待业群体和失业人群。其中还有很多外来移民，他们从贫穷的乡村大批地涌向城市，寻找着比乡村略好一点的生活方式。这些人构成了城市的另一面，让伟大的城市总是显得不那么伟大。这些人共同填补了城市已经无人想干的低端职业，从事着类似清扫城市垃圾之类的工作。他们是边缘的群体，是外来的群体。边缘的几乎无法重新主流化，外来的也根本就无法回流。边缘群体只能呆在原来的地方，并且随着一次又一次的拆迁而一次又一次地被边缘化。至于那些原来的乡下人，他们来到城市，靠着城市谋生，所以就渐渐失去了乡下人的身份。但他们是城市人吗？肯定不是。他们仍然是外来人，是移民，受到城市的强烈排斥。这些人只能是城乡二元化的牺牲者。当然，有一条是所有生活在城市的人们都能共享的，那就是亲眼目睹现代化的剃刀是如何把一座丰富多样、充满着传统意味、有着漫长历史的城市修剪成了“青春小白脸”。

老城区的老居民们同样逃脱不了边缘化的命运。在迅速的拆迁面前，他们一夜之间就变成了城市现代化的遗留物。如果拆迁还没有降临，那他们就只能呆在破旧的城区里，呆在注定要、或迟早要被拆迁掉的老房里，等着下一场的拆迁运动。他们的日子就是这样，生活成本不高，生活区域熟悉，对城市的记忆和对生活的体验融为一体。然后，突然有一天，通知下来了，拆迁于是就变成不争的事实，而且没有商量的余地。

杨小彦. 城市生长的隐喻. 读书，2006，(2)：65 ~ 71.

(3) 社会网络的断裂

旧城在长期发展过程中不仅留下了丰富多彩各具特色的文明烙印，而且长期生活在其中的居民通过千丝万缕的联系而形成了复杂的社会网络。如北京的四合院、上海的里弄住宅，它们所采用的公共空间—半公共空间—半私密空间—私密空间的秩序组织方式，使这些旧居住区具有强烈的地域感、认同感和安全感，容易产生出亲密的邻里关系。更为重要的是，这种社会网络也是维护旧城社区活力，帮助低收入居民谋生的背景环境。

由于历史的遗留问题，旧城住区住宅多为建设时间较长的1～3层低矮院落式组群建筑，经过多年的乱搭乱建，建筑布局较为混乱，房屋的破败使其更新与重建势在必行，而大多数推倒重建的旧城住区却未能延续传统的社会学意义，随着原居民的外迁，或被重新回迁到改建后的多高层住宅小区，大多数中低收入居民原有的社会生活网络已不复存在。

上述旧城更新中对弱势社会群体的种种利益损害，导致旧城居民从1990年代初的对拆迁改造的欢迎态度，演化到目前对拆迁改造的抵触情绪日益高涨，拆迁纠纷日趋增多，成为社会不稳定的一个新因素①。

旧城更新，改善民生，这本是彰显关爱，赢得民心的好事，不能使之成为失却民意的坏事。在旧城更新中，受影响最大、争议最多的是那些收入不高，主要依赖这片土地生存的弱势群体居民，如果不能保护他们的基本权益，必然进一步加剧社会不平等，损害社会公平。

7.4.2.3 旧城历史风貌特色的逐步丧失，使城市失去多样性共存的物质基础

简·雅各布斯曾指出：多样性是城市的天性（Diversity is nature to big cities）。城市，特别是大城市，之所以会产生多样化，乃是因为其中有那么多人，那么紧密地靠在一起，他们之中有众多不同的趣味、技能、需要、来源及各种附带的嗜好。所以，城市中有生气的、人多的地区，总是有着特别多的内容和形式并存着，多样性也最为丰富。

城市多样性在视觉感受的角度主要表现在三个方面：人的多样性、用途（内容）的多样性、形式的多样性。人的多样性是城市具有其他多样性的根本原因，城市空间和建筑用途及形式的多样性来自于不同人的不同需求；用途的多样性包括建筑和城市空间的使用功能及其组合类型；形式的多样性则包含了建筑和城市空间的规模、风格、尺度和形态等方面。

城市旧城应是城市最具多样性的地区，因为旧城具有产生多样性的一切条件：密集的、多种多样的人口，用地及建筑功能混合的特征，长时间积淀下来的物质空间环境差异。这其中，历史文化遗产及传统风貌特色是构成旧城多样性特色最为重要的组成部分，新与旧的共存奠定了城市多样性的物质基础。

---

① 据《瞭望》杂志报道，从1992年起，涉及北京城市建设问题的群众上访不断增加，其中多数涉及拆迁安置问题。与此同时，一些居民（包括私房主和租住户）开始走上法庭，并且还不断出现几十甚至几百户居民的集体诉讼。近年来，弱势居民因对拆迁安置不满以死抗争的报道也不鲜见。原北京市西城区人民法院院长张明杰曾撰文指出："随着拆迁覆盖面的加大和城区居民外迁量的增多，拆迁工作中出现的矛盾、引发的问题也日渐增多。被拆迁居民的集体上访不仅人数增加，次数增加，而且不满情绪也十分强烈，以致在不同地区发生了被拆迁居民集体抢房，到要害地区静坐，申请游行等严重影响到社会稳定的大事情"。参见：张明杰. 私房，拆迁工作难中难——对城市房屋拆迁工作的思考. 审判与研究，1998，(6)：12.

遗憾的是，在目前城市旧城自发演化及更新改造过程中，旧城传统风貌特色却在逐步失去，丰富的多样性特征在城市改造中被忽略。历史建筑、原有社区、传统空间和破旧的建筑物、脏乱的环境、拥挤的住区一齐被“端走”。历史的和非历史的，传统的和非传统的，整片地被划入了改造的范围，一旦被圈定为改造的对象，大多数难逃被抹去的命运。例如“街坊合并”和“整体开发”是较常见的旧城改造方式，它导致旧区公共街道密度的降低，公共空间类型减少，传统旧城街道的格局、形式、尺度，被大尺度、标准化、相雷同的建筑群取而代之。旧区改造中常见的道路拓宽及沿街开发方式，使原有的街道空间格局的连续性被割断，丰富的街道空间界面被单一、整齐的建筑布局所代替，刻意的建筑“创新”导致城市整体的“碎片化”和“无序化”，简单的协调使“假古董”、雷同的仿古一条街盛行。

我们今天看到的旧城改造的结果更多的是一种“孤立”个体的组合：改造过后的街坊内道路是独立的，与周边街坊内的道路没有联系；街坊内的“公共空间”也是孤立的，街坊外的人不可随意使用；一个街坊的建筑是相同或统一的，住宅街坊几乎成了一个“城市庄园”。另一方面，旧城改造在功能划分上越来越明确，在大多数情况下沿主要街道两侧主要为商住或商办用地；拓宽的道路和沿街单一的界面使得街道缺乏活力，城市机动性的发展，使其失去作为城市公共活动空间的条件；而建筑密度下降后，空间缺少了变化和趣味性。

旧城传统的物质环境风貌特色的逐步丧失，所造成的一个主要后果是其物质环境背后丰富的社会生活也同时消失，多样化物质环境的失却带来了多样化社会生活的消失，对实现多样选择及公众积极参与的社会的目标造成了直接的损害。

7.4.3 规划调控策略

借鉴国内外成功及失败的经验，未来城市应该倡导采用一种人文化的旧城更新方式，在旧城更新过程中更加重视社会平等及人文关怀，并采取相应的措施。

7.4.3.1 加大旧城更新中的政府公共投入及政策支持，改善旧城人居环境，提升居民生活质量

我国城市旧城虽然还没有出现类似西方国家的旧城全面衰败的现象，但部分旧城地域，尤其是旧城居住区，设施老化、环境恶化则是不争的事实。目前我国旧城改造主要通过市场机制推行，以赢利为目的商业性房地产开发为主，由此造成旧城改造项目选择上的挑肥拣瘦，区位良好、商业价值高的临街地段往往得到优先改造，而真正迫切需要改造的地段则无人问津。另一方面则是旧城再开发主要集中在商业、商务办公、高档商住楼等项目上，尤其是商业设施投资过度，导致社会资源的浪费，且普遍的高容量再开发并未带来真正的旧城环境改善。

从世界各国城市更新的经验来看，没有哪一个国家能单纯依靠市场力量取得旧城更新的成功。欧美国家针对战后旧城社区衰退（Decline）和下滤（Filtering）等社会问题，先后投入大量公共资金建设公共住房，促进旧城复兴。尽管欧美战后城市更新政策并未取得预期的成功，但其改善旧城居民住房福利、矫正市场缺陷、力求社会公正的初衷仍

然是值得称道的。

我国当代社会公平发展、分享式发展的目标，要求政府必须更多地关注民生问题。改善旧城人居环境质量，这是目前城市发展中普遍面临的重要课题。为此，城市政府必须加大旧城更新的公共资金投入，整治旧城环境，改造旧城基础设施，提升旧城社会公共服务水平，并可考虑为旧城居民在统一规划前提下的自我更新、社区合作更新提供公共资金补贴。同时，为鼓励社会资金投入到旧城住区更新领域，政府必须在土地出让、市政配套等方面提供一定的政策支持和税、费减免优惠。只有动员政府、社会、居民个人多种力量共同参与，方能真正有效推进旧城更新工作，改善旧城环境，提升城市生活质量。

7.4.3.2　注重旧城更新过程中弱势社会群体利益的保护，维护社会公正

1990年代以来，我国城市社区居住形态正由自然阶层型向收入阶层型社区结构演变，社会阶层分化及居住空间分化日益严重，城市旧城居住社区日益成为中低收入阶层的聚居地。近10年来，“商业性”的旧城再开发，使旧城原住民与开发商的利益矛盾日趋尖锐，拆迁纠纷愈演愈烈①。由于矛盾的双方拥有的社会资源严重不对称，房地产开发商实际控制着改造过程，而以弱势社会群体为主的原居民则处于被动、受支配的劣势地位，不仅获利很少，甚至常常蒙受损失。本应维护社会公正的政府则基于发展经济（如拉动GDP增长）的需要，往往站在开发商一边，甚至以影响国家经济建设为由动用国家机器压制居民的反抗，结果加剧了开发商和居民之间的不平等。一旦市民的利益诉求与政府及开发商的开发利益相冲突，市民往往成为弱势的博弈者和最后的输家。

陈映芳曾在《“城市化”质疑》一文中指出②，当今城市改造经常演变成一种实际上对原居民的驱赶运动，“动迁居民经历的往往是‘强制性动迁——经济补偿愿望不被满足——迁居城市边缘或郊外’的三部曲”，那些被迁往城市边缘和远郊的市民（他们多为下层或中下层）的生活受到严重的影响。由于大部分外迁市民缺乏必要的交通手段（如自备车），且郊外也没有形成相应的下层劳动者的就业市场和商业网络，在这种情况下，城市改造的直接后果，一方面是中下层城市居民利益受损，生活结构遭到破坏；另一方面是城市交通压力的增大和市民生活、工作、消费场所的分离。这一切，已经成为“民怨”的直接起因，也正在造成城市下层的进一步贫困化。

由此可见，要保护旧城更新中弱势居民群体③的利益，恰当的规划举措及政府政策支

---

①　据方可对北京旧城居住区改造的调查，拆迁安置方面的主要问题包括：a. 拆迁补偿费用不符合客观价值，尤其是部分私房价值被严重低估；b. 改造项目的回迁率低，使大部分居民失去熟悉的谋生环境及社会网络；c. 外迁居民安置地点日益向远郊转移，使外迁居民工作生活存在诸多不便；d. 安置房存在不同程度的质量问题；e. 一些外迁小区不具备合格的居住条件，缺少最基本的公共服务；f. 周转户处境艰难；g. 某些不择手段的“促迁”行为，诸如恐吓、殴打、威逼居民搬迁。

参见：方可. 当代北京旧城更新. 北京：中国建筑工业出版社，2001.

②　陈映芳. “城市化”质疑. 读书，2004，(2)：37～39.

③　旧城社区弱势居住群体一般具有下列基本特征：a. 经济收益贫困性，包括经济收入低下、缺乏购租住房能力、无力改善居住条件；b. 生活质量低层次性，包括住房建筑质量低劣、住区居住环境差、社区服务质量低；c. 社会承受力脆弱性，包括阶层社会地位低下、抗风险能力弱。因此，对城市旧区弱势居住群体居住质量的整体改善应包括住房能力、居住条件、社区服务改善等方面。

持均不可少。

（1）在更新中保护——延承传统居住空间组织形态，维护旧区社会经济网络

旧城更新中始终存在着改善物质环境与保证原居民社会经济网络之间的矛盾。有学者建议将旧城住区分门别类，有历史文化价值的应以保护为主，还未完全濒危的以修缮维持为主，完全无价值的衰败社区则交由市场开发重建。然而，由于旧区更新成本巨大，经常是受保护的地区无人问津，物质环境日益衰败直至成为危房简屋；交由市场再开发的地段则多被开发商推倒重建，使原有的旧区肌理与居民社会经济网络荡然无存。

旧城社会经济网络的形成与传统居住空间组织形态密切相关，街巷—胡同—四合院的空间组织方式，对外由于相对封闭，容易形成邻里关系密切的社区及相对分散小规模经营的商业服务设施。因此，要维护旧城住区社会经济网络，关键是旧区更新过程中应继承和发展传统的居住空间组织形态。在历史街区，或非历史街区但建筑及社会经济状况良好的社区中，鼓励采用小规模自助改建和维修，使原有的空间肌理及社会网络不致被破坏；在危房简屋区，拆除重建时应注意延承旧区的空间肌理，通过规划保留历史形成的社会经济网络节点。

由于旧城低收入居民的生活很大程度上维系于旧区独有的社会经济网络，因此在旧城更新中无论是小规模自建还是整体的更新重建，注意延承旧区肌理，重视保留或重现原有社会经济网络节点，对确保生活于其中的低收入居民的生活，具有重要的意义。

（2）在保护中更新——进行积极的综合开发，焕发社区活力

旧城居住环境改善理应受到居民的欢迎，问题是采用什么样的更新方式，才有利于重新焕发传统社区的活力，使中低收入居民真正受益。

旧城低收入居民大多无一技之长，已无力参与现代社会日趋激烈的就业竞争，但他们长期生活在旧城商业化的环境中，旧城社区自发滋生的街区经济为他们提供了一条谋生的出路。这些居民从事多种多样微利的小本经营，对旧城区的交通便利、人口密集、商业氛围有强烈的依赖，而这些品种繁多、转向方便的经营也对维持旧城区的活力有不可低估的作用。我国传统社区的商住混合模式已被证实是维持社区可持续发展的重要支撑。

由此，需要倡导一种新型的旧城更新方式，不是简单的大拆大建，盲目地以大型商业、办公楼、高档住宅等设施取代原来小型多样化的商业空间以及传统商业与居住结合的旧住区，而是要进行积极有效的综合开发，维护旧城区多种经营的商业氛围，焕发旧城区的生机与活力。可能的举措包括：

——继续保持旧区土地适度混合使用；

——在社区重建中采用多户型、多面积标准的住宅类型，创造可充分选择的住宅机会，维持社区居民的多样性；

——对旧区中分散无序的小型零售商业，宜根据其类型及特点加以整合，催生出各具特色的商业街，发挥商业的聚集效应，提升老城区的经济文化魅力；

——对现有社区以再投资强化其职能，保护及扶持多功能的小企业及互补性的社区商业设施，为社区低收入居民提供就业渠道。

(3) 政策法规支持——建立面向低收入居民的社会保护机制

我国大多数旧区低收入居民对社区的依赖性非常强烈，要维护旧区的社会经济网络，必须对旧城住区小规模的自建行为给予政策、技术支撑，或保证旧区更新后有一定数量的社区原居民回迁。而要想维持回迁率，必须保证居民的经济能力要能够负担得起重建后的新住宅。政府可以采用扶助的福利性工程为主要手段，通过各种政策倾斜、经济税收优惠来保证。如目前国家的经济适用房政策就是一项有效的措施。

总之，旧城更新中建立面向低收入居民的社会保护机制，一靠政策与法规；二是决策过程要民主。从政治经济学视角看，旧城改造过程就是一个空间利益分配与再分配的过程，这个过程的博弈参与者包括被拆迁户、开发商、政府、社区组织，由于不同的参与者在改造过程中的地位的不平等，使得旧区改造所带来的利益分配失衡。因此，政府的政策、法规要保障旧区居民主体的基本权益。如允许的拆迁行为必须是为了公众利益，是真正的改善民生；拆迁应有合理的补偿，特别是为了商业开发的拆迁行为；拆迁应该合情，被拆迁方多数处于弱势，政府应建立有效的社会保障和救助机制，不应使被拆迁的贫困户露宿街头、衣食无着，应保证其基本生存权。旧城更新决策过程应该民主，不应变成开发商决策或政府为“政绩工程”决策；应提倡公众参与，使其成为旧城更新规划与实施过程中的重要环节，并进行相应的制度建设，保证居民有合法权利参与旧区更新的全过程，使其真正起到保障居民利益的作用，维护社会公正。

7.4.3.3 保护旧城历史文化遗产，延承旧城风貌特色，促进城市多样性生长及多样选择目标的实现

当代社会的多元化，使不同社会群体对城市空间环境有着多样化的需求，而具有多样性的城市空间环境，则会为城市居民社会生活提供更多的机会及选择自由。

众所周知，时间是城市多样性形成的一个极为重要的因素。城市在长期发展过程中所积淀下来的物化环境、人文环境构成了城市多样性基础，而旧城则是这种历史遗存的主要载体。如何保存并发展旧城的多样性，对于促进城市多样性的生长，实现多样选择与自由的社会发展目标具有重要意义。

简·雅各布斯曾阐述过城市多样性的必要条件，归纳起来主要为两方面：一是从功能及活动组织入手，如采用功能混合、活动密集等手法创造多样性；二是从城市形式入手，在建筑和城市空间的规模、风格、尺度和形态等方面促进多样性生长。前者在前文中已有过阐述，如在旧城住区中倡导小型商业及居住的混合布置等，这里不再复述。这里重点讨论在城市形式方面促进旧城多样性发展的规划策略。

(1) 保护旧城历史文化遗产作为旧城多样性共存的基础

旧城历史文化遗产及其所包含的意义是城市多样性不可缺少的组成部分。一方面是因为它的不可复制性；另一方面是它的不可替代性。由于历史文化遗产对每个城市而言都具有它的惟一性，时至今日，所留存下来的大多是这个城市在历史上的精华，也是旧城多样性要素生成和生长的基础。因此，如果我们把保持城市多样性作为一个基本目标，就需要从旧城历史演变、物质遗存、生活观念及生活方式等方面去寻找那些具有“意义”的物质客体要素，并系统地加以保护。

(2) 延承旧城风貌特色作为旧城多样性生长的条件

旧城更新中始终贯穿着“保护”与“更新”的辩证关系：“保护”强调的是历史性与传统形态，它所代表的价值取向是历史价值和文化价值；“更新”强调的是时代性与城市功能，它所代表的是现代文明与进步。现实中，我国许多城市的传统风貌正在逐渐消失，令不少有识之士扼腕叹息。但原住民迫切希望居住环境及生活条件得到改善的愿望也是合情合理，我们不应该让旧城区居民继续生活在没有上下水、没有消防通道、没有绿化、没有卫生环境的条件里，以成全那些没有居住于其中的局外人偏爱的整旧如旧的历史感，甚至残缺美的价值观，不能剥夺旧城居民分享社会文明进步成果的权利。

由此可见，旧城新陈代谢不断更新的过程是必然的，新要素的介入既是城市发展的需要，也是城市多样性表现出时代性的必要条件。问题的关键在于，对于旧城而言，这种多样性的发展必须以延承旧城传统风貌特色为前提，否则它就会使旧城与城市新区日益趋向同一性，从而使城市整体失去多样性。

延承旧城传统风貌特色体现在若干方面：首先是旧城空间组织形态的继承与发展。旧城的街巷—里弄—胡同—四合院等空间肌理是造就旧城多样性的空间组织基础，在当代城市发展中仍然有其巨大的生命力；其次是旧城建筑密度、高度、建筑形态的控制，应以旧城整体协调为原则；再次是旧城空间比例、尺度，包括街道空间界面的控制，由于旧城的街巷、公共场所尺度普遍小于新区，规划应以人对环境的感知及体验为出发点，以空间整合为原则，根据具体地段特点，综合考虑艺术要素、量化指标等多方面的要求予以确定。

(3) 尊重差异作为旧城多样性增长的表现

强调旧城更新要延承旧城风貌特色并不是说要将旧城建筑普遍“整旧如旧”，因为对于旧城多数建筑，尤其是旧城大量的住宅建筑，普遍质量低下，相当一部分必然面临着拆除重建的命运。这也就是说，旧城相当一部分建筑会变成现代建筑，街巷也会适当拓宽以满足城市机动性发展的需要。旧城中新与旧的并存，只要处理得当，不仅不会成为城市多样性的损害，反而会成为旧城多样性增长的表现，体现出旧城的时代适应性。

7.5 城市开敞空间塑造

城市开敞空间概念的出现，大约始于英国伦敦 1877 年制定的《大都市开放空间法》(Metropolitan Open Space Act)，其中将开敞空间定义为“任何围合或不围合的土地”，这是对“开敞空间”最早的、有法律依据的定义。

美国 1961 年的《房屋法》中提到：“开敞空间是城市区域内未开发或基本未开发的土地，但它必须具有多种价值。即公用和娱乐价值，自然资源保护价值，历史和风景的价值等。”① C·亚历山大（Christopher Alexander）在《模式语言：城镇结构》一书中认为，“开敞空间是任何使人感到舒适，具有自然依靠并可以看到更广阔空间的地方，均可

① 各种开敞空间定义均转引自：王鹏. 城市公共空间的系统化建设. 南京：东南大学出版社，2002. 1~2.

称为开敞空间。”而日本学者高原荣则认为：开放空间就是由公共绿地和私有绿地两大部分组成。这种定义虽片面，却明确表达了绿地是开敞空间的重要组成部分。

我国的一些学者认为：“开敞空间就是指城市公共空间，包括自然风景、公共绿地、广场、道路和休憩空间等等。”还有学者认为：“开敞空间是空间限定要素较小的空间；是指向大众敞开的为多数民众服务的空间；不仅指公园绿地这些自然景观，而且城市的街道、广场、巷弄、庭院都在其范围内。”这种定义一方面注重开放空间的要素组成；另一方面注重“为公众服务”的目标。

综合国内外有关的定义，可以看出，开敞空间（Open Space）① 通常是指允许公众进入，具有一定公共设施、一定规模自然生态基底或人文内涵，富有景观特色的地段或地区。当然，这还是一种非常直觉化的景观型定义，它强调“Open Space”最重要的空间特征：具有人文或自然特质，一定的地域和可进入性。

从这个定义我们还可以引申出两点：一是从西方开敞空间的起源和发展来看，更强调与人类活动的关系（即可进入性），所谓特权阶层（如皇家）的私家苑囿或深山雪原中的原始地区，自然不在其列；二是从不同的角度可以将开敞空间分为各种地域类型，如从内在特质可分为：生态型、景观型、人文型。以城市作为参照可分为城市型、郊野型等，而与城市居民社会生活最为密切的则是城市型开敞空间。

7.5.1 理论基础

自城市产生之初，就有各种各样的“开敞空间”，但古代城市的开敞空间，更多是与体现“神权、王权”相联系。以改善城市生活质量和以“人”性需求为使用目标的开敞空间建设大约只有 150 年左右的历史。从欧美国家 19 世纪的城市环境整治和城市美化运动开始，西方城市开敞空间发展的价值目标关注重点先后大概经历了景观化、生态化、人文化、社会化等不同转换。这其中，自 1970 年代以后，社会发展更加重视对人的关注，人文主义成为城市规划的起点和归宿。人文主义的视角是以具体的人为尺度，强调对满足人的生理与心理需求的场所塑造（Place-making）。但这个时期城市开敞空间规划建设中所关注的“人”，主要还是个体的和生物意义上的。

1990 年代以来，一方面是经济全球化、信息化、网络化的发展，带来全球范围的人口及文化流动，城市社会文化的异质化、社会分化日益加重；另一方面，人毕竟是社会的动物，随着信息技术的发展，人们对交流、加强彼此间的联系的渴望更加强烈。在这种背景下，城市开敞空间的社会与文化价值被提高，城市开敞空间也肩负着新的使命，即提供一个促进社会交流融合的场所。

21 世纪城市开敞空间的塑造，除了传统的景观、生态考虑之外（传统开敞空间的考虑是为了保护、提高自然资源和系统质量，或给人们的消遣活动提供场所），更重要的是要求它能够支撑和促进新生活方式、价值观念、民主精神、社会要素在城市空间上的活动与融合，也就是说注重如何使之更具有场所吸引力和促进社会的和谐发展。对于开敞

① 开敞空间（open space）又可称为开放空间。

空间的定义，也被更多地从社会文化角度理解为：在整体的城市结构和空间网络内，能够为社会和生态的各种边际要素进行活动和交换提供场所的各种地形（C. W. Thompson, 2000）。贯穿城市开敞空间规划建设中的主导思想是人道主义、平等主义和社区主义。

归纳起来，从社会发展角度，注重城市开敞空间塑造的理论基础在于：

①完善的城市开敞空间系统有利于提升城市生活质量；

②城市开敞空间的分布及其可达性会影响到社会公平；

③良好的城市开敞空间环境有利于促进社会交往，增进社会融合，并推动公众积极参与的社会的形成；

④良好的城市开敞空间环境设计，可控防治安性犯罪，增进社会安全。

7.5.2 主要问题

7.5.2.1 城市开敞空间的普遍缺失，不利于城市生活质量的提升

我国城市一个共同的特征，就是城市开敞空间的普遍不足。这种不足一方面直观地表现为城市公园绿地、公共广场的数量不足；另一方面表现为以人的活动为主的传统街巷空间、邻里开放空间的逐渐消失，城市内河流、海岸线开敞空间被各种企事业单位、个人、房地产开发项目封闭性占有。究其原因，一是城市历史遗存下来的公共开敞空间不足；另外一方面是近年来城市政府片面的政绩取向和房地产资本自发的市场取向影响了作为“公共物品”的城市开敞空间的提供。一些城市政府不惜财力兴建作为城市景观形象标志的中心广场，但对市民生活最为贴近的小型广场、街角花园建设却缺乏热情。房地产开发企业对高档商品楼盘内的共享空间的精美化追求日盛，而对供社会共享的开敞空间建设避之不及。城市开敞空间的普遍缺乏，已不适应社会日益开放和市民社会日益成长的趋向，难以满足城市社会公共交往活动日益增加的需求，也不利于城市物质环境质量的提高、社会环境的改善，以及城市整体生活质量的提升。

7.5.2.2 城市开敞空间的分布失衡，优质开敞空间资源的排他性占有突出，不利于社会公平

除道路交通空间外，我国城市各类以人的公共活动为主的开敞空间分布失衡的问题也十分突出。从城市分区层面，拥有较多公共资源的区域具有相对优势，其人均公共空间面积要远远高于拥有较少公共资源的地区；从公共空间的等级构成层面，市级和区级公共空间面积远远大于街道/片区级。一般来说，在城市中心地区，景观节点及标志地段，公益性的开放空间相对较多。如城市市政广场、各类文化纪念广场、商业广场、宗教广场、休息娱乐广场、各类综合性公园、专题性公园、步行商业街等一般均分布在中心地区。如深圳，绝大部分公共开敞空间集中在福田、南山、罗湖三区，数量占全特区的93%，面积则占95%；市级和区级公共开敞空间的数量虽仅占全特区的48%，但面积却占83%。近20年来外延拓展的新居住区、城市边缘地区，各类公益性的开敞空间则严重不足。

另一方面，由于市场机制在城市开发中的主导作用，一些具有优质开敞空间资源禀赋的地域，如山体、湖泊、滨河岸线等风景良好地段，被大量的高档住区及各种高档休

闲娱乐设施排他性占有，成为社会富有阶层、强势群体阶层独享的禁地。

城市开敞空间作为一项“公共物品”，一般由政府公共资金投资建设，作为一项公共资源，理应为全体市民共享。公益性开敞空间的不均衡分布，使城市各部分地域存在着开敞空间可达性的巨大差别，使公共资源不能被全体民众公平地分享。对优质开敞空间资源的封闭型占有，更加剧了社会不平等，有违社会公平。

7.5.2.3 城市开敞空间质量不高，影响其社会文化作用之发挥

很多城市开敞空间规划设计及建设，片面追求形式，没有真正从以人为本出发，从人使用的行为心理方面加以考虑；缺乏使空间使用效果具有活力的功能及内容，对于公众多样性、经常性的文化游憩活动未给予充分的重视和考虑；缺乏必要的服务设施，减少了人们积极使用参与的可能性；一些新的开敞空间建设往往以历史人文环境的破坏和人性化的市民生活环境的损毁为代价。

众所周知，城市开敞空间具有提供公共活动场所、有机组织城市空间和人的行为、构筑城市景观、改善交通、维持改善生态环境、保护历史文化遗存、提供良好的心理和生理感受、防灾等多种功能。这其中，城市开敞空间质量对其社会文化作用之发挥有重要的影响。

例如，大规模推倒重建式的旧城改造，使旧城传统的街巷空间形式、生活肌理及历史文脉逐步丧失，往日尺度宜人的传统商业街市，富有个性趣味、行人可观赏交流的街市界面不断消失；对“汽车时代”的消极顺应使城市道路和空间尺度日益膨胀，具有悠游步行情趣、人性化的旧城开敞空间已难以寻觅，孩童时浓荫蔽日的林荫道已化作人们头脑中尘封的记忆。旧城开敞空间质量的下降，已使其失去作为城市公共生活“客厅”的作用，并导致旧城社会交往、邻里和谐程度的下降。

同样，在一些城市新建的公益开敞空间中，盲目追求大规模、大尺度、大气魄，而忽视公众的感受和社会需求。广场规划建设往往突出的是空间构图艺术和美学效果，而非市民的实际需求。许多广场上没有树荫和座椅，草坪上“不得入内，违者罚款”的牌子赫然竖立，显示着与市民休闲、游憩、社会交往需求的隔膜和抵牾。这些开敞空间更多的只是起着展示城市形象、聚集人们视角的作用，而不是发挥其为多重异质性的社会提供一个没有压制、没有歧视、没有差别的交流桥梁（场所）的作用。

7.5.3 规划调控策略

7.5.3.1 构筑完整的城市开敞空间系统，提升城市生活质量

在城市开敞空间规划中，首先必须注重城市开敞空间系统的完整性。大到城市整体层面，必须有一定数量的公园、广场、绿地、步行化街区、滨水休闲绿带等大型开敞空间，以保证城市居民能适时适度地选择出门活动，丰富城市的公共生活；小到一个社区，必须有社区中心、社区广场、小游园来为社区居民提供交流的场所，促进人际交往及良好的邻里关系。

完整的城市开敞空间系统必须具有系统性和层次性。系统性要求不能将城市各类开敞空间割裂成片段，而要将它们作为整体来研究，致力于寻求各片段、各局部之间的有

机联系与共生共存。如充分利用城市的山林、水面、绿地、林荫道等自然因素和一些历史古迹、人文景观等有历史价值和文化价值的人文因素，以及城市中的商业街区、广场、公园等人工因素，以此为基础，以步行方式为主，建立连续而完整的城市开敞空间体系。层次性主要是指城市开敞空间的纵向层次性，从社区行为场所到区级、市级大型开放空间。各级内部具有完整性，各级之间有机过渡，不同层次的公共行为空间，又通过各类“联系线（linkage)”按点、线、域三种有机结构秩序的规律，组成完整的开敞空间网络。

完整的城市开敞空间系统也必须成为城市社会空间网络的一个重要组成部分。新型城市开敞空间，已被要求是对新社会、新文化需求的理解和反映。开敞空间应该在人们的意象中被理解成为一种放松、交流、包括政治社会活动的空间，是一种人际关系网络和空间场所的叠合。从社区到一个大的城市地区（city region)，城市开敞空间应该与城市社会生活网络相契合，和社会体系整合成一个框架。

在规划实践中，构筑完整的城市开敞空间系统，要根据各城市的实际情况，切实研究公众需求，制定人均开敞空间标准，保证开敞空间总量规模。在策略上，可以结合交通等相关政策，通过控制交通量、组织公交及步行网络、减少车行空间及停车场的占地面积，扩大公共开敞空间，完善公共开敞空间体系。

城市开敞空间以系统的方式存在，各种类型与功能、不同层次的开敞空间相互联系、相互作用，构成网络化的城市开敞空间系统，一方面可以使城市物质环境的品质得到极大的提升；另一方面，也可以使城市各种社会文化群落在城市开敞空间中，都能找到单独表述或相互交流的机会，促进宽容性的社会环境的形成，从而在整体上提升城市的生活质量。

7.5.3.2 合理选择城市开敞空间场所，避免优质开敞空间资源的排他性占有，彰显社会公平

城市开敞空间的一个重要特点是要求避免“排他性”。显然，布置在郊外的那些大型开敞空间，就拒绝了老人、残疾人和无车贫困人口的到来。对许多欧洲城市的调查表明，人们更希望在距离工作或居住场所步行3~5分钟时间内就能到达的开敞空间（不需要汽车和特殊的交通设施，只要步行即可）。

对我国城市而言，根据城市居住人口的分布状况，进行城市开敞空间布局，必须注重开敞空间的地域均衡分布及居民公平分享问题。

规划要避免城市开敞空间过分集中在城市中心地区，而忽略外围新区，反之亦然。同样在社区层面，要避免在富人聚集区提供过多、过好的开敞空间，而在中低收入居民聚居区设置很少，甚至没有开敞空间场所。规划尤其要注重街道/片区级公共开敞空间的配置。这部分公共空间经常被忽视，尤其是在人口密集的旧居住区。规划要采取恰当的技术鼓励措施，鼓励和引导社会力量对各类公共开敞空间的开发投资①。

---

① 由于城市政府资金的限制，单独依靠政府投资建设公共开敞空间往往难以满足社会需要，因此，规划可采用奖励区划（Incentive Zoning）、开发权转让（Transfer of Development Right）、公私联合开发等多种方式鼓励和引导社会投资。

由于我国城市社会阶层的不断分化，城市社会老龄化的发展，贫困人口、老龄人口、丧失活动能力的人会越来越多，这也要求城市开敞空间为这些人提供更好的服务。因此，在城市里建立社会内聚性的，以促进公平、社会团结为目标的各种优质开敞空间，显然比在郊外、大都市区外围、城市森林公园等地建设开敞空间，要更加迫切和重要。后者意义更多地体现在景观和自然生态上，而不是促进社会和谐发展上。

除注重城市开敞空间场所的利便性、空间可达性外，避免具有优质开敞空间资源禀赋的场所被强势群体的排他性占有，也是在城市空间资源配置过程中彰显社会公平的重要表现①。规划应超前控制，为城市未来的发展保留更多优质开敞空间资源，逐步增加优质开敞空间资源的社会共享性。

7.5.3.3 提高城市开敞空间的质量，促进社会交往及社会安全

城市开敞空间的环境品质是指由共享活动场地、服务设施、绿化小品及人的活动所综合形成的整体环境的质量。高品质的城市开敞空间一般具有下列特征（表7－2）。

高品质城市开敞空间的特征 **表7－2**

特性	含义
社会性	广大市民共创共享的基本特性
识别性	环境具有个性特征，易于识别，并形成场所
舒适性	环境压力小，使人身心轻松安逸
通达性	交通方便，既可望又可及
安全性	步行空间环境，无汽车干扰，无视线盲区，夜间有照明
愉悦性	有视觉趣味和人情味
多样性	功能与形式灵活多样，丰富多彩，应保证适度的感觉刺激
文化性	具有文化品位，有利于文明建设
象征性	城市开敞空间往往就是城市生活的高潮所在，应对城市的形象、城市的生活面貌有一定的代表性，对整个城市的精神面貌具有一定的象征意义
生态性	尊重自然，尊重历史，保护生态

概括起来，提高城市开敞空间的质量，一是要提高开敞空间场所的物质环境质量；二是要提高开敞空间的社会文化效用。前者主要是以传统的美学和自然为原则，空间形态和视觉景观设计是规划师、建筑师所熟悉的，并不存在困难；后者则关注社会文化对城市开敞空间的需求和使用方式，对规划设计者而言则是一个新挑战。

---

① 近年来，“公益诉讼”随着市民权利意识的增强而日益增多。例如，2000年，青岛市民状告规划局批准在音乐广场北侧建住宅区，破坏广场景观，侵害公众优美环境共享权；2001年，南京市民状告规划局批准在中山陵风景区内建紫金山观景台；2004年，杭州市民状告规划局批准浙江老年大学在西湖风景区内建2万m^2的项目，违反《杭州西湖风景名胜区保护管理条例》，这些现象反映了公众对城市环境的关注已从与自身相关的环境质量方面进一步扩展到了城市公共环境和资源方面。

在今日社会中，面对城市文化的多样性和马赛克式的社会群落①，开敞空间在促进社会融合、社会安全方面的作用更加显著。城市开敞空间并不是私家花园的放大，也不仅仅被当作一项景观工程，见缝插针或放置在最容易展示“表面形象”的地方。那么，怎样才能提高城市开敞空间的社会文化效用呢?

首先，它应注重对精神尺度的把握和对社会平等价值观的表述。有人认为公众公园(public garden)和广场是“陌生人的会场”，而欧洲城市的实践表明，在城市里没有其他地方能够替代这里成为人们最毫无顾忌和不需要伪装地表达自己观点与个性的地方(不论他们的政治倾向、财产和民族)，是市民精神的避难所(sprit refuge)(Worpole, 2000)。它为人们提供了一种更亲密的时空，促进了社会和精神世界的整合。当然，实现不同社会群落之间的融合是非常复杂和困难的，它也许更取决于制度的调整和漫长的时间，但是，给他们提供一个真诚参与的机会和便利、人性化的场所，将会缩短这个过程所需的时间，减少各种冲突的可能。

其次，要注重人们对开敞空间的感受与体验。“规划是一种人性的体验，活生生的、搏动的、重要的体验，如果规划是有机的，它也会同样美丽”；“人们规划的不是场所，不是空间，也不是物体；人们规划的是体验，其次才是按照空间形式和质量要求进行的有意识设计，以实现希望达到的效果”(J. Simonds)。生理上的感受主要取决于开敞空间物质环境质量，而心理上的感受，则是建立在物质环境质量基础上，对更深层社会文化意义的体验上。如对空间环境文化意义的理解、对人类生态系统的更深刻认知、对社会安全的主观评价等。由此要求我们必须赋予城市开敞空间以意义(meaning)或精神(sprit)。

> 2006年初，法国学生和民众成功抵制政府推出的《首次雇佣合同法》……这些年来，在“世界向右转”的当口，法国给世人提供了一个反证：法国正面临全球经济发展压力和明摆在那儿的经济增长疲软、失业率持续攀高等严重问题，但国民与政治家一直还在为“社会公正”争吵不休……就在世界各国对法国人的选择发出种种质疑时，法国人也在表示不解：就业率比劳动者的基本人权更重要吗?公民上街有什么不正常吗?
>
> 不能不注意到，他们(法国人)更多的是在谈另一层面上的问题：正义、公民的权利和责任，还有对广场政治的正当性、必要性的高度自觉。
>
> 在巴黎，作为市民的“第二个客厅”，多姿多彩、大小不一的广场，一直是市民政治表达的最重要的舞台。在广场上，法国人扮演他们作为公民、作为市民的社会角色，这是他们的权利，也是他们的职责。
>
> 法国的城市广场，可以被视作法兰西精神的薪火传承之地。
>
> 陈映芳．广场上的法兰西．读书，2006，(8)：52~57.

再次，要注重人们对开敞空间的开放性和安全性要求。要充分发挥开敞空间对社会

① 所谓马赛克化，是指城市内部由于阶层、文化等原因造成的社会分异而在城市空间上表现为相互分隔、拼贴的结构，类似于马赛克。

交往和社会融合的促进作用，开敞空间首先要具有开放性，即公众的可达性和便利性。合适的服务半径，在布局上满足公众获取服务的就近需要，防止交通干道、停车或空间私有化对开敞空间可达性的阻碍，均有助于增加开敞空间的可达性和便利性。而通过对开敞空间环境的设计和管理，则可以有效控防犯罪活动，降低开敞空间对于犯罪的恐惧感，增加社会安全性。常用的设计手法包括：

①注重功能及活动组织的合理性——各种开敞空间场所都要经过合理布局，场所活动人数应充分最大化，并实现使用和活动的混合化。例如在公园内加入某些设施，如一个小型儿童游乐场，通过增加使用该空间的人数，从而使该公园更安全；将道路两旁的空间及用地设计成多种用途的混合型空间，也有利于增进街道安全。

②增加公共开敞空间的可视性及开敞性——经过设计的公共开敞空间要能使其使用者很清楚地看到周围的情况，并使其使用者能够被其他人看到，这样才能进行社会监视及居民互助。例如公共空间和私人空间应有清晰的边界；人行道和自行车道应最大化提高使用率，并避免形成隐蔽场所；园林设计应避免形成完全的视线遮蔽；照明设计应在尽量减少灯光污染的同时，阻止犯罪和违反社会秩序活动的产生。

③增加场所空间的归属感——促进社区成员对场所的归属感及责任感；场所设计要考虑管理和维护的需要；建筑物、标志符号和公共空间应尽量减少涂鸦等破坏环境行为的发生，增进居民的心理安全。例如，更多的人喜欢干净整洁的小道，因为它让人觉得安全和舒适；相反，肮脏、垃圾随处可见的小道会让人觉得不安全。社区成员把社区场所视为“家园”的一部分，就会自觉地对其内发生的犯罪行为作斗争，从而有利于减少目的性或偶发性的治安犯罪，增进社区安全。

7.6 城市地域发展平衡

7.6.1 理论基础

城市内部地域的不平衡发展是世界范围内城市发展中存在的普遍问题。在西方发达国家，突出地表现为环境破败的旧城与环境优美宁静的郊区的鲜明对比。物质环境差异的背后反映的是城市社会差距日益扩大、种族及社会空间隔离的现实。在西方城市里，内城居住的多数为贫穷黑人和其他少数民族移民，失业率高，税收基础差。大多数富裕阶层居住在郊区，他们是社会的主流族群，把持着话语权，很容易利用其强势地位影响公共决策，把公共投资引向他们生活的地区。而内城区的“穷人”人微言轻，只能眼睁睁地看着内城设施老化，废弃地增多，环境衰败，忍受着较差的生活环境。美国联邦住宅与城市发展部前部长乔治·罗姆尼在1972年对这一情况评述道：“全体（旧城）居民区和广大中心城市市区所遭受的严重毁损，使人类社会赖以生存的一切设施沦为真正的原始丛林。”① 一直到20世纪末，美国城市学者在预测未来50年影响美国大城市发展的十大因素中，仍把“中心城和近郊区贫困阶层周而复始”和“1945年后城郊一环区

① 吉尔伯特·E·里斯，著；司徒淳，方秉，译. 美国经济史. 沈阳：辽宁人民出版社，1981. 837.

(First ~ ring) 的衰退”列为两大因素①，强烈地表现出对城市地域发展不平衡的担忧。

在我国，虽然还没有出现旧城“原始丛林”与郊区富人区的绝对对立，但城市社会阶层分化、社会空间隔离、地域发展水平的差异也日益加重。

从社会和谐发展角度，城市规划与城市空间环境建设必须关注城市地域发展的平衡问题，其理论基础在于：

①城市地域发展水平的差异会影响到社会公平；

②城市公益性设施的配置会影响到地域平等目标的实现；

③对城市特定地域的发展限制会影响到公平的发展权。

7.6.2 主要问题

7.6.2.1 中心城区与外围地区发展的多种不平衡

近20年来，我国大规模、粗放型的城市空间扩展，在壮大城市整体实力的同时，也加大了城市内部地域发展的不均衡。这种不均衡性表现为多种的复杂性。一方面是中心城区各种公益性公共设施较为齐全，交通可达性高，而外围地区因为主要由市场开发形成，公益性公共设施配套缺乏，各种公益服务水平相对较低；另一方面，中国城市地域发展水平差异表现为复杂的“马赛克”镶嵌，在中心地区与外围新区，富裕与贫穷、环境良好与环境恶化区域交互穿插，使整体分布形态上更趋复杂。

7.6.2.2 城市贫困聚居区域与城市其他区域发展差异悬殊

在经历1980年代以来的“下滤”运动后，城市贫困化已成为当今城市社会发展的一种突出现象，城市贫困聚居极化了城市居住空间的分异程度，导致城市社会动荡的因素增多。在当今中国城市，贫困聚居区域既包括衰败的旧城住区，也有分布在计划经济时代建成的众多单位企业住宅区，经济结构及产业结构的调整，使众多国有企业跨掉，职工下岗，住宅区环境衰败并沦为新的贫民区，还有散布于城市的大量“城中村”及外来人口聚居区。这些贫困聚居区域呈马赛克状镶嵌于城市，呈现出与城市其他区域巨大的发展水平差异。

例如，由于城市化发展所带来的地域扩张，使传统村镇社会形态与现代化的城市形态发生剧烈冲突与融合，一方面，传统的原生状态的村落镇域体系在现代大城市系统的

---

① R. Fishman 指出，从1970 ~2000 年30 年间，美国个人收入及财富增长主要集中于高收入阶层，而中等收入状况基本保持不变，社会底层的贫穷状况则更加恶化。这一趋势在未来50 年将会持续，收入和财富方面的差距悬殊将不可避免地导致大都市内部的分化，并在城市社会空间结构方面形成明显的分异：贫困阶层集中于城市中心、近郊区和建于1945 年后正在衰败的城郊一环区，而中等收入和工薪阶层徘徊于逐渐衰退的郊区，富裕阶层则选择区域边缘地区。这种贫富扩大也可能导致其他的发展趋势：如住宅产业将追随高消费的市场而建造相应的昂贵住宅，并建造满足高消费人群的购物场所；办公园区选址靠近富裕人群的住区；在不同阶层的住区中，学校的质量和其他服务水平更是相差悬殊。Fishman 还指出，如果旧城中心区、近郊区、城郊一环区继续衰退下去，大都市内部地域发展的不平衡将更为突出，因为其中的富裕家庭将搬迁到更远的大都市边际，而贫穷家庭将会陷入不断被隔离的内城和邻近的一环区。这类地域往往缺乏充足的税收基础，地方政府机构也难以应对诸多的社会问题。

参见：Robert Fishman. The American Metroplis at Century's End：Past and Future Influence. Housing：Facts & Findings，1994，(4).

作用下逐渐裂化，演变成城市中的一种新的空间类型和区域；另一方面，它又顽强地坚守着某些传统所赋予的社会文化和空间结构。其结果是衍生出一种城市社会空间的“异质形态”，具体地体现为城市边缘区域的“流动人口聚居地”或“都市里的乡村”等现象。由本地农民、外来打工人员、被旧城改造排挤出来的城市贫困居民等构成的边缘社会群体，一般聚居在城市边缘区或城市中的特定区域，弱势的社会经济地位决定了这类区域与城市其他地域发展水平上存在较大的差距①。

7.6.2.3 政策性因素使部分地域得到优先快速发展，而另一部分地域更加衰落

近20余年来，我国城市建设中，还有一个突出的现象，即城市政府为了取得经济发展，彰显“政绩”，在片面的发展观引导下，急切希望把“蛋糕做大”，往往设立各种各样、名目繁多的开发区，大力推进新城区建设，城市公共投资大多投向各类特定区域或大马路、大广场、绿化、亮化、美化等“形象工程”。因为政府政策的影响，导致城市一部分地区率先发展起来，而其发展的各项先决优势，为其后续发展带来了更加强劲的动力。那些没有享受到政策优势的地区，由于缺少发展扶持，发展愈加缓慢和滞后。这种政策推行过度，实际上是剥夺了一部分地域人口公平地分享公共投资的机会和权利，人为地促长了地域发展的不平等。

另一种极端的情况是，为了城市整体发展布局、生态建设的需要，不加补偿地剥夺部分地域的发展权利。例如许多大城市都市区规划中往往设立环形绿带，以构筑良好的城市生态格局。基于城市整体利益，限制城市部分地域的发展，保护城市生态环境，本无可厚非，但如果不考虑给环形绿带内居民以合理的补偿，或提供合适的发展援助，实际上是粗暴地剥夺了这部分地域居民改善生活、追求发展的权利，也是在城市社会发展过程中，让一部分社会成员承担成本，另一部分社会成员享有福利，或以整体利益的名义，以多数人利益的名义，牺牲小部分社会成员的利益②。

7.6.3 规划调控策略

7.6.3.1 积极应对社会多元分化的现实，缩小城市地域发展水平的差异

当代社会越来越走向一种多元分化的格局。多样的人口组合及人口结构不仅使城市的社会经济活动变得更加复杂，而且也对社会景观及日常城市生活带来影响。多样意味着不同，而不同则意味着区别。城市规划面临的挑战是，一方面要适应、满足社会多样化发展的要求；另一方面又要使城市各社会族群能公平地分享到城市资源及发展的成果。缩小城市各地域发展水平的差异，努力地实现城市地域发展的相对平衡，这是城市公平

---

① 如城市中的外来暂住人口聚居区，一般以房屋租赁为主导，以城乡边缘带为区位选择，原因是：一来地价便宜房租低廉；二来交通方便，利于居住和谋生之间的联系和转换（非正规经济大多位于城市边缘）；三来此处多为农宅，从文化习俗、生活习惯上容易融入。外来人口在大城市的聚居有三种类型：

a. 以地缘为纽带的聚居，如北京的“浙江村”；b. 大城市扩张时期形成的“城中村”中的聚居；c. 外来人口以集体户的形式，在企业中集体居住，形成一种当地人口与外来人口分割居住的“二元社区”，多分布于劳动密集型企业集中地。

② 这在政治学上被称为“多数人的暴政”。

发展的重要体现。

我国城市中普遍存在的中心城区与外围地区发展水平的差异，一方面是外围地区原有基础差，公益设施配置不足，公共服务水平相对低下造成的；另一方面是政府缺乏引导城市均衡发展意识，并缺乏相应的发展政策造成的。由此，解决地域发展的平衡问题，首先需要城市政府树立科学的发展观，针对社会阶层分化、利益冲突加剧的现实，政府必须加强对市场力的控制，制定相应的发展政策及公共投资政策，促进城市地域发展的平衡，倡导公平发展、分享式发展。其次，城市规划在确定城市各种资源配置，尤其是城市各种公益性公共设施（医疗保健、科技教育、文化设施等）和市政公用设施的配置时，要注意地域之间配置的公平性，注意加强城市外围地区各种公益性设施的配套建设，改善其交通可达性，努力使城市居民能享受到相对“均等”的公共服务，促进地域发展的平衡。

7.6.3.2 按新的原则确定城市需要倾斜照顾、优先发展的地域

2004 年 2 月颁布的《伦敦规划（London Plan）》提出的发展原则中，“确立空间发展优先权——近几年发展较慢的伦敦地区（特别是伦敦东区）应该在未来的发展中获得优先发展权，其他地区包括伦敦中心区和郊区城镇中心。”① 是其在发展原则中强调坚持的四个方面内容之一。《伦敦规划》给我们的启示是，城市政府不能单纯地从对城市经济增长的促进作用，对城市发展的可显示度，甚至从“政绩”角度确定城市优先发展地域，也应从公平发展、改善民生角度，给予城市内的衰败地域、弱势社会阶层聚居地域以发展优先权。自 1990 年代后期开始的“城中村”改造、城市美化等使大量外来人口失去居所，政府既然无力解决外来低收入人群住房，却又强力拆除“自发形成的”外来低收入群体聚居区，漠视其生存及生活需求，实际上是背离社会公平原则。低收入社会阶层聚居的旧城住区，外来打工人口、失地农民、城市贫困居民集中的边缘社区，面临着急迫的环境质量改善要求，政府应该为这些地区的更新提供必要的公共资金支持，制定地价、税收等多方面的优惠政策，鼓励对这些地区进行优先的投资开发，同时在这一过程中，要确保原居民权益不能受到损害。

7.6.3.3 重视对限制发展地域居民（村民）的合理补偿

按照空间正义原则，每一个公民都有权利公平地占有必要的生产与生活空间资源，社会发展不能让一部分人享有福利，而让另一部分付出代价，或者以大多数人利益名义，剥夺少部分人的权益，包括其发展权利，追求更好生活质量的权利。因城市发展需要，确定要对城市部分地域进行严格的发展限制，政府要考虑给予这部分地域居民（村民）以合理的补偿，并创造条件，使他们能找到新的发展途径。如政府可以在临近的其他区域为他们提供部分经营性用地，解决其就业问题；可以鼓励、扶持他们结合生态保护要求，发展都市型农业，探索新的生活出路。

例如，目前许多大城市开始规划控制保护及建设环城绿带。合理的规划、科学的决

---

① 引自：邹兵编译. 迈向 21 世纪可持续发展的世界性城市——《大伦敦空间发展战略》简介. 深圳市城市规划设计研究院，王富海主编，《规划评论》，2004，(6)：39.

策、严格的保护立法固然重要，但环城绿带建设要想真正取得成功，作为土地实际所有者——村集体及村民的利益保障是真正的关键。如果政府不给予村集体及村民以政策优惠及财政支持，科学合理地引导绿带内农村经济结构的转变，引导农民走向绿色化的发展富裕之路，那么，在土地市场开发的巨大利益引诱之下，绿带内原居民的破坏性开发使任何城市的环城绿带的政策均不可能取得成功。所以，只有采取非剥夺、非歧视的态度，为各地域居民提供平等的发展权利和机会，才能促进社会的和谐发展。

8

城市规划的制度调控措施

就城市规划的主体对象——城市规划实践而言，由于制度机制的缺失是城市规划社会作用弱化的根本原因，因此，必须针对转型时期城市规划制度短缺及制度设计的不足，推进城市规划制度安排的理念创新及规则设计革新，并加强相关的城市规划制度环境建设，才能使其充分发挥对城市发展社会绩效的保障作用。

8.1 城市规划制度安排的理念创新

在西方哲学史中，理念是指“一种理想的、永恒的、精神性的普遍范型”①。与理念相比，价值所指更为具体且随着发展阶段的不同具有可变性，价值是对理念的具体解释②。青木昌彦指出：“制度可以概括为‘关于博弈重复进行的主要方式，共有理念的自我维系系统’”，“我们可以把博弈重复进行的方式等同为博弈规则”③。博弈规则是参与人互动内在产生的，如均衡博弈论者所说的那样，它们被参与人所预期，是自我可实施的。作为共有理念的自我维系系统，其实质是对“博弈均衡的扼要表征（summary representation）或信息浓缩（compressed information）”，它作为许多可能的表征形式之一，起着协调参与人理念的作用。总之，某些理念被参与人共同分享和维系，由于具备足够的均衡基础而逐渐演化为制度。

城市规划制度的理念实质上是规划制度的伦理价值和社会发展的终极价值指向，而城市规划的价值体系是对这一理念的支撑和解释。也就是说，城市规划制度的理念决定发展方向，而规划制度的价值体系决定发展方式，但它们都受制于其所处的经济社会环境。因此，社会发展视角下的城市规划制度创新，树立什么样的制度理念是首先要回答和判断的问题。

8.1.1 突出核心价值

城市规划作为政府的公共行政行为，应具备两种社会功能：一是体现整体意义上的社会治理功能，通过加强对城市开发各利益主体的监管，以构建起理性平等的制度框架，保障有序的市场竞争秩序；另一种就是高效的公共事务管理功能，以建立公共事务管理和公共物品供给机制，服务于公民社会和市场经济的发展。如果说市场以效率为目标，政府公共行政则以秩序和社会公正为基本职能④。城市规划的社会性在于它是以促进城市社会的发展进步，维护和增进城市公共利益为目的的，城市规划的公共性表现为规划提供的是为全体城市社会成员服务的公共产品；城市规划的核心价值是追求社会公平，即规划要在干预城市土地使用及空间资源的配置过程中努力实现社会

---

① 《中国大百科全书·哲学》. 中国大百科全书出版社，1987. 465.

② 江帆. 经济法的价值理念和基本原则. 现代法学，2005，(5)：118.

③ 青木昌彦（Masahiko Aoki），著；周黎安、王珊珊，译. 什么是制度？我们如何理解制度？经济社会体制比较，2000，(6)：33.

④ 所谓公共行政或公共管理，其内涵就是运用公共权力，制定公共政策，配置公共资源，组织公共产品，提供公共服务，代表公共利益，建立公共秩序，维护公共理性，保障公民权利，实现社会公平。

公平。转型时期我国城市规划制度的不足，很大程度上是由于规划制度偏离了规划的核心价值，偏重于城市发展经济绩效的保障，而忽略更为重要的制度对城市发展社会绩效的保障作用。

改革开放的前20年，我国走的是一条以追求经济增长为目标的发展道路，城市规划也被认为应当以效率优先，以发展为要务，以各类建设项目的快速开展为目标。由此，将城市规划制度的作用定位于保障发展的效率。但从现代城市规划本身的特点和宗旨来看，效率从来都不是评判城市规划的准则。在现代社会中，市场对资源配置起着基础性作用，市场是追求效率的，但城市规划作为公共事务管理的一个方面，它主要是试图通过社会资源的配置并提供公共物品以保障社会的有序发展，规划主要对应于社会理性。在John Friedmann看来，公共领域的规划就应当“刺激和支持资本的利益，但必须阻止那些利益损害到公共生活的基础”。这也就是说，城市规划本身并不是以对效率的追求为己任，而是以弥补市场缺陷，努力实现资源的公平配置为己任。这也是J. Friedmann所说的“社会理性”的核心内容。

社会公平所关涉的内容主要指向公共领域，因此作为政府重要的公共行政和公共服务职能的城市规划，势必成为社会公平诉求的主要对象，事实上1990年代中期以来城市规划领域的公平问题日益凸显，受到越来越多的追问。但社会公平在认识和实践中是一个歧义丛生，颇为复杂的概念。我们现在理解和运用的公平正义概念来自西方政治哲学语境。北京大学姚洋教授在借鉴和整合迄今为止西方出现过的古典自由主义、功利主义、平均主义和罗尔斯主义等主要公正理论的基础上，提出了针对我国情况的公正理论。运用这一理论分析城市规划公平问题，有助于辨识和厘清规划领域的公平观念，构建城市规划体现公平正义的框架结构。姚洋的公正理论分为四个层次，第一个层次是关于人身权利的均等分配。在这一层面，城市规划和城市发展要平等地给予和保护公众对城市规划的参与，财产不受侵害，人身安全，自由迁徙等基本权利。第二个层次是与个人能力相关的基本物品的均等分配。在这一层面，城市规划要合理布局和为公众提供住房、教育、医疗、交通、必要的公共空间以及其他基本的基础设施和公共服务，以保证和提高人生存和发展的基本能力。第三个层次是对其他物品的依据功利主义的分配。城市规划在满足公众基本权利和物品分配的前提下，要注重土地利用和资源配置、开发的效率。第四个层次是国家基于社会和谐理念的对于弱势群体的关怀。城市规划对于满足前三个层次条件后仍然不能获得与其他人群平等发展能力的群体，如残疾人、失业者、失地农民、进城农民工、收入过低人群、单亲家庭等，要提供特定的帮助和保障机制。

引自：陈锋．社会公平视角下的城市规划．城市规划，2007，(9)：40.

城市规划涉及社会资源的配置问题，资源配置涉及效率与公平，如果说市场可以保证资源配置的效率，城市规划更偏向于资源配置的公平。这也是社会理性所要求的城市规划制度应具备的作用。

诸内特等人认为，制度有必要由目的来引导，这个目的就是要有利于社会发展。制度创新同样要遵循一致性原则和公正原则，即制度变革与社会发展的一致性，社会制度变革要能导致社会公正。由此可见，城市规划制度变革在理念上首先要突出规划公平公正的核心价值，努力实现制度正义①。一些社会学者曾精辟地指出，社会公正内在地规定着社会发展，决定着社会发展的性质和趋向。这包含着三层意思："一、公正是社会发展的核心价值；二、公正是社会发展的根本动力；三、公正是社会发展的最佳状态。"② 从历史的角度来考察，在现代化、城市化与社会政治文明之间，最大的不同就是"经济发展要求的是集权化和稳定性，而民主政治要求的则是分权化和政治变动的制度化"③。面对经济快速发展、现代化速度加快背景下社会剧烈分化所导致的政治上的不稳定，寻求一个更为民主的政治环境是通向全社会现代化的必由之路。在这样的历史和政治要求下，我国城市规划将面临着最重要的任务转型：从满足现代化发展对效率的需要，转变到满足民主化进程对公平的需要；城市规划的作用和任务，由服务以发展经济为重的政治目标，转移到服务公平和谐为重的政治目标；由促进经济发展，转移到促进民主进步。社会环境的变化，是城市规划制度理念变化的深层背景。

城市规划制度作为一种制度是对各利益主体行为的协调和约束，转型时期社会利益分配格局的失衡，政治体制改革和社会保障体系的严重滞后，尤其是对权力缺乏有效的监督与制约，要求规划制度变革的路径必须更加侧重于社会公平公正，并据此构筑规划制度的约束与激励机制。例如，城市规划制度对于城市建设主体行为的约束要建立在各利益主体的合作与协商基础上，"良好制度应该是利益协调和平衡的结果，应该是各方充分妥协的产物。制度如果过度地追求某种目标或过度反映某些主体的利益，则制度遵循的问题会使该制度趋于无效。"④ 从理论上讲，城市规划制度作为一种正式规则，一旦建立又具有对各类主体行为的广泛性、强制性和无可逃逸性。但在实际制度运用过程中，如果制度缺乏公正性，则其强制性也会失去权威，由此可见，规划制度约束的有效性在很大程度上取决于制度安排的道德性、正当性和合理性（即制度伦理）⑤，制度功能是其核心价值的外在表现，城市规划制度创新如果脱离社会公平这一核心价值，则规划制度失效也就在所难免。

---

① 制度正义就是作为社会基本结构的主要社会制度安排被认为是符合社会正义原则，为社会成员提供分配权利和义务的平等公正的机制，确定社会合作的利益和负担的适当分配办法。制度正义是合规律性与合目的性的统一。罗尔斯曾指出"正义是社会制度的首要价值，正像真理是思想体系的首要价值一样"。

参见：罗尔斯. 正义论. 华厦出版社，2003. 171.

② 李素华. 社会公正：社会发展的核心价值和根本动力. 探索与争鸣，2005，(5)：84.

③ Jean ~ Marc Coicaud，著；佟心平，王远飞，译. 合法性与政治. 中央编译出版社，2002. 21.

④ 应飞虎. 草坪、小径与制度——一种基于制度经济学视角的规范和实证分析. 北大法律信息网，2002.（http：//www. chinalawinfo. com/research/lgyd/details. asp?）

⑤ 从伦理角度研究制度问题，在西方是从洛克、卢梭、康德开始的。自觉地从伦理角度研究制度安排、制度设计的是罗尔斯。在罗尔斯看来，制度伦理主要研究制度安排的道德性、正当性和合理性的问题，而不是研究个人行为的合理性。伦理学研究对象从个体转向社会，这是制度伦理与传统伦理的根本区别。

8.1.2 追求程序正义

“程序”一词，顾名思义，是指事物发展的过程和次序①。而程序正义“本质上是一种‘过程价值’，它主要体现于程序的运作过程中，是评价程序本身正义与否的价值标准”②。程序正义包括两层涵义：首先，需要有一个评价什么是正义的标准，它先于随后要进行的程序而确定；其次，设计一种保证达到预期结果的程序。

虽然程序一般不能赋予公众某种实体性的权力，但反过来思考，控制行政官员滥用职权，却为公众实体权利的实现创造了条件。自然公正原则的中心问题不在于公民是否享有某种权利，而在于行政机关行使权力对公民可能产生不利的结果时，需要遵循一个公众的程序。因此，考察程序正义要从对行政结果的审查，转向对行政行为过程的审查。

制度的基本功能是对各种稀缺资源的分配，它力求通过公平的分配来实现社会的正义，并使资源得到合理有效的配置。从这种意义上说，制度本身是一种分配程序，它体现了分配的正义与效率。邹吉忠先生指出：“中国社会所需要建设的理想制度模式，是形式化、程序化、民主优于自由、以人为本的非人格化制度”③。许多制度研究学者相信，程序制度是推动制度整体合理变迁的突破口。

尤尔根·哈贝马斯认为合法性（Legitimacy）意味着某种政治秩序被认可的价值，他关注的公共政策层面的合法性，即公民对公共政策系统及其产出的认可和接受，并积极参与公共政策的贯彻执行，是政治系统输出的合法性。他认为合法性主要包括公共政策主体的合法性、程序的合法性和价值的合法性④，这其中，程序的合法性是指公共政策的制订、执行、评估、监督、反馈等过程应符合法定的、科学的程序，体现的是程序的正义与公正。

城市规划本身就是一个过程，从规划编制审批、规划行政许可（一书两证）到批后监督检查，作为政治过程的城市规划并不仅仅是城市规划专业活动独家垄断的行为过程，专业化城市规划的权威不能单靠规划技术的科学化就能够确立，而必须在城市规划过程的合法性中寻求解答。这一合法性有两方面的意涵：首先是程序设计所体现的价值观要符合城市规划的核心价值；其次，规划过程要公开透明且符合法定程序。程序正义要求规划制度不仅要保证规划结果的公益性，而且要保证规划过程形式上的公正⑤。

---

① “程序”是人为安排的，这种意义从英文的构词法上可以看出。在英文里，“程序”是procedure，pro-意思是“在前”，ced的意思是“走”，二者合起来即是“走在前面”，亦即“事先安排的”意思。《现代汉语词典》中“程序”的释义为“事情进行的先后次序”，《辞海》的释义为“按时间先后和依次安排的工作步骤”，与西文的解释异曲同工。

② 韩强．罗尔斯程序正义思想及其启示．国家行政学院，2001，(6)：81.

③ 邹吉忠．中国社会发展的问题与制度建设模式．河北学刊．2003，(5)：44.

④ 公共政策主体的合法性是指参与公共政策制度、执行、评估等活动的个人和组织应符合宪法和法律的规定，能够代表社会各个阶层、不同社会团体的利益；公共政策的价值合法性是指政策在价值设定与价值指向层面应能反映，并代表社会不同阶层、利益集团的价值取向与偏好，满足公共的利益诉求，从而获得公众的认同和支持。

参见：尤尔根·哈贝马斯著，张博树，译．交往与社会进化．重庆：重庆出版社，1989. 184.

⑤ 形式上的公正也是英国立法所看重的，即内容上的公正不仅应当真实存在，而且应当在形式和外观上让人相信是公正的。不论内容上是否公正，首先都应实现形式上的公正；只有具备形式上的公正才能进一步保证内容上也达到公正。

我国的程序制度化建设明显落后于西方。这是因为“中国的决策模式是一种典型的精英决策，决策过程基本取决于权力精英的作用，特别是深受人格化权力结构的影响。人格化权力的特点是不大受制于程序的约束，领袖和重要的权力精英的行为方式和人格因素对决策的影响至关重要。这种人格化的精英决策大大加重了决策过程非程序性的方面。”① 同样，城市规划决策非程序化特点也十分明显，是一种以政府为主导的精英决策模式。城市规划精英决策的不足表现为决策行为短期性（为突出政府任期政绩目标）、决策行为非连续性（换一任市长搞一套规划）、决策行为随意性（受决策者价值标准及政治需要影响）。正如刘国光先生在《中国经济体制改革的模式研究》一书中所言，精英决策常常表现出很大的随意性、偶然性等非程序化特点②。就我国市一级政府城市规划决策的实际情况看，非程序化决策过多，使决策的随意性增大，其弊端显而易见。如果决策的程序化程度很高，城市规划决策就不会因决策者个人意志的改变而改变，决策中的个人色彩和感情色彩将会受到抑制，人格化因素对规划决策的影响也较少，城市规划政策的稳定性才能提高。这就需要一个能够体现人们都有话语权和监督权的透明程序，做到程序的正当、合理、公正，即实现程序正义。只有通过正义的程序设计才能使城市规划制度效用得到有效的发挥。

由此可见，社会发展视角下城市规划的制度创新，必须树立程序正义的制度安排理念，为此需要实现：

（1）正义原则的先决性

城市规划运行程序主要包括两个方面：对法定规划的编制与审批程序；对建设申请的审批。这些已有比较明确的技术性程序规则，然而，仅审查其技术操作层面的规范性是不够的，还要从规则设计的价值观入手，考察其是否符合正义原则，是否符合公平、公正的核心价值。

（2）程序的参与性

首先体现在城市规划制定公众参与的程序上，城市规划编制、规划立法要征求广大民众的意见，进行听证，不能只是政府或技术人员意见；其次体现在城市规划的行政许可操作过程，如要求在场，要参加，应有公众的有效监督，充分发挥市民的能动性。

（3）裁判者的中立性

程序正义包括以下内涵：裁判者应当在那些利益处于冲突状态的参与者各方之间保持一种超然和不偏不倚的态度和地位，而不得对任何一方存在偏见和歧视。对我国而言，重要的是要保证城市政府在主持规划工作时不要受到强势资本集团的影响，或被政府权力集团自身利益所驱使。

（4）程序的对等性

应给予各方参与者以平等参与的机会，对各方的主张、意见予以同等的对待，对各方的利益予以同等的尊重和关注。与裁判者的中立性一样，程序对等原则也旨在确保各

---

① 胡伟. 政府过程. 杭州：浙江人民出版社，1998. 254～255.

② 刘国光. 中国经济体制改革的模式研究. 广州：广东经济出版社，1998. 134.

方参与者平等的权利，使规划中各个参与主体不仅拥有形式上的平等参与机会，而且还应在实质上具有平等的参与能力和参与效果。为此，裁判者应确保参与能力较弱的一方拥有一些必要的“特权”，以纠正各方实际存在的不平等状况①。城市规划中需要考虑社会底层群体的利益和保护弱者的行为可以看作是对此原则的履行。

8.1.3 保障规划民主

20世纪90年代以来社会治理理论的基本特征，是国家与市民社会、政府与非政府组织、社会权威机构与民众的合作与管理，政府把本属于公民的部分权力归还于民，通过让公民参与政策制定的全过程，防止决策者的私利最大化，在社会公共领域内实现公共利益的最大化，这也可视为民主化的扩展。

“民主即民治”②。城市规划民主可以理解为在城市规划任务确立、任务委托、规划编制、评审、审批、实施、监督检查等环节中的一种组织制度、组织形式与程序要求。广义的规划民主有两层含义：一是国家民主政治层面上，城市规划制度作为社会的基本建制之一，必须树立民主理念；二是民主的派生层面，主要是指城市规划编制过程中的民主方法，城市规划决策及管理过程中的民主作风，城市规划社会监督的民主方式，城市规划立法上的民主过程等等，属于具体的政治体制，是国家基本政治制度在城市规划领域的具体体现。

民主在城市规划中是必要和可能的。首先，国家民主政治的发展要求加强规划民主。当代中国社会正经历着构建以服务社会主义市场经济为取向的新的权力结构、制度体系、政治社会及观念形态的过程，而这一过程的终极目标之一就是建立以物质文明为基础的政治文明，它表现为制度的建设和发展，表现为日益深化和扩展的政治制度化过程，这一政治的制度化是以民主政治为基本核心。郭定平先生曾指出：“在基本实现工业化和现代化之后逐步推行民主政治，这一变迁模式构成东亚政治发展的鲜明特征”③。规划民主是政治民主建设在社会实践领域的具体体现，而国家政治民主制度则为规划民主制度的建立提供了可能性与真实性的保障。

其次，城市规划民主是城市规划发展的内在要求。城市规划作为一种公共行为，其目标是维护社会公共利益，协调各利益主体在城市土地及空间资源配置过程中的矛盾，防止出现各类城市开发中的社会损害现象。但由于现实城市规划政治过程中各参与团体

---

① 法律专家如是说：法官在法庭上承担着多重角色，其中，最关键的是（学术语言）维护公平游戏。用俗话说就是，当两个人打官司打架，一个人太低，一个人太高的时候，悄悄地给弱者增加一项武器，给弱者脚下垫两块砖，使其够得到高的那位。

② 民主即民治，这是大多数词典所采用的，较普遍接受的定义。英文中democracy的词源于希腊语，demos即人民，kratein即治理。古代哲学家与政治家以颇为直截了当的方式使用该词。佩里柯斯说：“我们之所以称为民主是因为政府掌握在多数人手中，而不是在少数人手中。”亚里士多德在区别了几种不同的民主以后说：“我们可以以此作为准则：不容许所有公民共享的制度是寡头的（oligarchical，ligos，少数）、容许所有公民共享的制度是民主的”（《政治学》Ⅳ.6）。林肯的名言“民有、民治、民享”也提出了同样的概念。民主是一种人民自治的制度。

③ 郭定平. 论东亚政治文明的复兴. 引自：制度建设与国家成长（复旦政治学评论第二辑）. 上海：上海辞书出版社，2003. 13.

和利益群体权力不均衡的存在，规划调控经常是软弱无力的。有许多专家认为，中国的改革已进入一个新的时期，需要社会成员（特别是原来既得利益集团的成员）付出巨大的经济社会代价，来实现经济和社会结构的调整。这是一个必须通过社会成员的理解、参与和合作才能完成的过程。政府如果不能正视民众的意愿，结果必然使矛盾激化，酿成社会冲突。只有建立新的制度架构，让民众的意愿表达和政治参与纳入制度的轨道，才能产生积极的社会效果，各社会利益集团之间才能充分沟通、协商，达成制度转型所必要的社会共识和利益妥协。即只有通过民主政治的程序才能协调整合不同利益集团的要求。对城市规划而言，它意味着如果没有一个民主过程产生的规划，它就很难真正达到让各利益主体“合意”和共同接受；规划实施及管理过程如果缺少民主，其实施就会有困难，而且会在一定程度上加剧社会矛盾，导致社会损害。

城市规划民主要通过城市规划制度予以保障。在计划经济时期，社会经济发展完全由国家主导，政府作为人们利益的全权代表制定规划决策，保障社会民主参与的内容在城市规划制度设计中被忽略了。转型时期的过渡型制度安排，以及制度设计中对经济发展绩效保障的侧重，使城市规划制度的社会绩效保障作用弱化，规划民主的制度保障同样受到忽视。规划决策—实施连续过程中缺少民主是造成规划权力滥用并导致城市建设中社会损害现象日增的重要原因。

建立在多元主义理论价值基础之上的政治发展理论认为，社会政治力量在政治中具有决定性的重要意义，而国家的作用则是协调来自社会的各种不同的政治和利益要求，尽可能达到一种平衡和合理的政治输出和政策效果，以维护政治和社会的稳定。亨廷顿也认为，国家现代化与社会经济的发展，必然导致政治参与范围的扩大。在现代化的各种关系中，政治制度化和政治参与之间的关系非常重要，因为这种关系的失衡将导致发展的失败，使政治变迁走向政治衰朽①。如果说城市规划公共政策也是一种政治输出，那么，只有通过民主的程序和方式，扩大规划公共政策制定过程中社会及公众参与范围，才可使其具备较好的政策效果。而这一切均需要制度化的保障。

城市规划制度创新中树立规划民主的理念，实际上也是为了落实社会平等及社会公正的核心价值，通过形成城市各类利益主体参与规划决策的民主机制，实行城市规划公共选择中权力制衡的配套措施。在城市规划编制、审批和实施监督的全过程中，增加各利益主体及全体民众的政治声音，并建立起制度化的表达渠道，从而使城市规划能照顾到大多数民众的利益。规划民主的制度化建设无疑有利于促进社会发展。

8.2 城市规划制度安排的规则设计革新

城市规划制度安排是城市规划制度理念得以贯彻，城市规划价值体系得以落实的载体。可以说，如果没有科学有效的制度安排，再好的理念，也难以使城市规划产生出良好的绩效。张庭伟先生指出，规划工作的本质是在特定社会条件下，应对当时当地社会

① 亨廷顿，著；王冠华，刘为等，译. 变化社会中的政治秩序. 上海三联书店，1989.

需要做出的一种制度安排。只要社会在发展，城市建设在推进，就会有城市规划制度安排的新要求。经济绩效、社会绩效、环境绩效都是城市规划追求的目标，本文中的规则设计创新，主要是针对我国市场经济发展现状及趋势，侧重于实现城市发展社会绩效的规划制度机制及模式的探讨。

8.2.1 强化规划法制的社会绩效保障功能

规划法制是城市规划制度的核心，规划的核心价值、程序正义及规划民主等制度理念无一不需要在规划法律制度中予以落实、体现。对我国既存的以《中华人民共和国城乡规划法》为核心的规划法规体系的创新，尤其需要注重强化规划法制的社会绩效保障功能。

8.2.1.1 明确保障社会公平的规划立法主旨和目标

一项法律能否得到有效实施，仅仅依靠国家强制力是远远不够的。它更多的取决于立法价值与社会价值的整合程度。法律的功能，不仅在于为人们提供了一套行为规范，更在于为人们创设和维护一种环境，以促使人们实现对公平、正义、自由、秩序等法律价值的诉求。伦理基础构筑了立法价值的正当性，社会基础注定了立法价值的适应性，利益基础筑就了立法价值的中心关怀，程序基础则成为立法价值权衡过程之正当性的基本保障。城市规划以社会公平为核心价值，明确规划立法的保障社会公平的主旨和目标，是与社会整体价值目标相一致。在效率与公平的价值权衡中，社会公众对法律公正的要求远远高于对其效率作用的要求，一部耗时制订的法律在社会生活中不能发挥预想的作用，并不会引起轩然大波；但一部法律中如果有悖于公平原则，则势必招致广泛的批判和责难。这可以从一些城市旧城改造的房屋拆迁管理条例招致广泛的社会批评中得到印证。在公平与效率的价值统一中，如果经济视角下的结论是“效率优先，兼顾公平”，那么法律视角下的结论则是“公平优先，兼顾效率”。

中西方的规划法律一般都兼具实体法与程序法的内容，根据各国情况，法律规定的内容也各有侧重。西方市场经济国家的规划法，除有规划编制和管理方面的内容外，大多将重点放在调节土地使用中各利益群体的关系，建立民意表达机制等方面，通过规划法律制度保障公平、公正和民主。我国1990年颁布实施的《中华人民共和国城市规划法》，内容也涉及规划编制与审批、规划实施及实施后的监督检查，但从总体上看，它更像是一部部门法、技术法，它把过多的内容与注意力放在城市规划建设方针的阐述（而这是不断变化的），以及规划编制体系的表述上，而这些规划的技术性内容本应在部门规章或技术规范中去处理。1990年版《城市规划法》，受当时社会环境制约，在规划立法的目的上，偏重于城市发展经济绩效的保障，没有体现出规划的本质在于“引导和管制土地发展与用途，以促进公众健康、安全、方便与舒适为依归，为市民缔造一个组织更完善、效率更高和更称心的生活环境”，忽视了规划法制更为重要的保障城市发展社会绩效的作用。

8.2.1.2 构建约束规划行政权力的法律机制

后现代城市规划理论普遍强调，要通过对城市规划管理权力的监督，来实现社会公正。在我国这种权威政治结构下，如果缺少对规划管理权力的约束机制，更容易导致权力的滥用，从而造成社会损害。现有的规划法规，较注重的是对行政行为的授权，而对规划行政的控制的立法却不足，并且不具体。法律把优越的实体性权利赋予行政部门，例如可以单方面作出行政执法行为，享有优先处置的权力以及凭借国家强制力迫使行政相对人履行义务。企业和公民的义务和权利往往不对称。从某种意义上说，在这种法律关系中，一方面是以牺牲企业和公民利益为前提而达到维护社会利益的目的，但另一方面也可能助长行政机关及其行政执法人员利用其优势地位和手中特权，牟取不当利益，实施损害行政相对人合法权益的行为，或者出现权力与资本的结盟，使城市规划行政权力成为某些强势利益集团追求特殊利益的工具。因此，规划法规必须构建有效约束行政行为和行政公务人员的程序机制及监督机制，建立行政责任追究制度，使城市规划管理权力能够得以公平、公正地使用。

8.2.1.3 正确设定规划法律保障的利益侧重

在一个多元社会，各种利益纵横交错，因此，不管立法做出一种怎样的价值选择，都会遭遇利益冲突的困境。从社会发展角度，城市规划法律保障的利益侧重应集中于两方面：利益保障上侧重于公共利益；利益群体保障上侧重于弱势群体。

公共利益和私人利益的矛盾是社会最根本的利益冲突。公共利益作为一定区域内公民个体利益的集合，反映的是公民的整体利益和长远利益，它既与私人利益存在密切的关联，又经常与公民的个人利益存在冲突。公共选择理论著名学者奥尔森（M. Olsen）指出："理性、自私的个体不会为了实现共同目标或群体目标而行动"[①]。也就是说，每一个个体成员都想成为"搭便车者"。20世纪末，在西方民主政治之中出现的各种右翼意识形态里，人类行为是受到个体利益最大化驱使的，人类对个体物质利益的欲求，既优先于对公正和福利这样的普遍价值的认同，也优先于对于一些非物质利益，诸如个人发展、智识激励、审美欣赏以及对于共同体的追求[②]。国家权力行使的目的之一就是要维护公共利益，抑制有损社会整体福利的个体利益追求。城市规划法制中对公共利益保障的侧重，一方面是要建立相关条例确保政府制定的城市建设方针及公共投入要符合公益性[③]；另一方面，是要加强对目前在城市开发中占主导的社会开发力量（如开发商、企业群体）的法律约束规制建设，确保城市各类开发行为不会损害到社会公共利益。或者说，立法过程中的利益取舍，必须遵循某种原则，比如合理性、正当性和公平性等，以确保公共利益与私人利益之间的最低同向性。

其次，城市规划会影响到社会各个群体的利益。当代中国社会，包括城市规划在内的公共政策制订，主要是由权力精英、资本精英及部分知识精英组成的强势群体所主导，

---

① Olsen, M. The Logic of Collective Action. Cambridge: Harvard University Press, 1965. 2.

② ［澳］Malcolm Waters，著；杨善华等，译. 现代社会学理论（Modern Sociological Theory）（第2版）. 华厦出版社，2002. 62.

③ 政府的城市建设方针及公共投入主要涉及公共物品的供给与分配，这就需要城市公共设施的"普遍化"、"平民化"。现实的不良状况俯拾即是：北京的商品房空置率高达20%，老百姓急需的安居房还要排队，抓阄儿；奥运场馆豪华到挤一下就挤出许多亿，老百姓体育健身设施只能在马路边零星见到。还有医院、学校、无不向"贵族化"发展。构建和谐社会，这些问题不能不解决。因此，政府的城建方针及公共投入要优先关注公众基本物质需要，规划法制要确立教育、医疗等公众共享公益设施建设的强制性规定，这就是规划法制保障的公共利益侧重。

这本身就是社会民主政治不成熟的一种表现。城市规划制度的创新，实现城市规划公正，在利益侧重上，除了应遵循以维护公共利益为重的基本价值取向外，还应关注弱势群体利益的保障。因为对弱势群体的保护涉及基本的社会正义。罗尔斯在《正义论》中把正义当作社会制度的首要价值，按他的观点，正义的社会制度就应该通过各种制度性安排来改善社会上“最不利者”的处境，增加他们的机会和希望，缩小他们与其他人群之间的差距。如果一种社会安排或资源分配存在某种不平等，那么，它只有最大程度地有助于最不利群体的利益，或者说只有在合乎最不利者的最大利益的情况下，它才能是正义的。换言之，即社会在允许差别时，必须优先考虑弱势群体的利益，才能达成基本的社会正义。

社会弱势群体的资源有限，利益表达的合法渠道不畅，利益诉求往往不被重视，按照罗尔斯的社会正义理论，城市规划公共政策作为调控城市建设利益主体、利益集团之间关系的基本工具，应当按照“公平逻辑”，优先关注、关心和救助社会弱势群体，以维持社会的总体和谐与公正。为此，规划法律制度要构建弱势群体利益表达的制度性渠道，让弱势群体的利益诉求得到制度保障；在旧城拆迁改造、公益性公共设施配置等领域，制订有利于保障弱势群体利益的规划法律制度。

8.2.1.4 完善规划法制中的公民权利保障内容

社会发展是“以人为中心”，社会发展的最终目标是改善和提高全体人民的生活质量，使人的自由和个性得以全面发展。要实现这一点，必须保障公民的合法权利。国家行使权力的另一个目的，就是要保障公民的合法权利。

公民权利在城市规划工作各层次中均可得以体现：

城市规划立法过程，公民有权参与；规划法律、法规执行，公民有权监督；城市规划编制与审批过程，公民有获取信息、发表意见及建议、参与决策的权利；规划实施过程，公民有权监督；规划实施不当，公民有权举报、诉讼。而这些权利的实现，均需要城市规划法律法规的建设予以保障。

现行规划法制中还缺少对法律主体权利的规定，而只是强调其遵守服从的义务。自由是宪法赋予公民的基本权利，也是人的最基本的价值。法治下的秩序是通过个人权利的落实和国家权力的程序化、规范化而形成的和平状态。因此，城市规划法制应在规定企业和个人义务的同时保障他们的权利。这种权利，并非允许他们自由的建设行为，这将导致城市发展中出现广泛社会损害，而是给予他们发表意见的权利，让他们有机会在城市规划建设中为争取和维护自身利益而战。

从最一般意义上讲，规划中保障公民权利，就是在规划法律法规中，应赋予公民对规划编制、审批、实施全过程有充分的知情权、参与权、监督权和诉讼权。此外，在法制建设中，尤其要注重建立规划中的私权保护制度及规划行政救济制度。

（1）建立规划中的私权保护制度

中共十六大报告中明确提出要“完善保护私人财产的法律制度”①。新修订的《中华

① 江泽民. 全面建设小康社会，开创中国特色社会主义事业新局面——中国共产党第十六次全国代表大会的报告. 2002-11-8.

人民共和国宪法》第十三条规定“公民的合法私有财产不受侵犯”；《城市房地产管理法》第十九条规定：“国家对土地使用者依法取得的土地使用权，在出让合同规定的使用年限届满前不得收回……”；《土地管理法》第十三条规定：“依法登记的土地使用权受法律保护，任何组织和个人不得侵犯”；物权法对公民的物权（如相邻权、阳光权等）做出法律界定和保护；……这一切预示着国家对公民“私权”的充分珍重和保护。从《行政许可法》、《行政复议法》和《行政诉讼法》相继颁布实施可以看出国家正在通过立法调整“公权”和“私权”的关系。

中国社会长期以强大的公权为主导，城市规划中也普遍存在侵犯公民私人财产权的现象。公权打着为了公共利益的旗号，片面地以公共利益去剥夺、挤占甚至代替个人利益。尤其是在目前的体制下，完全由政府充当公共利益的代表者和解释者，所导致的“寻租”和腐败已经引起了群众对政府的不信任和不满。随着公民“私权利”意识的觉醒，城市规划行政过程中对行政相对人有意或无意的侵害行为已经引发受害人强烈的抗拒，甚至出现以死抗争，从而危及社会稳定和社会安全。因此，在规划法规中明确界定公共利益的内涵、范围①，增补保护公民私人财产权的法律细则，不仅有利于城市规划的实施操作，有利于提高城市规划的权威，同时也有利于城市社会发展。

（2）完善规划行政救济制度

法谚云：无救济无权利。为保障规划行政中行政相对人的权利，规划法规应进一步完善规划行政救济制度②。

1990 年版的《中华人民共和国城市规划法》第 42 条规定：“当事人对行政处罚决定不服的，可以在接到处罚通知之日起 15 日内，向做处罚决定的机关的上一级机关申请复议；对复议决定不服的，可以在接到复议决定之日起 15 日内，向人民法院起诉。当事人也可以在接到处罚通知之日起 15 日内，直接向人民法庭起诉……”。但根据该法第 39 条、第 40 条的规定，这种救济权利仅赋予了被行政处罚的“未取得建设用地规划许可证而取得建设用地批准文件、占用土地的”以及“未取得建设工程规划许可证件或者违反建设工程规划许可证件的规定进行建设，严重影响城市规划的个人和组织”。对于城市规划行政主管部门侵犯了公民合法权利以及其他公益的违法行政行为（如违法编制城市规划、核发建设用地规划许可证等），却没有给受害人提供任何救济途径。城市规划行政救济制度的完善，大致可以从三方面入手。一是增设城市规划编制与审批这一抽象行政行为的救济制度；二是完善城市规划实施的行政救济；三是明

① 国家有关法律规定，国家为了公共利益的需要，可以依法对公民的私有财产、土地实行征收或者征用并给予补偿。但如何界定“公共利益”则尚无定论。在房地产连同土地使用权逐步成为公民私有财产主体的今天，如何界定公共利益，使其和私有财产保护结合起来，正在成为防止地方政府以及开发商借“公共利益”之名侵犯公民私人财产权的重大课题。

② 行政救济（administrative remedy）是指公民或社会组织因其合法权益受到国家行政机关的违法或不当行为的侵害时，依法向有关国家机关申诉或提出诉讼，要求纠正或给予补救的制度。行政救济是民主发展的产物，是保护公民或社会组织的合法权益，促进行政机关依法办事的重要制度。它使行政机关的行政活动在发生违法或不当行为以至损害公民或社会组织权益时，能及时得到纠正和补救。

参见：陈锦富，刘佳宁. 城市规划行政救济制度探讨。城市规划，2005，（10）：19 ~ 23.

确城市规划变更的行政救济。

一般而言，人们认为编制和审批城市规划是一种抽象行政行为。根据现行的《行政复议法》第6条和《行政诉讼法》第11条规定，只能对具体行政行为提起行政复议或行政诉讼。不同的是，《行政复议法》第7条规定，公民、法人或其他组织认为行政机关的具体行政行为所依据的非法源性（即不是行政法规、规章）的规定不合法，在对具体行政行为申请行政复议时，可以一并向行政复议机关提出对该规定的审查申请。在城市规划行政中，城市规划编制作用重大，城市规划的具体行政行为（城市规划实施）是以城市规划的编制（抽象行政行为）文件为依据。也即城市规划编制行为是调整公民和社会团体权益的先导性行政行为，如果在规划编制阶段就对公民和社会团体的权益造成了损害而不予救济，一定要等到该规划具体实施时才能进入救济程序，这种救济设计是一种“事后救济”，显然是不合理的。因此，在规划制度设计中，要考虑增设对城市规划编制与审批的抽象行政行为的救济路径：如设立城市规划抽象行政的公众参与救济程序，以保证规划相关人，特别是因规划而权益受到直接调整的那部分公民和社会团体的参与，以便及时发现问题，增加提前纠正不合理或违法行为的可能；在城市规划审批前，增设一道救济程序——城市规划审批听证程序，通过公开、民主的方式对规划进行质证和辩驳，达到正确实施行政行为的目的；扩大城市规划行政复议与行政诉讼的受害范围，对直接指导实施的城市详细规划，可以纳入受案范围。

城市规划实施是具体行政行为，我国目前的行政救济制度设计，使城市规划实施行政救济具备较为完备的救济渠道和救济程序，其救济关键是行政复议机关和司法机关最终是否能秉持自然正义的立场，顶住法外权、钱干扰，受理救济申请，作出公正裁决。

最后，是要明确允许对规划变更行为实施行政救济。由于人们根据城市规划作出的权益优化行为可能会因为规划变更或中止而遭受损害，如因土地使用分区管制的规划变更，而影响居民安宁、卫生，或被确定的公共设施保留地，使地价大跌，特定受害人应有申请救济之权利。

8.2.2 完善公平公正公开的规划行政操作规程

广义的规划行政过程包括规划编制与审批、规划实施及规划实施后的监督检查等全过程，建立完善的规划行政程序机制是规划制度建设的重要组成部分，亦是防止规划行政中出现社会损害现象的重要举措。

正当程序是英美法系老而常青的宪法原则，它的意义在于：在做出任何可能使他人遭受到不利影响的决定前，应当听取当事人意见，其核心程序是听证程序。日本法学家谷口安平认为：“审判结果是否正确并不以某种外在的客观的标准来衡量，而充实和重视程序本身以保证结果能够得到接受则是其共同的精神实质”①。由于城市规划实质上是多种利益主体对未来发展道路和利益分配的集体选择与决策行为，基于未来发展的不确

① 转引自：郑德高. 城市规划运行过程中的控制论和程序正义. 城市规划，2000，(10)：27.

定性以及不同利益主体在利益诉求上的差异性，布坎南认为，集体决策实际上无法对“真理做出判断”，而仅仅是这样一种过程，通过这一过程，个人对各种结果的选择可以结合起来产生集体结果，不同的规则会产生不同的结果。这里所谓的过程与规则，就是一种决策的“程序”。可见，在集体决策行为中是“程序”而不是“结果”居于首要地位，制定作为决策制度的“程序”是城市规划法规立法过程应重点考虑的内容之一。

行政法学关于政策程序的研究则认为：“健全的法律，如果使用武断专横的程序去执行，不能发生良好的效果。不良的法律，如果用一个健全的程序去执行，可以限制或削弱法律的不良效果。”① 政策的程序保障是否有效往往能决定公共政策的最终结果之社会绩效。因此，城市规划要实现各个阶层充分的利益表达，实现城市发展利益再分配的公正性，健全的程序是必不可少的制度保障。

缺少公平公正的规划行政操作规程，很可能导致对社会利益的忽略。即使表面上掩盖了已经存在的社会矛盾，但是在规划的实施过程中，伴随对各社会阶层利益损害的实际化，这些社会矛盾就会浮出水面，甚至由于累积作用和损益累积的马太效应形成严重不良的社会后果。另一方面，程序正义原则确保规划过程形式上的公正，即使规划决策及行政过程实际上导致不良的社会后果，无可置疑的程序的正当性也可消除或减少公众的不满，减少社会对抗。对于我国而言，建立公平、公正、公开的规划行政操作规程，最为重要的意义在于，它可以对精英主导的规划决策过程、不当行使城市规划行政权力（如行政不作为、行政拖延）或滥用行政自由裁量权形成程序约束，从而避免或减少规划行政过程中的社会损害。城市规划从编制到实施的运行过程，是一个行政决策—行政执行—行政监督与反馈的过程，完善公平公正公开的规划行政操作规程就是运用公平公正公开的程序去控制这些行政行为，并建立起相应的规划责任追究及规划救济程序制度。总体而言，行政程序应符合权利保护和行政效率的双重要求，这种要求必须通过包含行政主体和公民之间的互动机制的规划程序来实现。

8.2.2.1　完善规划编制与审批的程序制度

城市规划中的许多社会损害现象，经常是由于不恰当的规划编制和审批引起，原因在于城市规划的具体行政行为（城市规划实施）是以城市规划编制（抽象行政行为）成果为依据。而恰恰是城市规划编制与审批中的技术性特征，成为行政主导方排斥公众和社会参与，形成事实上的精英决策的藉口。

我国市场经济的发展，使城市社会的各个个体产生了对土地、空间资源等城市资源的占有、使用和支配权的主体意识。“城市规划编制的实质就是开发权的配给，是对各类产权进行广泛管理及对未来使用权的使用提供法律基础的过程”②。城市规划对城市各类资源的配置，更多地影响到不同社会个体、群体的利益。城市规划的过程已由原来的“技术过程”转变为各利益主体（包括政府官员、开发商、市民、规划师及其他相关利益

① 见《美国行政法》第21页，上海译文出版社，1995.

② 何明俊. 建立在现代产权制度基础之上的城市规划. 城市规划，2005（5）.

主体）之间利益博弈的"政治过程"，相应城市规划的制度安排也应由政府决策转向"公共选择"的"公共政策"。①

城市规划的编制与审批过程实际上就是一种规划决策——规划公共政策的制定过程，它应符合公共政策程序②。琼斯在《公共政策研究导论》一书中，从公共政策活动的过程和功能角度将公共政策制定的一般程序分为如下四个环节和类别：①为使问题得到积极的和严肃的研究与认可而提出的问题确认议程；②从确定问题进展到发现解决办法的提案议程；③协议或讨价还价的议程，使提案得到支持并能积极和严肃地发展；④持续议程，使问题得到持续的检验。很多学者把琼斯归纳的四个公共政策议程阶段归纳为公众议程和正式议程两个阶段：公众议程主要体现在公共政策制定的提案阶段，即第一和第二阶段；而正式议程相当于公共政策的审议决策阶段，即第三和第四阶段③。这两个阶段的核心问题大体上分别表现为利益表达和利益综合。

借鉴公共政策制定的程序设计，首先在城市规划编制程序上，要建立开放的规划提案制度。公共政策议案的提出，即公共政策提案是公共政策创制的第一道程序。公共政策学认为："提案阶段的提案权是利益表达的调控阀"。现阶段，由于我国社会各阶层在利益表达能力上存在的巨大差异，相对于弱势群体，强势群体如权力集团或房地产商业利益群体，往往更容易获得提案权，提出规划提案④。但单纯依靠政府行政力量或开发商形成规划动议，实质上在规划政策制定的初始阶段就剥夺了一些社会阶层（尤其是弱势群体）利益表达的权利，可想而知，这种只有代表特定阶层的少数利益群体提供规划决策的"备选答案"，制定出的规划政策不可能有效地实现各个社会阶层充分的利益表达。在现实的大多数城市规划过程中，弱势群体除了在政策制定前的公共议程阶段通过非正式化手段（街谈巷议等）进行表达外，在涉及切身利益的规划政策制定过程中，没有任何渠道对未来可能涉及自己利益的规划决策提出提案。因此，通过尝试设立社区规划师制度，让社区规划师成为社区公众利益的代言人，在规划体系内建立开放的议题提出机制，均衡提案权利是保证利益表达程序化保障的基础。

---

① 现实中我国政体连续性背景下的渐进式改革，具有强烈的"路径依赖"特点。在市场经济的转型过程中，甚至在市场机制已成为整个社会中占主导地位的经济整合机制情况下，政治权力仍然保持着对其他类型资本的控制和操纵能力（孙立平，2005）。城市规划的编制、审批到实施管理的运作过程，都是在政治权力所掌握的行政体制内运作完成的。现阶段城市规划过程本质上仍是一种"行政过程"，主要是在各级政府及其各部门之间的"体制内"循环完成的。在这种制度安排下，城市规划决策往往演变成政府主要领导（书记、市长）决策，社会各利益主体的利益诉求和主体间的矛盾协调与互动，是被排斥在这样的行政过程的运作程序之外的，往往只有在事后告知式的"公示"，并且被要求必须遵守和服从。这种不合理的规划决策过程，自然难以保证规划结果的公平。

② 公共政策程序即公共政策制定过程，是指社会问题被认定为公共政策问题，并被纳入决策机构的议事日程或行动计划的过程。

③ Charles. O. Jones. An Introduction to the Study of Public Policy（3rd，ed）. Monterey，California：Brooks/Cole Publishing Company，1984：32～33.

④ 如目前很多旧城改造案例中，政府行政部门将旧城改造规划的提案权包括草案权转移给开发商，从而简化规划的公共政策制定议程，为将规划政策制定机制简化为规划决策机制创造前提条件。

其次，是要建立规划审批前的听证制度①。行政程序的公正与公开并不仅仅只是让行政相对人了解行政行为的结果，而是让行政相对人得到一个可以进行行政救助的法律途径。"对于行政机关而言，这一问题的实质是要求行政机关履行职能，实现法律授权的目的时应当有一个正当合理的程序；从保护公民合法权益而言，则表现为在行政机关行使权力做出行政行为（不管是抽象的或具体的行政行为）对行政相对人发生效力之前，就应当提供某种程序的保障，就应当赋予行政相对人以某种程序上的权利，使之通过对程序上权利的行使来维护自己的合法权益。"② 城市规划审批前的听证，是规划政策颁布前的最后一道利益协调机制，在城市规划政策程序中具有重要地位，是对目前我国城市规划封闭决策过程的一种修正。

8.2.2.2 健全公平、公正、公开的规划实施程序制度

城市规划实施（城市规划执行、城市规划实施后的监督检查）是一种具体行政行为，我国已建立了以"一书两证"为主的规划许可制度，并有较为明确的技术操作规程。但在现实的规划实施过程中，仍然经常出现规划行政行为不当（如滥用自由裁量权），从而使城市规划的行政性成为达成特殊利益的工具和排斥公众监督的"防火墙"，影响到城市规划的社会绩效。

规划的实施是一种公共行政行为，需要运用政府特有的行政权力——国家公权力才能实现，在我国的威权政治结构下，政府的公权力异常强大，这种权力如果缺乏有效的制约，则会导致腐败。转型期中国社会的功利化倾向，以及市场机制的不完善，更容易导致出现"权力寻租"的现象。如规划许可的审批权，这种特殊权力掌握着城市有限的、稀缺的社会资源（土地及空间资源）的分配，拥有资本的企业之所以愿意用自己的金钱与行政权力人手中的权力进行交换，就是为了谋取有限的、稀缺的资源所蕴藏的巨额利润。开发商通过"设租"突破经过审批的法定规划，如擅自提高容积率和开发强度，牺牲绿化、停车场等配套设施。由此可见，问题的关键是规划实施中政府及其行政人员拥有权力却没有受到有效的约束，导致"权力寻租"现象。

城市规划的编制成果对于城市建设的引导与管理是在政府的行政实施操作过程中实现的，公平公正的规划行政操作直接关系到广大市民对政府的信任程度及政府的声誉，关系到社会的团结稳定。为此，一方面需要加快政府职能的改革，重构公共行政管理体系，重塑公共服务型政府；另一方面，对于城市规划实施而言，则需要通过增设必要的程序机制，加强对规划行政权力使用的约束和监督。

（1）完善规划执行前的法定规划公示、公开程序制度

政务公开是依法行政和廉政建设的前提，更是公平公正的前提。要实现规划行政的公平公正，就需要政务公开透明，推动规划执行由封闭操作向阳光操作转变，确保公众对规划的知情权。为此，在规划执行前，政府应将经过审批的法定规划向社会公示，并

---

① 听证（Legislative Hearing）是行政程序利益综合过程中的一项制度，它指的是主体在做出影响行政相对人权益的决定前告知决定理由和申辩权利，以听取行政相对人意见，接纳其证据的程序性法律制度。行政程序法律制度的核心是行政程序法听证制度。

② 卢源. 城市规划中弱势群体利益的程序保障. 城市问题，2005，(5)：13.

保持经常性的政府网上公开，便于人民群众查询、了解和监督。

(2) 建立近期和年度规划项目的公示、公开程序制度

对近期和年度规划实施项目，一般应由城市规划行政主管部门根据城市经济社会发展规划及城市政府的工作计划，提出城市近期和年度建设预项目库，由政府向社会公示、公开，广泛征求社会各阶层意见，作为政府确定城市近期和年度建设项目的重要参考，避免决策失误。尤其是对主要由公共资金投资建设的重大建设项目，由于关系到政府公共资金是否合理公平使用的问题，更应受到广大公众的监督。

(3) 增设重大规划许可前的公示、听证制度以及规划许可公开制度

对城市大型公共设施、市政基础设施、重大工程和市民普遍关注的建设项目（如旧城拆迁改造项目），在颁布规划许可前，要向社会公众，尤其是受到影响的利益相关人公示项目的基本情况、方案图纸、各项经济技术指标等内容，保证利害相关人有充分的知情权并享有要求听证的权利。规划许可批准后应当公开，公众有权查阅。

增设这些程序性规定，实际上是我国现行的《行政许可法》在规划管理中的一种落实。例如，规划的许可依据和许可条件的公开可依据《行政许可法》第五条、第三十条，城市规划“一书两证”的许可依据、许可条件都属于应当公开的范畴。规划许可前公示可依据《行政许可法》第三十六条，规划许可直接关系他人重大利益的，应当告知该利害关系人，并听取利害关系人的意见。听证是现代民主社会普遍推行的用于保证各方利益主体平等参与公共决策过程，最终实现决策民主化、公开化、公正化、科学化乃至法制化的一种重要制度设计，规划许可前听证可依据《行政许可法》第四十六条、第四十七条的规定，一是涉及公共利益的重大城市规划行政许可事项，应当向社会公告，并举行听证；二是城市规划行政许可直接涉及申请人与他人之间重大利益关系的，应当在做出行政许可决定前，告知申请人、利害关系人享有要求听证的权利，并举行听证。最后，规划许可决定公开可依据《行政许可法》第四十条，城市规划许可的决定及“一书两证”，应当公开，公众有权查阅。

8.2.2.3 明确规划责任追究制度及规划救济制度

从构建完善的规划行政程序制度要求看，还应对规划行政过程，尤其是针对具体规划行政行为中，规划行政主体及工作人员的违法行政或不作为建立起规划责任追究的程序制度。由于受功利化倾向和“官本位”思想的影响，一些规划行政主体及工作人员片面地认为规划管理就是行使权力，约束行政相对人，忘记在决策和组织推行过程中自己的责任和义务，导致规划执行中出现漠视行政相对人权利，或运用权力寻租。现行的规划法规所确定的法律责任主要针对行政相对人，对行政行为方的违法或不作为没有做出具体的违法责任及追究程序规定。责任与权力的不对等，明显有违公平公正，极易造成社会损害。新的《行政许可法》规定了在许可的设定和实施过程中应当承担法律责任，为责任规划行政提供了法律支持；在规划行政规程制度的创新中，也应明确建立规划法律责任追究制度。

规划救济是指规划行政对相对人合法权益造成侵害时，相对人通过一定的程序，获得合理的补偿和救助，从而维护社会公平公正。H. G. Frederickson 曾指出：“社会公平强

调政府提供服务的公平性；社会公平强调对公众要求做出积极的回应而不是以追求行政自身需要满足为目的；……总之，倡导公共行政的社会公平是要推动政治权力以及经济福利转向社会中那些缺乏政治、经济资源支持，处于劣势境地的人们。"① 从社会公平角度出发，处于弱势的行政相对人有因规划行政导致利益受损而获得规划行政救济的权利。前文中已提出规划救济包括规划编制与审批中的行政救济、规划实施的行政救济、城市规划变更的行政救济，这些规划行政救济程序应当成为制度化的城市规划行政操作规程的重要组成部分。

8.2.3 构建规划社会监督的制度化渠道

构建制度化的规划社会监督机制，是规划民主理念的一种落实，是社会民主政治建设的需要。在西方，1960 年代后的城市规划越来越成为一种社会化过程，公民权利意识的觉醒，市民社会的再兴起，对行政当局主导的规划决策过程实施社会监督成为一项基本的市民权利②，公众参与城市规划成为规划民主的基本表现形式，同时，也被认为是衡量民主程序的一个重要标志。1980 年代后，全球化的资本主义的不断蔓延，在经济自由主义思维与国际市场竞争机制制约下，国家机构的传统职能不断被削弱，多数民主政体成为经济巨人阴影下的政治侏儒。在这种情势下，如何建构市场与民主、市场与社会、文化、环境的共生规划成为社会关注的焦点问题之一。20 世纪 90 年代以来西方社会治理理论的基本特征，就是国家与市民社会、政府与非政府组织、社会权威机构与民众的合作与管理，政府把本属于公民的部分权力归还于民，通过让公民参与政策制定的全过程，防止决策者的私利最大化，在社会公共领域内实现公共利益的最大化。建构维护经济弱势群体权益的政治组织与意识形态，让广大人民可以真正利用民主参与和监督机制维护其生存与发展的权力，并维持社会各利益阶层的权力平衡，是其行动领域之一。佩特曼的参与民主理论认为，真正的民主应当是所有公民直接的、充分参与公共事务决策的民主，从政策议程的设定到政策的执行，都应该有公民的参与。③

在我国，已有的城市人民代表大会制度、城市规划委员会制度、规划公示制度、规划听证制度等相关制度设计已为城市规划社会监督构建了部分制度渠道，随着我国公民权利意识的上升，全社会民主政治的发展，赋予并保障广大民众的城市规划知情权、参与权、监督权、诉讼权已成为城市规划民主制度建设的重要内容。

---

① 金太军. 西方公共行政价值取向的历史演变. 江海学刊，2000，(6)：39.

② John Friedmann 及 Mike Douglass 认为，市民社会争取市民权利主要反映在对三部分紧密相关内容的争取上：发言权、有差异的权利和人类发展（human flourishing）的权利。在对发言权的争取上，就是要加入民主过程的权利，要求政府行为的透明性，要求政府与市民相互作用是可预期的，所有市民的权利会影响到他们在生活空间和社区方面的利益和利害关系。对有差异的权利的争取反映的是对公共政策所进行的社会斗争，这是由社会建构的差异性所形成并加强的，在多元化城市经过集体认同而建构起来，从而使他们可以共同生活在同一城市中。在人类发展方面，就是为了获得社会权利的物质基础，如住房、工作、健康和教育、生活、维持环境、财政资源，总之是生活和人类发展的基本条件。

参见：孙施文，殷悦. 西方城市规划中公众参与的理论基础及其发展. 国外城市规划，2004，(1)：18.

③ 参见：［美］卡罗尔·佩特曼著，陈尧译. 参与和民主理论. 上海：上海人民出版社，2006. 5.

构建制度化的规划社会监督机制，有利于监督规划行政权的使用，消除腐败，防止规划行政行为不当所造成的社会损害。随着中国城市住房市场化的发展，住房逐步成为公民私有财产，城市开发中对公民私有财产的不当侵害现象，以及对城市公共利益的损害现象也不断出现，而这些大多与规划行政不作为或作为不当相关。如果说规划是一种政治过程，规划行政则是规划政治过程的核心力量。在我国目前的威权政治结构下，政府行政组织拥有对规划政策选择的垄断权力，在政策的实施过程中具有主导话语权力，城市规划政治系统内部的共同体成员（政府公共组织、企业市场组织、非政府公共组织等）之间权力的不平等性，极容易造成行政权力的滥用。孟德斯鸠认为"一切有权力的人都容易滥用权力，这是一条万古不易的经验"，所以必须"以权力制约权力"以及"以权利制约权力"，前者在我国是指国家人民代表大会、行政机关内部以及立法机关和司法机关的监督，后者是指公民依据法定的权利对行政权力行使过程进行影响与监督，以形成对行政权力行使过程的约束力。我国学者罗豪才等人在分析现代行政法的演变趋势后，提出的"平衡论"认为："现代行政法应当在维护、监督行政主体依法行政与保护公民、法人、其他组织的合法权益之间，谋求一种平衡——一种通过对行政主体与行政相对方的有效激励与制约，实行行政权与行政相对方权利的结构性均衡，兼顾公共利益和个人利益，确保社会的持续稳定发展"①。平衡论强调的不是限制行政的权力，而是通过公众的参与与监督，通过各利益主体的博弈，实现权利和义务的动态平衡，公民权利和公共利益的平衡。既防止公民权的滥用，同时更要防止行政权的滥用。

张庭伟先生曾指出："当前中国的国情条件，培育一个成熟的市场最缺乏的不仅仅是建立政府与市场的合理关系，或要求政府放权，修改规则，而更应该是培育一个强健的社会监督体制。没有一个这样的社会监督体制，就无法建立有效的市场规则，从而也无法建立一个真正公平的市场体系。"② 对城市规划而言，要保障城市发展的社会绩效，实现规划的公平正义，同样需要构建制度化的规划社会监督机制，加强对规划决策—实施全过程的监督。从制度创新角度，培育和健全规划社会监督制度可以从下列三方面入手。

8.2.3.1 权力制衡监督，建立独立的规划监督权力机构

权力制衡即"以权力制约权力"，西方国家普遍实行的立法、行政、司法三权分立制度，就是这种分权制衡思想的体现。孟德斯鸠说过："要防止滥用权力，就必须以权力制约权力。"③ 我国现行具有规划监督权的权力部门主要有人民代表大会，政府内的行政监察机构、司法机关（人民法院和人民检察院），这些权力机构在发挥一定的监督作用的同时，也由于信息不对称，以及规划编制、审批、实施全过程监督的权力边界不清等原因，对规划监督实效不佳。其结果仍然是行政首长和规划行政部门的权力集中、权限过宽，规划的社会监督弱化。

---

① 罗豪才主编. 现代行政法的发展趋势. 北京：法律出版社，2004. 12.

② 张庭伟. 构筑规划师的工作平台——规划理论研究的一个中心问题。城市规划，2002，(10)：18.

③ 孟德斯鸠. 论法的精神（上册）. 154. 转引自：施雪华. 政府权能理论. 杭州：浙江人民出版社，1998. 94.

在我国现有政治体制条件下，雷翔先生曾提出一种在市政府框架下构建的城市规划决策的新模式①，即将城市规划的准立法权②、执行权和监督权分离。准立法权负责解决城市规划的价值判断问题（“做什么”），执行权负责城市规划的事实判断（“怎样做”），而监督权则负责执行控制和纠正错误的问题（“不能这样做”）。这其中，规划监督主体需要具有超然的独立地位，与监督的客体（规划行政部门）不能共存于一个组织单元之中，监督权不能受制于执行权，这就需要设立独立的规划监督权力机构，如建立规划上诉委员会制度③，受理公众批评、建议、申诉、检举、控告。这种独立的规划监督权力机构，为公众和开发者提出自己对规划编制与行政决定的意见、不服与解决此类矛盾提供了一个法定有效的申诉仲裁渠道，使公众有了实现自身权力的有效途径。将行政执行主体与行政复议仲裁主体分离，可以保障规划行政复议与申诉仲裁的公正性，规划监督权力机构与规划决策主体（如城市规划委员会）和执行主体（规划局）三者相互制衡，可以防止规划行政权力的滥用，提高行政与法律运行体系的效率，增大规划行政复议与仲裁能力，弥补法院在规划专业技术方面的局限。

8.2.3.2 民意表达监督，规范城市规划公众参与制度

有关城市规划中的公众参与，已有众多的研究文献，规划中公众参与的必要性，概括起来主要有下列两点：

首先，公民参与到政府公共决策中，是规划民主的基石，也是一种公民权利。过去20余年的我国政治变迁过程，政治改革主要是在既有的政治制度框架下，对政治运行体制和权力结构进行调整和有限变革，其主要手段是通过权威体制制定改革政策，并主要通过现有政治与行政体制来推行改革政策，以达到政治改革的目的。未来新的政治改革的路径之一，就是对这种政治权威主导改革的模式进行修正，加强政策制定的民主决策分量，其途径之一就是加强公众参与，使公民参与政治、经济、社会事务的权利在实质上和形式上都得到保障。城市规划中的公众参与是随着政治民主化过程发展而必然出现的一种社会活动，保障公众参与也是公众监督的过程，既可以防止城市规划行政中罔顾公众利益的行为，也是支持城市规划“向权力诉说真理”的坚强后盾。

其次，公众参与城市规划过程，也是对日益多元化的社会利益诉求的一种适应。传统的公共决策过程，尤其是官本位的公共决策过程（bureaucratic decision making），强调的是用法律（legitimation）和强制（coercion）手段，要求民众去接受和执行有关决策。但这种传统的公共决策过程，往往忽略了政治上和经济上的弱势群体④，且规划专业人士

---

① 参见：雷翔. 走向制度化的城市规划决策. 北京：中国建筑工业出版社，2003. 169～170.

② 政府并无立法权，但城市规划中许多带有重要价值判断的问题不可能都通过人大立法的方式来决定。因此，需要政府来判断这些问题的价值，作为价值判断结果的政府规章（包括经过政府批准的城市规划）就带有准立法的性质。

③ 雷翔先生对规划上诉委员会制度设计有详细论述，按雷翔先生构想，它与规委会、规划局共同构成规划编制、实施和监督的制度（组织机构）体系。详见：雷翔. 走向制度化的城市规划决策。北京：中国建筑工业出版社，2003. 211～219.

④ 在通常情况下，专业人士往往利用自己的专业知识，服务于自己和那些掌握权力的政治精英的利益；而政治精英们往往考虑的是自身对社会的控制，而不是社会利益的公平分配。

的价值观和社会理想与一般大众有所隔离和分化，导致他们提出的规划提案不一定反映民众的价值观和社会理想；在某些领域的决策，“专家智慧”、“技术理性”经常只是充当某些官方决策合法化的工具。随着当代社会多元化的利益格局的形成，公众利益的分化使包括政府在内的任何组织和个人，都难以代替利益集团和民众做出抉择。孙立平先生认为，化解当今中国社会矛盾与冲突，重要的是要形成一种有效协调的利益关系表达机制、利益博弈机制和制度化解决利益冲突的机制，这其中，首要的问题是利益表达，没有有效的利益表达机制，其他的利益协调都无从谈起（孙立平，2006）。

城市规划如果只限于公共部门自上而下的方法与途径，那么它不可避免地会走向失败。我国长期延续下来的城市政府垄断规划编制和管理的封闭运行模式弊端日显，形势发展急需寻求一种能在众多利益主体中达成平衡与协调的开放透明的运作机制，在政府与多元社会群体之间建立制度化的沟通渠道，吸收利益各方参与规划编制与实施决策，通过广泛的社会参与，在利益博弈和协调中寻找个体利益和公共利益之间公平公正的平衡点。

从加强规划社会监督角度看，城市规划公众参与制度主要应起到一种事前监督的作用，即在城市规划编制、审批、实施决策前，通过广泛的社会组织和公民个人参与，避免决策失误和规划行政行为不当，防止或减少城市开发建设中的社会损害现象。而在我国的城市规划工作过程中，通过公众参与方式发挥的社会监督作用还十分有限。主要表现在规划编制阶段，已有的少量公众参与也只是规划设计机构通过调查表或走访的方式让公众参与，是一种被动参与，这使得在规划提案阶段公众就失去了监督影响力；在规划审批阶段，各城市普遍采用的是专家评审 + 行政审批制，真正的利益相关者（各利益群体和个人），却没有话语权，即使部分规划方案在审批前采用公开公示征求意见，但这种社会意见也只是供政府决策部门了解和参考，并没有一种制度性的对公众意见憐选—落实机制，监督作用十分有限；在规划实施阶段，由于缺少规划许可听证、公示等程序制度，公众参与监督事实上被虚化，只有当城市某项建设对公众利益造成损害，产生诸如日照、绿化、交通、噪声等具体问题，这时才有公众和社会团体借助市民热线、新闻媒体、行政复议或行政诉讼等方式提出问题，而这只是事后监督，有可能避免的矛盾和社会损害业已出现。按美国学者 Sherry Arnstein 对公众参与的三种类型和八个层次的划分，我国现阶段公众参与处于初级阶段，属于象征性参与，即公众尚处于被动的告知与接受地位，还未进入合作性参与、代表性参与、决策性参与的实质参与阶段。这些公众参与的规划社会监督不足，主要缘于缺乏应有的规划制度保障，例如公众参与监督的规划事务类型不明确，参与监督规划事务的程序制度缺乏，公众参与监督的组织机构不完善。这些都是构建公众参与规划监督机制要解决的问题。

（1）明确公众参与规划监督的类型

宪法规定公民人人享有监督权。但从公民个体角度，主要体现在举报、控申、信访等方面，实质上是只有事后反映问题的权利，没有事前参与、监督决策的权利。在规划操作过程中，社会监督如果真正产生效力，成为制衡公共权力的有效手段，就必须对规划决策—实施的过程予以监督，且民意的表达与收集也需要在制度安排中予以保障。在规划全过程中，公众参与规划监督的主要类型包括：

①规划动议与规划提案监督：它可以让公众表达对某些规划公共政策动议的支持或反对意见；

②规划审批前的公示、听证监督：这是规划公共政策形成前主要的公众参与监督环节；

③规划许可公示、听证监督：对重大规划与建设项目，规划许可发放前的公示、听证监督，是公众参与规划实施决策的主要监督环节；

④规划实施后的监督与检查：这是公众对规划执行及其后果的一种事后监督。

（2）完善公众参与规划监督的程序

公众参与权利的程序性内容是实体性内容的保障，前文中已经讨论了如何建立公平、公正、公开的规划行政程序制度问题，公众参与的程序性内容是规划行政程序制度的有机组成部分，它是保证公众参与城市规划的一套运行规则，也就是公众参与城市规划所必须遵循的具体操作流程，包括对适用范围、参与主体、基本步骤等方面的具体规定。世界上一些国家的规划法律都有明确的公众参与程序规定①，我国的问题是规划编制及具体建设项目审批过程中的公众参与还缺乏操作性的法定程序，未来公众参与程序制度设计应着重完善：

①公众参与规划动议和规划提案的方式、途径规定；

②各种类型的规划公示、听证的时间、程序规定；

③规划行政复议、行政讼诉的程序规定。

（3）加强公众参与规划监督的组织建设

目前我国城市规划中的公众参与，多停留在“个人的参与”，而没有上升到社会团体组织的参与。基于不同个人利益提出的意见，一般很难引起规划行政机关及决策者的重视和采纳。公众参与主体的整合度过低，力量过小，难以起到有效的规划社会监督作用。

要实现真正的公众参与规划监督就必须有其组织机构的安排。国外现行公众参与组织机构主要有三种形式：第一种形式为政府行政机关主导并整合参与事务的进程；第二种形式主要是基于“地方社区组织”（CBO，community-based organization）所实行的一种自发性活动（spontaneous activity）；第三种形式则是以“非政府组织”（NGO，non-govern-

---

① 英国1990年的《城乡规划法案》明确规定，编制规划必须完成八项法定程序才具有法律效力，其中公众参与即是一项非常重要的内容。如新的规划在审批前，需公示60天供“公众评议”；即便审批通过，还会有一个公示期，在公示期内，若有重大的意见，规划同样可能被修改。

德国公众参与城市规划的法定程序是：

a. 在报纸、广播、电视上公告将在某地区进行建筑规划；

b. 提出并公告规划草案，供公民讨论，与各部门沟通；

c. 议会召开会议讨论各方意见，并表明态度；

d. 修改后的规划按法律程序审批后正式公布，并在各区或学校张贴，公示期为一个月；

e. 一个月后，将收集到的意见送交议会讨论，答复公众意见，并进行表决，若无太大意见，议会通过，报州审批。如有重大修改意见，则重新执行程序 a 和 e；

f. 州审通过，正式公告，若有不服，可请求协商，协商未果可上诉至法院；

g. 一旦该规划得到州批准，建设者可依法开工。

ment organization）领导参与工作的进行。总的特点，则是城市规划中的公众参与，往往表现为群体性的参与。国内外公众参与城市规划的实践表明，要实现有效的公众参与规划监督，就必须加强公众参与的组织建设。对我国来说，一是可以与城市居民委员会结合，构建“社区参与和发展委员会”，参与影响社区利益的规划发展决策；二是培育中介性民间组织的成长，包括非政府组织（non-government organization）、非营利组织（non-profit organization）以及其他私人组织，通过中介性组织来实现公众参与规划监督。

一个社会中，至少应该有三个不同的部门——政府、商业和非营利性部门——都针对公共需要寻求合作共事的方式，才有可能促进民主和经济最大限度的发展。参与的组织形式决定了参与的普遍性和有效性，一个好的参与组织形式能够利用各种技术手段，把公众参与从Arnstein所谓的象征性参与带入市民权利的参与层次，实现真正意义上的参与与监督。

8.2.3.3 社会舆论监督，保障舆论机构规划监督报道自由

社会舆论监督是人民群众通过舆论手段对政府的各项工作进行的广泛监督。它以大众传播为载体，是反映群众呼声，为公众提供及时、可信舆论信息的手段，是对社会政治经济生活和决策机构提供咨询和实行监控的一种社会行为。它以其广泛性、公开性、及时性和评价性而具有强大的威慑力，曾经被马克思形象地称为“另一法庭——社会舆论的法庭”。目前，我国城市规划舆论监督的功能还未得到充分发挥，表现为监督渠道不畅、力度不足、时间滞后、自主性差等方面，这些极大地限制了舆论监督的有效性。

（1）舆论机构相对于规划权威部门必须具有独立性

舆论机构自身要有自主权，有权决定采访报道规划过程，有权决定采用何种形式公示给大众。舆论机构应有权对规划行政不当所造成的社会损害现象进行披露，使规划行政权力在公众视野中运行，一切无所遁形，“阳光是最好的消毒剂”。

（2）舆论监督必须把社会效益放在第一位

目前城市规划过程中存在着信息不对称，导致公众很难获取准确、真实的规划信息，舆论媒体自身具有广泛的关系网络，既可以为公众提供及时准确的信息，还在参与规划过程方面比一般公众更具优势，它应发挥一种桥梁和联系作用。同时还要注意到，舆论监督只是社会政治构架中的一种制约平衡机制，它只能披露事实，反映问题，促使执法部门或有关单位问题的解决，并不能越俎代疱，代替执法部门成为裁判者。

（3）舆论监督必须增强针对性和时效性

舆论监督在广度上，应追踪报道，对规划编制、审批、实施、检查的规划全过程进行报道；其次要增强信息度，拓宽广大公众的视野；再次，在深度上，应该有所取舍，照顾到不同人群。除了在信息传达上发挥作用，在社会监督上发挥作用外，还需承担向政府和规划部门传达人民群众的意见，起到一种沟通和桥梁作用。

8.3 城市规划制度环境创新

城市规划制度环境是指由法律、行政、经济等社会机制组成对城市规划的有效运转

的制度性激励（约束）条件（环境），是国家社会、政治、经济、文化特征所决定的社会及政府行为在规划行业中的现实反映。良好的规划制度环境可以对城市规划主体（政府、规划组织、社会组织及公民）提供激励和保护功能，使政府采取更为公平公正的规划行政过程，规划组织更多地从公共利益、社会公平维度进行规划编制，使社会组织及公民的权利得到保障，提高社会组织及公民的规划参与及监督的积极性。同样，良好的城市规划制度环境，可以对城市规划主体行为形成限制、控制与管束，通过适当的制约，使政府管理部门的违法行政和不作为得到控制，规划组织的不良规划设计行为受到限制，社会组织及公民规划参与及监督权利的滥用能够防止。

从制度层面看，要充分发挥城市规划的社会发展作用，提高城市规划的社会绩效（social performance），除了要推进城市规划制度创新，还必须加强与之匹配的规划制度环境建设。

良好的城市规划制度环境的营造，既取决于社会整体制度环境（外部环境）的改善，又与城市规划内部环境改良密切相关。社会整体制度环境对城市规划的发展及绩效起着强大而本质的作用。改革开放以来，以分权化、市场化、全球化为特征的中国社会制度转型，决定了制度演进的方向，构筑了过去 20 余年城市规划发展的外部制度环境。至今日之中国，执政党及政府已充分意识到过去 20 余年改革与发展之不足，尤其是片面追求经济发展而忽视社会公平之不足，已开始重新设计改革及发展的路径，进行相关的制度建设，社会整体制度环境已经向注重社会公平发展的方向转变，这些正为未来城市规划的进一步发展创造了良好的外部制度环境。应该说，城市规划外部制度环境更多受到国家社会发展及整体制度变化的影响，非规划界所能左右，因此下文将重点讨论城市规划内部制度环境的营造。

8.3.1 营造规划的法治环境，重在完善规划的法律法规体系

从社会学角度讲，计划经济向市场经济的转化就是一种社会化进程，是经济权利（投资筹资决策权、劳动人事权、分配权、所有权、定价权、收益权）等的“下放”（社会化）。经济权利社会化的同时必须有适当的“制度环境”对经济主体的行为进行规范，以形成有效的、公平的分工协作和竞争。这其中，最为重要的是要形成良好的法治环境。

马翠军先生曾指出，我国特定的政治制度和政权组成形式决定了行政改革必然沿着体制治理转移的路径走向，政治权力向行政权力转移，使行政权力成为一种实体性权力，甚至成为国家权力的化身，导致由政治治理向行政治理转移过程中缺乏对权力的规约性，公共行政所依赖的制度规范严重缺失。新确立的一系列制度规范大都是行政部门以自身治理需要为基础，造成治理权力持续膨胀。也就是说中国行政改革的逻辑主线遵循的是社会治理的路线，一定程度上仍不得不依靠治理体制的存在，而行政改革目标则是一种制度规范性要求，它是排斥权力化的治理体制的，两者并不完全统一。反映在城市规划建设领域，政府及其规划建设主管部门的行政管理（治理），仍然对城市规划建设起着主要的控制作用。

要改革以行政行为为主调控城市规划与建设的状况，营造规划的法治环境，依法规

范城市规划与建设行为，首先必须建立健全的规划法律法规体系，提高其法定地位及在政府行政体系中的地位。1990年版的《中华人民共和国城市规划法》对当今城市与区域快速发展的趋势预测不足，对我国社会主义市场经济发展规律认识不足，已经难以满足当今城市发展及规划管理的需要①。根据我国城市与区域发展的新趋势，2008年实施的《中华人民共和国城乡规划法》，重新确立了城乡规划体系的框架，完善了城乡规划的组织编制和审批制度，城乡规划的实施和实施监督制度，城乡规划的公开与公众参与制度，城乡规划违法行为的法律追究制度。下一阶段的任务，是要根据这一空间规划建设的母法（基本法），配套相关法律法规，使基本法、配套法和专项法系统相配套，国家立法与地方立法相配套，行政管理法规与专业技术管理规范相配套，完善我国城市规划的法律法规体系，建立健全规划编制与审批制度、规划行政许可制度、规划行政复议及行政诉讼制度、规划公示、听证制度、规划公众参与制度、规划中的私权保护制度、规划行政救济制度、规划责任追究制度等。营造规划法治环境，是改善城市规划制度环境的基础和立足点。

8.3.2 加快政府改革，关键是要建立规划管理权力的约束机制

城市政府架构及行政权力体系，对城市规划效能有巨大的影响。J. Mark Schuster及John de Monchaux曾指出，政府可以借助于一些基本工具来实施设计政策，并采取行动措施②。政府行为的基本工具包括：

a. 所有权和经营（ownership and operation）。政府可选择通过直接提供的方式，例如通过拥有土地和自己建设建成环境，来实施政策。如政府组织建设城市经济适用房和廉租房。

b. 规制（regulation）。作为另一种方法，政府也可选择规制其他行为主体对其不动产使用的行为。

c. 激励和抑制（incentive and disincentive）。政府可以通过激励或抑制手段来引导其他行为主体参照城市设计进行行为，使结果与希望实现的政策相一致。

d. 产权的建立、分配与实施（establishment，allocation，and enforcement of property rights）。政府有能力建立、分配和实施个人及群体的产权，以及监控他们的使用对建成环境领域产生的影响。③

应该说，政府权力的合理运用，应是有利于规划效能的提高。

由于国情所定，我国城市规划行政行为尤以政府直接干预为主，它贯穿于城市规划

---

① 1990版《城市规划法》除前文中已述的立法主旨不明、核心价值偏离、没有充分体现出程序正义及规划民主要求等缺陷外，还存在着下列问题：

a. 作为部门法，对城市建设涉及的广泛领域约束力弱；

b. 主要偏重于技术性内容，规划的公共政策属性表现不足；

c. 只注意城市而忽略了区域，已难以适应城市发展日益区域化、区域发展日益城市化的状况，规划法的地域效力受到质疑。

② 参见：Eran Bon-Joseph & Terry S. Szold ed. Regulating Place：Standards and the Shaping of Urban America. Routledge/Taylor & Francis Group，2005.

③ 例如，当一处地产的开发权可以从地产中分离出来，并且这些开发权的转移和附加到其他地产得到认可，大门就向着各种保护项目敞开，如保护历史建筑、农地和风景名胜。

的编制、审批和实施管理的全过程。长官意志主导规划行政，即所谓“规划规划、纸上画画、墙上挂挂，不如领导一句话”。

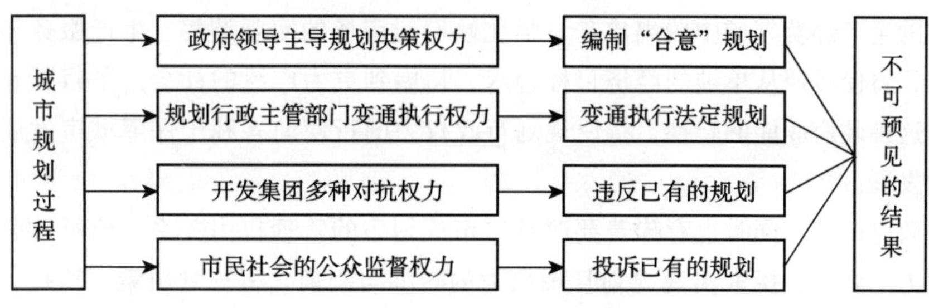

图8－1　城市规划过程中的各种权力及其运用

图8－1展示了城市规划过程中的各种权力的运用及其不良倾向，这其中，政府部门决策权、执行权，开发资本方的对抗权往往处于强势，而公众监督权则往往处于弱势。这种行政强力主导、法治及社会力量弱化的规划运行模式，极易造成规划管理权力的滥用、城市建设中社会损害频出的现象。因此，改善城市规划的制度环境，必须结合政府改革，改革城市规划中的管理权力关系，增强对规划管理权力的约束和监督。

政府及其规划行政主管部门变通执行规划的权力，有可能造成规划权力的不当使用。例如，变通执行已编制和批准的法定性控制性详细规划，其常见方式是经规划行政主管部门许可，由开发单位实际出资，委托规划设计机构进行某一地块规划设计的咨询，规划咨询的结果基本上毫不例外地对原有规划设计控制指标有相应的调整。这一过程看似符合法定程序，如规划咨询经过专家评审，但实际上仍然有可能成为“权力寻租”的隐秘途径。首先，规划行政主管部门及其权力人允许哪些“开发个案”进行规划咨询，就可能内涵着关系、利益等因素；其次，由开发机构实际出资委托进行规划咨询，规划设计机构在进行研究及得出相关结论时，必然会受到开发单位意愿的影响，在实际操作中很少见到咨询结果是维持原规划不变。

在计划经济向市场经济转轨过程中，市场机制对资源配置的基础性作用尚未充分体现，企业也没有成为真正意义的市场主体，而与此同时，地方政府在区域经济事务中的决策空间却得到拓展，就其掌握的资源和承担的职能而言，实际上已成为具有独立利益和行为目标的“准市场主体”。一方面，政府将其自身作为一个最大的“企业法人”进入了具体的市场竞争领域；另一方面，政府通过握有的“公权力”以行政或审批形式支配大量社会经济资源，例如通过制定种种“空间准入”的规则来配置城市土地和空间资源。问题是政府在这种“运动员”和“裁判”的双重矛盾角色中①，它更倾向于追求前者的

① 地方政府兼具区域经济调控主体和经济利益主体这一双重角色，其政府官员的收益目标有两部分：a. 追求任期内良好的政绩声誉（公益目标）；b. 目标取向的另一维度则是政府官员的控制权收益，它是指地方行政人员在职期间尽可能扩大区域或个人的可支配资源，借助权力获取各类物质形态和非物质形态收益。

行动目标（往往表现为经济效益的追求），因此自然弱化了其自身社会公益服务和社会利益平衡的意愿和能力。

加快政府改革的步伐，转变政府职能，强化服务意识——建立小政府大社会，使政府从具体的生产经营领域中脱离出来，强化政府对市场的宏观调控、生产服务和社会保障等职能，将使政府从单纯的经济目标追求，拓展到更为广泛的社会公平目标及环境目标追求。这种政府职能的转换，将使规划行政权力的行使向有利于保障城市发展社会绩效的方向发展。

加快政府改革，同时也意味着要改革城市规划中的管理权力关系，改革政府垄断规划管理权力的状况，探索实现规划管理权力的转移与制衡，将规划决策、执行、监督三方面的权力适当分散。如将部分规划决策权授与半官方的法定决策机构——城市规划委员会，政府城市规划行政主管部门主要负责规划执行，将规划监督权授与独立的规划上诉委员会（半官方法定规划仲裁机构）和司法部门。此外，通过一定的程序机制，防止规划行政中“自由裁量权”的滥用。适当分散规划管理权力，建立规划管理权力的约束机制，可以减少规划行政的功利化倾向，避免或防止规划权力的滥用，为城市规划施行创造良好的管理环境。正如联合国《2001 年世界城市状况报告》中所指出：“一个有效的行政组织结构应该协调人的各种活动和创造力，共同构筑基于广泛认同基础上的合作关系，促进城市的公平、公正和可持续。”①

8.3.3 明确规划组织的价值导向，加强行业管理与行业自律

当前规划界面临的艰巨挑战，就是持续地改进城市规划的绩效。其可能的途径包括：规划过程的再造——为促进城市规划绩效的明显改进，而对规划业务过程进行根本的再思考和激进的再设计；规划组织的变革——成功的绩效改进计划都具有这样的特点，即它们是同时从组织的多个方面进行协调一致的变革。

在第 5 章有关规划制度环境现状分析中，已经指出了我国规划组织的目标与价值偏离的问题。城市规划编制设计机构及规划师的经济利益目标追求，以及城市规划操作的工程技术色彩，都是造成规划组织价值偏离的重要原因。

城市规划并非是超脱于社会经济现实的艺术创作，城市规划必须关心并切实解决城市的有关社会、经济问题。它必须处理好控制与引导的关系，必须强化通过规划来引导、调节社会经济健康发展，强化规划对城市土地及空间资源的公平配置。城市规划的公益性要求规划编制机构及规划师不能只是基于自身经济利益驱动来完成一项“规划编制”的生产任务，规划组织（规划编制设计机构及规划师）应有社会关注及社会关怀的目光，应有追求社会整体利益、社会公平公正的价值目标。为此，必须改革城市规划编制组织，加强规划行业管理及行业自律。

负责规划编制组织的机构必须是政府机构或政府支持的公益性组织，如广州、杭州

---

① The State of The World's Cities Report 2001. Published by the United Nations Centre for Human Settlements (Habitat), Nairobi, 2001.

等城市，在规划局内独立设置了事业单位性质的“城市规划编制中心”，负责规划编制组织、技术审核、成果验收等，同时也承担部分规划问题研究任务。承担具体规划编制任务的规划院应具有政府支持的公益性组织的性质，摆脱完全按市场化运作的生产性企业的色彩（这是规划院与建筑设计院之区别）。

国家法定规划的编制只能是政府或政府授权的半官方公益机构委托，使承担规划编制任务的机构不会受到个别社会利益集团或市场干扰，有效地协调社会各方面利益，实现通过城市规划维护公众利益，促进社会公平和社会经济可持续发展的目标。政府主管部门要加强规划设计机构的资质考核与审查制度，健全规划师执业资格制度，对片面追求经济利益而造成社会损害的规划编制行为，以及相关规划的规划设计机构和规划师个人采取相应的惩罚、乃至取消执业资格的处罚措施。另一方面，要完善规划行业协会组织，充分发挥规划行业协会的作用，注重对规划机构从业人员的思想品德教育，尽快出台规划师职业道德规范，加强行业自律。

8.3.4 加强与城市规划相关的城市化制度建设

城市规划绩效并不完全取决于城市规划自身，户籍、土地、就业、社保等相关的城市化制度安排会对规划绩效产生影响。这些制度包括城市户籍制度、城市土地制度、城市社会保障制度、就业就学制度、城市建设制度、环保制度等。

通过改革完善《户口登记条例》、《居民身份证条例》、《流动人口管理条例》等，放宽对农民迁入大中城市的户口管制，淡化其他制度中的户籍歧视，可以逐步消除农民自由迁徙的身份性障碍，促进城乡居民权利的平等化。通过完善《土地法》及相关城市土地使用管理规章，明晰土地产权，取消经营性土地的双轨制供应，促进城市土地市场更加公平、高效。通过改革与完善城市社保、就业、就学、城建等制度，可以为城市发展创造更为公平、合理的市场化制度环境，促进城市贫困、再教育、社保、环境保护等城市问题的解决。通过相关城市税费制度改革，可以抑制城市政府卖地扩张冲动，促进城市可持续发展。

例如土地征用及开发过程中的问题。长期以来，地方政府主要通过财政和金融手段积聚资金，“圈地”只是“圈钱”的手段而已。土地收入培育了另一个政府财政体系，即所谓“第二财政”：地方政府在一般预算财政以外，发展出了另一个资金规模巨大，完全由地方政府自己掌控的，以土地收入为中心的预算外财政，又称“土地财政”。地方政府流行的说法：“第一财政靠工业、第二财政靠土地”；“吃饭靠第一财政”、“建设靠第二财政”。这种背景必然驱使地方政府追求城市用地规模扩张。大量出让土地一方面积累了巨大的金融风险；另一方面又因为对农民土地的低价补偿造成了潜在的社会风险。催生这种行为的外生因素主要是当前的土地、财政和税收体制，内生的因素是地方政府在当前体制下的谋利行为。因此，业界多数专家认为，城市土地失控及其社会损害现象，主要是我国政绩考核及相关体制性原因造成。中央对地方的激励主要是偏重经济的政绩考核，地方政府争于引资，加速城市化，就倾向于以土地换投资。在土地征用过程中，地方政府官员为引进项目，扩大投资，往往忽视农民的利益。解决土地开发失控及其社会损害问题，则需要从政绩考核机制、土地、财政、税收领域制度改革入手。

又例如，国土资源部、国家发改委联合发布的2006版《限制用地项目目录》和《禁止用地项目目录》中，把低密度、大套型（指住宅小区建筑容积率低于1.0，单套住宅建筑面积超过144平方米）住宅项目、大型游乐设施、主题公园（影视城）、仿古城项目、赛车场项目等列入限制建设用地，而且禁止其占用耕地。在《禁止供地项目名录》中，把别墅、高尔夫球场、赛马场项目；党政机关、国有企业、事业单位新建培训中心项目等六类项目列入。国家有关部门要求在2007年，所有城市和县城都要建立廉租住房制度。诸如此类制度、政策的建立与实施，无疑均有利于营造良好的城市发展与建设环境，促进城市发展要素集聚，切实解决发展中出现的城市问题，为城市规划创造良好的运行环境，提高城市规划的社会绩效。

9

结语

9.1 本书的基本观点

本书以城市规划的社会发展作用为主题，以城市规划与城市社会发展的交互关系为联结点，以适应社会发展要求的城市规划调控机制构建为重点，系统地探讨了如何增强城市规划的社会发展作用这一核心问题。全书围绕着城市规划与城市社会发展之间的关系、城市规划社会发展作用弱化的原因、增强城市规划社会发展作用的基本途径三方面内容而展开，通过研究形成了下列基本观点：

①城市规划具有社会性特征及社会作用，规划所形成的城市物质性安排对实现经济、社会乃至政策目标会产生影响，规划能够帮助实现城市社会发展目标。

②在中国社会经济转型时期，城市社会矛盾及社会问题日益突出，而中国城市规划现状仍然是技术理性占主导，技术工具角色突出，以追求城市建设中的功利及经济绩效为目标，漠视规划最为核心的价值——社会公平的价值，规划价值异化，规划制度理性缺失；受中国社会发展及社会制度变迁大背景的影响，城市规划制度保障重点偏离，制度短缺与制度设计不足并存，制度环境现状与社会发展目标偏离。由此可见，理性认知偏差及制度机制缺失是城市规划社会发展作用弱化的主要原因。

③城市社会发展目标涵义宽泛，与城市规划建设相关的社会发展目标主要包括社会平等与社会公平、社会稳定及社会安全、良好的生活质量、多样选择与自由、公众积极参与的社会、和谐的人与自然的关系。这些社会发展目标的实现，有赖于从城市规划主、客体方面采取相应的技术、制度调控策略及措施，尤其是需要借助制度的力量来达到规划技术无法达到的目的。

④就城市规划的客体对象——城市空间环境而言，对城市功能组织、城市人口分布及居住组织、城市公益设施布局、城市旧城更新、城市开放空间塑造、城市地域发展平衡等重要领域，采取恰当的规划技术性调控措施，将有助于城市社会发展目标的实现。

⑤城市规划应建立一种以技术和理性为基础、价值理性所引导和制约的制度形式，建立起有助于社会发展的规划“激励性机制”、“约束性机制”、“利益补偿机制”及“社会监督机制”，进行规划制度规整及制度创新，并在规划法制、规划行政、规划组织等方面进行相应的制度环境建设，才能使其充分发挥对城市发展社会绩效的保障作用。

9.2 对城市规划改革与创新的启示

进入21世纪以来，中国社会发展背景发生了巨大的变化，对1990年代后社会贫富差距日益扩大、社会公平缺失的反思，促进了“新的改革共识”的形成。这种“新的改革共识”就是强烈要求中国的改革与发展要“更加注重社会公平”而不再是片面追求“效率优先”；要求改革的结果是“共同富裕”而不再是“少数人先富”，即要使全体人民共享改革发展成果；要求改革更加明确“以人为本”而不再是盲目追求 GDP 增长。这种“新的改革共识”已经成为目前中国最强大的公共舆论，并且已经促成近年来中国政府改革方针的重大调整和转向，催生出“构建社会主义和谐社会”基本纲领的提出。

面对变化了的社会情势，适应我国社会经济的快速发展、城市化快速发展的新形势，如何推进城市规划的改革与发展，提高城市规划的效能已成为规划界关注的焦点。

计划经济条件下城市规划主要是作为政府统一配置资源的一种工具，随着市场经济的发展，城市规划越来越强调对城市发展的控制，城市规划将逐步实现从一种技术文件向公共政策的功能性的转变。城市规划要改革和创新已成为一种社会共识。从城市规划系统本身特点来看，城市规划各方面、各层次的改革可归纳为两大方向：技术创新和制度改革。本书可以从社会发展视角，为亟待进行的中国城市规划改革提供技术及制度两条改革路径的指引。

（1）城市规划的技术创新

作为城市规划存在和发展基础的“技术”，是指人们为了营造理想的城市环境而采用的规划方法、手段和规则体系。从规划技术方法进步路径的分析中，我们可以发现，从总体上看，城市规划主要注重城市物理环境营造及美化、城市发展经济绩效提高之技术，而忽视城市社会发展绩效改进之技术。过去 20 余年，在我国城市规划实践中，美学原则、艺术效果及功能组织的合理性（实际上反映了土地及空间利用的经济合理性）一直是规划技术思维的重点，而通过规划技术途径控制环境变化可能达到的社会效果却没有受到应有的关注。

如果说规划是一种公共政策，规划的公共政策属性要求我们必须考量各种规划技术能否对城市社会发展产生正向的影响，注重解决规划公共政策的具体化、细化与技术落实。社会发展视角下的城市规划技术创新，需要我们树立城市物理环境改善新的技术探索维度。我们需要探索有利于减少社会不平等、促进社会公平的城市土地及空间资源配置方法，有利于减少社会隔离的居住空间组织方式，有利于社会平等的城市地域公益设施配置方法，有利于保护旧城弱势社会群体利益的旧城更新模式，有利于促进社会交往及社会融合的城市开放空间塑造方法，有利于地域发展平衡的规划措施……。诸如此类技术改进领域尽管不能一一枚举，但却昭示着城市规划技术创新的一种新的方向和维度。

（2）城市规划的制度创新

制度作为行为规范和社会关系的整合，是社会的博弈规则并提供特定的奖励框架。在当代社会，人们已普遍认识到，制度在促进社会经济发展方面起着关键作用。

“规划工作的本质是特定社会条件下，应对当时当地社会需求做出的一种制度安排”①。城市规划作为社会发展的重要建制之一，规划制度演进的路径深刻地受到社会、经济、政治等社会整体制度演进方向的影响。1980 年代以来，我国总体上推行的是一种经济效率优先的改革，政治改革相对滞后，在这种社会背景环境下，城市规划制度演进的方向自然是偏向于城市发展经济绩效的保障，社会绩效保障作用不足。目前，随着整

① ［美］张庭伟. 规划理论作为一种制度创新. 城市规划，2006，(8)：9.

个社会开始对过去20余年发展模式及改革进行反思，对未来改革应是一种全民分享式改革的共识的形成，城市规划制度的改革与创新也将获得新的动力。

社会发展视角下的城市规划制度的改革与创新，就是要为规划制度发展树立起是否有利于促进社会发展这一衡量标尺。为此，首先必须树立保障社会发展的规划制度创新理念，即规划制度变革在理念上要突出规划公平公正的核心价值，追求程序正义，保障规划民主，其目的是努力实现制度正义。其次，是要推进有利于实现城市发展社会绩效的规划制度安排的规则设计革新，通过强化规划法制的社会绩效保障功能（如明确保障社会公平的立法主旨和目标、构建约束规划行政权力的法律机制、正确设定规划法律保障的利益侧重、完善规划法制中的公民权利保障内容），完善公平公正公开的规划行政操作规程（包括完善规划编制与审批的程序制度、健全公平公正公开的规划实施程序制度、建立规划责任追究及规划救济制度），构建规划社会监督的制度化渠道（如建立独立的规划监督权力机构、规范规划公众参与制度、保障社会舆论监督报道自由），系统地构建有利于保障社会发展的规划制度框架。再次，是要促进城市规划制度环境创新，通过完善规划的法律法规体系，营造规划的法治环境；加快政府改革，构建规划管理权力的约束机制；明确规划组织的价值导向，加强行业管理与行业自律；加强相关的城市化制度建设，为城市规划创造良好的运行环境。

概括来讲，一个能够保障社会效益的城市规划制度应具备下列特征：它能为城市土地及空间资源的公平配置构筑制度化的保障；它赋予民众的权利应使民众因行使这项权利而受益；这种体系促成的秩序是通过民众行使其合法权利而实现的。

从某种意义上看，城市规划只有从根本上摆脱“权力主导”的制度安排，采取各利益主体在规划过程中互动协商，达成利益均衡，走出规划编制、审批和实施管理在行政体制内循环的行政过程怪圈，走向公共选择的公共决策过程，并建立起规划实施、监督的制度保障，才能充分发挥城市规划的公共政策作用，促进城市社会的健康发展。

城市规划的改革与创新要立足于更为广泛的维度，除社会维度外，经济维度和环境维度也是其重要的立足点。本文的目的在于为中国城市规划技术及制度的改革与创新提供一种社会维度的指引，而这一点恰恰是过去城市规划发展所忽视的。

由于本人学识及时间、篇幅的限制，本书只是构建出一个整体框架并提出纲要式的方向，各个领域研究还有待进一步深化拓展及通过规划实践进行探索。

附录

武汉案例研究

1　案例研究的背景

在宏观层面，从社会发展视角，对一个城市，尤其是一个特大城市发展的社会绩效进行批判性检视，并提出城市规划的技术性调控导引①，确实是一项艰巨、繁杂的任务。由于目前国内外还缺乏一套完整的对城市发展及城市规划社会绩效进行评价的技术思路及方法，因此，作者对武汉案例的分析还只能是一个粗浅的探索性尝试。

对武汉案例的分析主要建立在作者近3年作为项目负责人所承担的武汉市国土规划局系统委托咨询研究项目的基础上，即2005年武汉市城市总体规划修编专题研究招标项目《和谐社会发展目标及武汉城市规划对策研究》，2006年的《武汉市土地资产经营近期（2006~2010年）规划研究》，2006~2007年的《武汉市旧城更新实施策略研究》。研究的切入点是从武汉市1992年建立土地市场以来，城区土地使用权出让的3232幅宗地的调查与分析入手，资料来源于武汉市国土规划局内部资料信息系统及课题研究组的调研。从某种意义上说，1992年以来武汉市出让的3232幅宗地的开发与再开发，应该是武汉城市1990年代后开发建设的主体，这其中应该能折射出相当部分城市发展中的社会问题。

为了研究分析的方便，根据武汉市城区建设现状，并结合2006版武汉城市总体规划，本研究将武汉城区划分为26个组团。其中主城区17个组团，外围城区9个组团（图1、图2）。

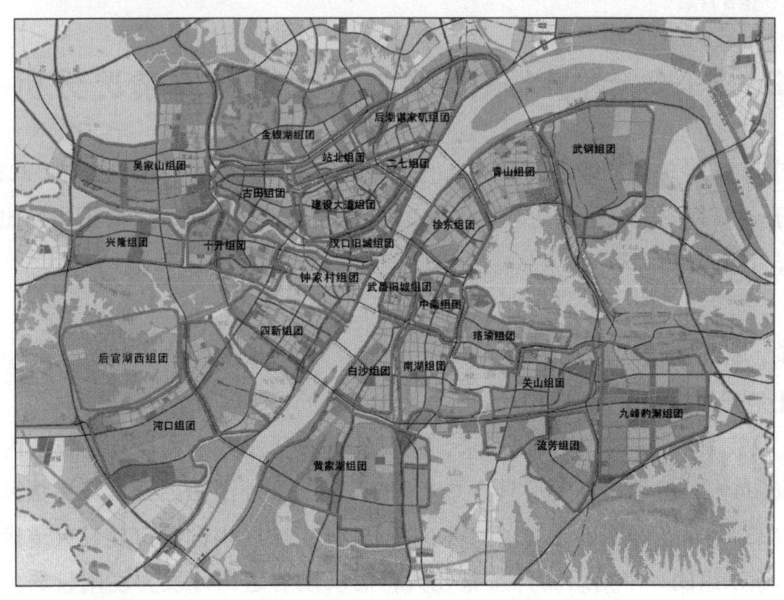

图1　武汉城市组团划分

资料来源：作者自绘

---

① 社会发展维度的城市规划调控包括技术及制度两个层面，制度性调控措施具有普遍性，在此不列于武汉案例研究范畴。

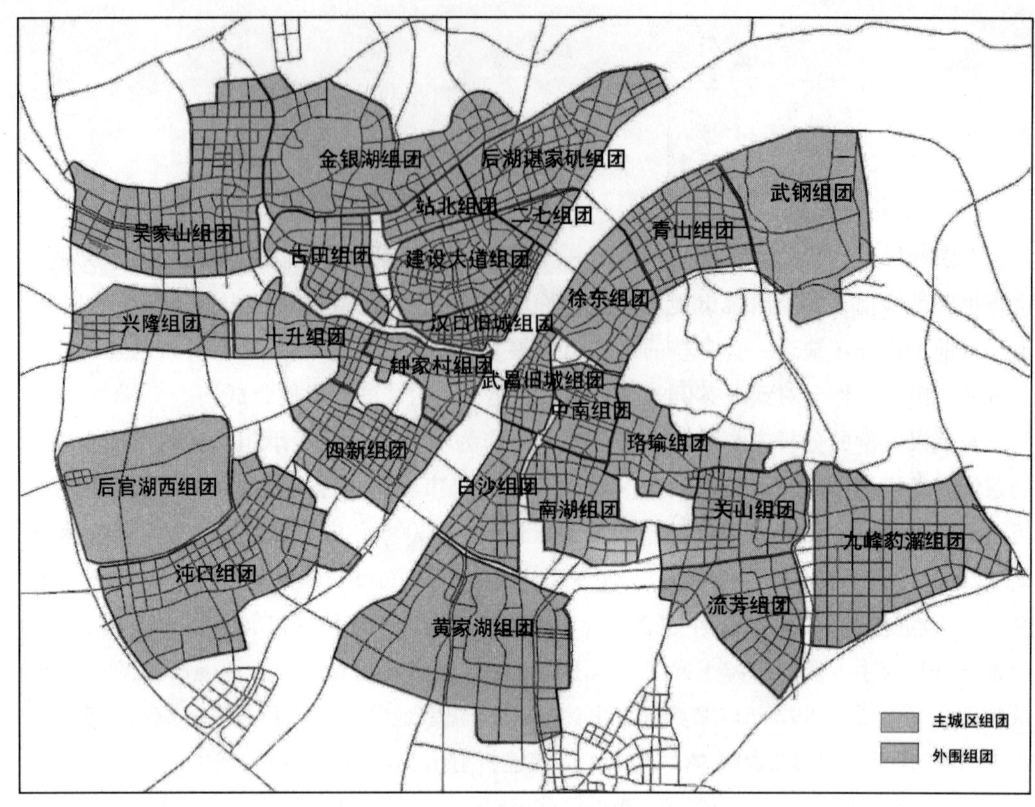

图2　主城区组团与外围组团划分

资料来源：作者自绘

2　1990 年代以来武汉城市土地开发情况分析

据我们调查整理，1992～2005 年，武汉市有资料可查的出让土地 3232 宗，共 12398.92 万 m^2。其中主城区出让开发用地 2144 宗，4672.53 万 m^2；外围组团出让开发用地 1088 宗，共 7726.39 万 m^2。

2.1　城市土地开发基本情况分析

（1）土地开发空间分布分析

由图 3 及表 1 可知，1990 年代以来，武汉各组团开发并不均衡。主城区内开发宗地数多，占 66.34%，但用地开发量只占总量的 37.69%；外围组团开发势头强劲，开发宗地数虽只占 33.66%，但用地开发量却占 62.31%。主城区内的汉口建设大道组团、旧城组团与武昌徐东组团、中南组团开发量较大，而汉阳各组团开发力度则较弱。外围组团中的沌口组团、吴家山组团、金银湖组团、流坊组团开发量大且集中。

从不同性质用地开发的空间分布情况看，汉口地区的建设大道组团、后湖谌家矶组团，以及武昌地区的徐东组团、中南组团、南湖组团、关山组团、流芳组团的居住开发用地较为集中。

武汉各组团不同时间段开发案例数及开发量 表 1

组团	项目	1992~1995			1996~2000			2001~2005		
		案例个数	开发量（万 m^2）	主要用地性质	案例个数	开发量（万 m^2）	主要用地性质	案例个数	开发量（万 m^2）	主要用地性质
武汉主城区	后湖谌家矶组团	11	15.58	居住/工业	10	99.70	居住/其他	46	286.56	居住/商住
	二七组团	14	15.42	商住	10	10.70	居住	16	63.81	居住/商住
	站北组团	8	23.69	居住	5	9.72	工业/商业	40	116.62	居住/商住/工业
	建设大道组团	168	157.71	商住/商业	146	259.75	居住/商住/商业	148	200.54	居住/商住/商业
	汉口旧城组团	150	148.49	商住/商业	49	33.58	居住/商住/商业	110	181.68	居住/商住/商业
	古田组团	14	13.89	居住/工业	28	98.63	居住/商住	70	248.85	居住/工业
	钟家村组团	35	87.32	居住/商住	18	32.58	商住/工业	102	250.13	居住/工业
	十升组团	9	45.65	商住/商业	3	3.83	商业/工业	38	71.29	居住/工业/商业
	四新组团	1	0.16	居住	3	15.88	商业/工业	12	23.06	居住/工业
	武钢组团	1	0.18	居住	7	76.67	工业	15	432.84	工业
	青山组团	39	17.25	居住/商住	22	27.86	居住/商住	65	120.57	居住/商住/工业
	徐东组团	27	54.63	居住/商住/商业	51	57.04	居住/商住/商业	105	346.48	居住/商住/工业
	武昌旧城组团	51	40.28	居住/商住	29	20.41	居住/商住	46	107.58	居住/商住
	中南组团	50	25.26	居住/商住/商业	72	55.36	居住/商住/工业	110	207.68	居住/商住/商业
	珞瑜组团	29	46.35	居住/商住/商业	25	76.52	商住/工业/居住	56	123.27	居住/商业
	白沙组团	5	3.70	商住/商业	8	14.78	工业/商业	23	57.25	居住/商住
	南湖组团	4	10.11	居住	6	35.37	居住/工业	34	200.26	居住/工业
小计		616	705.67	/	492	928.38	/	1036	3038.47	/
外围	关山组团	7	4.63	居住/商住	6	10.76	居住/商住/工业	160	1050.15	工业/居住
	流芳组团	/	/	/	/	/	/	176	1724.54	工业/居住
	吴家山组团	/	/	/	/	/	/	136	656.53	工业
	金银湖组团	/	/	/	/	/	/	223	1691.81	工业/居住
	沌口组团	102	537.57	工业/居住	52	185.52	工业/居住	175	1274.55	工业/居住
	后官湖西组团	/	/	/	/	/	/	51	590.33	工业/居住
小计		109	542.2		58	196.28		921	6987.91	
合计		623	710.30	/	498	939.15	/	2111	10749.47	/

资料来源：作者主持完成的委托咨询项目《武汉土地资产经营近期（2006~2010年）规划研究》

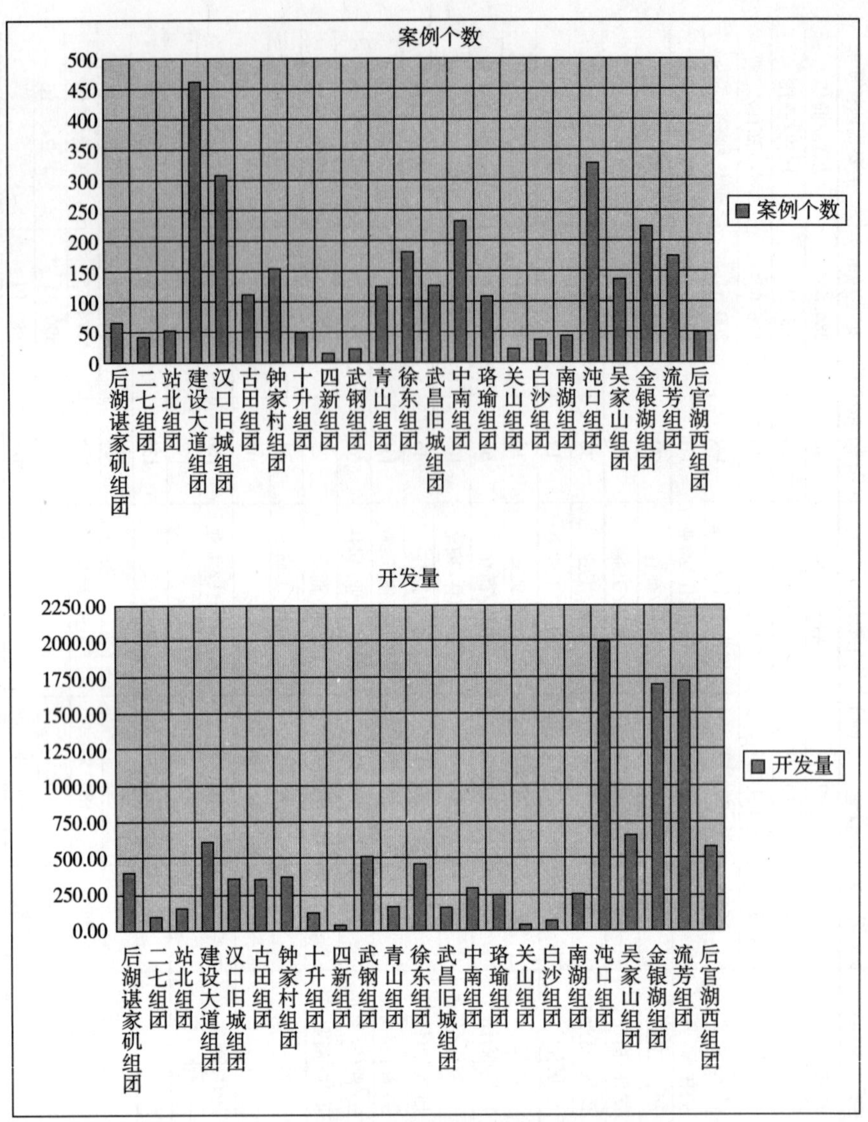

图3　1992～2005年各组团开发案例数及开发量（单位：公顷）

资料来源：作者自绘

商住混合开发用地主要位于主城区汉口旧城组团、建设大道组团、钟家村组团、武昌旧城组团、徐东组团。

纯商业开发用地主要位于城市中心区内，但在武昌鲁巷、徐东等地商业副中心已初现端倪。

工业开发用地分布城区外围西北、西南、东北、东南四个方向，且新增加工业开发用地相对集中。

从图4可以清晰地看出，1990年代以来，武汉城市各组团不同类型开发用地在空间分布上是不均衡的。居住用地的空间分布已呈现出明显的方向性及向水（滨湖地带）性，商住、商业用地集中在中心地区，工业用地向边缘集中，同类性质用地在开发的区位选择上趋于一致。

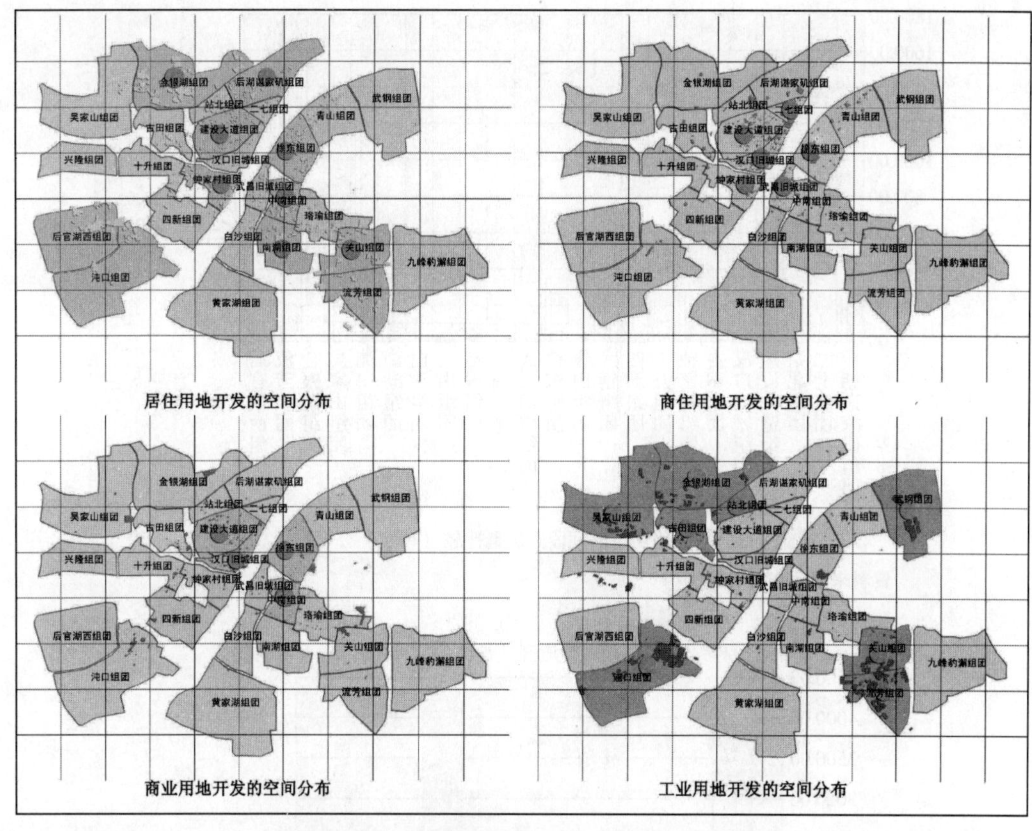

图4 不同性质开发用地空间分布（1992～2005）

资料来源：作者自绘

（2）土地开发时序分析

由图5可以看出，1992～2000年，主城区土地开发重心主要集中在汉口旧城区及武昌的徐东、中南、珞瑜等组团，汉阳旧城区开发量较少。外围城区的沌口组团一枝独秀，已有较大规模的开发。

2001～2005年，主城区内汉口旧城区仍然是开发的热点地区，但武昌的武钢组团、徐东组团的土地开发规模已超过汉口地区，中南组团、珞瑜组团也有较大规模的土地开发，汉阳旧城区也已启动开发。与此同时外围城区的沌口组团、关山组团、流芳组团、吴家山组团、金银湖组团土地开发势头强劲，开发量及开发热度均大于主城区。

总体来看，在1995～2005年间，主城区土地开发重心经历了由江北（汉口地区）向江南（武昌地区）转移的过程，在2000年后，武汉城市土地开发的主体由主城区转向外围新区，外围大量成片的工业用地及居住用地开发引发了城市空间结构的重组。

（3）土地开发类型分析

通过对1992年以来出让开发用地性质的分类统计得出，近10余年来，武汉城市工业及居住用地开发占开发总量的绝大部分（图6）。

从各类用地在不同组团的开发量上看，居住用地在主城区及外围组团开发量较为均

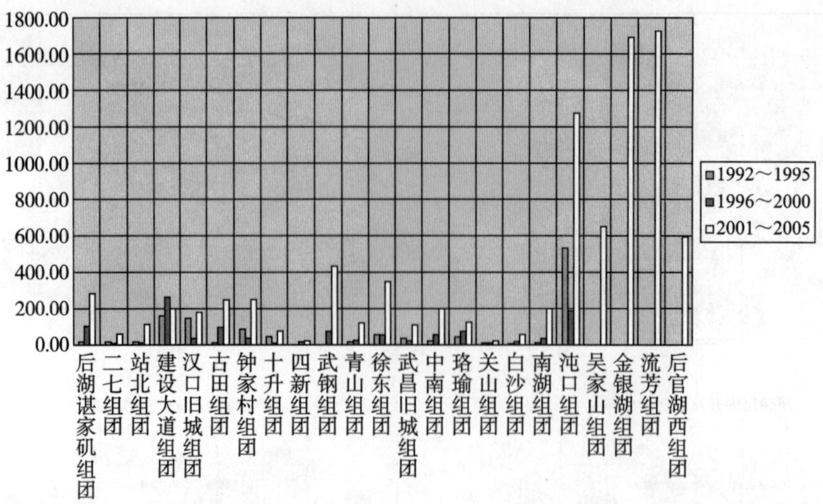

图5　各组团各时间段开发量比较（单位：公顷）

资料来源：作者自绘

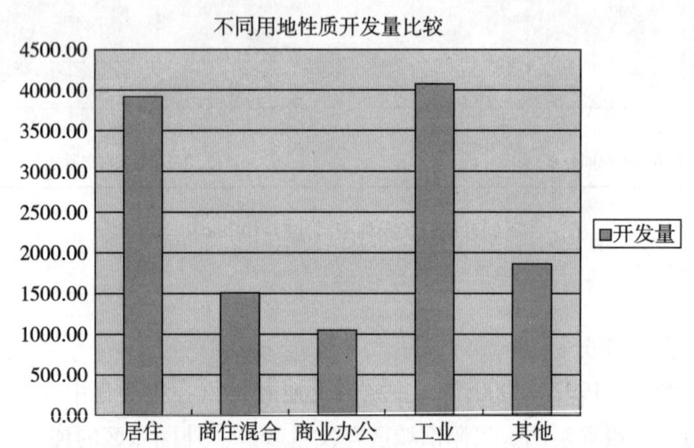

图6　不同性质用地开发量比较（单位：公顷）（1992～2005）

资料来源：作者自绘

衡，在主城区的解放大道、钟家村、徐东、中南组团较为集中，外围的后湖谌家矶、金银湖、沌口、后官湖、南湖、关山、流芳等组团也有较大的开发规模。商住、商业开发用地主要集中在主城区，如汉口旧城组团、建设大道组团、徐东组团、中南组团、珞瑜组团。工业用地的开发主要集中在外围的吴家山、沌口、武钢、关山、流芳等组团。

在不同时期，各类用地开发量变化也有一定的规律性（图7），在1992～1995年，土地开发主要为工业、商住混合用地；1996～2000年土地开发主要为居住用地及商业用地，同期，工业用地开发量下降；2001～2005年，土地开发主要为工业用地及居住用地，并主要集中在城区外围组团。

从总体上看，1990年代以来，武汉城市土地开发，经由工业、商住为主导，到以居住、商住为主导，进而又转变为工业、居住为主导的开发过程，这其中，工业用地及居

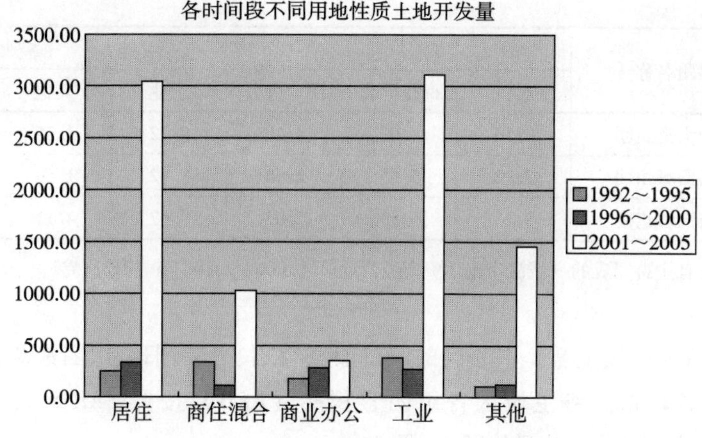

图7　各时间段不同性质用地开发量比较（单位：公顷）

资料来源：作者自绘

住用地开发是近十几年用地开发的主要类型，外围地区大量的工业、居住用地的开发，是造成城市开发重心向外迁移的原因。

（4）土地开发强度分析

通过对主城区17个组团，出让的2144宗地，其中有效案例1935宗数据的整理及计算，得出主城区各类开发用地的容积率如表2。外围组团由于数据资料不全，有效案例中居住平均容积率为1.2~1.5，工业平均容积率为0.5~0.8，在此不列入研究范围。

主城区各组团开发用地容积率情况（1992~2005）　　表2

序号	组团名称	容积率					平均容积率
		居住	商住混合	商业办公	工业	其他	
1	武钢组团	1.40	/	0.40	0.39	0.10	0.39
2	四新组团	1.84	/	0.6	0.96	/	0.83
3	十升组团	1.47	3.07	1.49	0.88	/	0.93
4	关山组团	2.32	2.03	1.39	0.46	/	1.23
5	古田组团	1.89	2.05	1.24	0.5	0.49	1.23
6	后湖谌家矶组团	1.42	1.67	1.44	0.83	1.00	1.36
7	南湖组团	1.56	/	/	0.79	0.54	1.38
8	珞瑜组团	1.60	3.37	0.71	1.25	2.54	1.43
9	徐东组团	2.24	2.32	2.04	0.56	0.29	1.54
10	白沙组团	1.74	2.62	2.88	0.47	/	1.55
11	站北组团	2.37	1.95	1.42	0.97	0.10	1.67
12	青山组团	2.00	2.49	/	0.73	/	1.95
13	中南组团	2.68	2.93	2.63	0.52	0.12	2.09
14	钟家村组团	1.99	3.98	3.10	0.87	0.39	2.29
15	二七组团	2.81	2.83	/	1.00	0.79	2.81

续表

序号	组团名称	容积率					平均容积率
		居住	商住混合	商业办公	工业	其他	
16	建设大道组团	2.50	4.09	4.49	0.72	1.36	3.17
17	武昌旧城组团	2.92	5.55	2.64	1.42	1.69	4.56
18	汉口旧城组团	3.28	5.53	5.03	0.62	4.11	4.84

资料来源：作者主持完成的《武汉市土地资产经营近期（2006～2010年）规划研究》。

从各组团开发强度上看，中心区的汉口旧城组团、武昌旧城组团最高，而主城区的边缘组团则相对较低。将主城区各组团容积率（FAR）按照 FAR＞2、1＜FAR＜2、FAR＜1三类划分，其分布状况如图8、图9所示。

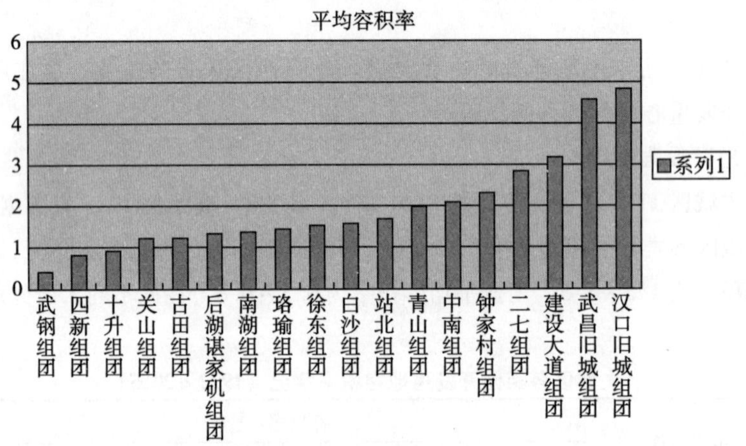

图8　主城区各组团开发用地总平均容积率（1992～2005）

资料来源：作者自绘

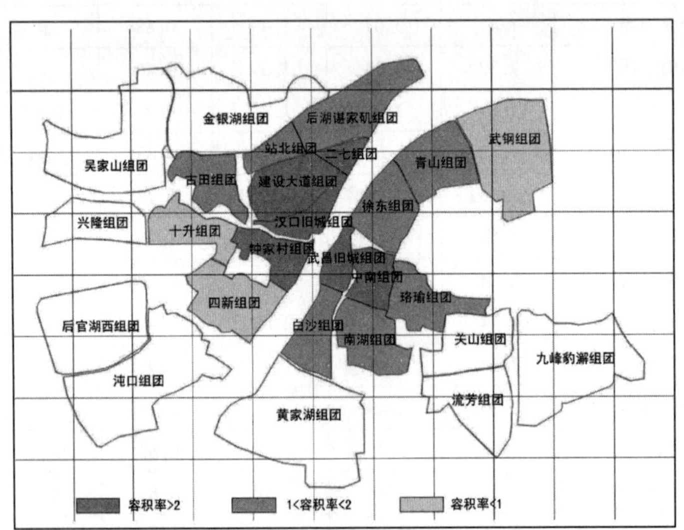

图9　主城区开发用地三类容积率区域划分（1992～2005）

资料来源：作者自绘

总体上看，主城区内汉口、武昌旧城再开发用地容积率普遍较高，主城区边缘组团新开发用地容积率相对较低，各组团之间居住及工业开发用地容积率值相差不大，而商住混合及商业开发用地容积率则相差较大。

2.2　城市土地开发基本特征

（1）城市土地开发空间分布特征

a. 城市土地开发空间分布不均衡，紧邻旧城中心区的组团及紧邻城区的外围组团形成土地开发的峰谷，空间的聚集程度显著。

b. 不同性质开发用地的开发区位明显差异，同类性质开发用地在区位选择上呈现一定程度的趋同性。

c. 城市中心地区土地再开发活动频繁，是开发的热点地区之一，但这种开发与西方发达国家大城市为促进旧城复兴的再开发不同，是我国城市化发展带来的城市产业结构转换及功能提升的必然要求。

d. 外围组团开发是城市发展最积极的因素，2000 年以来，城市土地开发重心外移，反映了城市仍处于外延迅速拓展的发展时期。

（2）城市土地开发时序特征

a. 武汉主城区土地开发重心经历了由江北向江南推移的过程，2000 年后，城市开发

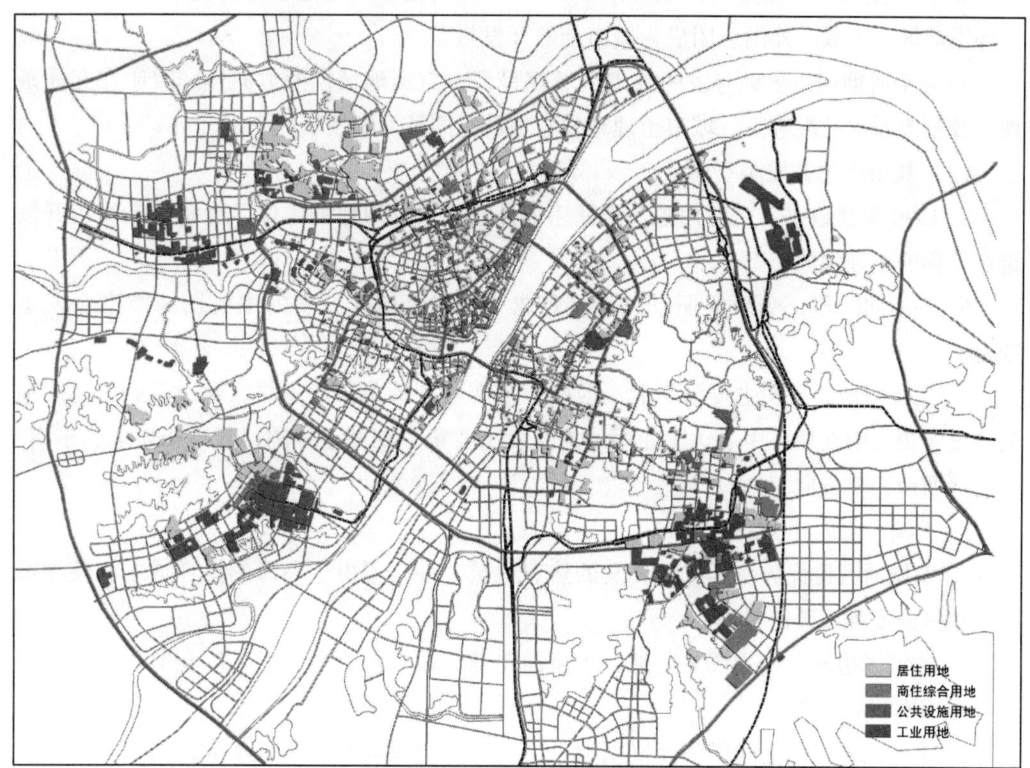

图 10　城市土地开发规模的空间分布（1992 ~ 2005）

资料来源：作者自绘

重心转向武昌地区（图11）。

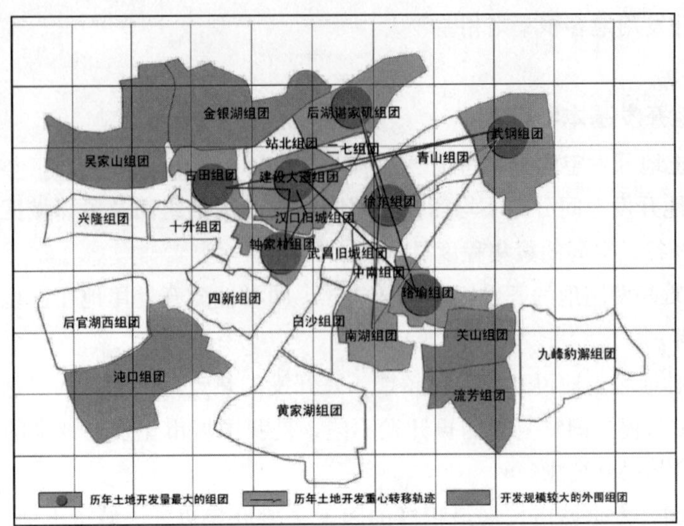

图11　主城区土地开发重心变化示意

资料来源：作者自绘

b. 城市土地开发的重点区域逐渐由1990年代的城市中心地区，转向2000年后的城市外围地区，主城区外围组团成为城市新的开发热点。

c. 各个时期城市土地开发的重点区域都呈现一定的地域性及方向性，表明在交通条件、政策等因素的影响下，城市土地开发存在着空间开发轴线。

（3）城市土地开发类型特征

a. 1990年代以来，工业用地及居住用地是城市开发用地的主体，也是推动城市开发重点外移的主导用地类型。

b. 在不同时段，受政策驱动、社会需求变化的影响，开发的主要用地类型会发生变化。

c. 居住用地的开发主要沿西北、西南、东南三条轴分布，商住综合、商业办公用地的开发主要集中在城市中心，工业用地的开发主要集中在城市外围，分布在东北、东南、西北、西南四个方向。

（4）城市土地开发强度特征

a. 旧城的区位优势使其成为开发的热点地域之一，但由于高昂的拆迁成本，使城市中心地区开发强度普遍较高。

b. 主城区边缘组团主要是空地、零星插花地、城中村用地、旧工厂仓储用地开发为主，容积率相对较低。

c. 主城区各组团之间居住开发用地、工业开发用地容积率相差不大，而商住综合开发用地及商业开发用地容积率则相差悬殊。

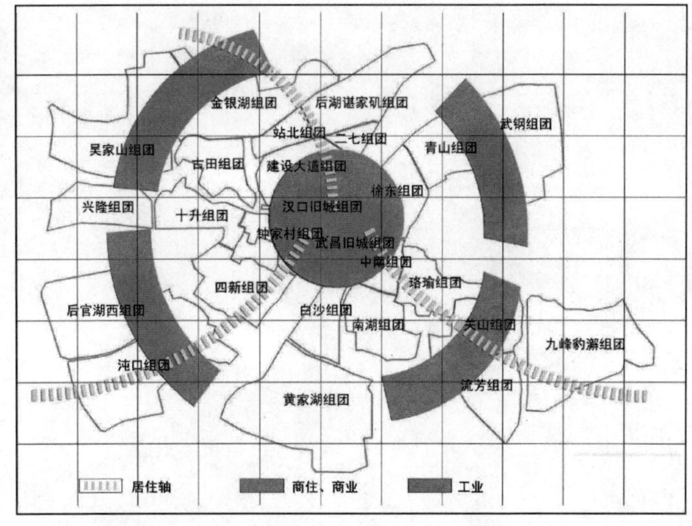

图 12　不同性质用地开发分布示意

资料来源：作者自绘

3　社会发展视角下的检视——1990 年代以来武汉城市发展的主要问题

从社会发展视角对武汉城市发展进行检视，主要是检讨 1990 年代以来，以土地开发为主体的城市发展历程，对社会发展目标产生的影响。本文主要聚焦于其负向影响（即进行批判性检视，对其正向影响则不列于研究视野），也就是探讨以土地开发为主体的武汉城市发展，在实现社会平等与社会公平、社会稳定及社会安全、良好的生活质量、多样选择与自由、公众积极参与的社会等社会发展目标方面存在的不足。因为城市规划建设的每一个领域均会对一个或多个社会发展目标的达成产生某种影响，因此，这种检视主要是按照城市建设主要领域来分析的。

3.1　城市功能组织不当及空间资源不公平配置问题

至 2004 年底，武汉已发展为城区常住人口 443 万人，建成区面积 383.7km^2 的特大城市（图 13），在 1992～2005 年间，城市出让开发用地面积达 123.99km^2，这一时期是武汉城市历史上开发及再开发规模最大的时期。从社会发展视角审视，近 10 余年的城市发展在功能组织及空间资源配置中存在的主要问题是：

（1）土地及空间资源配置中，优质空间资源的排他性占有现象凸现

由于历史原因，在武汉城市空间布局中，部分行政办公、大中型工厂及军事设施占据着部分区位优越的用地，不仅使这些地段的区位优势不能充分发挥，而且由于这些设施的相对封闭性，使这些优质空间资源不能实现社会共享。近 10 余年来，由于房地产市场的发展，市场力量逐步主导了空间资源的配置；开发商特别是一些大型投资公司的利益诉求，往往在确定项目选址、开发类型、开发规模等方面具有相当发言权，更有甚者

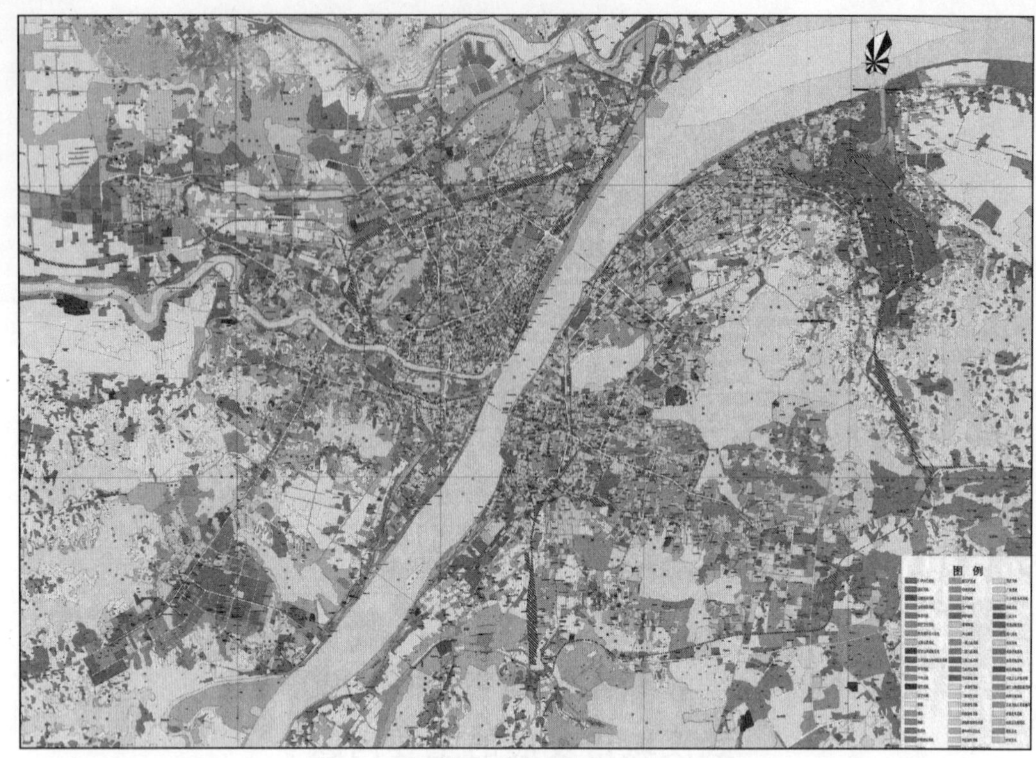

图13　武汉城市总体规划用地现状图（2004）

资料来源：武汉城市规划设计研究院．武汉城市总体规划修编（2006～2020）．2006.

牵引着城市规划的鼻子走，但他们受趋利行为的影响，往往会侵犯城市的公共利益。近10余年来的武汉城市土地开发中，滨江、滨湖地区的开发成为热点，武汉市内众多具有良好生态景观潜质的江河湖泊地区（如汉口后湖、金银湖、汉阳沌口三角湖、后官湖、武昌南湖、汤逊湖等），以及城市中心区的部分滨江地段，被大量高档楼盘及别墅区封闭占有。典型的如金银湖、汤逊湖、南湖周边新开发用地，近50%被各类高档住区及高档休闲度假设施封闭占有。

（2）整体功能布局较为混乱而非混用，多样化不足而零碎化有余

1992～2005年，武汉城区出让土地面积123.99km^2，其中城区再开发用地约占20%，其余大部分用地属新开发用地。据武汉市城市规划设计研究院调查①，1993年武汉城区非农人口326.16万人，建成区用地227.22km^2，到2004年，城区常住人口443万人，建成区用地达383.7km^2，10年新增用地约150余平方公里②，扩展速度不可谓不快。但与其他特大城市相比，武汉城市空间跨越式拓展动力不足，城市空间增长主要沿主城周边圈层式蔓延（贴近建成区，沿主干道向四周扩展），且由于江湖分割，城区发展重心趋于

① 武汉市城市规划设计研究院编．武汉市城市总体规划基础资料汇编．2004.

② 据武规院调查资料，从1993～2004年，武汉城区用地规模增长156.48km^2，平均每年10余平方公里。这个数据高于我们调查的武汉1992～2005年土地出让的新增用地规模（约124km^2），原因就在于一些大型基础设施及公益设施建设占地，未纳于规划局出让土地资料信息库，如城市快速路环线、高速公路用地等。

离散，城区功能（商业、商务、工业、居住）趋于分散，建设用地碎片化。另一方面，由于经济发展在全国特大城市中的相对滞后，旧工业城市的城市改造欠账较多，近 10 余年武汉城市旧区再开发虽然有一定规模（旧区土地再开发规模约 $20km^2$），但旧区整体功能置换及用地结构调整速度仍较慢，再开发用地零散分布于原生产性设施、破旧住宅及商业区中，旧区改造没有培育城市的多样性，却导致城市的零碎化。

（3）中心区与外围部分新区功能较为单一，导致城市活力不足，并影响到就业参与机会

武汉市中心区长期是传统商业与居住功能的单一集聚。三镇各自传统的中心地区（武昌旧城、汉阳旧城、汉口旧城），由于缺乏新功能的注入，如汉口江汉关地区原来的租界的商务功能并未复兴，而武昌沿江核心区的“退二进三”也未达到预期的目的，替代原来工业进入该地区的项目主要是沿江高层住宅开发，造成内环以内中心地区功能单一化，重要服务功能的“空心化”。城市中心地区功能多元化的不足，削弱了中心区的活力、环境品质及区域竞争能力，也削弱了通过发展第三产业创造大量就业岗位的能力。

随着城市新区的拓展，武汉城区外围出现了大量单一性质的功能区，如汉口的后湖“板块”、金银湖“板块”住宅区、吴家山片台商投资农副产品加工区、武昌南湖“板块”、汤逊湖“板块”高档住区。这些成片新区功能较为单一，公益设施配套不足，且交通可达性条件有待改善。这种状况降低了城市整体的易达性，减弱了人们公平分享各种公益服务，获取各种信息、知识的机会与能力，增长了人们交往的时空距离。且在城市边缘组团开发中，新建的排他性、封闭型住区较多，新区功能的单一居住化，或单一的工业区化，使新区居住与就业岗位分离。新区第三产业的缺乏，减少了“蓝领”阶层的就业参与机会；且新区封闭型住区的增多，也不利于社会各阶层的交往，促进社会融合。

3.2 城市社会分化及居住隔离问题

通过对武汉市 1992～2005 年出让居住用地及商住综合用地空间分布的统计分析，武汉市近 10 余年新建住宅小区在空间分布上主要沿若干交通干线呈放射扇面拓展，与一些地理学者研究结论基本一致①。主要有：

①金银湖住宅扇面：金山大道与汉飞大道间区域及金桥大道沿线向西北方向延伸的居住聚集带，主要包括环湖分布的低层别墅住宅与沿道路线分布的多层普通住宅，对外联系便利，住宅区环境优美，住户密度小，容积率低，住宅品质和价格高。

②后湖住宅扇面：沿黄岱公路及汉口火车站站北地区分布，以面向城市工薪阶层的中档普通住宅为主，与旧城靠近性好，交通便利，中等开发密度。

③318 国道住宅扇面：指武汉经济技术开发区及环后官湖、南太子湖、三角湖等环湖区域，沿 318 国道向西南方向延伸，对外联系方便，住宅环境优美，住宅类型以低层别墅及中高档多层住宅为主。

---

① 参见：熊剑平，刘承良，袁俊. 武汉市住宅小区的空间结构与区位选择. 经济地理. 2006，（4）：605～609.

④南湖及雄楚大道住宅扇面：环南湖周边及雄楚大道两侧向东延伸的住宅扇面。其中环南湖周边以低层别墅住宅及多层高档住区为主，主要面向中上阶层；雄楚大道两侧及向东延伸区域以多高层经济适用房、普通住宅为主，主要面向中低收入阶层，容积率较高，均值达到2.1，环境质量一般。

⑤汤逊湖住宅扇面：主要分布在汤逊湖东北侧及沿鲁巷—纸坊公路两侧分布，以中高档住宅为主，汤逊湖滨水地区有武汉市最大的别墅住宅群，环境优美，但距市中心地区的交通可达性相对较差。

在1992～2005年间，武汉城市出让住宅用地约39km^2，出让商住混合用地约15km^2，二者出让用地之和占全市出让土地面积的44%，几乎占据城市土地开发的半壁江山，大量的住宅用地开发，改善了城市居民的居住条件，但从社会发展视角审视，存在的主要问题是：

（1）城市整体层面呈现“马赛克”镶嵌式居住分异现象

从居住型用地开发情况看，从市中心到城郊，新建居住小区质量呈现明显的圈层式分布结构（表3），新开发不同档次居住小区，与城市各地域原有居住用地相混杂，形成复杂的“马赛克”镶嵌状居住分异现象。

武汉新建住宅小区质量的等级圈层结构 **表3**

圈层	主要特征	地域类型
中心圈层	高密度高容积率、多高层、商住两用、价格高	高密度高档高层商住、高中档普住混合型
旧城边缘圈层	中密度、多高层、普住为主，楼盘开发规模大、数量多	中密度、大规模多层普住、经济适用房混合型
主城区边缘圈层	低密度、多低层、别墅及中高档多层为主，开发量大	低密度中等规模，高价低层别墅型
城郊圈层	低密度、多低层、别墅居多，但数量不大	低密度低层别墅型

城市中心区与城市边缘区成为两个明显的分异反差区。城市中心区由于社会阶层分异和社会群体多样化，居住构成一直较为复杂，近10余年来，由于旧城改造的推进，高中档次居住有向原低收入住区“入侵”的演替现象。由于中心区土地的区位价值发挥了作用，使房地产价值升值，从而导致部分土地使用性质发生改变，居住用地相对减少，部分中低收入人口迁出旧城市中心，新开发楼盘定价偏高，部分中高收入阶层入住，使中心出现新开发的高中档居住与原有低收入破旧住区混杂并存的状况。城市边缘区新开发居住虽仍以高中档住宅区为主，但原有城区边缘“城中村”大多没有改造，成为外来“农民工”聚居之地，因旧城改造外迁的中低收入居民的拆迁还建房、城市经济适用房也在城区边缘聚集，使城市边缘区也呈现出明显的居住混杂及隔离。

据作者在2005年进行的抽样社会调查①，武汉城市目前存在有七类社会居住空间群

① 武汉市城市总体规划修编专题研究报告：《和谐社会发展目标及武汉城市规划对策研究》. 2005.

体：郊区高级别墅区上层群体；城市核心景观区和滨江滨湖地带高层豪宅上层群体；市中心高层公寓区的中上层群体；市区或近郊区多层商品房的一般中层群体；市区或郊区低档商品房、经济适用房、企业房改房的中下群体；市区或郊区危旧房的下层群体；租郊区农民房、多人合租城市边缘区危旧房或安身于建筑工地、自行营造棚户的社会底层群体。与西方国家居住分异所呈现的圈层分异明显不同的是，武汉城市居住分异呈现出复杂的“马赛克”镶嵌式现象，不同社会群体居住地域相互穿插，在城市整体层面，已呈现出在单个住宅区内部存在着一定的同质性，在不同的住宅区之间存在着高度异质性，居住隔离不单以居民的社会经济特征，而且也以住宅区的物质环境为表征。

（2）优质景观资源的排他性占有现象突出，封闭型住区不断涌现，不利于社会融合

武汉拥有国内其他城市所不能比拟的众多滨江、滨湖风景资源，正是由于对这些资源的封闭占有，使城市郊区的滨湖地段（如汉口后湖、金银湖；汉阳沌口三角湖、后官湖；武昌东湖、南湖、汤逊湖等）及城市中心地区的滨江地段（汉口、武昌的江滩）出现了众多景观环境优质的高档楼盘。例如，在武汉城区外围组团中，除东湖因是国家级风景名胜区，对其周边开发控制比较严格，风景资源社会共享性比较高之外，其他几个大的湖泊周边相当部分用地已被高档住宅区封闭占有，形成了几个高档住区“板块”：

a. 金银湖高档住宅板块：以高尔夫花园、碧海花园、万科四季花城为代表，包含部分度假休闲别墅区。

b. 后官湖—三角湖高档住宅板块：以金色港湾、海天一色、海滨城、东方华尔兹花园为代表，以别墅住区为主。

c. 南湖高档住宅板块：以丽岛花园、水蓝郡、南湖山庄、南波湾、明泽半岛、清水源等别墅区为代表。

d. 汤逊湖高档住宅板块：以银河湾、澳门山庄、玉龙岛等别墅区为代表。

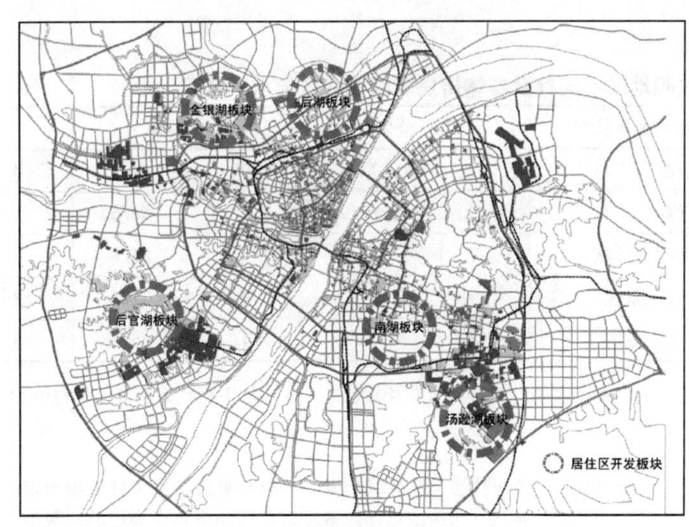

图 14　武汉城市高档住宅分布示意

资料来源：作者自绘

e. 以梦湖香郡为代表的后湖板块：开发规模小，目前处于起步阶段。

这些高档住区的共性是良好的自然景观资源及生态环境，一流的规划设计，建筑的低密度、低容积率，环境的人性化设计及封闭的住区管理模式等。但从社会发展视角来审视，这种大面积的高档住区对城市优质景观及生态资源的排他性占有，是土地及空间资源不公平配置的典型体现，住区严密的防护，加重了社会隔离与排斥。与之相对的，以低收入流动人口为主体的城市边缘贫困人口聚居区与富人们的“防卫型社区”（gated community）在空间上相毗邻，却仿佛生活在不同的世界里，呈现出城郊社会空间的“非均衡破碎化”。

（3）居住地域公共服务水平及空间环境质量差异明显，彰显出社会的不平等，不利于社会公平

据张维先生2005年对武汉汉阳地区近50个小区或住宅单元的抽样调查，不同社会群体居住地域空间环境质量及公共服务状况如下①：

汉阳地区不同社会群体居住地域自然环境状况（单位:%）　　表4

序号	周边自然环境条件	上层群体（$n=9$）	中上群体（$n=1$）	中层群体（n=16）	底层群体（n=14）
1	临近大片树林或者绿化带	55.6	36.36	18.8	14.3
2	近山	11.1	0	0	14.3
3	临近滨湖江岸	100	45.5	25	14.3
4	临近公园	88.9	45.5	31.3	28.6
5	临近古迹	33.3	18.2	18.75	21.4

备注：n 为调查居住项目数

资料来源：张维：武汉新区居住空间分异研究及其设计对策．华中科技大学硕士学位论文，2005.

汉阳地区不同社会群体居住地域公共服务水平状况（单位：个;%）　　表5

序号	周边公共服务状况	上群群体		中上群体		中层群体	
1	临近商业中心	7	77.8	9	81.8	4	25
2	临近商务中心	8	88.9	6	54.5	2	12.5
3	临近教育设施	7	77.8	9	81.8	7	43.8
4	临近风景区	9	100	7	77.8	2	12.5
5	临近开发区	7	77.8	4	36.4	3	18.8

资料来源：张维：武汉新区居住空间分异研究及其设计对策．华中科技大学硕士学位论文，2005.

① 为统计方便，调查中将汉阳地区社会上层高级别墅区、核心景观区及滨江滨湖地带高层的上层群体简单归纳为上层群体，把市中心高层公寓区、市区或近郊区多层商品房和市郊小高层的一般中上层群体简单归纳为中上层群体，把郊区或市区中低档商品房、经济适用房、房改房的社会中层群体简单归纳为中层群体，把中下层群体居住区和社会底层居住区归纳为社会底层群体。分别以上层群体、中上层群体、中层群体、底层群体来称呼。

张维先生对汉阳地区居住地域的调查还包括居住小区内部绿化状况、停车设施、拥有会所情况、保安管理、交通状况等多方面，从调查结果看，不同社会群体居住地域公共服务水平及空间环境质量差异明显，高收入社会群体居住地域公共服务水平、交通可达性、空间环境质量良好，而低收入社会群体的状况则较差。

在武汉城市整体层面，居住地域公共服务水平及空间环境质量差异也十分明显。一方面是近十几年来新建的各种高中档社区，内部设施相对完备，景观绿化环境良好。与之形成明显对照的是，在汉口、汉阳、武昌旧城区，青山等传统工业区，以及遍布城区的各类"城中村"中，还有大量破旧的城市居民住区、建成年代较久的企业职工宿舍区、建筑密集公共设施缺乏的"城中村"居民混杂区，在这些住区中贫困人口聚集，环境衰败，突出地彰显出社会的不平等及差异。另一方面是城市外围成片开发的居住新区，需政府配套的共享性公益性设施不足，居民就医、就学难等问题仍十分突出。

3.3 城市公益设施建设不足及配置不公平问题

（1）城市公益设施配置不适应社会发展及居民生活的需求，影响居民生活质量的提高

尽管经过长期建设，武汉城市公益设施质量有了很大的提高，但随着城市居民生活质量的普遍提升，人口基数的增大，与国内其他特大城市相比，武汉市目前的公益设施的建设水平仍较为低下。据2005年资料，武汉每十万人拥有的医院床位数在全国十大城市中排在末位，不到位于第一位深圳的二分之一；又如教育设施，武汉主城范围内各级各类普通中小学总数为561所，但用地达标学校仅22所；文化设施建设投入仍然偏少，比例偏低，使基层公共文化设施建设滞后于经济发展和人民文化生活水平提高的需要。

据我们对武汉市1992~2005年土地开发情况的调查，行政划拨用于城市公共建设的用地，主要集中在道路交通设施的建设上，城市公共资金也主要投向交通设施建设，而对城市公益性公建服务设施建设则很少，少量公共服务设施投资，又大多投向了能彰显政绩的所谓"重大工程"项目上，如"月湖文化艺术中心"、"华中国际博览中心"，而对居民民生要求的医疗、教育、公交设施则较为忽视。另一方面，受投资饥渴症的驱动，政府在招商引资中，一般比较迁就开发商的意见，对本应由开发商投资的基层、社区公益服务设施，有时没有严格坚持规划原则及要求，使开发商逃避了公益设施配套建设的责任与义务。

（2）城市各地域公益设施配套完备程度及服务水平差异较大，助长了社会不公

武汉城市公益设施在资源配置上的不平衡，主要表现为区域的不均衡及不同住区之间的不平衡。

近十余年，城市外围新区占武汉土地出让总量的62.31%，新区开发是城市开发的主体，但政府在城市新区投入的公共资金中，用于公益性公共服务设施的建设却严重不足，城市外围与居民生活密切相关的医疗设施、中小学校、文化设施严重不足。在后湖、金银湖、沌口、流芳、汤逊湖等城市外围组团，成片的工业区、居住区拔地而起，但入住居民就医难、就学难、出行难却十分突出。如果说旧城中心区存在的主要问题是公益设

施服务水平不高的问题，外围新区则是有无公益设施服务问题。

另一方面，则是不同住区公益设施配置的不平衡问题，大型高中档住区各种公益设施配套相对完备，而大量零散、小规模开发项目却基本上无公益设施配套，在城市大量的“城中村”地区、贫困人口聚居的边缘住区、成片衰败企业职工生活区，各种公益设施配套严重不足。这种住区公益设施的差异，使全体市民不能公平地分享城市公益性公共服务，助长了社会不公。

3.4 城市旧城更新中的问题

武汉旧城主要指解放前遗留下来的老城区，包括汉口老城（汉正街片、江汉路片、租界地）、汉阳老城（钟家村片）、武昌老城片，以及解放后至1970年代发展起来的汉口二七片、解放大道片、王家墩片、古田片、汉阳七里庙片，武昌徐东片、三层楼片、沙湖片、武昌站东片、武泰闸片，共15个片区，总用地面积约132.30km²（图15）。

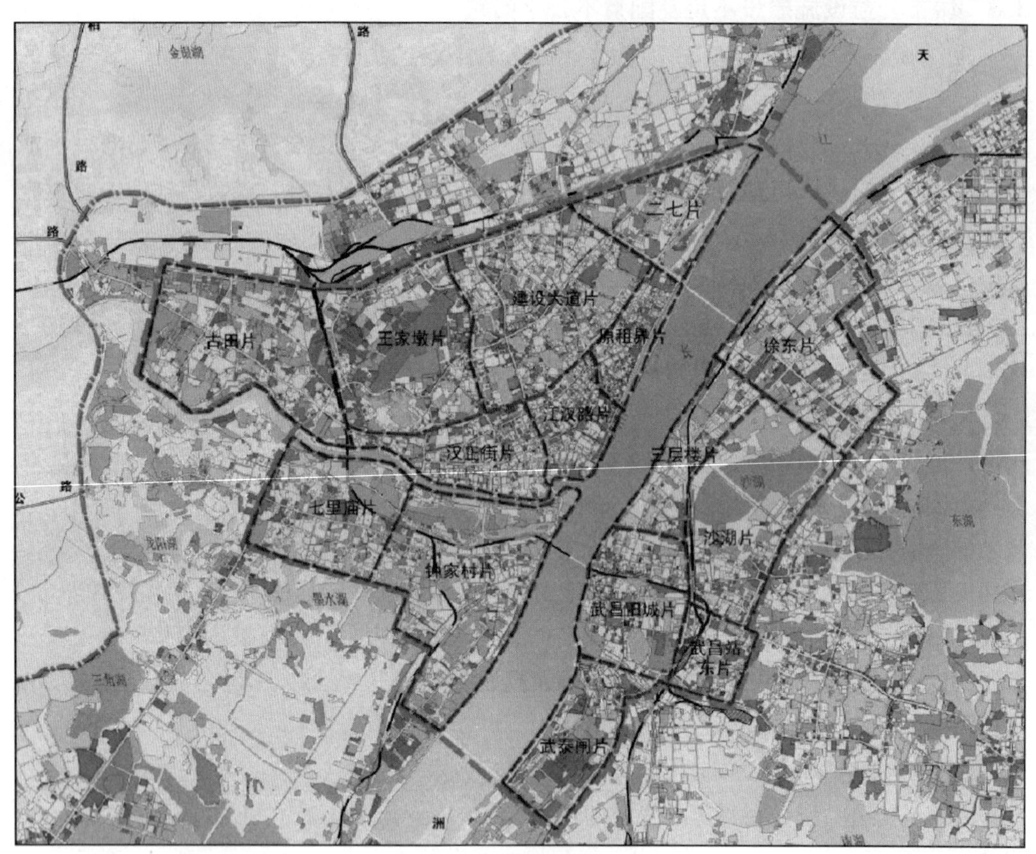

图15 武汉旧城区组团划分图

资料来源：作者自绘

从社会发展视角审视，1990年代后开始的旧城更新存在的主要问题包括：

（1）旧城更新整体推进乏力，旧城物质环境衰败仍在加剧，影响城市整体生活质量的提升

武汉旧城各片区用地构成（单位：公顷）　　**表 6**

片区名称		保留用地		环境整治用地		需拆迁改造用地		历史街区保护用地		其他用地		片区总用地面积
		面积	%	面积	%	面积	%	面积	%	面积	%	
汉口	汉正街片	152.58	24.53	57.78	9.29	128.15	20.6	6.24	1.0	277.25	44.57	622
	江汉路及租界片	279.28	37.09	65.84	8.74	121.66	16.16	36.59	4.86	249.63	33.15	753
	二七片	293.96	40.1	108.63	14.81	201.76	27.53	0	0	128.65	17.55	733
	王家墩片	439.32	36.19	92.30	7.6	599.98	49.42	0	0	82.40	6.79	1214
	建设大道片	1126	73.12	133.61	8.68	175.39	11.39	0	0	105.00	6.82	1540
	古田片	381.29	29.56	287.16	22.26	431.05	33.42	0	0	190.5	14.77	1290
武昌	徐东片	481.59	45.0	188.94	17.66	277.73	25.96	0	0	121.74	11.38	1070
	沙湖片	186.26	12.84	155.96	10.75	262.96	18.12	0	0	845.82	58.29	1451
	三层楼片	71.62	14.35	101.35	20.31	174.34	34.94	8.28	1.66	143.41	28.74	499
	武昌旧城片	229.61	30.33	206.35	27.26	70.07	9.26	182.30	24.08	68.67	9.07	757
	武泰闸片	122.26	20.21	266.42	44.04	148.62	24.57	0	0	67.70	11.19	605
	武昌站东片	85.59	29.01	99.18	33.62	50.02	16.96	1.02	0.35	59.19	20.06	295
汉阳	钟家村片	521.52	33.6	203.77	13.13	521.03	33.57	16.47	1.06	289.21	18.63	1552
	七里庙片	366.77	43.2	34.19	4.03	302.2	35.6	0.49	0.06	145.35	17.12	849
合计		4737.65	35.81	2001.48	15.13	3464.76	26.19	251.59	1.9	2774.52	20.97	13230

备注：片区总用地面积包括道路及其他开敞空间面积

资料来源：此表来源于作者主持的委托咨询项目《武汉旧城更新实施策略研究》，2007.

与沿海开放发达地区相比，武汉城市经济发展相对滞后，政府财力有限并把有限的财力主要投向新区建设，旧城更新规模有限，旧城用地功能置换及用地结构调整步伐缓慢。从2000年起，借助市场力量开始启动的旧城较大规模的成片更新，目前大多仍处于开发起步阶段①，尚未形成开发规模。

据笔者主持的武汉市规划院委托的咨询项目《武汉旧城更新实施策略研究》进行的调查显示，武汉旧城132.30km^{2}用地中，已出让但尚未建用地8.72km^2，需新增拆迁改造用地25.93km^2。旧城另有待开发闲置用地5.29km^2。

武汉旧城区各片区拆迁改造用地及闲置地构成（单位：公顷） **表7**

片区名称		已出让未拆建用地		需新增拆迁改造用地		待开发闲置用地		总面积
		面积	%	面积	%	面积	%	
汉口	汉正街片	84.89	47.65	93.26	52.35	0	0	178.15
	江汉路及租界片	52.34	43.02	69.32	56.98	0	0	121.66
	二七片	126.26	62.58	74.41	36.88	1.09	0.54	201.76
	王家墩片	207.03	31.85	423.78	65.20	19.20	2.95	650.01
	建设大道片	32.01	17.70	148.79	82.30		0	180.8
	古田片	27.00	6.26	349.54	81.09	54.51	12.65	431.05
武昌	徐东片	86.21	22.32	273.81	70.88	26.25	6.80	386.27
	沙湖片	144.14	36.50	118.80	30.08	131.89	33.42	394.93
	三层楼片	4.02	1.13	170.32	47.71	182.63	51.16	356.97
	武昌旧城片	10.49	14.97	59.58	85.03	0	0	70.07
	武泰闸片	0	0	122.88	82.68	25.74	17.32	148.62
	武昌站东片	11.21	22.41	33.08	66.13	5.73	11.46	50.02
汉阳	钟家村片	80.44	15.44	389.33	74.72	51.26	9.84	521.03
	七里庙片	5.65	1.87	266.17	88.08	30.38	10.05	302.20
合计		871.69	21.83	2593.07	64.93	528.68	13.24	3993.46

资料来源：作者主持的委托咨询项目《武汉旧城更新实施策略研究》，2007.

① 2005年后，武汉旧城有一定规模的成片改造才开始真正启动。如2005年，汉口旧城永清地块48公顷用地出让给香港瑞安集团开发“汉口天地”项目（拍卖价33.9亿，主要作居住、公建用地）；2005年1月，汉阳旧城鹦鹉洲地块57.2公顷用地出让给香港世贸集团开发“锦绣长江”项目（拍卖价31.5亿，主要作居住用地）；2007年2月，武昌武汉重型机床厂52.67公顷用地出让给上海豫园商城房地产发展有限公司（拍卖价35.02亿，主要作居住用地）。资料来源：武汉市国土规划局土地交易中心。

武汉旧城各片区四类重点拆迁改造用地构成（单位：公顷）　　表8

片区名称		危旧房用地		城中村用地		旧厂房用地		简易工棚		总面积
		面积	%	面积	%	面积	%	面积	%	
汉口	汉正街片	86.55	67.54	0	0	23.16	18.07	18.44	14.39	128.15
	江汉路及租界片	46.80	38.47	71.75	58.98	3.11	2.55	0	0	121.66
	二七片	28.98	74.94	0	0	9.69	25.06	0	0	38.67
	王家墩片	192.80	60.52	59.08	18.55	66.68	20.93	0	0	318.56
	建设大道片	46.97	32.16	84.52	57.87	8.39	5.77	6.17	4.2	146.05
	古田片	76.32	29.76	103.84	40.48	76.32	29.76	0	0	256.48
武昌	徐东片	40.32	16.97	151.90	63.95	45.32	19.08	0	0	237.54
	沙湖片	0	0	62.28	77.76	17.82	22.24	0	0	80.10
	三层楼片	0	0	81.75	50.73	79.40	49.27	0	0	161.15
	武昌旧城片	54.03	76.42	0	0	16.67	23.58	0	0	70.7
	武泰闸片	72.09	60.71	31.78	20.76	14.88	12.53	0	0	118.75
	武昌站东片	4.36	45.37	5.25	54.63	0	0	0	0	9.61
汉阳	钟家村片	86.13	34.66	49.02	19.73	113.36	45.63	0	0	248.51
	七里庙片	22.47	10.34	114.14	52.55	50.07	23.05	30.54	14.06	217.22
合计		757.82	35.21	815.31	37.88	524.17	24.35	55.15	2.56	2152.45

资料来源：作者主持的委托咨询项目《武汉旧城更新实施策略研究》，2007.

在旧城需拆迁改造的用地中，有危旧房用地7.58km²，城中村用地8.15km²，旧厂房用地5.24km²，简易工棚0.55km²，这四类亟需拆迁改造的用地总面积21.52km²，占旧区总面积（132.3km²）的16.27%。

从总体来看，旧城约30%的用地需开发重建或进行大规模的改造，若扣除道路广场等用地，需拆迁改造的用地更占到旧区有效建设用地的1/3，旧城更新任务艰巨。

武汉最大棚户区改造即将启动——3年内，青山1.3万户告别“棚子房”

2006年9月18日，武汉市政府办公厅发出文件，支持青山区实施棚户区危旧房改造工程，提出从2007年起开始实施，用3年左右时间，拆除棚户住宅87.19万m²。依照规划，棚户区居民集中安置在工人村路绿化隔离带以西地区，以及青山港沉淀池以北区域，共建安置房百余万平方米。

20世纪50年代，五湖四海的青年来到青山建设武钢，工人村、厂前等地区兴建了一批棚户式的简易住宅。

50多年过去了，武汉像一个不断顽强美容的姑娘一样，城市面貌来了个“大换脸”，而在青山区一隅，仍有1.3万多户人家住在阴暗潮湿的棚户房屋……。武汉市城市规划管理局派员考查后认定，这些棚户区的房屋危旧，基本无公共及市政配套设施，居住环境日益恶化。

棚户区的居民更是日日面对恶劣的环境，……凤凰山社区居委会党支部书记陈春英说：“我们这里的居民——用空调的少，用煤气炉的少，用冰箱的少；

下岗失业人员多，困难户多，自己种菜的多”……许多居民说“我一天都不想住下去了”。

《楚天都市报》2006年10月16日　第13版

（2）由公权力及市场力主导的旧城更新中，对弱势的原居民权益的侵害也十分突出，损害了社会公平

2000年之后，武汉旧城逐步成为房地产开发热点，但在起步阶段，多数旧城改造项目开发规模小，单位地价或楼面地价也偏低。2005年后，大规模成片旧城更新项目开始启动，香港世茂集团以31.5亿元拍得的汉阳鹦鹉地块（57.21公顷），楼面地价2394元/m^2，已开发的“锦绣长江”项目一期多数住宅均价为8000元/m^2左右；2005年11月，香港瑞安集团以33.9亿元拍得的汉口永清地块（48公顷），楼面地价2339元/m^2，开发的“汉口天地”项目，住宅均价预计每平方米要超过万元；2007年1月，上海豫园商城以35.02亿元拍得的武汉重型机床厂用地（52.67公顷），楼面地价已上升到3290元/m^2，预计住宅均价在8000~10000万/m^2之间。旧城改造巨大的拆迁成本及拿地成本，使开发商对旧城开发项目定位普遍偏高。旧城普遍的高价位开发，造成的一个突出的社会效果是旧城相当一部分中低收入原居民被排挤出世代居住的家园，多数被动迁到城市边缘中低价位的住宅小区或拆迁安置房，谋生环境消失，社会网络断裂。如汉口永清地块共需动迁3335户共1.5万人，其中多数迁往城郊边缘地区。

目前，汉口、武昌、汉阳旧城滨江地段，重要交通干道两侧已成为开发热点之一。但目前的旧城更新，仍然是政府垄断决策，从城市规划的编制到动迁政策、动迁方案的制订和实施，原居民的利益诉求对政府决策的影响均十分有限。缺乏社会制衡的决策权力与资本形成合力，在创造城市开发效率神话、速度奇迹的同时，也造成旧城再开发中利益关系的严重失衡。资本方可以利用政府的倾斜政策及资本优势而获得优惠性利益，原住民的权益却缺少充分的保护，使原居民的被剥夺感也越来越强烈。如武昌旧城的积玉桥地区改造，就曾因原居民对拆迁补偿方案的不满而阻挠施工，最后发展到集体上访及静坐示威。

（3）旧城历史文化风貌的丧失，使城市失去多样性基础

武汉旧城有其传统的物质环境风貌特色。如汉口旧城中，江汉关至永清街一带，是历史的租界区，解放前是汉口最繁华的新城区中心，欧式建筑风貌与中西合璧式建筑风格并存，建筑质量良好；龙王庙汉正街一带，是汉口最早的起源地，位于长江、汉江两江交汇处的区位，使其商贸发展迅速，传统商业街区风貌突出。遗憾的是，在目前的旧城更新中，更注重的是区位商业开发价值的体现，滨江一线几乎毫无例外地被现代高层住宅、高级商务写字楼取代，旧城传统物质环境风貌及社会生活方式一并被抹去，使城市的多样性逐步丧失。

据我们对1992~2005年武汉土地出让资料的调查，在武汉132.3km^2的旧城区中，土地出让近1300宗，但多数用地规模不足1万m^2，旧城零散、见缝插针式的高层化改造，使旧城风貌及竖向空间形态十分零乱。香港世茂集团在汉阳鹦鹉洲开发的“锦绣长江”项目，首期已矗立起5栋30层以上的高层住宅，其中1栋为55层超过170米的超高层住

宅，被称为江城住宅第一高楼。崔颢的著名诗句："晴川历历汉阳树，芳草萋萋鹦鹉洲"所描述的古汉阳的滨江胜景，已掩灭于一片钢筋混凝土塔楼之中。

3.5 城市开敞空间营造中的问题

（1）城市开敞空间的普遍缺失，不利于促进社会交流及社会融合

笔者在2005年完成的武汉总规修编专题研究《和谐社会发展目标及武汉城市规划对策研究》中，曾组织过对武汉市民生活方式的社会调查，其中一项调查内容是居民节假日户外休闲场外，调查结果如下：

武汉居民节假日户外休闲场所 **表9**

节假日户外休闲场所	低收入	中等收入	高收入	总计（样本数）	百分比
城市广场	32	156	44	234	18.8%
体育馆	5	68	27	100	8.1%
博物馆	1	15	15	31	2.5%
影剧院	8	49	9	66	5.3%
展览馆	4	24	11	39	3.1%
公园及风景区	66	352	81	499	40.1%
名胜古迹	12	85	29	126	10.1%
其他	34	90	26	150	12.0%
总计（样本数）	164	839	242	1245	100%
百分比	13.2%	67.4%	19.4%	100%	

资料来源：《和谐社会发展目标及武汉城市规划对策研究》（武汉城市总体规划修编专题研究报告）.2005.

从表中可以看出，武汉城市居民节假日户外休闲活动主要集中于城市广场（18.8%）和公园及风景区（40.1%），二者之和约占近6成，且不同收入阶层选择趋于一致。由此可以看出，多数居民户外活动选择在城市公共开敞空间。

据对1992~2005年武汉城区土地开发情况的调查，其中行政划拨用于公共开敞空间建设的宗地数只有20余例，近10余年新拓展的外围城区，大型公共开敞空间的建设几乎是空白。

武汉自古就处于多湖地区，境内大小不一，形状各异的湖泊是城市形成公共开敞空间的天然环境基础。然而，在长期的城市建设过程中，这种自然环境资源禀赋却没有得到很好的利用，大量的滨湖用地被各类建设项目占用，城市呈粗放型蔓延式扩张，中环线外围的生态隔离带被蚕食，城区内开敞空间严重不足，尤其是多数居民反映社区公共活动场地缺乏，已不能满足日益增多的居民公共生活及社会交往需要。

（2）城市开敞空间分布失衡，不利于一个广泛参与的社会的形成

汉口地区作为城市传统商贸中心，居住人口密集，城市公共生活需求多种多样，但汉口长期以来，仅有中山公园、解放公园、西北湖广场等少量规模有限的广场及公园绿

地，远远不能满足近200万人的汉口城区居民社会生活的需要。直到近年汉口江滩公园的建设，才使其较大的改善。但硚口区一带，城市公共开敞空间仍基本是空白。汉阳因其发展相对滞后，相应的配套设施尚不齐全，一直无大型公共开敞空间。2005年汉阳地区开始启动开发江滩公园及月湖文化公园建设，汉阳旧城公共开敞空间缺乏的状况才有所改善。武昌作为城市文教中心和省委、省政府所在地，行政办公区及高档区开敞空间条件较优，武昌的主要公共开敞空间——东湖风景区、洪山广场、鲁巷广场基本在洪山区，而武昌旧城、徐东、青山等地开敞空间仍普遍缺乏。

总体来看，武汉城市中心地区随着一些大的公共开敞空间的建设，其状况趋于好转，目前的主要问题是在城市边缘近200km^{2}的1980年代后建成的新区中，大中型广场、公园绿地严重缺乏。此外，居住区、小区层面的公共开敞空间也分布失衡，新建中高档住区内绿化及公共活动场地相对较好，而大量的贫困住区则基本无公共活动空间，或开敞空间环境质量极差。社区层面的公共开敞空间点多面广，与市民日常生活密切相关，它的缺失不利于形成和睦的邻里关系，增进社会交往及社会团结。

（3）城市优质开敞空间资源的排他性占有现象突出，有损社会公平

如前文中所述，武汉城市土地及空间资源配置的不公平现象很大程度上体现在大量单位及高档住区封闭占有滨湖、滨江资源。汉口的金银湖，汉阳的后官湖、三角湖及南太子湖，武昌的南湖、汤逊湖周边，已被大量休闲设施、高档楼盘封闭占有，而这些滨湖地段，多数具有良好景观潜质及生态环境，有建设成为公众共享的优质公共开敞空间的条件。少数高收入阶层排他性占有优质空间及景观资源，损害了社会公平。

3.6 城市地域发展的不平衡问题

（1）城市各地域开发规模的不平衡

武汉市1992～2005年各组团土地开发置换极度不平衡，旧城区解放大道组团、徐东组团开发量相对较大，外围金银湖、沌口、流坊、关山、吴家山组团开发规模大，新开发地域集中。与之相对应的是在主城区的边缘组团，如青山、白沙、四新十升、（汉口）站北、二七等组团，开发量却十分有限。

地域开发不平衡的结果，是一部分地域面貌迅速改变，发展蒸蒸日上，而另一部分地域状况依旧，日益沦落为繁荣大都会中的“第三世界”。这种发展差异的背后隐涵着城市全体居民不能公平地分享社会经济发展及城市建设成果。

（2）政策性倾斜使城市部分地域得到优先快速发展，助长了地域发展的不平衡

武汉城市1990年代以来开发增长最为迅速的四大外围组团，莫不是受到政府政策性倾斜鼓励投资开发的结果。

沌口开发区作为武汉市惟一的国家级经济技术开发区，为吸引外来工业投资，促进武汉市工业经济发展，自1990年代以来，在基础设施建设、绿化环境改善、公共设施建设等方面，就成为政府公共资金投资重点，如武汉体育中心便落户该区，所以自1990年代后沌口组团便得以迅速发展。

1990年代中期以后，湖北省人民政府在汉口吴家山设立省级台商投资区（海峡两岸

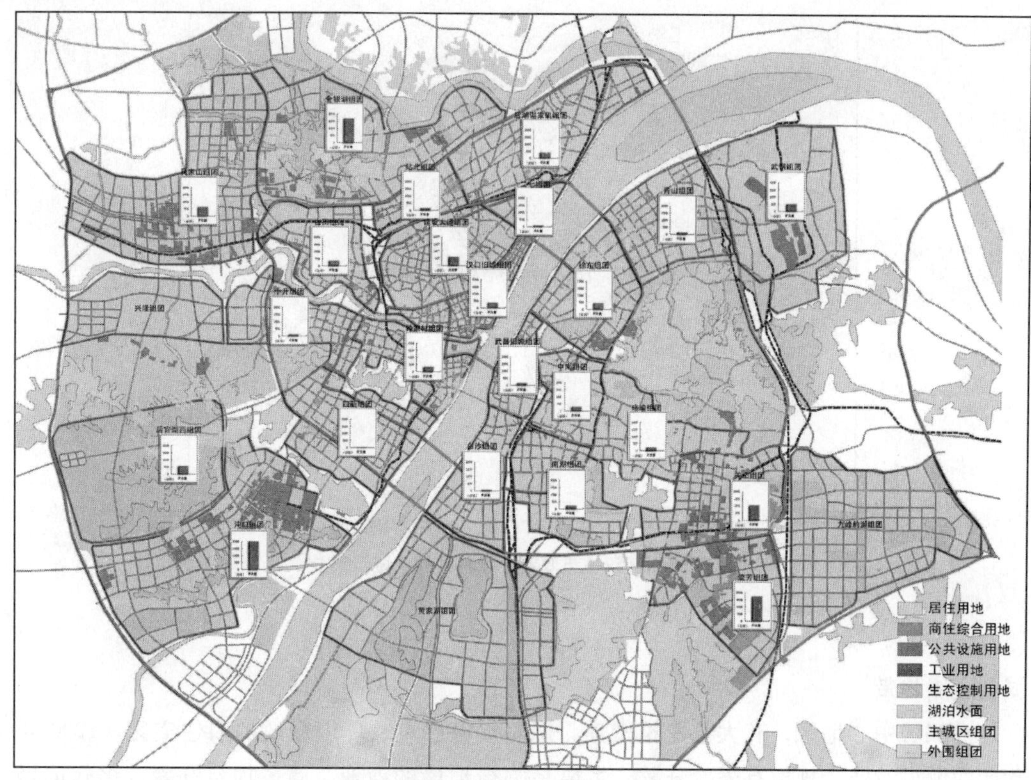

图16　武汉市各组团开发规模示意（1992～2005）

资料来源：作者自绘

科技工业园)。武汉东西湖区为扩大招商引资力度，以极其优惠的地价，出让吴家山、金银湖地区的土地，再加上靠近汉口城区的地利优势，使金银湖、吴家山组团迅速成为汉口地区最大的开发热点。

武昌东湖高新技术产业区在1980年代末被批准为首批27个国家级高新技术产业区。到2000年后，高新技术产业区进一步东扩，扩展为武汉科技新城，“武汉·中国光谷”概念提出后，武汉市为在中国高新技术产业发展中占领一个高地，政府开始斥巨资大规模修建道路等基础设施，将鲁巷发展为城市的副中心，使该地区投资软硬综合环境明显优于市内其他地区，关山组团、流芳组团得到超常规发展。

可以说，政府在税收政策、土地出让等方面的优惠，在公共投资方面的倾斜，是促成武汉外围四大组团得到优先快速发展的重要因素。但从另一方面来看，这种政策性倾斜也必然剥夺和减少其他地域发展的机会，减少其分享公共投资的机会，加剧了城市内地域发展不平衡的状态。如果在西方国家，城市政府如果采取不平衡的地区发展促进政策，是会受到被忽视地域居民的反对，会有丧失选票下台的危险。我国威权政治结构下的强势政府还缺乏民众力量的制衡，即使采取不平衡的地区发展政策也不会受到太多的诘问，但这种行为本质上是不利于地域平衡发展的。

(3) 城市贫困聚居区域发展滞后，扩大了社会差距

武汉城市贫困聚居住区主要分布在解放前遗留下来的旧城中心区、旧城区边缘地段、

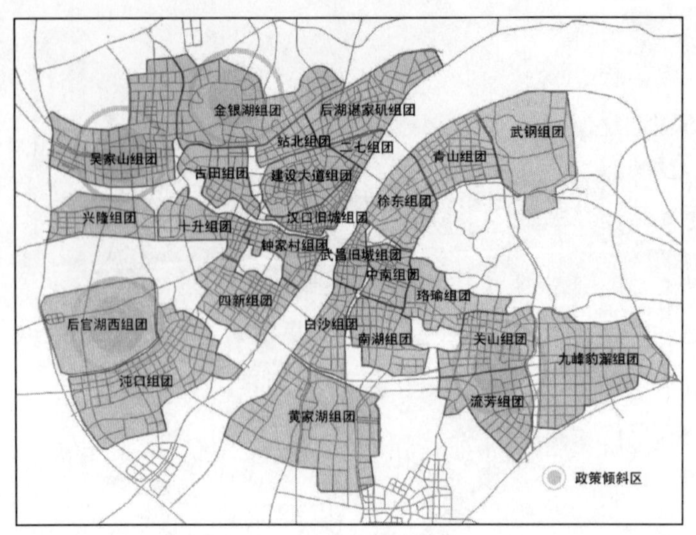

图 17　武汉城市政策性倾斜发展地域示意

资料来源：作者自绘

城区边缘地带。

在旧城中心地区，有大量建筑密集、房屋损害严重、环境衰败的旧住宅区。1990 年代后的旧城改造，规模有限、分散，主要是临街地段的商业、商务项目开发，多数旧城住区并未纳入改造范围。

旧城区边缘地带是过去计划经济时期建设的工厂及企业职工生活区分布的主要地域，1980 年代改革开放之后，这一环形地域也成为城市开发建设“绕着走”的地域。据武汉市土地出让资料，在 1992 ~ 2005 年间，这一环形地域内的汉口古田，站北组团，汉阳十升组团，武昌白沙、南湖、青山组团均为开发规模最小的地域，与城市中心及外围新区开发量相差悬殊。

在城区外围地带，一方面是大规模的新区开发突飞猛进；另一方面是无序的“城中村”及外来人口聚居区环境恶劣状况依旧。

从总体上看，武汉贫困聚居住区与其他功能区域高度混杂，这些呈“马赛克”镶嵌状的贫困住区普遍是各项市政基础设施服务水平低下，公益性公共服务设施较为破旧或严重缺乏，绿化及公共开敞空间不足。这些贫困聚居地域又因其人口及建筑密集而难以吸引开发商的眷顾，政府公共投入也严重不足，使其与城市其他地域发展水平差距更大，彰显出明显的社会发展差别，成为繁荣社会的不和谐音符。

4　社会发展目标导引下的武汉城市规划技术性调控措施

为促进城市社会发展目标的达成，城市规划与设计可以在广泛的领域采取行动，从宏观的城市土地利用规划到微观的技术性环境设计手段，城市规划制度建设亦是其重要方面。针对前文中武汉城市发展中的主要问题，下面将主要从宏观层面提出城市规划技术性调控的主要领域及调控措施。

4.1　合理组织城市功能，注重空间资源的公平配置

按照新版（2006版）武汉城市总体规划，武汉市将依托区域性交通干道和轨道交通组成的复合交通走廊，以主城区为依托，由主城区向阳逻、豹澥、纸坊、常福、汉江、盘龙城等方向构筑六大城市空间发展轴，在主城区外围，集合新城及新城组团，布置六大新城组群。

未来武汉将利用长江、汉水交汇，河湖密布的自然地理特征和城市空间相对均衡的拓展趋势，依托对外交通干线，通过生态绿地分隔，在都市发展区形成“以主城区为核心、多轴多心”的开放式城市空间布局结构。

规划2020年，武汉都市发展区城市建设用地906km²，城镇人口880万人。

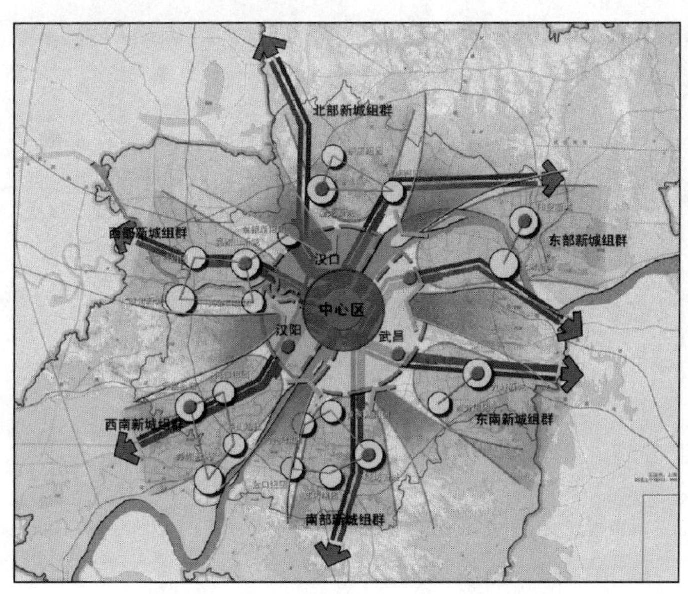

图18　武汉城市都市发展区空间布局结构

资料来源：武汉市城市规划设计研究院编. 武汉市城市总体规划修编（2006~2020）. 2006.

主城区亦采用“多轴多心”的开放式城市空间布局结构，规划总建设用地450km²，人口规模502万人。

据武汉城市开发建设现状及城市发展规划，从社会发展视角，在下一层次分区规划、控制性详细规划及规划建设管理中，可以采用下列技术性措施：

（1）采用适度的功能混合，注重就业岗位和居住的平衡，避免城市功能的单一化

首先，武汉需重视都市核心区功能的提升及多样混合，在长江一桥至二桥之间，长江与汉江交汇处的武汉都市核心区，要大力发展滨江金融贸易等商务功能，提升商业服务功能，保留适量的居住功能，促进核心区功能的提升及多样混合，创造就业岗位，促进中心区功能多元化的发展。

图19　武汉都市发展区用地规划图（2006～2020）

资料来源：武汉市城市规划设计研究院编．武汉市城市总体规划修编（2006～2020）．2006.

未来一定时期，武汉城市仍将以新区开发为主，主城区边缘组团及外围组团新区开发仍将是城市开发建设的主体。按照规划及现状建设趋势，新增工业职能将进一步向东部的关山—流芳组团、西南部的沌口组团、西部的吴家山组团、东北部的阳逻—北湖组团等四大地域集中，而主体居住职能将与这些工业职能相分离，有可能形成就业岗位与居住的分离与严重不平衡。

在城市外围新区规划及建设中，更提倡适度功能混合及用地兼容，避免形成单一性质成片住区。要注重就业岗位与居住的平衡，鼓励在成片居住新区中适当发展能提供就业岗位的第三产业和小型都市工业园区，提倡功能的适度多元化，创造就业岗位；如汉口的金银湖、后湖—谌家矶组团，汉阳的四新组团，武昌的黄家湖、九峰—豹澥组团。要鼓励在城市外围产业区内适当发展居住及适量规模的商贸服务设施，实现一定程度的人口就地平衡；如汉口的吴家山组团，汉阳的兴隆、沌口组团，武昌的青山、关山、流芳组团。在城市规划与建设中，只有致力于所有市民提供经济机会，降低失业水平，消

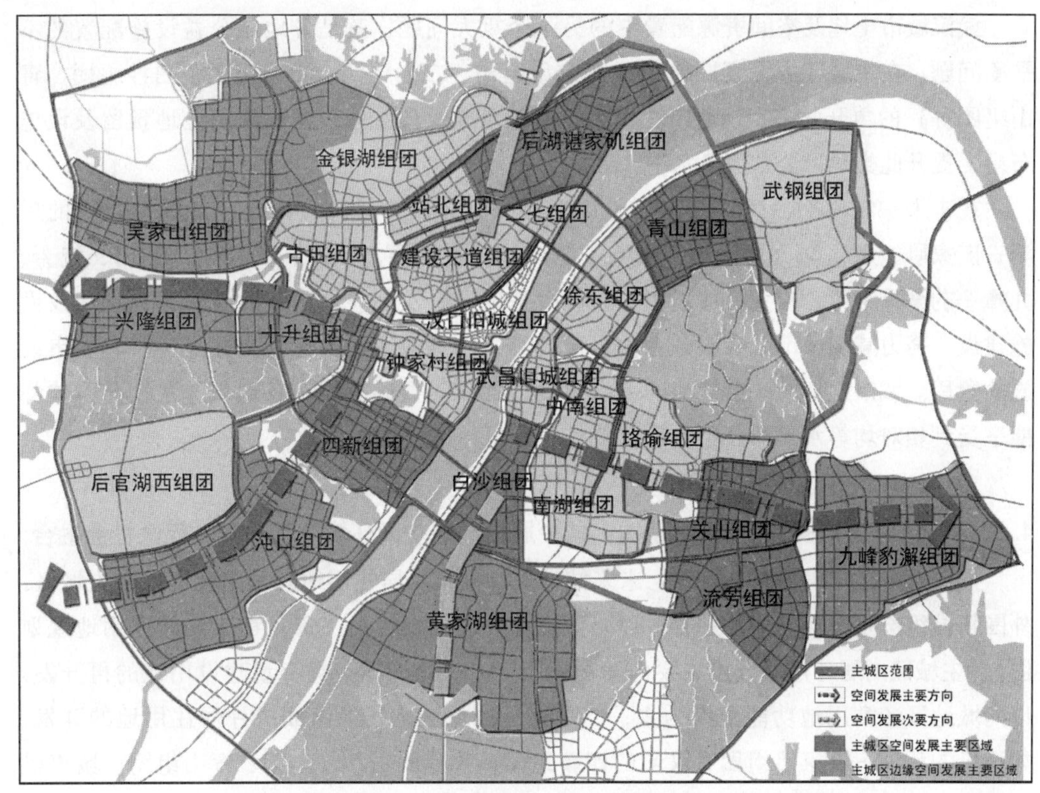

图20　未来武汉城市主要发展地域分布

备注：本次规划研究的范围包括主城区以及外环线内与主城区连绵成片的发展区域，而与主城区不直接相连的都市发展区的部分新城组团如盘龙、北湖、阳逻、纸坊、常福则未列入研究范围。下同。

资料来源：作者自绘

除妇女在就业中的障碍，减少贫困及脆弱人口数量，才能增进社会融合。采用适度的功能混合，注重就业与居住的平衡，有利于增加就业参与机会，增加城市的多样性。

（2）注重优质空间资源的社会共享，维护社会公平

城市空间资源的公平配置问题，是规划公平的核心问题。对武汉城市而言，这一问题的关键是要增加滨湖、滨江土地及空间资源的社会共享性，避免少数单位及特殊利益阶层的封闭式、排他性占有。因此，在城市规划及建设管理中，对于优质空间资源地段，应增设更多的公园、生态绿地、公共广场，增设公益性公建设施，增加其社会共享性。汉口、汉阳江滩公园的建设，武昌沿江大道的整修，汉阳南岸嘴地标区及月湖公园的建设，已充分展示了城市优质开敞空间资源的全民共享性。目前正在实施汉江两岸改造、汉阳江湖连通工程、大东湖生态水网建设，都旨在增加城区优质空间资源的社会共享程度，改善城市人居环境质量。未来要实现武汉建设山水园林城市的发展目标，一个重要的举措就是要努力地在城市滨江（长江、汉江）、滨湖（东湖、南湖、汤逊湖、沙湖、金银湖、后官湖、南太子湖等）、临山（龟山、蛇山、九峰山森林公园等）地区开发建设中“显山露水”，增加优质土地及空间资源的全民共享性。

（3）结合人口居住分布，合理配置公益设施，确保全体市民的公平分享

武汉城市土地及空间资源配置中的另一个重大问题，就是各地域公益设施配置的不平衡问题。在主城区边缘衰退地域（如古田组团、二七组团、十升组团、白沙组团、青山组团等）的再开发中，规划应注重市政基础设施及公益性公建设施的土地预留及设施布局，提升此类地域公共服务水平。

在未来一定时期，武汉城市仍是以新区外延拓展为主体，因此，对城市外围的后湖—谌家矶、金银湖、吴家山、兴隆、沌口、后官湖西、四新、黄家湖、关山、流芳、九峰—豹澥等组团，应大力加强相关的市政基础设施及公益性服务设施的土地预留及设施建设，努力减少城市公共服务上的分配不公，增加穷人的易达性，并支付得起城市设施的费用。城市规划及政府管治的一个重要方面就是要确保城市各地域、各社会群体都能享受到相对均等水平的公平物品及服务。

4.2　推动人口分布与居住组织重构，减少居住地域空间环境质量差异，促进社会融合

按照武汉城市发展总体规划，未来城市人口分布及居住用地开发主要集中在主城区，外围新城组群是工业与居住并存，以工业产业开发用地为主（参见都市发展区用地规划图）。主城区内居住用地开发主要由两部分组成：一是旧城各类存量建设用地的再开发，以内城地区各类用地功能置换为主；二是靠近旧城区的边缘组团成片居住用地的开发，如汉口的后湖—谌家矶组团，汉阳的四新组团，武昌的白沙、南湖、青山组团。城市整体层面的人口分布及居住组织重构趋势明显。

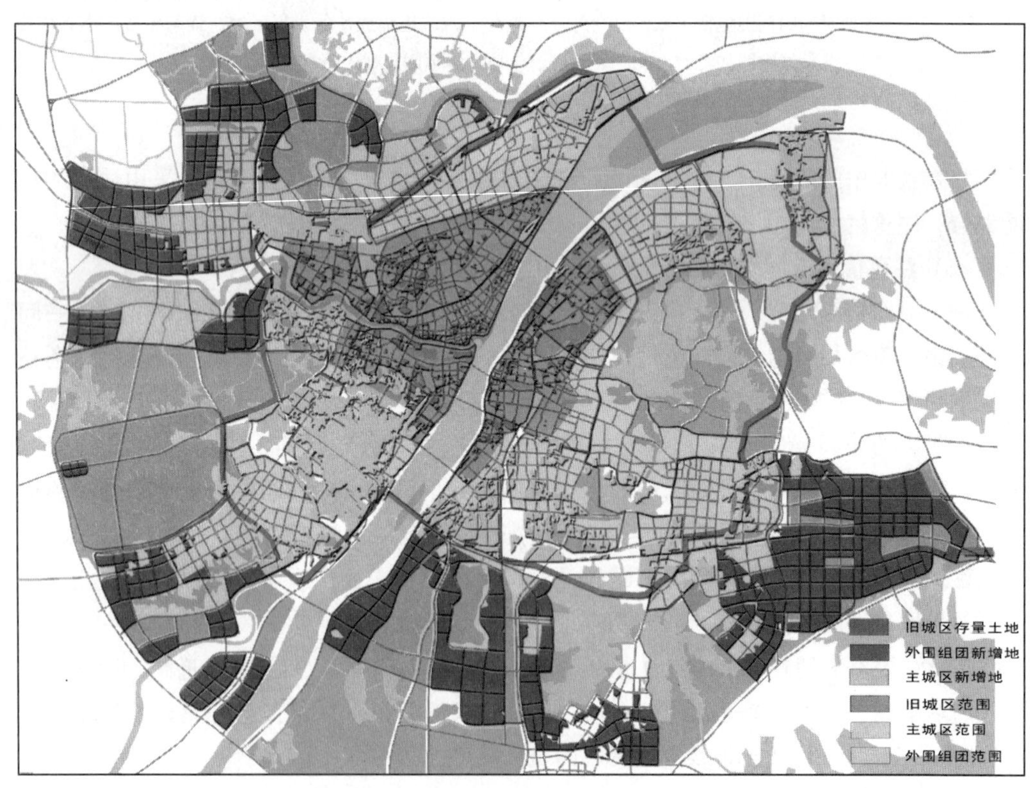

图21　未来武汉城市主要新开发用地分布

资料来源：作者自绘

（1）合理引导人口及居住空间的重构，增进社会融合

武汉目前不同阶层居住地域在市中心、旧城区边缘、主城区外围三个地域圈层上的相互混杂，但不同住区之间质量及阶层差异明显。随着城市的发展，规划要注意引导不同地域居住用地的开发，针对不同地域特点及存在的问题，采取相应的人口及居住空间开发策略。

在旧城中心区，在遵循“退二进三”的改造方略的同时，要加大旧城贫困住区的改造，同时避免单纯的市场化高档住区化的改造倾向，在旧城中要有计划地保留一定的普通工薪阶层居住区，保留部分用于拆迁安置旧城中低收入居民的经济适用房小区。

旧城区边缘新型居住用地开发是武汉城市居住空间开发的主体，汉口后湖谌家矶组团、汉阳四新组团、武昌白沙、南湖、青山组团是未来城市居住用地开发的主体。规划要考虑城市各片区、组团居住用地开发的平衡，在各组团居住用地开发中，要考虑能适应不同社会阶层需要及消费能力的住宅区建设，同时，推动地域圈层原有相对集中的贫困住区的改造，提倡各类住区的开放性及公益设施共享建设。

在主城区外的边缘圈层的居住用地开发，亦是武汉城市居住空间开发的重要组成部分，九峰豹澥组团、黄家湖组团、金银湖组团亦是城市新型居住开发的集中地，规划可以采取在同一居住分区内各类居住用地组合布置，避免出现广泛的封闭型住区，引导建设多质性居住社区，倡导区域公共服务设施共享，促进社会融合。

（2）严格控制低强度高档住区建设，减少封闭型住区，增加优质景观资源的社会共享

针对武汉市优质滨湖、滨江资源被高档住区封闭占有现象突出的状况，规划应根据2006年国家实行住宅房产开发新政策的要求，禁止新增低密度别墅区建设，严格控制低强度、大户型面积的高档住区建设，对武汉市内濒山临水地段，应予以严格保护。规划应重点控制武昌沙湖、东湖、南湖、汤逊湖、黄家湖，汉阳后官湖、三角湖、南太子湖，汉口金银湖等湖泊周边用地的开发建设，超前预留出城市公益用地，减少滨湖高档封闭型住区建设，控制相关住宅小区开发建设标准，优先预留经济适用房及廉租房开发用地，运用政府的公权，尽可能增加这些优质景观资源的社会共享性。

（3）缩小不同居住地域公益服务水平及空间环境质量差异，维护社会公平

针对城市不同阶层居住地域公益服务水平及空间环境质量的巨大差异，规划应采取下列措施：

a. 规划要有计划、分批分散地引导城区内解放前遗留下来的旧城住区、衰败的企业职工生活区、“城中村”的改造，采用公共资金投入及市场化改造并举的方针，加强这些居住地域的公益设施建设及环境改造。

b. 在外围新区开发中，要注重加强各类住区内部公共服务设施的配套建设，严格执行居住区公共设施的配套标准，同时要加大外围成片居住新区的公共服务设施的政府公共投入，改善其交通可达性条件。

4.3 加强城市公益设施建设及社会共享，促进社会公平

（1）注重城市整体层面上公益设施的合理配置，提高城市公共服务水平

许多城市问题确实是由不平等引起，城市贫困的基本特征是部分居民无法得到必要的就业、就学、就医、各类社会保险及卫生、供水、供电、电信、交通等城市服务。城市政府在关注经济发展的同时要关注社会发展，城市公益性设施的建设就是其主要行动领域之一。

按照武汉城市发展的趋势，城市未来新开发地域主要集中在主城区内各边缘组团及城市外围组团，新开发地域建设量巨大，再加上城市原有公益设施配套的完备程度和服务水平本来就不高，因此，规划应注意在下列方面采取措施：

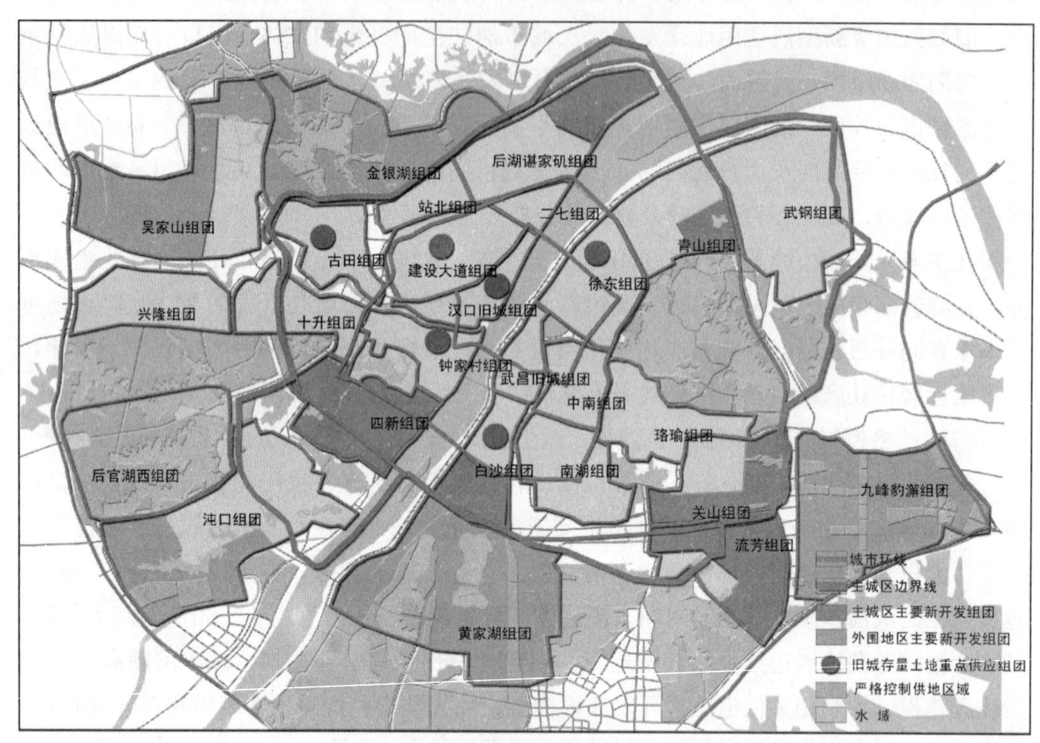

图22　武汉城市未来主要新开发组团示意

资料来源：作者自绘

a. 加大政府对城市公益设施的公共资金的投入，同时鼓励社会资金投入，以提升城市总体公共服务水平。

b. 要注重城市公益设施资源在空间配置上的均衡性，重点加强主城区边缘（后湖—谌家矶组团、四新组团、白沙组团、南湖组团、青山组团）及城市外围新区（吴家山、金银湖、沌口、十升、黄家湖、流芳、九峰豹澥等组团）的市政基础设施及社会公共服务设施的配套与建设。

c. 要重视社区公共服务设施的配套建设，加强对房地产开发的规划实施管理，在居住区、小区的开发建设中，严格执行国家及各城市有关设施配套标准，提倡建设集中的社区公共服务中心，形成服务便利的城市基层社区公共服务网络。

（2）加大政府投资支持，改善贫困人口聚居区公益服务水平低下的状况，彰显社会

公平

武汉贫困人口聚居区，主要包括衰败的旧城住区、“城中村”、衰败的企业职工生活区，以及城乡结合部、租住农村村民住房或自行搭建棚户的外来农民工聚居区，在地理空间上呈现出从中心到旧城边缘，再到城乡结合部的“马赛克”式镶嵌图。主要由社会弱势群体聚居的贫困住区，各种公益性设施建设长期受到忽视，投资主体缺乏，公共服务水平低。规划应从改善民生的角度，科学评估城市贫困人口聚居区公益设施水平，对贫困人口聚居区公益设施项目予以优先实施，缩小其与其他住区的差距，减轻一部分人的被剥夺感，避免形成仇恨心理及滋生犯罪的社会环境。

4.4 推进旧城的和谐更新

实施旧城更新，涉及方方面面的利益，处理不好可能会引发社会矛盾和冲突，损害城市的社会发展目标。但多数学者认为，完善旧城更新改造的机制，减少社会矛盾，实现社会公正，更多地是依靠机制及制度建设，包括建立面向公众的旧城更新项目社会评价机制，完善旧城更新的拆迁补偿安置机制，建立旧城更新与住房市场供应体系、住房保障体系的联动发展机制等①。本文在此不讨论政策及制度层面的问题，而主要是从技术视角，针对武汉旧城现状，提出有助于社会发展的旧城更新规划的技术措施。

（1）促进旧城功能的多元化发展，创造广泛的就业参与机会

目前，武汉多数旧城更新项目，主要看好的是旧城良好的区位价值及升值潜力，由于老城区市政基础设施条件普遍较差，加上不菲的拆迁成本等都将在旧城改造项目中转化为开发商的成本，其结果是导致旧城改造项目功能的普遍高级化及房价居高不下。

如汉口旧城，以汉正街、江汉路、武汉广场为核心的汉正街商圈、江汉路商圈、武广商圈已经跨出原有地域范围，带动邻近地域商业生态和模式的全面升级，使旧城商业日益高档化。汉口自开埠以来，江岸一带就成为武汉金融商社文化兴盛带。在汉口旧城，已初现雏型的武广商务圈、建设大道商务圈，以及由江汉路、六渡桥、汉正街组成的中百大商务圈也在带动着所在地域功能的高级化。同时，结合武汉市“王家墩·华中之中·武汉之心”的战略设想，根据新世纪服务业发展的新要求，以区域金融中心、集团办公总部、商务会展为主体的，集高品质住宅、商业于一体的花园式、高效率、智能化的城市新都心——武汉王家墩商务区已动工兴建。类似的武昌旧城发展“总部经济区”，汉阳旧城的月湖—龟山高级文化休闲区等，都昭示着旧城功能发展高级化的潮流趋势。

旧城改造，“退二进三”，已成为多数城市旧城更新的基本战略，是符合社会经济发展的要求和规律的。但值得注意的是，目前这种功能高级化、房价高价化的旧城改造趋势，有可能形成一项新的造城运动，其结果是带来城市人口及社会空间结构的重构，多数居住在旧城的中低收入原居民将被排挤出世代居住家园，失去谋生环境，社会网络断裂。

---

① 有关旧城更新规划实施制度及政策层面的对策，万勇先生结合上海案例，已进行了较为深入的探讨。参见：万勇. 旧城的和谐更新. 北京：中国建筑工业出版社，2006.

因此，规划要考虑到武汉旧城巨大的人口规模（150余万人）及其生存发展的需要，要引导旧城功能的多元化发展，作为华中地区首屈一指的特大城市，武汉旧城无疑是城市高档商业、商务、休闲居住等功能的重要空间载体，但同时它也应有为广大旧城中低收入居民提供谋生环境的中低档小型商业，为低端蓝领阶层提供就业渠道的都市型工业园区，应有为中低收入居民提供栖身之地廉租公房和经济适用房小区。

汉口古田都市工业区规划与建设特色

随着汉正街日益商业化，该区域众多中小型企业已不具备扩大生产规模的空间。因此，汉正街制造业向外转移，即向古田老工业区转移已成为政府及市场双重赞同的选择。原古田工业区总用地面积约20km²，企业及职工生活区混杂，据武汉市相关统计资料，2002年古田地区共有各类工业企业220家，产业工人10.5万，由于老国有企业的体制和机制不适应激烈的市场竞争，多数企业处于停产、半停产状态，3万多名工人下岗，47万m²的厂房大部分处于闲置状态或改作临时仓库。

古田都市工业区改造规划以盘活存量资源为主，整合区域品牌优势，采用“退二进三”、“工贸互动”，以都市工业发展带动老工业区发展的全新模式。其规划和建设特色包括：保留工业文脉，加强产业链，建设特色产业群；盘活工业存量，统筹发展，集约使用土地；降低建设成本，发展节约型都市工业；提高区域配套服务水平，建设和谐发展的工业区。

在古田都市工业区建设过程中，地方政府还积极制定了一系列产业优惠、人员安置的政策，不仅实现了工业企业的顺利转型，而且安置了大批下岗职工，为旧城部分中低收入居民提供了就业参与机会。

作者根据武汉市相关资料整理

（2）科学确定旧城更新改造时序，有步骤地改善旧城人居环境，提升居民生活质量

按照一定的标准对武汉旧城进行评价后，我们预测新版总规实施期内，旧城需新增25.93km²的更新改造用地，再加上目前已出让土地但尚未实施或正启动实施的8.72km²旧城改造区域，可以说未来武汉旧城土地再开发规模很大，改造所需的时间也会很长。

目前旧城改造开发商多愿意选择旧厂房和简易工棚用地进行用地功能置换和开发，而对旧城中人口及建筑密集、拆迁难度大的危旧房、城中村却缺少改造的热情；对旧城商贸开发项目积极性较高，而对旧住区更新项目却缺乏热情。这种就易避难、利润追求至上的做法，是不利于实现改善旧城人居环境质量的基本目标的。因此，规划要按照旧城发展定位、功能调整及空间结构重构的要求，合理确定各类改造区域、改造类型。要引导政府加大旧城更新中的公共投入，优先进行旧城道路、市政基础设施的扩容改造，分期分批组织旧城中的经济适用房及廉租房建设，支持旧城传统街区保护与整治项目，支持旧城环境改善、市容市貌整治项目。

（3）注重旧城更新中原居民权益的维护，维护社会公平

随着社会分化的加剧，旧城原居民中，一部分先富起来的家庭能够自主选择居所，大多在城市新区或已拆迁建成的旧城中高档住区选购了第二套住宅，而将旧住房空置或

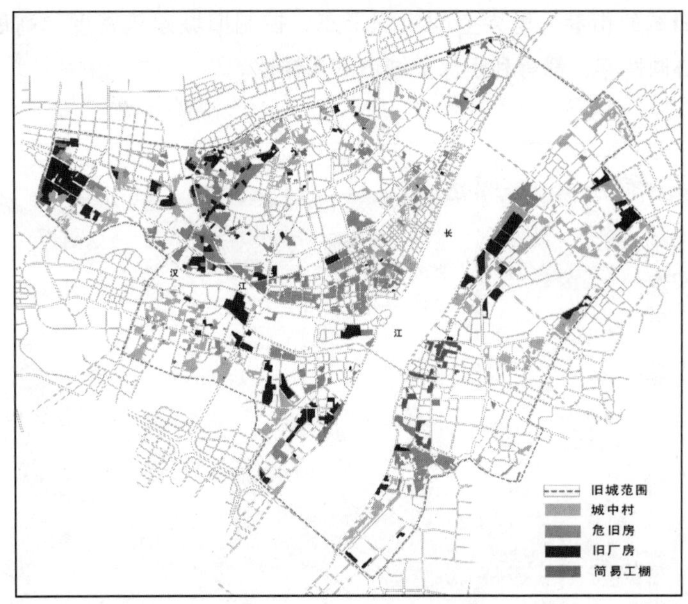

图23　武汉旧城四类改造用地分布图

资料来源：作者自绘

出租。另一方面，对于旧城中低收入居民甚至贫困居民而言，他们只能被动地接受现有的居住环境和条件，或寄希望于政府来关注和改善其居住质量。可以说，至今仍生活在旧城破旧住区的原居民大多为社会的弱势群体，他们无力通过卖旧换新而改善住房条件，其中相当一部分甚至还仍靠旧城浓厚的商业环境谋生。

但目前占主导的完全市场化的旧城住区更新，往往演变成中高档住区向旧区侵入与中低收入原居民被排挤到城市外围低价住区的过程。被迫动迁的原居民在就业、配套、交通等方面的损失往往不是简单的货币化拆迁补偿所能弥补的。因此，政府的旧城更新决策要从社会稳定、社会和谐发展角度出发，以人为本，推行人文主义的旧城更新。要采取适当的规划举措及政府政策支持，维护旧城弱势居民群体的利益。对武汉旧城住区而言，由于其现时状况，质量水平的多样性，规划不能采用简单的一刀切式的推倒重建，让居民外迁的办法，而是在旧城有条件的地域，如大量的企业职工生活区，鼓励采用小规模自助改建和维修；在旧城再开发规划设计中，要注意维护旧城多种经营的商业氛围，鼓励空间的混合使用，为低收入居民创造就业机会；在拆迁改造的住区规划设计中，房型及面积比例要多样化，要考虑旧城原居民回迁的购房需要。

（4）注重旧城历史文化遗产及特色风貌的保护，促进城市多样性的发展

在明清时期，汉口汉正街便呈现出“十里帆墙依市立，万家灯火彻宵明”的商贸景观；解放前，江汉路便有“车马如梭人似织，夜深歌吹未曾休”的美誉。汉口旧城传统商业街区的氛围，租界区中西合璧的建筑风貌，花楼街一带“里分”独特的空间组织及建筑形态；汉阳旧城中晴川—龟山一带传统风貌格局，古琴台知音文化的延承；武昌旧城以黄鹤楼、辛亥革命时期的军政府——红场为特色的文化、景观资源，都是武汉城市多样性的基础。在旧城更新规划设计中，保护这些历史文化遗产，延承旧城风貌特色，

如继承和发展旧城的街巷—里弄空间组织形态，控制旧城建筑密度、高度、形态风格，注重旧城整体协调性等，都有利于保护城市的多样性。

图 24　1876 年武汉全图

资料来源：武汉市规划局编. 武汉历史地图集

4.5　营造完善的城市开敞空间系统，促进社会交流与融合

据笔者2005 年组织的对武汉市民生活方式的社会调查显示，目前武汉市城市居民中，不同收入阶层群体对于休闲方式的选择和休闲场所的需求存在趋同化倾向。通常的休闲方式为看电视、上网、看书看报、逛街逛公园等；通常的休闲场所会选择公园、风景区及广场，即城市公共开敞空间（参见表 9）。公共开敞空间不仅为人们日常的休闲活动提供场所，也为人们的社会交往提供了平台，可以促进社会交流及社会融合。

针对武汉城市开敞空间营造中的问题，规划应采取下列技术措施：

（1）从城市整体层面构筑完善的城市开敞空间系统

武汉城市开敞空间系统可以从三个层次来构建：

宏观层次——城市结构中的开敞地带。按照武汉都市发展区规划，都市发展区未来将形成六大新城组群，以六大生态绿楔相分隔。即汉口府河生态绿楔、汉阳后官湖生态绿楔、南部长江—青菱湖生态绿楔、武昌汤逊湖生态绿楔、东湖—九峰森林公园生态绿楔，汉口武湖—长江生态绿楔。这六大生态绿楔在宏观层次为武汉城市开敞空间的形成奠定了基础。（参见图 18）

中观层次——城市中的自然绿化水体开敞空间。武汉是一座天然的山水城市，仅主城区范围内就有自然山体 31 座（武昌 22 座、汉阳 9 座），湖泊 27 个（武昌 10 个、汉口 10 个、汉阳 7 个），且其分布形态良好。南北向，有宽阔的长江水系纵贯全市，汉口、汉阳江滩公园成为全市最具吸引力的开敞空间带；东西向，有九峰山绵延至龟、蛇的山系和汉水为横轴，构成以自然山水为依托的开敞空间带。众多湖泊水面宽阔，景观优美，具有形成优质开敞空间的良好基础。规划要充分体现出“显山、露水、透绿”的理念，严格保护城市中的山体湖泊，控制其周边地区的开发建设。

微观层次——城市中的公园绿地及广场。城市中的公园、绿地、广场、社区公共开敞场地等与居民生活最为密切，而在城市中也是最为缺乏的。规划应根据相关规范要求，合理配置城市公园绿地及广场等公共开敞空间。

（2）根据居住人口分布及城市公共生活的需要，合理选择开放空间场所

目前，武汉城市公共开敞空间分布严重失衡，表现为中心区与边缘区的差别和不同档次住区中公共开敞空间质量的差别。规划可采取下列措施：

a. 重点加强城市边缘地区的公共开敞空间建设。按照武汉新版城市总体规划，主城区边缘组团及城市外围新城组团是城市未来空间拓展重点，将聚集城市大量的居住人口，而相应的公共开敞空间目前基本上是空白。规划要考虑居民对城市公共开敞空间的可达性、便利性要求，要考虑开敞空间布局的均衡性、公平性，重点加强城市边缘及外围组团公共开敞空间的建设。

b. 对外围新区，规划应预留控制出景观资源优良的山体及滨湖地段，作为城市公共开敞空间场所，避免优质开敞空间资源被瓜分及排他性占有，维护社会公平。

c. 加大贫困聚居区公共活动场所的建设。城市贫困住区大多以环境衰败、建筑破旧、公益设施及公共开敞空间匮乏为其显性特征。结合贫困住区改造或环境改善，规划应有目的地预留公共开敞空间用地，引导政府或社会投资建设。

（3）根据不同的要求，提高城市各类开敞空间的环境质量

武汉城市开敞空间大致可分为三种类型。一类是城市公共活动中心场所及景观标志节点，如洪山广场、西北湖广场、阅马场广场，这类开敞空间主要考虑其社会文化效用及视觉景观效果，重视其形象性、标志性。第二类是与居民社会生活密切相关的各类小型广场、开敞绿地、社区活动中心，这类开敞空间点多面广，与居民生活活动密切相关，要考虑人们对开敞空间的心理感受及文化体验，塑造出便利、安全、具有场所“意义”（meaning）的宜人化开敞空间场所。第三类是城市边缘依托自然景观资源的郊野型开敞空间，重在提高开敞空间场所的物理环境质量，从景观、生态角度进行塑造。

4.6 合理确定优先发展地域，注重地域发展平衡，促进公平发展

（1）按照公平发展原则，合理确定优先发展地域

从分享式发展、公平发展原则出发，规划要重视城市各地域公平的发展权利，为此，要改变过去单纯从经济目标和政绩显示角度确定优先发展地域的倾向，而是从社会平等、社会关怀、均衡发展角度，给予衰败地域、贫困聚居地域或过去受到忽视的发展滞后地域以发展的优先权。

针对武汉市近10余年各组团发展的不均衡状况，规划应给予主城区内部边缘组团以发展的优先权，包括青山组团、白沙组团、四新组团、十升组团、古田组团、站北组团，

也即给主城区边缘圈层地带以发展优先权，使之避免成为城市的一个衰败圈层带。同时，规划也应赋予城区中其他贫困住区相对集中的局部地域（包括旧城成片的衰败住区、大规模的城中村地带等）以发展的优先权。为此，政府应逐步取消武汉外围沌口开发区、东湖高新开发区、吴家山台商投资区的地价、公共投资及税收政策优惠，将更多公共资金投向发展滞后地域，并制定相应的投资鼓励政策。规划编制中也应注重加强鼓励优先发展地域的公益设施配置，交通可达性条件的改善。

（2）加大对贫困聚居地域的发展支持，缩小城市地域发展水平差距

武汉城市贫困聚居地域广泛分布于旧城中心区、旧城区边缘、城区外围地带，在城市地域呈“马赛克”镶嵌式分布。规划部门应分门别类地编制出城市危旧房、“城中村”、旧厂房及简易工棚改造规划，引导政府决策。规划应充分考虑贫困群体的经济能力、就业及安居要求，加强贫困地域由政府投资的公益设施配置，交通可达性条件的改善，并采用适度的混合用地布局，保留部分能为低收入阶层提供谋生环境的小型商业、服务设施，而不能在旧城住区更新中一概采用高层高档化住区的改造方法。

（3）重视因生态保护而限制发展地域居民的权利，合理引导受限地域发展

按照新版武汉城市总体规划，及地方人大通过的《武汉市山体湖泊保护规定》，在武汉都市发展区六大生态绿楔、城市重点风景区（如东湖国家级风景名胜区）等特定地域属禁止发展及限制发展区，新版城市规划编制办法中也要求城市总体规划要对中心城区划定空间发展管制分区，并制定相应的空间管制策略。城市规划与管理中一个重要矛盾及难点就是一些特定地域保护与开发的矛盾，一方面是规划刚性的禁止开发要求；另一方面是限制发展地域上原居民迫切的发展要求。缺少合理的发展引导措施及相应的政策性补偿，往往会导致规划失效。因此，政府应从公平正义出发，重视受限地域居民生存和发展权利，通过移民异地补偿安置或引导其在原地域合理发展等规划举措，满足其发展要求。如规划可以引导受限地域结合生态优势，发展生态农业、绿色旅游观光产业，可以在禁止区外划定补偿性经营用地，以异地开发养绿，等等。

参考文献

著作：

[1] [英] 安东尼·吉登斯，著；李康，李猛，译. 社会的构成——结构化理论大纲. 北京：生活·读书·新知三联书店，1998.

[2] [美] 丹尼尔·贝尔，著；赵一凡，蒲隆，任晓普，译. 资本主义文化矛盾. 北京：生活·读书·新知三联书店，1992.

[3] [日] 富永健一，著；董兴华，译. 社会结构与社会变迁——现代化理论. 昆明：云南大学出版社，1988.

[4] [德] 沃尔夫冈·查普夫. 现代化与社会转型. 北京：社会科学文献出版社，1998.

[5] [美] 杰夫瑞·C·亚历山大，著；张旅平，译. 世纪末的社会理论. 上海：上海人民出版社，2003.

[6] [美] John Rawls，著；何怀宏等，译. 正义论. 北京：中国社会科学出版社，1988.

[7] [美] 约翰·M·利维，著；孙景秋等，译. 现代城市规划（第五版）. 北京：中国人民大学出版社，2003.

[8] [德] 格奥尔格·齐美尔，著；成伯清，译. 现代性的诊断. 杭州：杭州大学出版社，1999.

[9] [美] 戴维·伊斯顿，著；王浦劬，译. 政治生活的系统分析. 华厦出版社，1999.

[10] [英] 迈克·詹克斯，伊丽莎白·伯顿，凯蒂·威廉姆斯，编著；周玉鹏等，译. 紧缩城市——一种可持续发展的城市形态. 北京：中国建筑工业出版社，2004.

[11] [美] 康芒斯. 制度经济学. 商务印书馆，1997.

[12] [法] 让·保罗·拉卡兹. 城市规划方法。商务印书馆，1996.

[13] [美] H·A·马尔库塞. 现代文明与人的困境——马尔库塞文集. 上海：生活·读书·新知三联书店，1989.

[14] [美] 道格拉斯·C·诺斯，著；陈郁，罗化平，译. 经济史中的结构与变迁. 上海三联书店，上海人民出版社，1994.

[15] [美] 丹尼尔·W·布罗姆利，著；陈郁，郭宇峰，汪春，译. 经济利益与经济制度——公共政策的理论基础. 上海：生活·读书·新知三联书店、上海人民出版社，1996.

[16] [美] 韦森. 社会秩序的经济分析导论. 上海：生活·读书·新知三联书店，2001.

[17] [美] 道格拉斯·C·诺斯. 制度、制度变迁与经济绩效. 上海：生活·读书·新知三联书店，1994.

[18] [美] 西蒙·库兹涅茨. 现代经济增长. 北京：北京经济学院出版社，1991.

[19] [美] A·薛恩. 组织心理学. 北京：经济管理出版社，1987.

[20] [美] 亨廷顿，著；王冠华、刘为等，译. 变化社会中的政治秩序. 上海：生活·读书·新知三联书店，1989.

[21] [澳] Malcolm Waters，著；杨善华等，译. 现代社会学理论（Modern Sociological Theory）第2版. 华夏出版社，2002.
[22] [美] 布坎南. 自由、市场和国家. 北京：北京经济学院出版社，1988.
[23] 布赖恩·特纳，编；李康，译. 社会理论指南. 上海：上海人民出版社，2003.
[24] 乔纳森·特纳，著；邱泽奇，译. 社会学理论的结构. 华夏出版社，2001.
[25] 安德鲁·肖特，著；陆铭，陈钊，译. 社会制度的经济理论. 上海：上海财经大学出版社，2003.
[26] 张鸿雁. 侵入与接替——城市社会结构变迁新论. 南京：东南大学出版社，2000.
[27] 李士绅. 马克思主义哲学词典. 北京：中国广播电视出版社，1992.
[28] 宋林飞. 西方社会学原理. 南京：南京大学出版社，1999.
[29] 黄光宇. 山地城市学. 北京：中国建筑工业出版社，2002.
[30] 赵万民. 三峡工程与人居环境建设. 北京：中国建筑工业出版社，2003 年（第 2 版）.
[31] 黄光宇，陈勇. 生态城市理论与规划设计方法. 北京：科学出版社，2002.
[32] 杨贵庆. 城市社会心理学. 上海：同济大学出版社，2000.
[33] 朱庆芳，吴寒光. 社会指标体系. 北京：中国社会科学出版社，2001.
[34] 朱庆芳，莫家豪，麦法新，编. 世界大城市社会指标比较. 北京：中国城市出版社，1997.
[35] 吴志强，蔚芳. 可持续发展中国人居环境评价体系. 北京：科学出版社，2004.
[36] 李强主编. 应用社会学（第二版）. 北京：中国人民出版社，2004.
[37] 孙施文. 城市规划哲学. 北京：中国人民大学出版社，1997.
[38] 张兵. 城市规划实效论. 北京：中国人民大学出版社，1998.
[39] 陈信勇，郎友兴，李华. 中国社会发展的支撑体系. 昆明：云南人民出版社，1997.
[40] 张传有. 西方社会思想的历史进程. 武汉：武汉大学出版社，1997.
[41] 李其庆，主编. 全球化与新自由主义. 南宁：广西师范大学出版社，2003.
[42] 陆江兵. 技术·理性·制度与社会发展. 南京：南京大学出版社，2000.
[43] 苏国勋. 理性化及其限制——韦伯思想引论. 上海：上海人民出版社，1988.
[44] 张敦福. 现代社会学教程. 北京：高等教育出版社，2001.
[45] 卢现祥. 西方新制度经济学. 北京：中国发展出版社，1996.
[46] 孙立平. 断裂——20 世纪 90 年代以来的中国社会. 北京：社会科学文献出版社，2003.
[47] 孙立平. 失衡——断裂社会的运作逻辑. 北京：社会科学文献出版社，2004.
[48] 周毅. 中国社会焦点——冷漠与热烈. 北京：大众文艺出版社，2002.
[49] 袁方等著. 中国社会结构转型. 北京：中国社会出版社，1998.
[50] 童明. 政府视角的城市规划. 北京：中国建筑工业出版社，2005.
[51] 雷翔. 走向制度化的城市规划决策. 北京：中国建筑工业出版社，2003.
[52] 段文斌等著. 制度经济学——制度主义与经济分析. 天津：南开大学出版社，2003.
[53] 王祥荣，编著. 生态建设论——中外城市生态建设比较分析. 南京：东南大学出版社，2004.
[54] 诸大建. 建设绿色都市：上海 21 世纪可持续发展研究. 上海：同济大学出版社，2003.
[55] 王兴中. 中国城市社会空间结构研究. 北京：科学出版社，2000.
[56] 方可. 当代北京旧城更新. 北京：中国建筑工业出版社，2000.
[57] 王鹏. 城市公共空间的系统化建设. 南京：东南大学出版社，2002.

[58] 胡伟. 政府过程. 杭州：浙江人民出版社，1998.

[59] 刘国光. 中国经济体制改革的模式研究. 广州：广东经济出版社，1998.

[60] 郭定平. 制度建设与国家成长. 上海：上海辞书出版社，2003

[61] 施雪华. 政府权能理论. 杭州：浙江人民出版社，1998.

[62] 鲁鹏. 制度发展关系研究. 北京：人民出版社，2002.

[63] 黄亚平. 城市空间理论与空间分析. 南京：东南大学出版社，2002.

[64] 黄亚平. 城市外部空间开发规划研究. 武汉：武汉大学出版社，1995.

[65] 万勇. 旧城的和谐更新. 北京：中国建筑工业出版社，2006.

[66] EU. European Social Policy: Options for the Union. Green Paper, Luxembourg, 1994.

[67] Deacon A. Perspectives on Welfare - ideas, Ideologies and Policy Debates. Buckingham: Open University Press, 2002.

[68] Castells M. The Urban Question: A Maxist Approach. Edward Annald, 1972/1979.

[69] Kaiser E. J. Urban Land Use Planning (3rd ed). University of Illinois Press, 1979.

[70] Andreas Flaudi. Planning Theory. Pergamon Press, Oxford, 1973.

[71] Nigel Taylor. Urban Planning Theory since 1945. London: Sage Publications, 1998.

[72] Scott Campbell, Susan S. Fainstein. Reading in Planning Theory. Blackwell Publishers, 1996.

[73] John Forester. Planning in the Face of Power. Berkeley and Los Angeles: University of California Press, 1989.

[74] Pasty Healey. Collaborative Planning: Shaping Places in Fragmented Societies. London: Macmillian Press, 1997.

[75] Philip Allmendingger. Planning Theory. Palgrave, 2002.

[76] Gerda R. Wekerle & Carolyn Whitzman. Safe Cities: Guidelines for Planning, Design and Management. Van Nostrand Reinhold: A Division of International Thomson Publishing Inc. 1995.

[77] Jane Jacobs. The Death and Life of Great American Cities. New York: Random House, 1961.

[78] Oscar Newman. Defensible Space: Crime Prevention Through Urban Design. New York, Macmillan, 1972.

[79] Jeffery C. R. Crime Prevention through Environment Design. Beverly Hills, CA: sage, 1971.

[80] David Harvey. Social Justice and the City. John Hopkins University Press, 1975.

[81] WHO. Regional Guidelines for Developing a Healthy Cities Project. WHO Regional Office for The Western Pacific, 2000.

[82] Hancock T. & Duhl L. Promoting Health in the Urban Context. Copenhagen: FADL, 1988.

[83] Conyers D. An Introduction to Social Planning in Third World. Chichester, New York: Wiley, 1982.

[84] Midgley J, Diachaud D, eds. The Fields and Methods of Social Planning. London: Heinemann Educational Books, 1984.

[85] Dreeszen C. The Community Cultural Planning Handbook: A Guide for Community Leaders. Washington: Americans for the Arts, 1997.

[86] Andreas Duany, Plater Zyberk. Suburban Nation: The Rise of Sprawl and the Decline of the American Dream. North Point Press, 2000.

[87] Olsen, M. The Logic of Collective Action. Cambridge: Harvard University Press, 1965.

[88] Charles O. Jones. An Introduction to the Study of Public Policy (3rd. ed). Monterey, California: Brooks/Cole Publishing Company, 1984.

[89] Paul Davidoff. Advocacy and Pluralism in Planning. 1965. in: Richard T. Legates &Frederic Stout (Ed.). The City Reader (second edition). Routledge Press, 2000. 423 - 430.

[90] Sherry Arnstein. A Ladder of Citizen Participation. 1969. in: Richard T. Legates &Frederic Stout (Ed.). The City Reader (second edition). Routledge Press, 2000.

期刊杂志：

[1] [美] 道格拉斯・C・诺斯. 时间进程中的经济成效. 经济社会体制比较. 1995, (6): 8 - 12.

[2] 王怀超. 社会发展研究：一个正在崛起的新学科. 理论前沿, 2004, (12): 8 - 11.

[3] 吴海建. 地区社会发展水平综合评价问题初探. 研究与探索, 2003, (7): 23 - 24.

[4] 李培林. 科学发展观的"中国经验"基础. 中国社会科学, 2004, (6): 4 - 6.

[5] 梁祖彬. 演变中的社会福利政策思维——由再分配到社会投资. 中国社会科学, 2004, (6): 11 - 14.

[6] 周弘. 欧盟经验：促进发展并追求公正——中国能够从欧盟借鉴什么. 中国社会科学, 2004, (6): 15 - 19.

[7] 郑杭生. 社会公平与社会分层. 江苏社会科学, 2001, (3): 29 - 34.

[8] 石楠. 论城市规划中的公共利益. 城市规划, 2004, (6): 20 - 31.

[9] 朱介鸣, 赵民. 试论市场经济下城市规划的作用. 城市规划, 2004, (3): 43 - 47.

[10] 陈锋. 转型时期的城市规划与城市规划的转型. 城市规划, 2004, (8): 9 - 16.

[11] 杨凤城, 吴志军. "当代中国社会发展"国际学术研讨会综述. 中国人民大学学报, 2004, (4): 155 - 156.

[12] 柏宁, 段虹, 刘生. 21 世纪人类社会发展的几个趋势. 哈尔滨学院学报, 2003, (2): 21 - 23.

[13] 乔翔. 当代社会发展的唯物史观透视. 发展论坛, 2003, (3): 38 - 40.

[14] 邴正, 钟贤巍. 当代社会发展趋势与中国社会的结构转型. 北京论丛, 2004, (5): 6 - 15.

[15] 李向阳. 科学发展与全面建设小康社会的发展目标. 南京政治学院学报, 2004, (3): 16 - 19.

[16] 佟德庆. 社会发展水平综合评价. 统计与信息论坛. 2003, (3): 5 - 7.

[17] 龚培兴, 刘雪明. 牢固树立科学的发展观. 求实, 2004, (1): 30 - 33.

[18] Judith E. Innes, David E. Booher, 著; 侯丽, 干靓, 译. 网络化社会中的规划制度：合作规划理论. 国外城市规划, 2004, (2): 23 - 28.

[19] 董金柱. 国外协作式规划的理论研究与规划实践. 国外城市规划, 2004, (2): 48 - 52.

[20] 栾峰. 战后西方城市规划理论的发展演变与核心内涵. 城市规划汇刊, 2004, (6): 83 - 87.

[21] 王凯. 从西方规划理论看我国规划理论建设之不足. 城市规划, 2003, (6): 66 - 71.

[22] 张庭伟. 新自由主义・城市经营・城市管治・城市竞争力. 城市规划, 2004, (5): 43 - 50.

[23] 吴志强.《百年西方城市规划理论史纲》导论. 城市规划汇刊, 2000, (2): 9 - 18.

[24] 孙施文, 殷悦. 西方城市规划中公众参与的理论基础及其发展. 国外城市规划, 2004, (1):

15 – 20.

[25] 龙元. 交往型规划与公众参与. 城市规划，2004，(1)：73 – 77.

[26] 向俊波. 理论与实践分离的城市规划. 城市规划汇刊，2004，(2)：43 – 46.

[27] 李强，张鲸，杨开忠. 理性的综合规划模式在西方的百年历程. 城市规划汇刊，2003，(6)：76 – 80.

[28] 梁祖彬. 演变中的社会福利政策思维——由再分配到社会投资. 中国社会科学，2004，(6)：11 – 14.

[29] 刘昀献. 论20世纪以来西方主流意识形态的演变及其功能. 河南大学学报（社科版），2004，(5)

[30] 方可，章岩. 简·雅各布斯关于城市多样性的思想及其对旧城更新的启示. 城市问题，1998，(3)：2 – 4.

[31] 罗思东. 战后美国城市改造对社会公正的侵蚀. 城市问题，2004，(1)：66 – 69.

[32] 苏燕羚，顾朝林（编译）. 和谐城市环境的创建. 城市规划，2002，(8)：56 – 59.

[33] 刘冰，张晋庆. 城市居住空间分异的规划对策研究. 城市规划，2002，(12)：82 – 85.

[34] 张翰卿，戴慎志. 城市安全规划研究综述. 城市规划学刊，2005，(2)：38 – 44.

[35] 徐湘林. 从政治发展理论到政策过程理论——中国政治改革研究的中层理论建构. 中国社会科学，2004，(3)：108 – 120.

[36] 刘佳燕. 国外城市社会规划的发展回顾及启示. 国外城市规划，2006，(2)：51 – 55.

[37] 宋言奇. 城市社区邻里关系的空间效应. 城市问题，2004，(5)：47 – 50.

[38] Peter Hall，著；洪强，译. 美国城市规划八十年回顾（1890 – 1990）. 国外城市规划，1991，(1).

[39] 温铁军. 农民工问题及新时期的劳资关系. 读书，2003，(7)：9 – 15.

[40] 陈涌. 城市贫困区位化趋势及其影响. 城市问题，2000，(6)：15 – 17.

[41] 王诺. “生态整体主义”辩. 读书，2004，(2)：25 – 33.

[42] 杨培峰，蔡云楠. 我国城市规划理论的生态化革新分析. 城市发展研究. 2005，(2)：33 – 37.

[43] 陈维纲. 文化·边缘正义·马克思主义的公共霸权理论. 读书，2004，(10)：130 – 133.

[44] 卢源. 论社会结构变化对城市规划价值取向的影响. 城市规划汇刊，2003，(2)：66 – 71.

[45] 苗启明. 论制度理性：从不发达到现代化的主导力量. 学术探索，2000，(5)：1 – 6

[46] 杨桂森，庄良杰. 制度理性与全球伦理. 惠州学院学报（社科版），2004，(8)：6 – 10

[47] 张松.《城市规划法》修改的理论问题初探. 城市规划，2000，(3)：38 – 40.

[48] 陈锋. 转型时期的城市规划与城市规划转型. 城市规划，2004，(8)：9 – 17.

[49] 麻宝斌. 公共利益与公共悖论. 江苏社会科学，2002，(1)：90 – 95.

[50] 戚攻. 析转型期“边缘化”趋势渐成的社会机制. 理论学刊，2004，(2)：116 – 122.

[51] 吕鹏. 社会大于市场的政治经济学. 社会学研究. 2005，(4)：221 – 227.

[52] 刘欣. 当前中国社会阶层分化的制度基础. 社会学研究. 2005，(5)：1 – 25.

[53] 唐燕. 经济转型期城市规划决策及管理中的寻租分析. 城市规划，2005，(1)：25 – 29.

[54] 吴可人，华晨. 城市规划中四类利益主体剖析. 城市规划，2005，(11)：80 – 88.

[55] 唐兴霖. 论转型社会的制度短缺问题. 中山大学学报（社科版），1997，(2)：10 – 15.

[56] 钟超. 略论寻租和社会制度缺位. 前沿，2002，(5)：20 – 26.

[57] 刘作丽，朱喜钢. 规划师的社会角色与道德底线. 城市规划，2005，(5)：2－7.

[58] 李昕. 中国城市规划制度化历史发展的内在逻辑. 城市规划学刊，2005，(2)：81－85.

[59] 朱介鸣. 市场经济下中国城市规划理论发展的逻辑. 城市规划学刊，2005，(1)：10－15.

[60] 刘佳燕. 国外新城规划中的社会规划研究初探. 国外城市规划. 2005，20 (3)：69－72.

[61] 于立. 城市规划的不确定性分析与规划效能理论. 城市规划汇刊，2004，(2)：37－41.

[62] 马德峰. 安全城市：基于多维视野的考察. 城市规划学刊，2005，(1)：95－98.

[63] Carolyn Whitzman，著；严宁，译. 为多伦多创造更安全的空间. 国外城市规划，2005，20 (2)：58－61.

[64] 黄鹤. 西方国家文化规划简介：运用文化资源的城市发展途径. 国外城市规划，2005，20 (1)：36－41.

[65] Andrew Mankwong Lee，著；秦波，译. 多伦多文化规划及其实施. 国外城市规划，2005，20 (2)：53－57.

[66] 邹兵，编译. 可持续发展的世界性城市——《大伦敦空间发展战略》简介. 深圳城市规划设计研究院主编：规划评论，2004，(6)；2005，(1－3).

[67] 曹康，吴丽娅. 西方现代城市规划思想的哲学传统. 城市规划学刊，2005，(2)：65－69.

[68] 陈鹏. 自由主义与转型社会之规划公正. 城市规划，2005，(8)：19－27.

[69] 马武定. 城市规划本质的回归. 城市规划学刊，2005，(1)：16－20.

[70] 石楠. 试论城市规划社会功能的影响因素. 城市规划，2005，(8)：9－18.

[71] 德薛升. 西方绅士化研究对我国城市社会空间研究的启示. 规划师，1999，(3)：109－112.

[72] 陈映芳. "城市化"质疑. 读书，2004，(2)：35－40.

[73] 黄亚平，王敏. 旧城更新中低收入居民利益的维护. 城市问题，2004，(2)：42－45.

[74] 王晓鸣. 旧城社区弱势居住群体与居住质量改善研究. 城市规划，2003，(12)：24－34.

[75] 张京祥，李志刚. 开敞空间的社会文化含义：欧洲城市的演变与新要求. 国外城市规划，2004，(1)：24－27.

[76] 陈锋. 城市广场・公共空间・市民社会. 城市规划，2003，(9)：56－62.

[77] 饶小军，邵晓兴. 边缘社区：城市族群社会空间透视. 城市规划，2001，(9)：47－51.

[78] 刘精明，李路路. 阶层化：居住空间、生活方式、社会交往与阶层认同——我国城镇社会阶层化问题的实证研究. 社会学研究，2005，(3)：53－81.

[79] 夏丽丽. 转型时期广州城市社会问题探析. 城市问题，2005，(1)：75－79.

[80] 黄怡. 城市居住隔离及其研究进程. 城市规划汇刊，2004，(5)：65－72.

[81] 吴启焰. 城市社会空间分异的研究领域及其进展. 城市规划汇刊，1999，(3)：23－26.

[82] 吴启焰.，崔功豪. 南京市居住空间分异特征及其形成机制. 城市规划，1999，(12)：23－26.

[83] 刘冰，张晋庆. 城市居住空间分异的规划对策研究. 城市规划，2002，(12)：82－85.

[84] 单文慧. 不同收入阶层混合居住模式——价值评判与实施策略. 城市规划，2001，(2)：26－29.

[85] 于文波，王竹. 混合社区适宜模式及其实现途径研究. 规划师，2005，(6)：70－73.

[86] 李志刚，张京祥. 调解社会空间分异，实现城市规划对"弱势群体"的关怀——对悉尼 UFP 报告的借鉴. 国外城市规划，2004，(6)：32－35.

[87] 刘向南，陈定荣，许丹艳. 公共利益：理论与现实的比较研究. 城市规划学刊，2005，(3)：59－63.

[88] 王兴平. 建立程序机制：城乡规划法制化的必然选择. 规划师，2003，(12)：40－43.

[89] 张萍. 加强城市规划法规的程序性——对我国规划法规修订的思考. 城市规划，2000，(3)：41－44.

[90] 陈锦富，刘佳宁. 城市规划行政救济制度探讨. 城市规划，2005，(10)：19－23.

[91] 秦红岭. 试论城市规划应遵循的普遍伦理. 城市规划，2005，(5)：66－70.

[92] 卢源. 城市规划中弱势群体利益的程序保障. 城市问题，2005，(5)：9－15.

[93] 马武定. 城市规划本质的回归. 城市规划学刊，2005，(1)：16－20.

[94] 王洪. 中国城市规划制度创新试析. 城市规划，2004，(12)：37－40.

[95] 李昕. 中国城市规划制度化历史发展的内在逻辑. 城市规划学刊，2005，(2)：81－85.

[96] 何丹，赵民. 论城市规划中公众参与的政治经济基础及制度安排. 城市规划汇刊，1999，(5)：31－34.

[97] 张高攀. 城市"贫困聚居"现象分析及其对策探讨——以北京市为例. 城市规划，2006，(1)：40－54.

[98] 胡云. 论我国城市规划的公众参与. 城市问题，2005，(4)：74－78.

[99] 李盛. 制度变迁与城市规划的组织变革. 城市发展研究，2004，(2)：18－24.

[100] 张京祥. 论中国城市规划的制度环境及其创新. 城市规划，2001，(9)：21－25.

[101] 陈鹏. 从规模控制到制度建设——论中国城市化战略的范式转换. 城市规划，2005，(2)：41－45.

[102] 周建军. 论新城市时代城市规划制度与管理创新. 城市规划，2004，(9)：33－36.

[103] 孙施文. 城市规划不能承受之重——城市规划的价值观之辨. 城市规划学科，2006，(1)：11－17.

[104] 马武定. 制度变迁与规划师的职业道德. 城市规划学刊. 2006，(1)：45－48.

[105] 魏立华，李志刚. 中国城市低收入阶层的住房困境及其改善模式. 城市规划学刊，2006，(2)：53－58.

[106] 陈映芳. 城市与市民生活. 长江日报，2006年3月30日（求知版）

[107] 王勇，李广斌. 对城市规划价值观的再思考. 城市问题，2006，(9)：2－7.

[108] 冯维波. 公正与效率：城市规划价值取向的两难选择. 城市规划学刊，2006，(5)：53－57.

[109] 高宏宇. 社会学视角下的城市空间研究. 城市规划学刊，2007，(1)：44－48.

[110] 卜雪旸. 当代西方城市可持续发展空间理论研究热点和争论. 城市规划学刊，2006 (4)：106－110.

[111] 魏立华，闫小培. 大城市郊区化中社会空间的"非均衡破碎化"——以广州为例. 城市规划，2006，(5)：55－60.

[112] 彭剑波. 构建面向底层社会的城市规划. 城市规划学刊，2006，(6)：36－41.

[113] 任平. 空间的正义——当代中国可持续城市化的基本走向. 城市发展研究，2006，(5)：1－4.

[114] 杨贵庆. 未来50年影响美国大城市发展的十大因素及其思考. 城市规划学刊，2006，(5)：103－110.

[115] 郭于华. 转型社会学的新议程——孙立平“社会断裂三部曲”的社会学述评. 社会学研究, 195-211.

[116] 杨小彦. 城市生长的隐喻. 读书, 2006, (2): 65-71.

[117] 王春光. 农村流动人口的“半城市化”问题研究. 社会学研究, 2006, (5): 107-122.

[118] 熊剑平, 刘承良, 袁俊. 武汉市住宅小区的空间结构与区位选择. 经济地理, 2006, (4): 605-609.

[119] 杨云彦, 田艳平, 易成栋, 何雄. 大城市的内部迁移与城市空间动态分析——以武汉市为例. 人口研究, 2004, (3): 72-75.

[120] 张维, 马春波. 武汉市居住空间分异特征初探. 华中建筑, 2004, (3): 48-52.

[121] 刘艳平. 武汉城市空间形态: 历史变迁与未来构想. 长江论坛, 1999 (3): 82-86.

[122] 许慧, 丁时忠. 武汉城市空间结构演化探析. 规划师: 2004 (4): 88-90.

[123] 洪亮平, 唐静. 武汉市城市空间结构形态及规划演变. 新建筑, 2002, (3): 47-49.

[124] 董菲. 武汉汉正街都市工业区规划与建设思考. 规划师, 2006, (9): 37-40.

[125] OECD. New Orientations for Social Poliey. Social Policy Studies, 1994, (12): 64-68.

[126] Paul Davidoff. Advocacy and Pluralism in Planning. The American Institute of Planners, 1965, 31, (4).

[127] Rogrson R. How to Evaluate Urban Life Quality. Town and Country Planning, 1988, (10): 270-273.

[128] Scott Campell. Green Cities, Growing Cities, Just Cities? Urban Planning and the Concradietion of Sustainable Development. Journal of the American Planning Association, 1996, 62 (3): 296-312.

[129] William A. V. Clark, M. Cadwallader. Residential Preferences: An alternative View of Intraurban Space. Environment and Planning A, 1973, (5): 693-703. London: Pion Limited.

[130] Beckhoven. Social Effects of Urban Restructuring. Housing Studies, 2003, 18, (6): 853-875.

[131] Kempen, E. F. V. The Dual City and the Poor: Social Polarization, Social Segregation and Life Chances. Urban Studies 31: 995-1015, 1994.

[132] Cameron, S. Housing, Gentrification and Urban Regeneration policies. Urban Studies29: 3-14, 1992.

[133] Thompson, C. W. Urban Open Space in the 21st Century. Landscape and Urban Planning. 1995, (3): 16-28

学位论文:

[1] 徐祥生. 中国现阶段社会公平问题的理论研究 [博士学位论文]. 北京: 北京大学社会学系.

[2] 赵蔚. 城市规划中的社会研究——从规划支持到规划本体的演进 [博士学位论文]. 上海: 同济大学建筑城规学院

[3] 周俭. 城市多样性的规划策略 [博士学位论文]. 上海: 同济大学建筑城规学院.

[4] 魏皓严. 关注当代城市的共同居住生活——对当代城市住区营建的探索 [博士学位论文]. 重庆: 重庆大学建筑城规学院.

其他文献：

[1] 殷洁，张京祥，罗小龙．转型期的中国城市发展与地方政府企业化．2005中国城市规划学会年会论文集．西安，2005．北京：中国建筑工业出版社，2005．18－23．

[2] 徐苏宁，吕飞，赵志庆．城市的健康与安全．中国城市规划学会编：2004城市规划年会论文集．864－868．

[3] 刘明，唐春媛．试论政治文明视野下的城市规划公众参与．中国城市规划学会编：2004中国城市规划年会论文集（下册）．723－727．

[4] 武汉市国土规划局编印．武汉市历史地图集．

后　　记

对城市规划社会绩效问题的关注和思考，始于2002年。因为城市规划中经常强调注重社会效益，城市规划目标中也包括取得城市发展的经济、社会、环境的整体效益最高，但什么是城市规划的社会效益？怎样取得城市规划的社会效益？为取得城市发展的社会效益，城市规划应注重的行动领域及方向是什么？多数规划工作者都难以给出一个较为完整、系统的回答。另一方面，目前国内有关城市发展社会问题的研究多是“片断式”的某一问题的实证研究，这种研究尤其集中在城市社会空间分异及居住隔离等少数领域上。这些问题的研究无疑有利于我们深化对城市发展中社会问题的认识。但众多的“片断式”的问题之和并不等于对问题的总体认识。目前多数基于城市发展某一社会问题的研究，对问题揭示的多，而对规划对策的研究则不足。也即能回答城市发展某一社会问题“是什么”、“为什么”，但该“怎么办”，尤其是“城市规划该怎么办”，则不甚明确。

这些背景促使我试图建构城市规划社会绩效的整体认识框架。即城市规划的社会绩效→指能够帮助取得城市发展的社会绩效→指有助于帮助实现城市的社会发展目标；为达成城市发展的社会目标，城市规划的主要行动领域应包括规划技术革新及规划制度创新，并提出了纲领式的行动方向。值得欣慰的是，从本人2002年开展这方面的研究以来，社会发展背景发生了很大的变化，构建社会主义和谐社会理念的提出和推行，使全社会更多地关注到公平发展问题，城市发展中的社会问题也受到更多的重视和局部解决。

呈现在读者面前的这部作品，是在本人博士学位论文基础上改写而成的。导师黄光宇教授是我国规划界的老前辈，在学界声誉卓著，建树丰硕。另一方面，黄先生为人坦荡，在严谨治学的同时，待人以宽，为人处事堪称楷模，使学生深刻地感受到先生的人格魅力，激发出来自内心的热爱和感激。2006年黄先生不幸仙逝，学生深感悲痛，谨以此书告慰先生在天英灵。

在论文及书稿的写作过程中，我在同济大学攻读硕士学位时期的恩师陶松龄教授，也给予了中肯的指导，师恩难忘，在此致以诚挚的敬意。

另外，我要感谢重庆大学建筑城规学院各位尊敬的师长和朋友。赵万民教授的关心和指导，使本人受益匪浅；黄天其教授独到的见解，敏锐的思维，使本人受到极大的启示；李和平教授、龙彬教授作为本人的同龄人，开诚布公，提出了许多宝贵的意见和建议；王萍老师、孙国春老师也给予了大量帮助。此外，我还要感谢广西综合设计院的雷翔教授，感谢雷翔先生对本书文稿提出的宝贵建议。

我的研究生陈静远、陈育霞、罗吉、彭阳参与了部分理论研究工作，冯艳、邵宁、叶剑伟、张婷婷、黄蕾、朱晖、冯道杰参与了武汉案例研究工作，在此一并致谢！

城市规划社会绩效问题的研究，对我国城市规划界而言，仍处于起步阶段，本书只是抛砖引玉。本人愿与规划界同仁共同努力，进一步深化研究。由于作者水平的限制，书中不当之处，请不吝批评指正。

作者2007年6月于武汉